Rudolf Julius Emmanuel Clausius

D1728450

Die mechanische Wärmetheorie

Band I

Elibron Classics
www.elibron.com

Elibron Classics series.

© 2005 Adamant Media Corporation.

ISBN 1-4212-4684-8 (paperback)
ISBN 1-4212-4683-X (hardcover)

This Elibron Classics Replica Edition is an unabridged facsimile
of the edition published in 1876 by Friedrich Vieweg und Sohn,
Braunschweig.

ANKÜNDIGUNG.

———

Während die erste Auflage dieses Werkes eine Sammlung von einzelnen früher veröffentlichten Abhandlungen war, welche in ihrer ursprünglichen Form wieder abgedruckt und zur Erläuterung und Vervollständigung nur mit Anmerkungen und Zusätzen versehen waren, hat bei der zweiten Auflage eine vollständige Umarbeitung stattgefunden, durch welche der Inhalt jener Abhandlungen systematisch vereinigt und in die Form eines Lehrbuches gebracht ist. Die zweite Auflage kann daher in Bezug auf die Darstellungsweise als ein neues Werk bezeichnet werden.

Der vorliegende erste Band enthält die Entwickelung der Theorie aus den beiden Hauptsätzen und ihre Anwendung auf verschiedene Zustandsänderungen der Körper und auf die Dampfmaschine und bildet ein für sich bestehendes Ganzes.

———

DIE

MECHANISCHE

WÄRMETHEORIE.

Holzstiche
aus dem xylographischen Atelier
von Friedrich Vieweg und Sohn
in Braunschweig.

Papier
aus der mechanischen Papier-Fabrik
der Gebrüder Vieweg zu Wendhausen
bei Braunschweig.

DIE

MECHANISCHE

WÄRMETHEORIE

VON

R. CLAUSIUS.

———

ZWEITE

umgearbeitete und vervollständigte Auflage des unter dem Titel
„Abhandlungen über die mechanische Wärmetheorie"
erschienenen Buches.

———

ERSTER BAND.

Entwickelung der Theorie, soweit sie sich aus den beiden
Hauptsätzen ableiten lässt, nebst Anwendungen.

———

MIT IN DEN TEXT EINGEDRUCKTEN HOLZSTICHEN.

———

BRAUNSCHWEIG,
DRUCK UND VERLAG VON FRIEDRICH VIEWEG UND SOHN.
1876.

VORREDE.

Nachdem ich während einer langen Reihe von Jahren eine grosse Anzahl von Abhandlungen über die mechanische Wärmetheorie veröffentlicht hatte, und mir zu wiederholten Malen und von sehr verschiedenen Seiten bemerklich gemacht worden war, dass sie bei dem allmälig in weiten Kreisen rege gewordenen Interesse für die mechanische Wärmetheorie nicht Allen, welche sie zu lesen wünschten, zugänglich seien, gab ich eine Sammlung dieser Abhandlungen heraus.

Da nun gegenwärtig eine neue Auflage dieses Buches nothwendig geworden ist, so habe ich mich entschlossen, ihm bei dieser Gelegenheit eine andere Form zu geben. Die mechanische Wärmetheorie bildet in ihrer jetzigen Entwickelung schon ein für sich bestehendes, ausgedehntes Lehrobject. Es ist aber nicht leicht, aus getrennten, zu verschiedenen Zeiten veröffentlichten Abhandlungen, welche zwar ihrem Inhalte, aber nicht ihrer Form nach zusammenhängen, einen

solchen Gegenstand zu studiren, und wenn ich auch
zur Erleichterung des Verständnisses und zur Vervollständigung die Abhandlungen an vielen Stellen mit
Anmerkungen und Zusätzen versehen hatte, so war
damit diesem Uebelstande doch nur theilweise abge-
holfen. Ich habe es daher jetzt zweckmässig gefunden,
den Inhalt der Abhandlungen so umzuarbeiten, dass er
ein in zusammenhängender Weise sich entwickelndes
Ganzes bilde, und dass daher das Werk die Form eines
Lehrbuches annehme.

Ich sah mich dazu um so mehr veranlasst, als ich
seit langer Zeit an einem Polytechnicum und mehreren
Universitäten die mechanische Wärmetheorie vorgetragen und dadurch reichliche Gelegenheit gehabt
habe, zu prüfen, welche Anordnung des Stoffes und
welche Form der Darstellung am geeignetsten ist, die
durch neue Anschauungen und Rechnungsweisen etwas
schwierige Theorie dem Verständnisse leicht zugänglich zu machen.

Bei der aus diesem Grunde vorgenommenen Um-
gestaltung konnte ich auch manche Untersuchungen
anderer Autoren mit aufnehmen und dadurch der Auseinandersetzung des Gegenstandes eine grössere Vollständigkeit und Abrundung geben, wobei ich natürlich
nicht unterlassen habe, diese Autoren jedesmal nam-
haft zu machen. Da ferner während des seit dem Erscheinen meiner Abhandlungensammlung verflossenen
Zeitraumes von zehn Jahren viele neue Untersuchungen
über die mechanische Wärmetheorie veröffentlicht wur-

den, so sollen auch diese weiterhin ihre Berücksichtigung finden, was eine beträchtliche Inhaltsvermehrung zur Folge haben wird.

Demnach glaube ich die neue Bearbeitung der mechanischen Wärmetheorie, deren ersten Band ich hiermit der Oeffentlichkeit übergebe, obwohl sie ihrer Entstehung nach die zweite Auflage meiner früher erschienenen Abhandlungensammlung bildet, doch in vieler Beziehung als ein neues Werk bezeichnen zu dürfen.

· Bonn, im December 1875.

R. Clausius.

INHALT.

Mathematische Einleitung.

Abschnitt I.

Abschnitt II.

Abschnitt III.

Abschnitt IV.

Abschnitt V.

Abschnitt VI.

Abschnitt VII.

Abschnitt VIII.

Abschnitt IX.

Abschnitt X.

Abschnitt XI.

Abschnitt XII.

Abschnitt XIII.

Inhalt.

MATHEMATISCHE EINLEITUNG.

Ueber die mechanische Arbeit und die Energie und über die Behandlung nicht integrabler Differential-gleichungen.

§. 1. Begriff und Maass der mechanischen Arbeit.

Jede Kraft sucht den Körper, auf welchen sie wirkt, in Bewegung zu setzen; sie kann aber daran durch andere, ihr entgegenwirkende Kräfte verhindert werden, so dass ein Gleichgewicht stattfindet und der Körper in Ruhe bleibt. In diesem Falle leistet die Kraft keine Arbeit. Sobald aber der Körper sich unter ihrem Einflusse bewegt, findet eine Arbeitsleistung statt.

Um für die Bestimmung der Arbeit einen möglichst einfachen Fall zu haben, möge zunächst statt eines ausgedehnten Körpers ein blosser materieller Punkt angenommen werden, auf welchen die Kraft wirkt. Wenn dieser Punkt, welchen wir p nennen wollen, sich in derselben Richtung bewegt, in welcher die Kraft ihn zu bewegen sucht, so drückt *das Product aus Weg und Kraft* die mechanische Arbeit aus, welche die Kraft bei der Bewegung leistet. Wenn dagegen die Bewegungsrichtung des Punktes eine beliebige ist, welche von der Kraftrichtung verschieden sein kann, so stellt *das Product aus dem Wege und der in die Richtung des Weges fallenden Componente der Kraft* die von der Kraft geleistete Arbeit dar.

Die in dieser Definition vorkommende Kraftcomponente kann positiv oder negativ sein, je nachdem sie in der betreffenden Geraden, in welcher die Bewegung stattfindet, nach derselben Seite fällt, nach welcher die Bewegung geht, oder nach der entgegengesetzten Seite. Im ersteren Falle wird auch die Arbeit als *positiv* und im letzteren als *negativ* angesehen. Will man diesen Unterschied lieber durch das Verbum ausdrücken, was bei manchen Auseinandersetzungen bequem ist, so kann man, nach einem bei einer früheren Gelegenheit von mir gemachten Vorschlage, sagen, im ersteren Falle *leiste* oder *thue* die Kraft eine Arbeit, im letzteren Falle *erleide* sie eine Arbeit.

Aus dem Vorigen ist ersichtlich, dass die Grösse der Arbeit durch Zahlen dargestellt wird, deren Einheit diejenige Arbeit ist, welche eine Kraft von der Stärke Eins auf dem Wege Eins leistet. Um nun hieraus ein leicht anwendbares Maass zu erhalten, müssen wir eine für das Verständniss und die Messung bequeme Kraft als Normalkraft anwenden. Als solche pflegt man die Schwerkraft zu wählen.

Die Schwere wirkt auf ein gegebenes Gewicht als eine abwärts gerichtete Kraft, welche bei nicht zu langen Strecken als constant anzusehen ist. Wollen wir nun durch irgend eine uns zu Gebote stehende Kraft das Gewicht in die Höhe heben, so haben wir dabei die Schwerkraft zu überwinden, und diese bildet daher das Maass für die Kraft, welche wir beim langsamen Heben anzuwenden haben.

Demgemäss bezeichnet man als Arbeitseinheit diejenige Arbeit, welche geleistet werden muss, um eine Gewichtseinheit um eine Längeneinheit zu heben. Welche Gewichtseinheit und welche Längeneinheit man dabei in Anwendung bringen will, ist natürlich gleichgültig; indessen pflegt man in der praktischen Mechanik das Kilogramm als Gewichtseinheit und das Meter als Längeneinheit zu wählen, und dann die Arbeitseinheit mit dem Worte *Kilogrammeter* zu bezeichnen.

Hieraus ist zunächst ersichtlich, dass zur Hebung von a Kilogramm auf die Höhe von b Meter eine Arbeit von ab Kilogrammeter nöthig ist, und auch andere Arbeitsgrössen, bei welchen die Schwerkraft nicht direct ins Spiel kommt, kann man durch Vergleichung der angewandten Kraft mit der Schwerkraft in Kilogrammetern ausdrücken.

§. 2. Mathematische Bestimmung der Arbeit bei veränderlicher Kraftcomponente.

In den vorigen Erklärungen der Arbeit wurde stillschweigend angenommen, dass die wirksame Kraftcomponente auf der ganzen Länge des betrachteten Weges einen bestimmten Werth habe. In der Wirklichkeit ist dieses aber bei einem Wege von endlicher Länge der Regel nach nicht der Fall. Einerseits braucht die Kraft an verschiedenen Stellen des Raumes nicht gleich zu sein, und andererseits würde, wenn die Kraft auch in dem ganzen betrachteten Raume an Grösse und Richtung gleich wäre, bei einem Wege, der nicht geradlinig, sondern gekrümmt ist, wegen dieses letzteren Grundes die in die Richtung des Weges fallende Componente der Kraft veränderlich sein. Demnach lässt sich das Verfahren, die Arbeit durch ein einfaches Product auszudrücken, nur für ein unendlich kleines Wegstück, oder ein Wegelement anwenden.

Sei ds ein Wegelement und S die in die Richtung desselben fallende Componente der auf den Punkt p wirkenden Kraft, so erhalten wir zur Bestimmung der bei der unendlich kleinen Bewegung gethanen Arbeit, welche durch dW bezeichnet werden möge, die Gleichung:

(1) $$dW = S\,ds.$$

Bezeichnen wir die ganze auf den Punkt wirkende Kraft mit P, und den Winkel, welchen die Richtung dieser Kraft an der Stelle, wo sich das Wegelement befindet, mit der Bewegungsrichtung bildet, mit φ, so ist:

$$S = P\cos\varphi,$$

und demnach können wir schreiben:

(2) $$dW = P\cos\varphi\,ds.$$

Für die Rechnung ist es bequem, nach Einführung eines rechtwinkligen Coordinatensystems, die Projectionen des Wegelementes auf die Coordinatenrichtungen und die in die Coordinatenrichtungen fallenden Componenten der Kraft in Anwendung zu bringen.

Wir wollen vorläufig der Einfachheit wegen annehmen, die Bewegung, um welche es sich handelt, finde in einer Ebene statt, indem sowohl die ursprüngliche Bewegungsrichtung, als auch die

Kraftrichtungen in dieser Ebene gelegen seien. Dann wollen wir auch ein in dieser Ebene gelegenes rechtwinkliges Coordinatensystem einführen, und die Coordinaten des beweglichen Punktes p zu einer gewissen Zeit mit x und y bezeichnen. Wenn dann der Punkt von dieser Lage aus sich in der Ebene um ein unendlich kleines Stück ds bewegt, so sind die Projectionen dieser Bewegung dx und dy, und sie werden als positiv oder negativ gerechnet, je nachdem die Coordinaten durch die kleine Bewegung zu- oder abnehmen. Ferner mögen die in die Coordinatenrichtungen fallenden Componenten der Kraft P mit X und Y bezeichnet werden.

Wenn nun die Kraft P mit den Coordinatenrichtungen Winkel bildet, deren Cosinus a und b sind, so hat man:

$$X = aP; \quad Y = bP.$$

Wenn ferner das Wegelement ds mit den Coordinatenrichtungen Winkel bildet, deren Cosinus α und β sind, so hat man:

$$dx = \alpha ds; \quad dy = \beta ds.$$

Durch Multiplication dieser Gleichungen zu je zweien und Addition der Producte erhält man:

$$X dx + Y dy = (a\alpha + b\beta)\, P ds.$$

Nun ist aber aus der analytischen Geometrie bekannt, dass die in Klammer stehende Summe den Cosinus des Winkels zwischen der Kraftrichtung und der Richtung des Wegelementes darstellt, also:

$$a\alpha + b\beta = \cos \varphi.$$

Wir erhalten somit:

$$X dx + Y dy = \cos \varphi . P ds,$$

und demnach unter Berücksichtigung der Gleichung (2):

(3) $$dW = X dx + Y dy.$$

Um nun aus dieser für eine unendlich kleine Bewegung geltenden Gleichung die bei einer endlichen Bewegung geleistete Arbeit abzuleiten, müssen wir die Gleichung integriren.

§. 3. Integration des Differentials der Arbeit.

Bei der Integration einer Differentialgleichung von der unter (3) gegebenen Form, in welcher X und Y Functionen von x und y . sind, und welche daher auch so geschrieben werden kann:

(3a) $$dW = \varphi(x,y)dx + \psi(x,y)dy,$$

kommt ein Unterschied zur Sprache, welcher nicht bloss für den vorliegenden Fall, sondern auch für die später vorkommenden Gleichungen der mechanischen Wärmetheorie von grosser Wichtigkeit ist, und wir wollen ihn daher bei der sich hier bietenden Gelegenheit etwas vollständiger besprechen, um später einfach auf diese Besprechung verweisen zu können.

Je nach der Beschaffenheit der Functionen, mit welchen die Differentiale dx und dy multiplicirt sind, zerfallen die Differentialgleichungen der obigen Form in zwei Classen, welche sowohl in Bezug auf die Behandlung, die sie erfordern, als auch in Bezug auf das Resultat, zu dem sie führen, wesentlich verschieden sind. Zur ersten Classe gehören die Fälle, wo die Functionen folgende Bedingungsgleichung erfüllen:

(4) $$\frac{dX}{dy} = \frac{dY}{dx},$$

und die zweite Classe umfasst alle Fälle, wo die Functionen diese Bedingungsgleichung nicht erfüllen.

Wenn die Bedingungsgleichung (4) erfüllt ist, so ist der Ausdruck, welcher die rechte Seite der gegebenen Differentialgleichung (3) resp. (3a) bildet, integrabel, d. h. er ist das vollständige Differential einer Function von x und y, in welcher diese beiden Veränderlichen als von einander unabhängig betrachtet werden können, und man erhält daher durch Integration eine Gleichung von der Form:

(5) $$W = F(x,y) + \text{Const.}$$

Ist die Bedingungsgleichung (4) nicht erfüllt, so ist die rechte Seite der gegebenen Differentialgleichung nicht integrabel, und daraus folgt, *dass W sich nicht durch eine Function von x und y darstellen lässt, so lange diese beiden Veränderlichen als von einander unabhängig betrachtet werden.* Denn in der That, wenn man setzen wollte:

$$W = F(x,y),$$

so würde man erhalten:

$$X = \frac{dW}{dx} = \frac{dF(x,y)}{dx}$$

$$Y = \frac{dW}{dy} = \frac{dF(x,y)}{dy},$$

und daraus würde folgen:

$$\frac{dX}{dy} = \frac{d^2F(x,y)}{dx\,dy}$$

$$\frac{dY}{dx} = \frac{d^2F(x,y)}{dy\,dx}.$$

Da nun für eine Function von zwei von einander unabhängigen Veränderlichen der Satz gilt, dass, wenn man sie nach beiden Veränderlichen differentiirt, die Ordnung der Differentiationen gleichgültig ist, und man daher setzen kann:

$$\frac{d^2F(x,y)}{dx\,dy} = \frac{d^2F(x,y)}{dy\,dx},$$

so würde man aus den beiden vorigen Gleichungen wieder zur Gleichung (4) gelangen, von welcher wir in unserem gegenwärtigen Falle angenommen haben, dass sie nicht erfüllt sei.

In einem solchen Falle ist also die Integration in der Weise, dass die Grössen x und y dabei ihre Eigenschaft als von einander unabhängige Veränderliche beibehalten, nicht möglich. Wenn man dagegen zwischen diesen beiden Grössen irgend eine bestimmte Relation annimmt, in Folge deren die eine sich als Function der anderen darstellen lässt, so wird dadurch die Integration der gegebenen Differentialgleichung ausführbar. Setzen wir nämlich:

(6) $$f(x,y) = 0,$$

worin f eine beliebige Function andeutet, so können wir mittelst dieser Gleichung eine der Veränderlichen durch die andere ausdrücken, und dann die so ausgedrückte Veränderliche nebst ihrem Differentiale aus der Differentialgleichung (1) eliminiren. Die allgemeine Form, in welcher die Gleichung (6) gegeben ist, umfasst natürlich auch den speciellen Fall, wo eine der Veränderlichen für sich allein als constant angenommen wird, in welchem Falle das Differential dieser Veränderlichen dadurch, dass es Null wird, ohne Weiteres aus der Differentialgleichung fortfällt, und die Veränderliche selbst einfach durch die betreffende Constante zu ersetzen ist. Nehmen wir nun z. B. an, es sei die Veränderliche y nebst ihrem Differentiale mit Hülfe der Gleichung (6) aus der Differentialgleichung (3) resp. (3 a.) eliminirt, und die letztere dadurch in folgende einfachere Gestalt gebracht:

$$dW = \Phi(x)\,dx,$$

so lässt sich die so veränderte Differentialgleichung offenbar integriren, und giebt eine Gleichung von der Form:

(7) $$W = F(x) + \text{Const.}$$

Demnach sind die beiden Gleichungen (6) und (7) zusammen als eine Auflösung der gegebenen Differentialgleichung zu betrachten. Da die in (6) vorkommende Function $f(x,y)$ eine beliebige ist, und für jede veränderte Form dieser Function auch die in (7) vorkommende Function $F(x)$ im Allgemeinen eine andere wird, so sieht man, dass es unendlich viele Auflösungen dieser Art giebt.

In Bezug auf die Form der Gleichung (7) ist noch zu bemerken, dass dieselbe verschiedene Abänderungen zulässt. Hätte man mittelst der Gleichung (6) x durch y ausgedrückt, und dann die Veränderliche x nebst ihrem Differentiale aus der gegebenen Differentialgleichung eliminirt, so wäre deren Gestalt geworden:

$$dW = \Phi_1(y)\,dy,$$

und man hätte daraus durch Integration eine Gleichung von der Form

(7a) $$W = F_1(y) + \text{Const.}$$

erhalten. Zu eben dieser Gleichung kann man auch dadurch gelangen, dass man in der durch das zuerst angedeutete Verfahren gewonnenen Gleichung (7) nachträglich mit Hülfe der Gleichung (6) für die Veränderliche x die Veränderliche y einführt. Auch könnte man, statt x vollständig aus (7) zu eliminiren, eine theilweise Elimination von x vornehmen. Wenn nämlich die Function $F(x)$ die Veränderliche x mehrmals in verschiedenen Verbindungen enthält (was man, selbst wenn es in der ursprünglichen Form der Function nicht der Fall sein sollte, leicht durch eine abgeänderte Schreibweise bewirken kann, indem man für x z. B. schreiben kann: $(1-a)x + ax$ oder $\dfrac{x^{n+1}}{x^n}$), so kann man in einigen Verbindungen y für x einführen, und in anderen x stehen lassen. Dadurch nimmt die Gleichung folgende Form an:

(7b) $$W = F_2(x,y) + \text{Const.},$$

welche Form die allgemeinere ist, und die beiden anderen als specielle Fälle umfasst.

Es versteht sich aber von selbst, dass diese drei Gleichungen (7), (7a) und (7b), deren jede nur mit der Gleichung (6) zusammen gültig ist, nicht verschiedene Auflösungen, sondern nur verschiedene Ausdrücke einer und derselben Auflösung bilden.

Man kann, um die Integration der Differentialgleichung (3) zu
ermöglichen, statt der Gleichung (6) auch eine Gleichung von
weniger einfacher Form annehmen, welche ausser den beiden Veränderlichen x und y noch W enthält, und selbst auch eine Differentialgleichung sein kann; indessen für unsere Zwecke genügt die
einfachere Form, und indem wir uns auf diese beschränken, wollen
wir die Resultate der Betrachtungen dieses Paragraphen noch einmal kurz zusammenfassen.

Wenn die unter (4) *gegebene Bedingungsgleichung der unmittelbaren Integrabilität erfüllt ist, so erhält man ohne Weiteres
als Integral eine Gleichung von der Form:*

(A) $W = F(x,y) +$ Const.

*Wenn dagegen jene Bedingungsgleichung nicht erfüllt ist, so muss
man erst eine Relation zwischen den Veränderlichen annehmen,
um die Integration ausführen zu können, und erhält daher ein
System von zwei Gleichungen folgender Art:*

(B) $\begin{cases} f(x,y) = 0 \\ W = F(x,y) + \text{Const.,} \end{cases}$

*worin die Form der Function F ausser von der Differentialgleichung
auch von der Form der willkührlich angenommenen Function f abhängig ist.*

§. 4. Geometrische Bedeutung der vorstehenden Resultate und Bemerkung über die Differentialcoefficienten.

Der wesentliche Unterschied der auf die beiden Fälle bezüglichen Resultate wird besonders durch eine geometrische Betrachtung anschaulich, wobei wir der Einfachheit wegen die in (A) vorkommende Function $F(x,y)$ als eine solche voraussetzen wollen,
die für jeden Punkt der Ebene nur Einen Werth hat.

Es möge angenommen werden, es sei für die Bewegung unseres
Punktes p der Anfangs- und Endpunkt im Voraus gegeben und
durch die Coordinaten x_0,y_0 und x_1,y_1 bestimmt. Dann können
wir im ersteren Falle die Arbeit, welche bei dieser Bewegung von
der wirksamen Kraft gethan wird, sofort angeben, ohne dass wir
dazu den Verlauf der Bewegung selbst zu kennen brauchen. Diese
Arbeit wird nämlich gemäss (A) ausgedrückt durch die Differenz:

$$F(x_1,y_1) - F(x_0,y_0).$$

Während also der bewegliche Punkt auf sehr verschiedenen Wegen von der einen Stelle zur anderen gelangen kann, ist die Grösse der Arbeit, welche die Kraft dabei thut, davon ganz unabhängig, und ist vollständig bestimmt, sobald der Anfangs- und Endpunkt der Bewegung gegeben sind.

Anders im zweiten Falle. In dem auf diesen Fall bezüglichen Systeme von zwei Gleichungen (B) ist die erste Gleichung als die Gleichung einer Curve zu betrachten, und man kann daher das eben Gesagte geometrisch folgendermaassen aussprechen: die Arbeit, welche die wirksame Kraft bei der Bewegung des Punktes p thut, lässt sich in diesem Falle erst dann bestimmen, wenn der ganze Verlauf der Curve, auf welcher der Punkt sich bewegt, bekannt ist. Wenn der Anfangs- und Endpunkt der Bewegung im Voraus gegeben sind, so muss jene erste Gleichung so gewählt werden, dass die ihr entsprechende Curve durch diese beiden Punkte geht; dabei sind aber noch unendlich viele Gestalten der Curve möglich, für welche man, trotz ihrer gleichen Grenzpunkte, unendlich viele verschiedene Arbeitsgrössen erhält.

Nimmt man speciell an, der Punkt p solle eine geschlossene Curve beschreiben, so dass der Endpunkt seiner Bewegung mit dem Anfangspunkte zusammenfalle, und somit die Coordinaten x_1, y_1 dieselben Werthe haben, wie x_0, y_0, so ist für diese Bewegung im ersten Falle die Arbeit gleich Null; im zweiten Falle dagegen braucht sie nicht gleich Null zu sein, sondern kann irgend einen positiven oder negativen Werth haben.

Durch den hier behandelten Fall wird es auch recht klar, wie eine Grösse, welche sich nicht durch eine Function von x und y (so lange diese letzteren als von einander unabhängige Veränderliche betrachtet werden) darstellen lässt, doch partielle Differentialcoefficienten nach x und y haben kann, die durch bestimmte Functionen dieser Veränderlichen ausgedrückt werden. Denn offenbar sind die Kraftcomponenten X und Y im strengen Sinne des Wortes *die partiellen Differentialcoefficienten der Arbeit W nach x und y* zu nennen, da, wenn x um dx wächst, während y constant bleibt, die Arbeit um $X dx$ zunimmt, und wenn y um dy wächst, während x constant bleibt, die Arbeit um $Y dy$ zunimmt. Man kann daher auch, mag nun W eine solche Grösse sein, die sich allgemein durch eine Function von x und y darstellen lässt, oder eine solche Grösse, die sich erst dann bestimmen lässt, wenn der Weg, welchen der Punkt beschreibt, bekannt ist, für die partiellen Differentialcoefficienten von W die gewöhnliche Bezeichnung anwenden, und demnach schreiben:

$$(8) \qquad \begin{cases} X = \dfrac{dW}{dx} \\[2mm] Y = \dfrac{dW}{dy}. \end{cases}$$

Unter Anwendung dieser Bezeichnung kann man die Bedingungsgleichung (4), deren Erfüllung oder Nichterfüllung den besprochenen Unterschied in der Behandlung der Differentialgleichung und in den Resultaten zur Folge hat, auch so schreiben:

$$(9) \qquad \frac{d}{dy}\left(\frac{dW}{dx}\right) = \frac{d}{dx}\left(\frac{dW}{dy}\right),$$

oder man kann sagen: der in Bezug auf die Grösse W zur Sprache gekommene Unterschied hängt davon ab, ob die Differenz

$$\frac{d}{dy}\left(\frac{dW}{dx}\right) - \frac{d}{dx}\left(\frac{dW}{dy}\right)$$

Null ist, oder einen angebbaren Werth hat.

§. 5. Ausdehnung des Vorigen auf drei Dimensionen.

Wenn der betrachtete Punkt p in seiner Bewegung nicht auf eine Ebene beschränkt ist, sondern sich frei im Raume bewegen kann, so erhält man für das Arbeitselement einen Ausdruck, welcher dem in (3) gegebenen sehr ähnlich ist. Seien a, b, c die Cosinus der Winkel, welche die auf den Punkt wirkende Kraft P mit den drei Richtungen eines rechtwinkligen Coordinatensystems bildet, so werden die Componenten X, Y, Z dieser Kraft bestimmt durch die Gleichungen:

$$X = aP; \quad Y = bP; \quad Z = cP.$$

Seien ferner α, β, γ die Cosinus der Winkel, welche das Wegelement ds mit den Coordinatenrichtungen bildet, so werden die drei Projectionen dx, dy und dz des Wegelementes auf die Coordinatenaxen bestimmt durch die Gleichungen:

$$dx = \alpha ds; \quad dy = \beta ds; \quad dz = \gamma ds.$$

Daraus folgt:

$$X dx + Y dy + Z dz = (a\alpha + b\beta + c\gamma)\,P ds.$$

Nun ist aber, wenn φ den Winkel zwischen P und ds bedeutet:

$$a\alpha + b\beta + c\gamma = \cos\varphi,$$

und somit kommt:

$$Xdx + Ydy + Zdz = \cos\varphi \cdot Pds.$$

Aus der Verbindung dieser Gleichung mit (2) ergiebt sich:

(10) $$dW = Xdx + Ydy + Zdz.$$

Dieses ist die Differentialgleichung zur Bestimmung der Arbeit. Die hierin vorkommenden Grössen X, Y, Z sind ganz beliebige Functionen der Coordinaten x, y, z; denn, welches auch die Werthe dieser drei Componenten an verschiedenen Stellen des Raumes sein mögen, immer lässt sich daraus eine Kraft P zusammensetzen.

Bei der Behandlung dieser Gleichung sind zunächst folgende drei Bedingungsgleichungen 'zu betrachten :

(11) $$\frac{dX}{dy} = \frac{dY}{dx}; \quad \frac{dY}{dz} = \frac{dZ}{dy}; \quad \frac{dZ}{dx} = \frac{dX}{dz},$$

und es kommt darauf an, ob die Functionen X, Y, Z diesen drei Bedingungsgleichungen genügen oder nicht.

Wenn die drei Bedingungsgleichungen erfüllt sind, so ist der Ausdruck an der rechten Seite von (10) das vollständige Differential einer Function von x, y, z, worin diese drei Veränderlichen als von einander unabhängig betrachtet werden können. Man kann daher die Integration ohne Weiteres ausführen, und erhält dadurch eine Gleichung von der Form:

(12) $$W = F(x,y,z) + \text{Const.}$$

Denken wir uns nun, dass der bewegliche Punkt p sich von irgend einem gegebenen Anfangspunkte x_0, y_0, z_0 bis zu einem gegebenen Endpunkte x_1, y_1, z_1 bewegen soll, so wird die dabei von der Kraft gethane Arbeit dargestellt durch die Differenz:

$$F(x_1, y_1, z_1) - F(x_0, y_0, z_0).$$

Die Arbeit ist also, wenn wir wieder $F(x,y,z)$ als eine solche Function voraussetzen, die für jeden Punkt des Raumes nur Einen Werth hat, durch den Anfangs- und Endpunkt der Bewegung vollständig bestimmt, und daraus folgt, dass, wenn der bewegliche Punkt sich auf verschiedenen Wegen von dem ersten dieser beiden Punkte zum zweiten bewegt, die dabei von der Kraft gethane Arbeit immer dieselbe ist.

Wenn die drei Bedingungsgleichungen (11) nicht erfüllt sind, so lässt sich die Integration in der vorigen Allgemeinheit nicht ausführen. Sobald aber der Weg, auf dem die Bewegung stattfindet, bekannt ist, so wird dadurch die Integration möglich. Wenn in diesem Falle zwei Punkte als Anfangs- und Endpunkt der Bewegung gegeben sind, und man sich zwischen diesen Punkten verschiedene Curven gezogen denkt, in welchen der Punkt p sich bewegen soll, so erhält man für jeden dieser Wege einen bestimmten Werth der Arbeit, aber die den verschiedenen Wegen entsprechenden Arbeitswerthe brauchen nicht, wie im vorigen Falle, unter einander gleich zu sein, sondern sind im Allgemeinen verschieden.

§. 6. Das Ergal.

In solchen Fällen, wo die Arbeit sich einfach durch eine Function der Coordinaten darstellen lässt, spielt diese Function bei den Rechnungen eine wichtige Rolle. Hamilton hat ihr daher einen besondern Namen, *force function*, gegeben, welcher im Deutschen als *Kraftfunction* oder *Kräftefunction* gebräuchlich geworden ist, und welcher sich auch auf den allgemeineren Fall anwenden lässt, wo statt Eines beweglichen Punktes eine beliebige Anzahl solcher Punkte gegeben und die Bedingung erfüllt ist, dass die Arbeit nur von den Lagen der Punkte abhängt. Bei der neueren, erweiterten Auffassung der Bedeutung der durch diese Function dargestellten Grösse hat es sich als zweckmässig herausgestellt, lieber für den *negativen* Werth der Function, oder, anders gesagt, für diejenige Grösse, deren *Abnahme* die geleistete Arbeit darstellt, einen besonderen Namen einzuführen, und Rankine hat dafür den Namen *potentielle Energie* vorgeschlagen. Dieser Name drückt zwar die Bedeutung der Grösse sehr treffend aus, ist aber etwas lang, und ich habe mir daher erlaubt, den Namen *Ergal* für dieselbe in Vorschlag zu bringen.

Unter den Fällen, in welchen die auf einen Punkt wirkende Kraft ein Ergal hat, ist besonders der hervorzuheben, wo die Kraft von Anziehungen oder Abstossungen herrührt, welche der bewegliche Punkt von festen Punkten erleidet, und deren Stärke nur von der Entfernung abhängt, oder, mit anderen Worten, wo die Kraft sich in *Centralkräfte* zerlegen lässt.

Nehmen wir zunächst nur Einen festen Punkt π mit den Coordinaten ξ, η, ζ als wirksam an, und bezeichnen seine Entfernung von dem beweglichen Punkte p mit ϱ, so dass zu setzen ist:

$$(13) \qquad \varrho = \sqrt{(\xi - x)^2 + (\eta - y)^2 + (\zeta - z)^2},$$

und stellen wir die Kraft, welche π auf p ausübt, durch $\varphi'(\varrho)$ dar, wobei ein positiver Werth der Function Anziehung und ein negativer Abstossung bedeuten soll, so erhalten wir für die Componenten der Kraft die Ausdrücke:

$$X = \varphi'(\varrho)\,\frac{\xi - x}{\varrho}; \quad Y = \varphi'(\varrho)\,\frac{\eta - y}{\varrho}; \quad Z = \varphi'(\varrho)\,\frac{\zeta - z}{\varrho}.$$

Da ferner aus (13) folgt:

$$\frac{d\varrho}{dx} = -\,\frac{\xi - x}{\varrho},$$

so kommt:

$$X = -\,\varphi'(\varrho)\,\frac{d\varrho}{dx},$$

und entsprechend für die beiden anderen Coordinatenrichtungen. Führen wir nun die Function $\varphi(\varrho)$ ein mit der Bedeutung:

$$(14) \qquad \varphi(\varrho) = \int \varphi'(\varrho)\,d\varrho,$$

so lässt sich die vorige Gleichung so schreiben:

$$(15) \qquad X = -\,\frac{d\varphi(\varrho)}{d\varrho}\,\frac{d\varrho}{dx} = -\,\frac{d\varphi(\varrho)}{dx},$$

und ebenso erhalten wir:

$$(15\,\mathrm{a}) \qquad Y = -\,\frac{d\varphi(\varrho)}{dy}; \quad Z = -\,\frac{d\varphi(\varrho)}{dz}.$$

Hieraus folgt weiter:

$$Xdx + Ydy + Zdz = -\left[\frac{d\varphi(\varrho)}{dx}\,dx + \frac{d\varphi(\varrho)}{dy}\,dy + \frac{d\varphi(\varrho)}{dz}\,dz\right].$$

Da nun in dem unter (13) gegebenen Ausdrucke von ϱ nur die Grössen x, y, z veränderlich sind, und daher auch $\varphi(\varrho)$ als eine Function dieser drei Grössen zu betrachten ist, so bildet die in der eckigen Klammer stehende Summe ein vollständiges Differential, und wir können somit schreiben:

$$(16) \qquad Xdx + Ydy + Zdz = -\,d\varphi(\varrho).$$

Das Arbeitselement wird also durch das negative Differential von $\varphi(\varrho)$ dargestellt, woraus folgt, dass $\varphi(\varrho)$ für diesen Fall das Ergal ist.

Es möge nun weiter statt Eines festen Punktes eine beliebige Anzahl von festen Punkten π, π_1, $\pi_2 \ldots$ gegeben sein, welche sich vom Punkte p in den Entfernungen ϱ, ϱ_1, $\varrho_2 \ldots$ befinden, und auf ihn mit Kräften wirken, die durch $\varphi'(\varrho)$, $\varphi_1'(\varrho_1)$, $\varphi_2'(\varrho_2) \ldots$ dargestellt werden. Dann bilden wir aus diesen Functionen durch Integration, wie es in Gleichung (14) angedeutet ist, die Functionen $\varphi(\varrho)$, $\varphi_1(\varrho_1)$, $\varphi_2(\varrho_2)$..., mit Hülfe deren wir, entsprechend der Gleichung (15), setzen können:

$$X = - \frac{d\varphi(\varrho)}{dx} - \frac{d\varphi_1(\varrho_1)}{dx} - \frac{d\varphi_2(\varrho_2)}{dx} - \cdots$$

$$= - \frac{d}{dx}\Big[\varphi(\varrho) + \varphi_1(\varrho_1) + \varphi_2(\varrho_2) + \cdots \Big]$$

oder unter Anwendung des Summenzeichens:

(17) $$X = - \frac{d}{dx} \sum \varphi(\varrho),$$

und ebenso für die anderen Coordinatenrichtungen:

(17a) $$Y = - \frac{d}{dy} \sum \varphi(\varrho); \quad Z = - \frac{d}{dz} \sum \varphi(\varrho).$$

Daraus folgt dann weiter:

(18) $$X dx + Y dy + Z dz = - d \sum \varphi(\varrho),$$

und die Summe $\sum \varphi(\varrho)$ ist somit das Ergal.

§. 7. Erweiterung des Vorigen.

Im Vorigen wurde nur ein einzelner beweglicher Punkt betrachtet; wir wollen nun aber die Betrachtung dahin erweitern, dass wir ein System von beliebig vielen beweglichen Punkten annehmen, welche theils von Aussen her Kräfte erleiden, theils unter einander Kräfte ausüben.

Wenn dieses ganze System von Punkten eine unendlich kleine Bewegung macht, so wird von den auf einen einzelnen Punkt wirkenden Kräften, die wir uns in Eine Kraft zusammengesetzt denken können, eine Arbeit geleistet, welche durch den Ausdruck

$$X dx + Y dy + Z dz$$

dargestellt wird, woraus folgt, dass die von allen in dem Systeme wirkenden Kräften geleistete Gesammtarbeit durch einen Ausdruck von der Form

$$\sum (X dx + Y dy + Z dz)$$

dargestellt wird, worin die Summe sich auf alle beweglichen Punkte bezieht. Auch dieser complicirtere Ausdruck kann unter Umständen die entsprechende Eigenschaft haben, wie jener einfachere, dass er

das vollständige Differential einer Function der Coordinaten aller
beweglichen Punkte ist, in welchem Falle wir den negativen Werth
dieser Function das Ergal des ganzen Systemes nennen. Daraus
folgt dann weiter, dass bei einer endlichen Bewegung die Gesammtarbeit einfach gleich der Differenz zwischen dem Anfangs- und
Endwerthe des Ergals ist, und daher, (unter der Voraussetzung,
dass die betreffende Function, welche das Ergal darstellt, für jede
Lage der Punkte nur Einen Werth hat), durch die Anfangs- und
Endlage der Punkte vollständig bestimmt ist, ohne dass man die
Wege, auf welchen sie aus der einen Lage in die andere gelangt
sind, zu kennen braucht.

Dieser Fall, welcher begreiflicher Weise eine grosse Erleichterung für die Bestimmung der Arbeit darbietet, tritt z. B. ein, wenn
alle in dem Systeme wirkenden Kräfte Centralkräfte sind, welche
die beweglichen Punkte entweder von festen Punkten erleiden oder
unter einander ausüben.

Was die von festen Punkten ausgehenden Centralkräfte anbetrifft, so haben wir für einen einzelnen beweglichen Punkt den Beweis schon geführt, und dieser Beweis ist auch für die Bewegung
des ganzen Systemes von Punkten ausreichend, da die bei der Bewegung mehrerer Punkte geleistete Arbeit einfach gleich der
Summe der Arbeitsgrössen ist, welche bei den Bewegungen der
einzelnen Punkte geleistet werden. Demnach können wir den auf
die Wirkung der festen Punkte bezüglichen Theil des Ergals
ebenso, wie früher, durch $\sum \varphi(\varrho)$ darstellen, wenn wir nur dem
Summenzeichen die erweiterte Bedeutung beilegen, dass es nicht
bloss so viele Glieder umfasst, als feste Punkte vorhanden sind,
sondern so viele Glieder, als es Combinationen aus je einem festen
und einem beweglichen Punkte giebt.

Was ferner die Kräfte anbetrifft, welche die beweglichen
Punkte unter einander ausüben, so wollen wir zunächst nur zwei
Punkte p und p_1 mit den Coordinaten x, y, z und x_1, y_1, z_1 betrachten. Indem wir den Abstand der beiden Punkte r nennen,
haben wir zu setzen:

$$(19) \qquad r = \sqrt{(x_1 - x)^2 + (y_1 - y)^2 + (z_1 - z)^2},$$

und die Kraft, welche die Punkte auf einander ausüben, wollen
wir durch $f'(r)$ bezeichnen, wobei wieder ein positiver Werth Anziehung und ein negativer Werth Abstossung bedeuten soll. Dann

sind die Componenten der Kraft, welche der Punkt p durch diese gegenseitige Wirkung erleidet:

$$f'(r)\,\frac{x_1-x}{r};\quad f'(r)\,\frac{y_1-y}{r};\quad f'(r)\,\frac{z_1-z}{r},$$

und die Componenten der entgegengesetzten Kraft, welche der Punkt p_1 erleidet:

$$f'(r)\,\frac{x-x_1}{r};\quad f'(r)\,\frac{y-y_1}{r};\quad f'(r)\,\frac{z-z_1}{r}.$$

Da nun nach (19) zu setzen ist:

$$\frac{dr}{dx}=-\frac{x_1-x}{r};\quad \frac{dr}{dx_1}=-\frac{x-x_1}{r},$$

so kann man die beiden in die x-Richtung fallenden Kraftcomponenten auch so schreiben:

$$-f'(r)\,\frac{dr}{dx};\quad -f'(r)\,\frac{dr}{dx_1},$$

und wenn man die Function $f(r)$ mit der Bedeutung:

(20)
$$f(r)=\int f'(r)\,dr$$

einführt, so gehen die vorigen Ausdrücke über in:

$$-\frac{df(r)}{dx};\quad -\frac{df(r)}{dx_1}.$$

Ebenso erhält man für die y-Richtung die Componenten:

$$-\frac{df(r)}{dy};\quad -\frac{df(r)}{dy_1},$$

und für die z-Richtung die Componenten:

$$-\frac{df(r)}{dz};\quad -\frac{df(r)}{dz_1}.$$

Wenn wir nun von der Arbeit, welche bei der unendlich kleinen Bewegung der beiden Punkte gethan wird, nur den Theil bestimmen wollen, welcher sich auf die beiden aus ihrer gegenseitigen Einwirkung entstehenden entgegengesetzten Kräfte bezieht, so wird dieser durch folgenden Ausdruck dargestellt:

$$-\left[\frac{df(r)}{dx}\,dx+\frac{df(r)}{dy}\,dy+\frac{df(r)}{dz}\,dz+\frac{df(r)}{dx_1}\,dx_1+\frac{df(r)}{dy_1}\,dy_1\right.$$
$$\left.+\frac{df(r)}{dz_1}\,dz_1\right].$$

Da nun r nur von den sechs Grössen x, y, z, x_1, y_1, z_1 abhängt, und daher auch $f(r)$ als Function dieser sechs Grössen anzusehen

ist, so ist die in der eckigen Klammer stehende Summe ein vollständiges Differential, und die zu bestimmende, auf die gegenseitige
Einwirkung der beiden Punkte bezügliche Arbeit wird daher einfach durch

$$- df(r)$$

dargestellt.

In derselben Weise lässt sich für jedes Paar von zwei Punkten
die auf ihre gegenseitige Einwirkung bezügliche Arbeit ausdrücken,
und die Gesammtarbeit aller Kräfte, welche die Punkte unter einander ausüben, hat daher folgende algebraische Summe:

$$- df(r) - df_1(r_1) - df_2(r_2) - \ldots$$

als Ausdruck, wofür man schreiben kann:

$$- d[f(r) + f_1(r_1) + f_2(r_2) + \ldots]$$

oder unter Anwendung des Summenzeichens:

$$- d\sum f(r),$$

worin die Summe so viele Glieder umfassen soll, wie Combinationen der beweglichen Punkte zu je zweien vorkommen. Diese
Summe $\sum f(r)$ ist daher der auf die gegenseitigen Einwirkungen
aller beweglichen Punkte bezügliche Theil des Ergals.

Fassen wir nun endlich beide Arten von Kräften zusammen,
so erhalten wir für die gesammte Arbeit, welche bei der unendlich
kleinen Bewegung des Systemes von Punkten geleistet wird, die
Gleichung:

$$(21) \sum (Xdx + Ydy + Zdz) = - d\sum \varphi(\varrho) - d\sum f(r)$$
$$= - d\left[\sum \varphi(\varrho) + \sum f(r)\right],$$

woraus folgt, dass die Grösse

$$\sum \varphi(\varrho) + \sum f(r)$$

das Ergal sämmtlicher in dem Systeme wirkender Kräfte ist.

Die der vorstehenden Entwickelung zu Grunde liegende Annahme, dass nur Centralkräfte wirken, bildet freilich unter allen
mathematisch möglichen Annahmen über die Kräfte nur einen
sehr speciellen Fall, aber dieser Fall ist insofern von besonderer
Wichtigkeit, als wahrscheinlich alle in der Natur vorkommenden
Kräfte sich in Centralkräfte zerlegen lassen.

§. 8. Beziehung zwischen Arbeit und lebendiger Kraft.

Im Vorigen wurden nur die Kräfte, welche auf die Punkte wirken, und die Lagenänderungen der Punkte betrachtet; die Massen der Punkte aber und ihre Geschwindigkeiten blieben unberücksichtigt. Wir wollen nun auch diese in Betracht ziehen.

Für einen frei beweglichen Punkt von der Masse m gelten bekanntlich folgende Bewegungsgleichungen:

$$(22) \qquad m\frac{d^2x}{dt^2} = X; \quad m\frac{d^2y}{dt^2} = Y; \quad m\frac{d^2z}{dt^2} = Z.$$

Indem wir diese Gleichungen der Reihe nach mit $\dfrac{dx}{dt}dt$, $\dfrac{dy}{dt}dt$ und $\dfrac{dz}{dt}dt$ multipliciren und dann addiren, erhalten wir:

$$(23) \qquad m\left(\frac{dx}{dt}\frac{d^2x}{dt^2} + \frac{dy}{dt}\frac{d^2y}{dt^2} + \frac{dz}{dt}\frac{d^2z}{dt^2}\right)dt = \left(X\frac{dx}{dt} + Y\frac{dy}{dt} + Z\frac{dz}{dt}\right)dt.$$

Die linke Seite dieser Gleichung lässt sich umformen in:

$$\frac{m}{2}\frac{d}{dt}\left[\left(\frac{dx}{dt}\right)^2 + \left(\frac{dy}{dt}\right)^2 + \left(\frac{dz}{dt}\right)^2\right]dt$$

oder, wenn die Geschwindigkeit des Punktes mit v bezeichnet wird, in:

$$\frac{m}{2}\frac{d(v^2)}{dt}dt = \frac{d\left(\frac{m}{2}v^2\right)}{dt}dt = d\left(\frac{m}{2}v^2\right),$$

und die Gleichung lautet somit:

$$(24) \qquad d\left(\frac{m}{2}v^2\right) = \left(X\frac{dx}{dt} + Y\frac{dy}{dt} + Z\frac{dz}{dt}\right)dt.$$

Ist statt Eines einzelnen frei beweglichen Punktes ein ganzes System von frei beweglichen Punkten gegeben, so gilt dieselbe Gleichung für jeden Punkt, und wir können durch Summation sofort folgende Gleichung bilden:

$$(25) \qquad d\sum \frac{m}{2}v^2 = \sum\left(X\frac{dx}{dt} + Y\frac{dy}{dt} + Z\frac{dz}{dt}\right)dt.$$

Die Grösse $\sum\dfrac{m}{2}v^2$ ist die ganze lebendige Kraft des Systemes von Punkten. Führen wir für diese ein vereinfachtes Zeichen ein, indem wir setzen:

$$(26) \qquad T = \sum \frac{m}{2} v^2,$$

so lautet die Gleichung:

$$(27) \qquad dT = \sum \left(X \frac{dx}{dt} + Y \frac{dy}{dt} + Z \frac{dz}{dt} \right) dt.$$

Der Ausdruck an der rechten Seite der Gleichung bedeutet die während der Zeit dt gethane Arbeit.

Durch Integration dieser Gleichung von irgend einer Anfangs-zeit t_0 bis zur Zeit t erhalten wir, wenn wir unter T_0 die lebendige Kraft zur Zeit t_0 verstehen:

$$(28) \qquad T - T_0 = \int_{t_0}^{t} \sum \left(X \frac{dx}{dt} + Y \frac{dy}{dt} + Z \frac{dz}{dt} \right) dt.$$

Die Bedeutung dieser Gleichung lässt sich in folgendem Satze aus-sprechen: *Die während irgend einer Zeit in dem Systeme statt-findende Zunahme der lebendigen Kraft ist gleich der während derselben Zeit von den wirksamen Kräften gethanen Arbeit.* Dabei gilt natürlich eine Abnahme der lebendigen Kraft als negative Zunahme.

Bei der Ableitung dieses Satzes wurde angenommen, dass alle Punkte frei beweglich seien. Es kann aber auch vorkommen, dass die Punkte in Bezug auf ihre Bewegungen gewissen Beschränkungen unterworfen sind. Die Punkte können unter einander irgendwie in Verbindung stehen, so dass durch die Bewegung Eines Punktes auch die Bewegungen anderer Punkte theilweise mit bestimmt werden, oder es können Beschränkungen von Aussen her gegeben sein, wie z. B. wenn einer der Punkte gezwungen ist, in einer gegebenen festen Fläche oder in einer festen Curve zu bleiben, wo-durch dann natürlich auch diejenigen Punkte, welche etwa mit ihm in Verbindung stehen, in ihrer Bewegung beschränkt werden.

Wenn diese beschränkenden Bedingungen sich durch Gleichun-gen ausdrücken lassen, welche nur die Coordinaten der Punkte enthalten, so lässt sich durch Betrachtungen, auf die wir hier nicht näher eingehen wollen, nachweisen, dass die Widerstandskräfte, welche in diesen Bedingungen *implicite* enthalten sind, bei der Be-wegung der Punkte keine Arbeit leisten, woraus folgt, dass der obige Satz, welcher die Beziehung zwischen der lebendigen Kraft und der Arbeit ausdrückt, bei der beschränkten Bewegung ebenso gilt, wie bei der freien.

Man pflegt diesen Satz den *Satz von der Aequivalenz von lebendiger Kraft und Arbeit* zu nennen.

§. 9. Die Energie.

In der Gleichung (28) ist die in der Zeit von t_0 bis t gethane Arbeit durch folgendes Integral ausgedrückt:

$$\int_{t_0}^{t} \sum \left(X\frac{dx}{dt} + Y\frac{dy}{dt} + Z\frac{dz}{dt} \right) dt.$$

Hierin ist die Zeit t als einzige unabhängige Veränderliche betrachtet, und die Coordinaten der Punkte und die Kraftcomponenten sind als Functionen der Zeit angesehen. Wenn diese Functionen bekannt sind, wozu erforderlich ist, dass man den ganzen Verlauf der Bewegungen aller Punkte kennt, so ist die Integration immer ausführbar, und die Arbeit lässt sich somit ebenfalls als Function der Zeit bestimmen.

Es giebt aber, wie wir oben gesehen haben, auch solche Fälle, wo es nicht nöthig ist, alle Grössen durch Eine Veränderliche auszudrücken, sondern die Integration auch ausführbar ist, wenn der Differentialausdruck in der Form

$$\sum (X dx + Y dy + Z dz)$$

geschrieben wird, und darin die Coordinaten als unabhängige Veränderliche betrachtet werden. Dazu muss der vorstehende Ausdruck das vollständige Differential einer Function der Coordinaten sein, oder, mit anderen Worten, die in dem Systeme wirkenden Kräfte müssen ein Ergal haben. Wir wollen das Ergal, welches der negative Werth jener Function ist, jetzt mit einem einfachen Buchstaben bezeichnen. Dazu wählt man in der Mechanik gewöhnlich den Buchstaben U; da es aber in der mechanischen Wärmetheorie Brauch geworden ist, diesen Buchstaben für eine andere Grösse, von der gleich weiter unten die Rede sein wird, anzuwenden, so wollen wir das Ergal mit J bezeichnen. Dann ist zu setzen:

(29) $$\sum (X dx + Y dy + Z dz) = - dJ,$$

und daher, wenn J_0 den Werth des Ergals zur Zeit t_0 darstellt:

$$(30) \qquad \int_{t_0}^{t} \sum (X\,dx + Y\,dy + Z\,dz) = J_0 - J,$$

wodurch ausgedrückt wird, dass die Arbeit gleich der Abnahme des Ergals ist.

Setzen wir die Differenz $J_0 - J$ für das in der Gleichung (28) befindliche Integral ein, so kommt:

$$T - T_0 = J_0 - J,$$

oder umgeschrieben:

$$(31) \qquad T + J = T_0 + J_0.$$

Hieraus ergiebt sich folgender Satz: *die Summe aus lebendiger Kraft und Ergal bleibt während der Bewegung constant.*

Die Summe aus lebendiger Kraft und Ergal, welche wir mit einem einfachen Buchstaben bezeichnen wollen, indem wir setzen:

$$(32) \qquad U = T + J,$$

wird die *Energie* des Systemes genannt, so dass wir den Satz auch kürzer so aussprechen können: *die Energie bleibt während der Bewegung constant.*

Dieser Satz, welcher in neuerer Zeit eine viel allgemeinere Anwendung gefunden hat, als früher, und gegenwärtig eine der wichtigsten Grundlagen der ganzen mathematischen Physik bildet, ist bekannt unter dem Namen *des Satzes von der Erhaltung der Energie.*

ABSCHNITT I.

Erster Hauptsatz der mechanischen Wärmetheorie
oder
Satz von der Aequivalenz von Wärme und Arbeit.

§. 1. Ausgangspunkt der Theorie.

Nachdem in früherer Zeit fast allgemein die Ansicht gegolten hatte, dass die Wärme ein besonderer Stoff sei, welcher in den Körpern in grösserer oder geringerer Menge vorhanden sei, und dadurch ihre höhere oder tiefere Temperatur bedinge, und welcher auch von den Körpern ausgesandt werde, und dann den leeren Raum und auch solche Räume, welche ponderable Masse enthalten, mit ungeheurer Geschwindigkeit durchfliege, und so die strahlende Wärme bilde, hat sich in neuerer Zeit die Ansicht Bahn gebrochen, dass die Wärme eine Bewegung sei. Dabei wird die in den Körpern befindliche Wärme, welche die Temperatur derselben bedingt, als eine Bewegung der ponderablen Atome betrachtet, an welcher auch der im Körper befindliche Aether theilnehmen kann, und die strahlende Wärme wird als eine schwingende Bewegung des Aethers angesehen.

Auf eine Auseinandersetzung der Thatsachen, Versuche und Schlussweisen, durch welche man zu dieser veränderten Ansicht geführt wurde, will ich hier nicht eingehen, weil dabei manches zur Sprache kommen müsste, was besser erst im Verlaufe des Buches an den geeigneten Stellen besprochen wird. Ich glaube die Uebereinstimmung der aus der neuen Theorie abgeleiteten

Resultate mit der Erfahrung wird am besten dazu dienen können, die Grundlagen der Theorie als richtig zu bestätigen.

Wir wollen also bei unserer Entwickelung von der Annahme ausgehen, dass die Wärme in einer Bewegung der kleinsten Körper- und Aethertheilchen bestehe, und dass die Quantität der Wärme das Maass der lebendigen Kraft dieser Bewegung sei. Dabei wollen wir über die Art der Bewegung gar keine besondere Voraussetzung machen, sondern nur den Satz von der Aequivalenz von lebendiger Kraft und Arbeit, welcher für jede Art von Bewegung gilt, auf die Wärme anwenden und den dadurch entstehenden Satz als ersten Hauptsatz der mechanischen Wärmetheorie hinstellen.

§. 2. Positiver und negativer Sinn der mechanischen Arbeit.

Im §. 1 der Einleitung wurde bei der Bewegung eines Punktes die mechanische Arbeit definirt als *das Product aus dem Wege und der in die Richtung des Weges fallenden Componente der auf den Punkt wirkenden Kraft.* Danach wird die Arbeit positiv, wenn die Kraftcomponente in der Geraden, in welcher der Weg liegt, nach derselben Seite fällt, wie der Weg, und negativ, wenn sie nach der entgegengesetzten Seite fällt. Bei dieser Bestimmung des positiven Sinnes der mechanischen Arbeit lautet der Satz von der Aequivalenz von lebendiger Kraft und Arbeit: *die Zunahme der lebendigen Kraft ist gleich der geleisteten Arbeit, oder gleich der Zunahme der Arbeit.*

Man kann die Sache aber auch von einem anderen Gesichtspunkte aus betrachten.

Wenn ein materieller Punkt eine Bewegung angenommen hat, so kann er diese, wegen seines Beharrungsvermögens, auch dann fortsetzen, wenn die auf ihn wirkende Kraft eine der Bewegung entgegengesetzte Richtung hat, wobei freilich seine Geschwindigkeit und somit auch seine lebendige Kraft allmälig abnimmt. Ein unter dem Einflusse der Schwere stehender materieller Punkt z. B., wenn er einen Stoss nach Oben erhalten hat, kann sich der Schwere entgegen bewegen, wobei die durch den Stoss erhaltene Geschwindigkeit allmälig geringer wird. In einem solchen Falle ist die Arbeit, wenn sie als eine von der Kraft gethane Arbeit betrachtet wird, negativ. Man kann aber auch die Arbeit in der Weise betrachten, dass man in solchen Fällen, wo durch die vorhandene Bewegung, vermittelst des Beharrungsvermögens, eine Kraft überwunden wird, die Arbeit als positiv rechnet, dagegen in solchen Fällen, wo der Punkt der Kraft nachgiebt, die Arbeit als negativ rechnet. Unter Anwendung einer im §. 1 der Einleitung angeführten Ausdrucksweise, bei welcher der auf die beiden entgegengesetzten Richtungen der Kraftcomponente bezügliche Unterschied durch das Verbum ausgedrückt wird, lässt sich das Vorige noch einfacher so aussprechen: *man kann festsetzen, dass nicht die von einer Kraft gethane, sondern die von einer Kraft erlittene Arbeit als positiv gerechnet werden soll.*

Bei dieser Bestimmungsweise der Arbeit lautet der Satz von der Aequivalenz von lebendiger Kraft und Arbeit folgendermaassen: *die Abnahme der lebendigen Kraft ist gleich Zunahme der Arbeit* oder: *die Summe aus lebendiger Kraft und Arbeit ist constant.* Diese letzte Form des Satzes ist für das Folgende sehr bequem.

Bei solchen Kräften, welche ein Ergal haben, wurde in §. 6 der Einleitung die Bedeutung dieser Grösse so definirt, dass gesagt werden konnte: die Arbeit ist gleich der *Abnahme* des Ergals. Unter Anwendung der vorher besprochenen Bestimmungsweise der Arbeit muss statt dessen gesagt werden: die Arbeit ist gleich der *Zunahme* des Ergals, und es kann daher, wenn die im Ergal vorkommende additive Constante in geeigneter Weise bestimmt wird, das Ergal einfach als Ausdruck der Arbeit betrachtet werden.

§. 3. Ausdruck des ersten Hauptsatzes.

Nachdem wir den positiven Sinn der Arbeit in der vorstehenden Weise festgesetzt haben, können wir den aus dem Satze von der Aequivalenz von lebendiger Kraft und Arbeit abzuleitenden ersten Hauptsatz der mechanischen Wärmetheorie, welcher *der Satz von der Aequivalenz von Wärme und Arbeit* genannt wird, folgendermaassen aussprechen:

In allen Fällen, wo durch Wärme Arbeit entsteht, wird eine der erzeugten Arbeit proportionale Wärmemenge verbraucht, und umgekehrt kann durch Verbrauch einer ebenso grossen Arbeit dieselbe Wärmemenge erzeugt werden.

Wenn Wärme verbraucht wird und dafür Arbeit entsteht, so kann man sagen, die Wärme habe sich in Arbeit verwandelt, und umgekehrt, wenn Arbeit verbraucht wird, und dafür Wärme entsteht, kann man sagen, es habe sich Arbeit in Wärme verwandelt. Unter Anwendung dieser Ausdrucksweise nimmt der vorige Satz folgende Form an:

Es lässt sich Arbeit in Wärme und umgekehrt Wärme in Arbeit verwandeln, wobei stets die Grösse der einen der der andern proportional ist.

Dieser Satz ist durch manche schon früher bekannte Erscheinungen und in neuerer Zeit durch so viele und verschiedenartige Versuche bestätigt, dass man ihn, auch abgesehen von dem Umstande, dass er einen speciellen Fall jenes mechanischen Satzes bildet, als einen aus Erfahrungen und Beobachtungen abgeleiteten Satz annehmen kann.

§. 4. Verhältnisszahl zwischen Wärme und Arbeit.

Während der mechanische Satz aussagt, dass die Veränderung der lebendigen Kraft und die ihr entsprechende Arbeit unter einander *gleich* seien, ist in dem Satze, welcher die Beziehung zwischen Wärme und Arbeit ausdrückt, nur von *Proportionalität* die Rede. Das hat seinen Grund darin, dass die Wärme nicht nach demselben Maasse gemessen wird, wie die Arbeit. Die Arbeit wird nach der früher angeführten mechanischen Einheit, dem *Kilogrammeter*, gemessen; für die Wärme dagegen wird eine nur nach der Bequemlichkeit der Messung gewählte Einheit angewandt, nämlich *diejenige Wärmemenge, welche erforderlich ist, um* 1 *Kil. Wasser von* 0° *auf* 1° *C. zu erwärmen.*

Hiernach kann natürlich zwischen Wärme und 'Arbeit nur Proportionalität stattfinden, und die Verhältnisszahl muss besonders bestimmt werden.

Wenn diese Verhältnisszahl so gewählt wird, dass sie die Arbeit angiebt, welche einer Wärmeeinheit entspricht, so nennt man sie das *mechanische Aequivalent der Wärme;* wird sie dagegen so gewählt, dass sie die Wärmemenge angiebt, welche einer Arbeitseinheit entspricht, so nennt man sie das *calorische Aequivalent der Arbeit.* Wir wollen das mechanische Aequivalent der Wärme mit E, und demgemäss das calorische Aequivalent der Arbeit mit $\frac{1}{E}$ bezeichnen.

Die Bestimmung der Verhältnisszahl ist auf verschiedene Weisen ausgeführt. Theils hat man sie durch Schlüsse aus schon vorhandenen Daten abzuleiten gesucht, was zuerst von Mayer nach richtigen Principien in einer weiter unten zu erwähnenden Weise geschehen ist, wobei freilich wegen der Unvollkommenheit der damals vorhandenen Data das Resultat etwas ungenau wurde, theils hat man sie durch besonders für diesen Zweck angestellte Experimente zu bestimmen gesucht. Vorzugsweise ist dem ausgezeichneten englischen Physiker Joule das Verdienst zuzuschreiben, mit grösster Umsicht und Sorgfalt dieses Verhältniss festgestellt zu haben. Einige seiner Versuche, sowie auch spätere von Anderen ausgeführte Bestimmungen werden besser erst nach den betreffenden theoretischen Entwickelungen Platz finden, und ich will mich hier darauf beschränken, diejenigen der Joule'schen Versuche anzuführen, welche am leichtesten verständlich und deren Resultate zugleich am zuverlässigsten sind.

Joule hat nämlich die Wärme, welche durch Reibung erzeugt wird, unter verschiedenen Umständen gemessen und mit der zur Hervorbringung der Reibung verwandten Arbeit, welche er durch herabsinkende Gewichte geschehen liess, verglichen. Diese Versuche sind ihrer Wichtigkeit wegen schon sehr häufig in verschiedenen Lehrbüchern beschrieben und neuerlich sind auch die Abhandlungen von Joule gesammelt in deutscher Uebersetzung von Spengel erschienen. Es wird daher nicht nöthig sein, auch hier eine Beschreibung der Versuche zu geben, sondern es wird genügen, die Resultate anzuführen, was am besten nach der im Jahre 1850 in den Phil. Trans. veröffentlichten Abhandlung geschehen kann.

In einer ersten, sehr ausgedehnten Versuchsreihe wurde Wasser mit Hülfe eines gedrehten Schaufelapparates in einem Gefässe gerührt, welches so eingerichtet war, dass nicht die ganze Wassermasse in gleichmässige Rotation kommen konnte, sondern dass das Wasser, nachdem es in Bewegung gesetzt war, immer wieder durch feststehende Schirme in seiner Bewegung gehemmt wurde, wodurch vielfache Wirbel entstehen mussten, welche eine bedeutende Reibung verursachten. Das in englischen Maassen ausgedrückte Resultat ist, dass zur Hervorbringung der Wärmemenge, welche ein englisches Pfund Wasser um einen Grad Fahrenheit erwärmen kann, eine Arbeit von 772·695 engl. Fusspfund gehört.

In zwei anderen Versuchsreihen wurde in ähnlicher Weise Quecksilber gerührt, und das Resultat war 774·083 Fusspfund.

Endlich wurden in zwei Versuchsreihen Gusseisenstücke an einander gerieben, welche sich unter Quecksilber befanden und an dieses die erzeugte Wärme abgaben. Das Resultat war 774·987 Fusspfund.

Unter allen seinen Resultaten betrachtet Joule das beim Wasser gefundene als das genaueste, und, indem er es wegen des Tones, der beim Rühren erzeugt wurde, noch ein Wenig reduciren zu dürfen glaubt, giebt er schliesslich

772 Fusspfund

als den wahrscheinlichsten Werth an.

Rechnet man diese Zahl in die entsprechende auf französische Maasse bezügliche Zahl um, so erhält man das Resultat, *dass zur Erzeugung der Wärmemenge, welche ein Kilogramm Wasser um einen Grad Celsius erwärmen kann, eine Arbeit von 423·55 Kilogrammeter gehört.*

Diese Zahl scheint unter den bisher bestimmten das meiste Vertrauen zu verdienen, und wir wollen sie daher im Folgenden für das mechanische Aequivalent der Wärme anwenden, und demgemäss setzen:

$$(1) \qquad\qquad E = 423\text{·}55.$$

Bei den meisten Rechnungen wird es unbedenklich erscheinen, statt der mit Decimalstellen versehenen Zahl die runde Zahl 424 anzuwenden.

§. 5. Mechanische Einheit der Wärme.

Seit der Satz von der Aequivalenz von Wärme und Arbeit aufgestellt ist, in Folge dessen diese beiden sich gegenseitig ersetzen können, kommt man oft in die Lage, Grössen bilden zu müssen, welche Wärme und Arbeit als Summanden enthalten. Da nun aber Wärme und Arbeit nach verschiedenen Maassen gemessen werden, so kann man in einem solchen Falle nicht einfach sagen, die Grösse sei die Summe der Wärme und der Arbeit, sondern man muss entweder sagen: *die Summe der Wärme und des Wärmewerthes der Arbeit*, oder: *die Summe der Arbeit und des Arbeitswerthes der Wärme.*

Wegen dieser Unbequemlichkeit hat Rankine vorgesch ı̣ ʿn,
für die Wärme eine andere Einheit einzuführen, nämlich die̦ niı̧ ʾ
Wärmemenge, welche der Arbeitseinheit entspricht, auc al.
Wärmeeinheit zu wählen. Man kann diese Wärmeeinheit ei fact
die *mechanische* nennen.

Der *allgemeinen* Einführung der mechanischen Wärmeeinheit
wird wohl der Umstand. hinderlich sein, dass die bisher gebräuch-
liche Wärmeeinheit eine Grösse ist, welche mit den gewöhnlichen
calorimetrischen Methoden, die meistens auf der Erwärmung von
Wasser beruhen, innig zusammenhängt, so dass dabei nur geringe,
auf sehr zuverlässige Messungen gestützte Reductionen nöthig sind,
während die mechanische Wärmeeinheit ausserdem, dass sie dieselben Reductionen verlangt, noch das mechanische Aequivalent
der Wärme als bekannt voraussetzt, eine Voraussetzung, die nur
näherungsweise erfüllt ist. Indessen bei den theoretischen Entwickelungen der mechanischen Wärmetheorie, bei denen die Beziehung zwischen Arbeit und Wärme besonders oft vorkommt, gewährt das Verfahren, die Wärme in mechanischen Einheiten auszudrücken, so wesentliche Vereinfachungen, dass ich geglaubt habe,
die Bedenken, welche ich früher gegen dieses Verfahren hatte, bei
der gegenwärtigen mehr zusammenhängenden Darstellung dieser
Theorie fallen lassen zu dürfen. Es soll daher im Folgenden, wo
das Gegentheil nicht ausdrücklich gesagt wird, immer vorausgesetzt
werden, dass die Wärme nach mechanischen Einheiten gemessen sei

Bei dieser Art der Messung nimmt der oben ausgesprochene
erste Hauptsatz der mechanischen Wärmetheorie eine noch bestimmtere Form an, indem er nicht bloss aussagt, dass die Wärme
und die ihr entsprechende Arbeit *proportional*, sondern dass sie
gleich seien.

Will man später eine nach mechanischen Einheiten gemessene
Wärmemenge wieder in gewöhnlichen Wärmeeinheiten ausdrücken
so braucht man dazu die auf die ersteren Einheiten bezü ʾi ʿ ̧ie
Zahl nur durch das mechanische Aequivalent der Wärme also
durch E zu dividiren.

§. 6. Aufstellung der ersten Hauptgleichung.

Es sei irgend ein Körper gegeben und sein Zustand in ʾ ʿ ̣ ug
auf Temperatur, Volumen etc. als bekannt vorausgesetzt. Wenn

diesem Körper eine unendlich kleine Wärmemenge dQ mitgetheilt wird, so fragt es sich, welche Wirkung sie ausübt, und was aus ihr wird.

Sie kann einestheils dazu dienen, die im Körper wirklich vorhandene Wärme zu vermehren, anderntheils kann sie, wenn der Körper in Folge der Wärmeaufnahme eine Zustandsänderung erleidet, welche mit der Ueberwindung von Kräften verbunden ist, zu der dabei geschehenden Arbeit verbraucht werden. Wenn wir die im Körper vorhandene Wärme oder, wie wir kürzer sagen wollen, den *Wärmeinhalt* des Körpers mit H und die unendlich kleine Zunahme dieser Grösse mit dH bezeichnen, und für die unendlich kleine Arbeit das Zeichen dL wählen, so können wir folgende Gleichung bilden:

(I.) $$dQ = dH + dL.$$

Die Kräfte, um welche es sich bei der Arbeitsleistung handelt, lassen sich in zwei Classen theilen, erstens diejenigen, welche die Atome des Körpers untereinander ausüben, und welche daher in der Natur des Körpers selbst begründet sind, und zweitens die, welche von fremden Einflüssen, unter denen der Körper steht, herrühren. Nach diesen beiden Classen von Kräften, welche zu überwinden sind, habe ich die von der Wärme geleistete Arbeit in die *innere* und *äussere* Arbeit getheilt. Bezeichnen wir diese beiden Arbeitsgrössen mit dJ und dW, so ist zu setzen:

(2) $$dL = dJ + dW,$$

und die vorige Gleichung geht dadurch über in:

(II.) $$dQ = dH + dJ + dW.$$

§. 7. Verschiedenes Verhalten der Grössen J, W und H.

Die innere und äussere Arbeit stehen unter wesentlich verschiedenen Gesetzen.

Was zunächst die *innere* Arbeit anbetrifft, so ist leicht zu übersehen, dass, wenn ein Körper, von irgend einem Anfangszustande ausgehend, eine Reihe von Veränderungen durchmacht, und schliesslich wieder in seinen ursprünglichen Zustand zurückkehrt, dann die dabei vorkommenden inneren Arbeitsgrössen sich gerade gegenseitig aufheben müssen. Bliebe nämlich noch eine gewisse positive oder negative innere Arbeit übrig, so müsste durch diese

eine entgegengesetzte äussere Arbeit oder eine Aenderung der vorhandenen Wärmequantität bewirkt sein, und da man denselben
Process beliebig oft wiederholen könnte, so würde man dadurch je
nach dem Vorzeichen im einen Falle fortwährend Arbeit oder
Wärme aus Nichts schaffen, und im anderen Falle fortwährend
Arbeit oder Wärme verlieren, ohne ein Aequivalent dafür zu
erhalten, was wohl beides allgemein als unmöglich anerkannt werden wird. Wenn somit bei jeder Rückkehr des Körpers in seinen
Anfangszustand die innere Arbeit Null wird, so folgt daraus weiter,
dass bei einer beliebigen Zustandsänderung des Körpers, die innere
Arbeit durch den Anfangs- und Endzustand vollkommen bestimmt
ist, ohne dass man die Art und Weise, wie er aus dem einen in
den andern gelangte, zu kennen braucht. Denkt man sich nämlich, dass der Körper in verschiedenen Weisen aus dem einen in
den anderen Zustand gebracht und immer in einer und derselben
Weise wieder in den ersten Zustand zurückgebracht werde, so
müssen bei den in verschiedenen Weisen vor sich gehenden ersten
Aenderungen innere Arbeiten geleistet werden, welche sich alle
mit einer und derselben bei der Rückänderung geleisteten inneren
Arbeit aufheben, was nur möglich ist, wenn sie untereinander
gleich sind.

Wir müssen demnach annehmen, dass die inneren Kräfte ein
Ergal haben, welches eine Grösse ist, die durch den gerade stattfindenden Zustand des Körpers vollständig bestimmt wird, ohne
dass man zu wissen braucht, wie er in diesen Zustand gelangt ist.
Dann wird die innere Arbeit durch die Zunahme des Ergals,
welches wir mit J bezeichnen wollen, dargestellt, und für eine
unendlich kleine Veränderung des Körpers bildet das Differential
des Ergals dJ den Ausdruck der inneren Arbeit, was mit der in (2)
und (II.) angewandten Bezeichnung übereinstimmt.

Betrachten wir nun die *äussere* Arbeit, so finden wir bei dieser
ein ganz anderes Verhalten, als bei der inneren. Sie kann, wenn
der Anfangs- und Endzustand des Körpers gegeben sind, doch noch
sehr verschieden ausfallen.

Um dieses an einigen Beispielen zu zeigen, wählen wir als
Körper zunächst ein Gas, dessen Zustand durch seine Temperatur
t und sein Volumen v bestimmt wird, und bezeichnen die Anfangswerthe dieser Grössen mit t_1, v_1 und ihre Endwerthe mit t_2, v_2,
wobei wir voraussetzen wollen, dass $t_2 > t_1$ und $v_2 > v_1$. Wenn
nun die Aenderung in der Weise vor sich geht, dass das Gas bei

der Temperatur t_1 sich von dem Volumen v_1 bis v_2 ausdehnt und dann bei dem Volumen v_2 von der Temperatur t_1 bis t_2 erwärmt wird, so besteht die äussere Arbeit darin, dass bei der Ausdehnung derjenige äussere Druck überwunden wird, welcher der Temperatur t_1 entspricht. Wenn dagegen die Aenderung in der Weise geschieht, dass das Gas zuerst bei dem Volumen v_1 von der Temperatur t_1 bis t_2 erwärmt wird, und dann bei der Temperatur t_2 sich von dem Volumen v_1 bis v_2 ausdehnt, so besteht die äussere Arbeit darin, dass bei der Ausdehnung derjenige Druck überwunden wird, welcher der Temperatur t_2 entspricht. Da der letztere Druck grösser ist, als der erstere, so wird im zweiten Falle eine grössere äussere Arbeit geleistet, als im ersten. Nimmt man endlich an, dass Ausdehnung und Erwärmung irgend wie in Absätzen wechseln oder auch nach irgend einem Gesetze gleichzeitig stattfinden, so erhält man immer andere Druckkräfte und somit eine unendliche Mannigfaltigkeit von Arbeitsgrössen bei demselben Anfangs- und Endzustande.

Ein anderes einfaches Beispiel ist folgendes. Es sei eine Quantität einer Flüssigkeit von der Temperatur t_1 gegeben, welche in gesättigten Dampf von der höheren Temperatur t_2 verwandelt werden soll. Diese Umänderung kann so geschehen, dass man die Flüssigkeit zuerst als solche bis t_2 erwärmt und dann bei dieser Temperatur verdampfen lässt, oder so, dass man die Flüssigkeit bei der Temperatur t_1 verdampfen lässt, und dann den Dampf bis t_2 erwärmt, und zugleich so zusammendrückt, dass er auch bei der Temperatur t_2 gesättigt ist, oder endlich so, dass man die Verdampfung bei irgend welchen mittleren Temperaturen stattfinden lässt. Die äussere Arbeit, welche sich wieder auf die Ueberwindung des äusseren Druckes bei der Volumenänderung bezieht, hat in allen diesen Fällen verschiedene Werthe.

Der vorstehend nur beispielsweise für zwei bestimmte Körper besprochene Unterschied in der Art der Veränderung lässt sich allgemein dadurch ausdrücken, dass man sagt: der Körper kann *auf verschiedenen Wegen* aus dem einen Zustande in den anderen übergehen.

Ausser diesem Unterschiede kann noch ein anderer vorkommen.

Wenn ein Körper bei einer Zustandsänderung einen äusseren Widerstand überwindet, so kann dieser entweder so gross sein, dass die volle Kraft des Körpers nur gerade zu seiner Ueberwindung ausreicht, oder er kann kleiner sein. Als Beispiel wollen wir wieder eine Quantität eines Gases betrachten, welches bei gegebener Temperatur und gegebenem Volumen eine gewisse Expansivkraft besitzt. Wenn dieses Gas sich ausdehnt, so muss der äussere Gegendruck, den es dabei zu überwinden hat, zwar, um überwunden zu werden, geringer sein, als die Expansivkraft des Gases, aber die Differenz zwischen beiden kann beliebig klein sein, und als Grenzfall können wir annehmen, dass beide gleich seien. Es können aber auch solche Fälle vorkommen, wo jene Differenz eine endliche, mehr oder weniger beträchtliche Grösse ist. Wenn z. B. das Gefäss, in welchem das Gas sich zu Anfang mit einer gewissen Expansivkraft befindet, plötzlich mit einem Raume, in welchem ein geringerer Druck herrscht, oder mit einem ganz leeren Gefässe in Verbindung gesetzt wird, so überwindet das Gas bei seiner Ausdehnung eine geringere äussere Gegenkraft, als es überwinden könnte oder auch gar keine äussere Gegenkraft, und leistet daher eine geringere äussere Arbeit, als es leisten könnte, oder auch gar keine äussere Arbeit.

Im ersteren Falle, wo Druck und Gegendruck in jedem Augenblicke gleich sind, kann das Gas durch denselben Druck, den es bei der Ausdehnung überwunden hat, auch wieder zusammengedrückt werden. Wenn aber der überwundene Druck kleiner war, als die Expansivkraft, so kann das Gas durch diesen Druck nicht wieder zusammengedrückt werden. Man kann daher den Unterschied so aussprechen: im ersteren Falle findet die Ausdehnung in *umkehrbarer* Weise statt, und im letzteren in *nicht umkehrbarer* Weise.

Diese Art des Ausdruckes können wir auch auf andere Fälle, wo unter Ueberwindung irgend welcher Widerstände Zustandsänderungen vorkommen, anwenden, und können den zuletzt besprochenen, die äussere Arbeit beeinflussenden Unterschied allgemein folgendermaassen aussprechen. *Bei einer bestimmten Zustandsänderung kann die äussere Arbeit verschieden ausfallen, je nachdem die Zustandsänderung in umkehrbarer oder in nicht umkehrbarer Weise stattfindet.*

Neben den beiden auf die Arbeit bezüglichen Differentialen dJ und dW kommt an der rechten Seite der Gleichung (II) noch ein drittes Differential vor, nämlich das Differential der im Körper wirklich vorhandenen Wärme oder seines Wärmeinhaltes H. Diese Grösse H hat offenbar auch die in Bezug auf J besprochene Eigenschaft, dass sie schon bestimmt ist, sobald der Zustand des Körpers gegeben ist, ohne dass man die Art, wie er in denselben gelangt ist, zu kennen braucht.

§. 8. Die Energie des Körpers.

Da die im Körper wirklich vorhandene Wärme und die innere Arbeit sich in der letztgenannten für die Behandlung sehr wichtigen Beziehung unter einander gleich verhalten, und da wir ferner, wegen unserer Unbekanntschaft mit den inneren Kräften der Körper, gewöhnlich nicht die einzelnen Werthe dieser beiden Grössen, sondern nur ihre Summe kennen, so habe ich schon in meiner ersten, 1850 erschienenen, auf die Wärme bezüglichen Abhandlung[1]) diese beiden Grössen unter Ein Zeichen zusammengefasst. Dasselbe wollen wir auch hier thun, indem wir setzen:

$$(3) \qquad U = H + J,$$

wodurch die Gleichung (II.) übergeht in:

$$(III.) \qquad dQ = dU + dW.$$

Die bei jener Gelegenheit von mir in die Wärmelehre eingeführte Function U ist seitdem auch von anderen Autoren, welche über die mechanische Wärmetheorie geschrieben haben, adoptirt, und da die Definition, welche ich von ihr gegeben hatte[2]), dass sie, wenn man von irgend einem Anfangszustande ausgeht, die hinzugekommene wirklich vorhandene Wärme und die zu innerer Arbeit verbrauchte Wärme umfasse, etwas lang ist, so sind von verschiedenen Seiten Vorschläge für kürzere Benennungen gemacht.

Thomson hat die Function in seiner Abhandlung von 1851[3]) *the mechanical energy of a body in a given state* genannt, und Kirchhoff[4]) hat für sie den Namen *Wirkungsfunction* angewandt. Ferner hat Zeuner in seiner 1860 erschienenen Schrift „Grundzüge der mechanischen Wärmetheorie" die mit dem calorischen Aequivalente der Arbeit multiplicirte Grösse U die *innere Wärme* des Körpers genannt.

In Bezug auf den letzten Namen habe ich schon im Jahre 1864 gelegentlich bemerkt[5]), dass er mir der Bedeutung der Grösse

---

[1]) Pogg. Ann. Bd. 79, S. 368 und Abhandlungensammlung, erste Abhandlung.

[2]) An den anderen Orten S. 385 und S. 33.

[3]) *Transact. of the Roy. Soc. of Edinburgh, Vol. XX, p. 475.*

[4]) Pogg. Ann. Bd. 103, S. 177.

[5]) Meine Abhandlungensammlung Bd. I, S. 281.

U nicht ganz zu entsprechen scheint, da nur ein Theil dieser Grösse wirklich im Körper vorhandene Wärme, d. h. lebendige Kraft seiner Molecularbewegungen darstellt, während der übrige Theil sich auf Wärme bezieht, welche zu innerer Arbeit verbraucht ist, und folglich nicht mehr als Wärme existirt. In der 1866 erschienenen zweiten Auflage seines Buches hat Zeuner dann die Aenderung vorgenommen, dass er die Grösse U die *innere Arbeit* des Körpers genannt hat. Ich muss aber gestehen, dass ich diesem Namen ebenso wenig zustimmen kann, wie dem ersteren, indem er mir nach der anderen Seite hin zu beschränkt zu sein scheint.

Von den beiden anderen Namen scheint mir besonders das von Thomson gebrauchte Wort *energy* sehr passend zu sein, indem die Grösse, um die es sich hier handelt, ganz derjenigen entspricht, welche in der Mechanik mit diesem Worte bezeichnet wird. Ich habe mich daher dieser Benennungsweise angeschlossen, und werde auch im Folgenden die Grösse U die *Energie* des Körpers nennen.

In Bezug auf die vollständige Bestimmung des Ergals und der das Ergal enthaltenden Energie, ist übrigens noch eine besondere Bemerkung zu machen. Da das Ergal die Arbeit darstellt, welche die inneren Kräfte leisten mussten, während der Körper aus einem als Ausgangspunkt gewählten Anfangszustande in seinen gegenwärtigen Zustand überging, so erhält man für den gegenwärtigen Zustand nur dann einen vollständig bestimmten Werth des Ergals, wenn jener Anfangszustand im Voraus und ein für alle Mal festgesetzt ist. Ist das Letztere nicht geschehen, so muss man sich zu der Function, welche das Ergal darstellt, noch eine willkürliche Constante hinzugefügt denken, welche sich auf den Anfangszustand bezieht. Dabei versteht es sich von selbst, dass es nicht immer nöthig ist, die Constante wirklich hinzuschreiben, sondern dass man sie sich in der Function, so lange diese durch ein allgemeines Symbol bezeichnet wird, mit einbegriffen denken kann. Ebenso muss man sich auch in dem Zeichen, welches die Energie darstellt, eine solche noch unbestimmte Constante mit einbegriffen denken.

§. 9. Gleichungen für endliche Zustandsänderungen und Kreisprocesse.

Denken wir uns die Gleichung (III.), welche sich auf eine unendlich kleine Veränderung bezieht, für irgend eine endliche Veränderung, oder auch für eine Reihe von auf einander folgenden endlichen Veränderungen integrirt, so lässt sich das Integral des einen Gliedes sofort angeben. Die Energie U ist nämlich, wie oben gesagt, nur von dem gerade stattfindenden Zustande des Körpers, und nicht von der Art, wie er in denselben gelangt ist, abhängig. Daraus folgt, dass, wenn man den Anfangs- und Endwerth von U mit U_1 und U_2 bezeichnet, man setzen kann:

$$\int dU = U_2 - U_1.$$

Demnach lässt sich die durch Integration von (III.) entstehende Gleichung so schreiben:

$$(4) \qquad \int dQ = U_2 - U_1 + \int dW,$$

oder, wenn wir die beiden in dieser Gleichung noch vorkommenden Integrale $\int dQ$ und $\int dW$, welche die während der Veränderung oder der Reihe von Veränderungen im Ganzen mitgetheilte Wärme und geleistete äussere Arbeit bedeuten, mit Q und W bezeichnen:

$$(4\,a) \qquad Q = U_2 - U_1 + W.$$

Als speciellen Fall wollen wir annehmen, der Körper erleide eine solche Reihe von Veränderungen, durch die er schliesslich wieder in seinen Anfangszustand zurückkommt. Eine solche Reihe von Veränderungen habe ich einen *Kreisprocess* genannt. Da in diesem Falle der Endzustand des Körpers derselbe ist, wie der Anfangszustand, so ist auch der Endwerth U_2 der Energie gleich dem Anfangswerthe U_1, und die Differenz $U_2 - U_1$ ist somit gleich Null. Demnach gehen die Gleichungen (4) und (4a) für einen Kreisprocess über in folgende:

$$(5) \qquad \int dQ = \int dW,$$

$$(5\,a) \qquad Q = W.$$

Bei einem Kreisprocesse ist also die dem Körper im Ganzen mitgetheilte Wärme (d. h. die algebraische Summe aller einzelnen im Verlaufe des Kreisprocesses mitgetheilten Wärmemengen, welche theils positiv, theils negativ sein können), einfach gleich der im Ganzen geleisteten äusseren Arbeit.

§. 10. Gesammtwärme, latente und specifische Wärme.

Früher, als man die Wärme noch für einen Stoff hielt, und annahm, dieser Stoff könne in zwei verschiedenen Zuständen vorkommen, welche man mit den Worten *frei* und *latent* bezeichnete, hatte man einen Begriff eingeführt, welchen man in den Rechnungen vielfach anwandte und die *Gesammtwärme* des Körpers nannte. Darunter verstand man diejenige Wärmemenge, welche ein Körper hat aufnehmen müssen, um aus einem gegebenen Anfangszustande in seinen gegenwärtigen Zustand zu gelangen, und welche nun, theils als freie, theils als latente Wärme, in ihm vorhanden sei. Man meinte dabei, diese Wärmemenge sei, wenn der Anfangszustand des Körpers als bekannt vorausgesetzt wird, durch seinen gegenwärtigen Zustand vollständig bestimmt, ohne dass die Art, wie er in diesen Zustand gelangt ist, dabei in Betracht komme.

Nachdem wir nun aber in Gleichung (4 a) für die Wärmemenge Q, welche der Körper beim Uebergange aus dem Anfangszustande in den Endzustand aufgenommen hat, einen Ausdruck gewonnen haben, welcher die äussere Arbeit W enthält, müssen wir schliessen, dass von dieser Wärmemenge dasselbe gilt, wie von der äusseren Arbeit, nämlich dass sie nicht bloss vom Anfangs- und Endzustande des Körpers, sondern auch von der Art, wie er aus dem einen in den andern gelangt ist, abhängt. Der Begriff der Gesammtwärme als einer nur vom gegenwärtigen Zustande des Körpers abhängigen Grösse ist also nach der neueren Wärmetheorie nicht mehr zulässig.

Das Verschwinden von Wärme bei gewissen Zustandsänderungen der Körper, z. B. beim Schmelzen und Verdampfen, erklärte man früher, wie schon oben angedeutet wurde, daraus, dass diese Wärme in einen besonderen Zustand übergehe, in welchem sie durch unser Gefühl und das Thermometer nicht wahrnehmbar sei, und in welchem man sie daher *latent* nannte. Diese Erklärungsweise habe ich ebenfalls bestritten, und habe die Behauptung aufgestellt, alle in einem Körper vorhandene Wärme sei fühlbar und durch das Thermometer erkennbar; die bei jenen Zustandsänderungen der Körper verschwundene Wärme existire gar nicht mehr als Wärme, sondern sei *zu Arbeit verbraucht*, und die bei den entgegengesetzten Zustandsänderungen (z. B. Gefrieren und Dampfniederschlag) wieder zum Vorschein kommende Wärme trete nicht aus einer Verborgenheit hervor, sondern sei *durch Arbeit neu erzeugt*. Demgemäss habe ich vorgeschlagen, statt des Ausdruckes *latente* Wärme unter Anwendung des Wortes *Werk*, welches mit *Arbeit* im Wesentlichen gleichbedeutend ist, den Ausdruck *Werkwärme* zu gebrauchen [1]).

---

[1]) Durch den vorgeschlagenen Namen *Werkwärme* ist natürlich nicht ausgeschlossen, dass man in den Fällen, in welchen die Werkwärme besonders häufig zur Sprache kommt, nämlich bei der Verdampfung und

Die Arbeit (oder das Werk), zu welcher die Wärme verbraucht wird, und durch welche bei der entgegengesetzten Veränderung Wärme erzeugt wird, kann von doppelter Art sein, nämlich *innere* und *äussere* Arbeit. Wenn z. B. eine Flüssigkeit verdampft, so muss dabei die Anziehung der Molecüle überwunden werden, und zugleich muss, da der Dampf einen grösseren Raum einnimmt, als die Flüssigkeit, der äussere Gegendruck überwunden werden. Diesen beiden Theilen der Arbeit (oder des Werkes) entsprechend kann man auch die gesammte Werkwärme in zwei Theile zerlegen, welche man die *innere Werkwärme* und die *äussere Werkwärme* nennen kann.

Diejenige Wärme, welche man einem Körper mittheilen muss, wenn man ihn ohne Aenderung seines Aggregatzustandes erwärmen will, betrachtete man früher gewöhnlich ganz als *freie* Wärme oder, besser gesagt, als im Körper *wirklich vorhanden* bleibende Wärme; indessen fällt auch von dieser Wärme ein grosser Theil in dieselbe Kategorie, wie die, welche man früher *latente Wärme* nannte, und für welche ich den Namen *Werkwärme* vorgeschlagen habe. Mit der Erwärmung eines Körpers ist nämlich der Regel nach auch eine Aenderung in der Anordnung seiner Molecüle verbunden, welche Aenderung gewöhnlich eine äusserlich wahrnehmbare Volumenveränderung des Körpers zur Folge hat, aber auch selbst in solchen Fällen, wo der Körper sein Volumen nicht ändert, stattfinden kann. Diese Anordnungsänderung erfordert eine gewisse Arbeit, welche theils innere, theils äussere sein kann, und zu dieser Arbeit (oder diesem Werke) wiederum wird Wärme verbraucht. Die dem Körper zugeführte Wärme dient also nur zum Theile zur Vermehrung der in ihm wirklich vorhandenen Wärme, und der übrige Theil dient als Werkwärme.

Aus diesem Verhalten habe ich z. B. die auffällig grosse specifische Wärme des flüssigen Wassers, welche viel grösser ist, als die des Eises und des Wasserdampfes, zu erklären gesucht [1], indem ich angenommen habe, dass von der Wärmemenge, welche das Wasser bei seiner Erwärmung von Aussen empfängt, ein grosser

---

beim Schmelzen, nach Belieben, sofern es der Bequemlichkeit wegen zweckmässig erscheint, eine Zusammenziehung in dem Ausdrucke machen kann, und z. B. statt *Werkwärme der Verdampfung*, so wie ich es in meinen Abhandlungen gethan habe, kurz *Verdampfungswärme*, und statt *Werkwärme des Schmelzens* kurz *Schmelzwärme* sagen kann.

[1] Pogg. Ann. Bd. 79, S. 375 und Abhandlungensammlung Bd. I, S. 23.

Theil zur Verringerung der Cohäsion verbraucht wird, und somit als Werkwärme dient.

Nach dem Vorstehenden wird es nöthig, neben den verschiedenen specifischen Wärmen, welche angeben, wie viel Wärme man einem Körper bei den verschiedenen Arten der Erwärmung mittheilen muss (wie z. B. die specifische Wärme eines festen oder flüssigen Körpers unter gewöhnlichem atmosphärischen Drucke und die specifische Wärme eines Gases bei constantem Volumen oder bei constantem Drucke), noch eine andere Grösse zu betrachten, welche angiebt, *um wieviel die in einer Gewichtseinheit eines Stoffes wirklich vorhandene Wärme, d. h. die lebendige Kraft der Bewegungen seiner kleinsten Theilchen, bei der Erwärmung um einen Grad zunimmt.* Diese Grösse wollen wir die *wahre Wärmecapacität* des Körpers nennen.

Es würde sogar zweckmässig sein, das Wort *Wärmecapacität*, auch wenn nicht *wahre* hinzugefügt wird, nur auf die wirklich im Körper vorhandene Wärme zu beziehen, dagegen für die Wärmemenge, welche ihm zur Erwärmung unter irgend welchen gegebenen Umständen im Ganzen mitgetheilt werden muss, und welche auch Werkwärme in sich begreift, immer den Ausdruck *specifische Wärme* anzuwenden. Da man indessen bis jetzt das Wort *Wärmecapacität* als gleichbedeutend mit dem Ausdrucke *specifische Wärme* zu gebrauchen pflegt, so ist, um ihm jene vereinfachte Bedeutung zu geben, noch die Hinzufügung des Beiwortes *wahre* nöthig.

§. 11. Ausdruck der äusseren Arbeit für einen besonderen Fall.

In der Gleichung (III.) ist die äussere Arbeit allgemein durch dW bezeichnet. Dabei ist über die Art der äusseren Kräfte, welche auf den Körper wirken, und auf welche sich die äussere Arbeit bezieht, gar keine besondere Annahme gemacht.

Es ist aber zweckmässig, einen Fall speciell zu betrachten, welcher besonders oft vorkommt, und zu einem sehr einfachen Ausdrucke der äusseren Arbeit führt, nämlich den, wo die einzige äussere Kraft, welche auf den Körper wirkt, oder wenigstens die einzige, welche bei der Bestimmung der Arbeit Berücksichtigung verdient, ein auf die Oberfläche des Körpers wirkender Druck ist, und wo dieser Druck (wie es bei flüssigen und luftförmigen Körpern, wenn

keine anderen fremden Kräfte mitwirken, immer stattfindet, und
bei festen Körpern wenigstens stattfinden kann), an allen Punkten
der Oberfläche gleich stark, und überall normal gegen die Oberfläche gerichtet ist. In diesem Falle braucht man zur Bestimmung
der äusseren Arbeit nicht die Gestaltveränderungen des Körpers
und seine Ausdehnung nach einzelnen verschiedenen Richtungen,
sondern nur seine Volumenveränderung im Ganzen zu betrachten.

Als ein anschauliches Beispiel möge zunächst angenommen
werden, der in·Fig. 1 angedeutete, durch einen leicht beweglichen
Stempel P abgeschlossene Cylinder enthalte einen
ausdehnsamen Stoff, z. B. eine Quantität eines
Gases, welcher unter einem Drucke stehe, der für
die Flächeneinheit durch p bezeichnet werden soll.
Der Querschnitt des Cylinders und demgemäss
auch die Fläche des Stempels werde mit a bezeichnet. Dann wird der Druck, welcher auf dem
Stempel lastet, und welcher bei der Hebung des
Stempels überwunden werden muss, durch das Product pa dargestellt. Wenn nun der Stempel sich
zuerst in solcher Höhe befindet, dass seine untere
Fläche um die Strecke h vom Boden des Cylinders
entfernt ist, und dann um die unendlich kleine Strecke dh gehoben
wird, so bestimmt sich die dabei geleistete äussere Arbeit durch
die Gleichung:

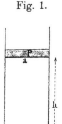

Fig. 1.

$$dW = pa\,dh.$$

Nun ist aber, wenn v das Volumen des eingeschlossenen Stoffes
bedeutet, zu setzen:

$$v = ah,$$

und somit:

$$dv = adh,$$

wodurch die obige Gleichung übergeht in:

(6) $$dW = pdv.$$

Dieselbe einfache Form nimmt das Differential der äusseren
Arbeit auch für eine beliebige Gestalt des Körpers und eine beliebige Art der Ausdehnung an, wie man leicht durch folgende Betrachtung erkennen wird.

In Fig. 2 (a. f. S.) stelle die voll ausgezogene Linie die
Oberfläche des Körpers in seinem ursprünglichen Zustande, und
die punktirte Linie seine Oberfläche nach einer unendlich kleinen

Veränderung seiner Gestalt und seines Volumens dar. Von der ersteren Oberfläche betrachten wir ein Element $d\omega$ beim Punkte A.

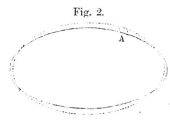

Fig. 2.

Eine auf diesem Flächenelemente errichtete Normale schneide die zweite Fläche in einer Entfernung dn von der ersten, wobei dn als positiv gerechnet wird, wenn die betreffende Stelle der zweiten Oberfläche ausserhalb des von der ersten Oberfläche eingeschlossenen Raumes liegt, und als negativ, wenn sie innerhalb liegt. Denkt man sich nun auf dem ganzen Umfange des Flächenelementes $d\omega$ unendlich viele Normalen bis zur zweiten Fläche errichtet, so wird dadurch ein unendlich kleiner, angenähert prismatischer Raum abgegrenzt, welcher das Element $d\omega$ als Grundfläche und dn als Höhe hat, und dessen Volumen daher durch das Product $d\omega\,dn$ dargestellt wird. Dieses unendlich kleine Volumen bildet den dem Flächenelemente $d\omega$ entsprechenden Theil der Volumenzunahme des Körpers. Wenn wir den Ausdruck $d\omega\,dn$ über die ganze Oberfläche integriren, erhalten wir die ganze Volumenzunahme des Körpers, also die Grösse dv, und wir können somit, indem wir die Integration über die Oberfläche durch ein mit dem Index ω versehenes Integralzeichen andeuten, schreiben:

$$(7) \qquad dv = \int_\omega dn\,d\omega.$$

Bezeichnen wir ferner, wie oben, den Druck auf die Flächeneinheit der Oberfläche mit p, so ist der Druck auf das Flächenelement $d\omega$ gleich $pd\omega$. Demgemäss wird der Theil der äusseren Arbeit, welcher diesem Flächenelemente entspricht, und darin besteht, dass das Element unter dem Einflusse der äusseren Kraft $pd\omega$ um das Stück dn senkrecht verschoben wird, durch das Product $p\,d\omega\,dn$ ausgedrückt. Durch Integration dieses Ausdruckes über die ganze Oberfläche erhält man die ganze äussere Arbeit, nämlich:

$$dW = \int_\omega p\,dn\,d\omega.$$

Da p für die ganze Oberfläche gleich ist, so kann es aus dem Integralzeichen herausgenommen werden, so dass die Gleichung lautet:

$$dW = p \int_\omega dn\, d\omega,$$

und unter Anwendung von (7) übergeht in:

$$dW = p\, dv,$$

welches dieselbe Gleichung ist, die schon unter (6) gegeben wurde.

In Folge dieser Gleichung können wir der Gleichung (III.) für den Fall, wo als äussere Kraft nur ein gleichmässiger und normaler Oberflächendruck wirkt, folgende Gestalt geben:

(IV.) $$dQ = dU + p\, dv.$$

Diese Gleichung, welche den gebräuchlichsten mathematischen Ausdruck des ersten Hauptsatzes der mechanischen Wärmetheorie bildet, wollen wir nun zunächst auf eine Körperclasse anwenden, welche sich durch die Einfachheit der Gesetze, unter denen sie steht, auszeichnet, und für welche daher auch die Gleichung eine besonders einfache Form annimmt, so dass die Rechnungen, zu denen sie Veranlassung giebt, sich leicht ausführen lassen.

ABSCHNITT II.

Behandlung der vollkommenen Gase.

§. 1. Gasförmiger Aggregatzustand.

Unter den Gesetzen, welche den gasförmigen Aggregatzustand charakterisiren, sind besonders das Mariotte'sche und das Gay-Lussac'sche Gesetz hervorzuheben, welche sich gemeinsam durch Eine Gleichung ausdrücken lassen. Es möge eine Gewichtseinheit eines Gases gegeben sein, welche bei der Temperatur des Gefrierpunktes unter irgend einem als Normaldruck angenommenen Drucke p_0 (z. B. dem Drucke einer Atmosphäre) das Volumen v_0 einnehme. Wenn dann bei der Temperatur t (nach Celsius-Graden gemessen) der Druck mit p und das Volumen mit v bezeichnet wird, so soll nach diesen Gesetzen die Gleichung:

$$(1) \qquad p v = p_0 v_0 \left(1 + \alpha t \right)$$

gelten, worin die Grösse α, welche man den Ausdehnungscoefficienten zu nennen pflegt, obwohl sie sich nicht bloss auf die Volumenänderung, sondern auch auf die Druckänderung bezieht, für alle Gase einen und denselben Werth haben soll.

Zwar hat in neuerer Zeit Regnault durch sehr sorgfältige Versuche nachgewiesen, dass diese Gesetze nicht in aller Strenge richtig sind, doch sind die Abweichungen für die permanenten Gase sehr gering, und werden nur bei solchen Gasen bedeutender, die sich condensiren lassen. Daraus scheint zu folgen, dass die Gesetze um so strenger gültig sind, je weiter das Gas in Bezug auf Druck und Temperatur von seinem Condensationspunkte entfernt ist. Man kann sich daher, während die Genauigkeit für die permanenten Gase schon im gewöhnlichen Zustande so gross ist, dass man sie für die meisten Untersuchungen als vollkommen betrachten kann, für jedes Gas einen Grenzzustand denken, in dem die Genauigkeit wirklich vollkommen wird, und diesen ideellen Zustand wollen wir im Folgenden als erreicht annehmen und solche Gase, bei denen er vorausgesetzt wird, kurz *vollkommene* Gase nennen.

Da nun aber die Grösse α bei den wirklich vorhandenen Gasen nach Regnault's Bestimmungen nicht ganz gleich ist, und auch bei einem und demselben Gase unter verschiedenen Umständen etwas verschiedene Werthe hat, so fragt es sich, welchen Werth man dieser Grösse bei den vollkommenen Gasen, bei denen derartige Unterschiede nicht mehr vorkommen können, zuschreiben muss.

Jedenfalls müssen wir uns dabei an die Zahlen halten, welche für permanente Gase gefunden sind. Bei der Untersuchungsweise, welche sich auf die Druckzunahme bei constantem Volumen bezog, hat Regnault für verschiedene permanente Gase folgende Zahlen gefunden:

Atmosphärische Luft . . .	0·003665
Wasserstoff	0·003667
Stickstoff	0·003668
Kohlenoxyd	0·003667.

Diese Zahlen zeigen so unbedeutende Differenzen, dass bei einer Auswahl unter ihnen wenig darauf ankommt, für welche man sich entscheidet; da aber mit der atmosphärischen Luft von Regnault die meisten Versuche angestellt sind, und auch Magnus durch seine Versuche zu einem ganz übereinstimmenden Resultate gelangt ist, so scheint es mir am angemessensten, die Zahl 0·003665 zu wählen.

Nun hat aber Regnault bei der anderen Untersuchungsweise, wobei der Druck constant blieb, und die Volumenzunahme beobachtet wurde, einen etwas anderen Werth von α für die atmosphärische Luft gefunden, nämlich 0·003670. Ferner hat er beobachtet, dass verdünnte Luft einen etwas kleineren und verdichtete Luft einen etwas grösseren Ausdehnungscoefficienten hat, als Luft von gewöhnlicher Dichtigkeit.

Dieser letztere Umstand hat einige Physiker zu dem Schlusse veranlasst, man müsse, weil die verdünnte Luft dem vollkommenen Gaszustande näher sei, als Luft von gewöhnlicher Dichtigkeit, für die vollkommenen Gase einen kleineren Werth als 0·003665 annehmen. Hiergegen ist aber einzuwenden, dass Regnault für Wasserstoff jene Abhängigkeit des Ausdehnungscoefficienten von der Dichtigkeit nicht beobachtet, sondern bei der einfachen und dreifachen Dichtigkeit fast genau denselben Werth erhalten hat, und dass er überhaupt gefunden hat, dass Wasserstoff sich in seinen Abweichungen vom Mariotte'schen und Gay-Lussac'schen Gesetze ganz anders und meistens sogar gerade entgegengesetzt verhält, wie atmosphärische Luft. Unter diesen Umständen scheint mir der obige aus dem Verhalten der atmosphärischen Luft gezogene Schluss etwas gewagt zu sein, denn man wird es gewiss als wahrscheinlich zugeben, dass der Wasserstoff dem vollkommenen Gaszustande mindestens ebenso nahe ist, wie atmosphärische Luft, und demgemäss muss man bei den auf diesen Zustand bezüglichen Schlüssen das Verhalten des Wasserstoffes ebenso gut berücksichtigen, wie dasjenige der atmosphärischen Luft.

Ich glaube daher, dass es für so lange, als nicht durch neue Beobachtungsdata zuverlässigere Anhaltspunkte für weitere Schlüsse gewonnen sind, am zweckmässigsten ist, sich an die Zahl zu halten, welche unter dem Drucke von einer Atmosphäre für atmosphärische Luft und Wasserstoff sehr nahe übereinstimmend gefunden ist, und zu setzen:

$$(2) \qquad \alpha = 0\text{·}003665 = \frac{1}{273}\text{·}$$

Wenn man den Bruch $\frac{1}{\alpha}$ durch a bezeichnet, so kann man der Gleichung (1) auch folgende Form geben:

$$(3) \qquad pv = \frac{p_0 v_0}{a}\,(a + t).$$

Setzt man noch zur Abkürzung:

$$(4) \qquad R = \frac{p_0 v_0}{a},$$

$$(5) \qquad T = a + t,$$

so kommt:

$$(6) \qquad pv = RT.$$

Hierin ist R eine Constante, welche von der Natur des Gases abhängt und seinem specifischen Gewichte umgekehrt proportional ist. T bedeutet die Temperatur, wenn sie nicht vom Gefrierpunkte aus, sondern von einem um a Grade tiefer liegenden Nullpunkte aus gezählt wird. Diese von — a an gezählte Temperatur wollen wir die *absolute* Temperatur nennen, indem wir uns vorbehalten, diesen Namen an einer anderen Stelle näher zu motiviren. Unter Voraussetzung des in (2) angenommenen Werthes von α erhalten wir:

(7)
$$\begin{cases} a = \dfrac{1}{\alpha} = 273 \\ T = 273 + t. \end{cases}$$

§. 2. Nebenannahme in Bezug auf gasförmige Körper.

Gay-Lussac hat den Versuch gemacht, dass er ein mit Luft gefülltes Gefäss mit einem gleich grossen luftleeren in Verbindung setzte, so dass die eine Hälfte der Luft in dieses überströmte. Indem er dann die Temperatur der beiden Hälften mass und mit der ursprünglichen Temperatur der Luft verglich, fand er, dass die übergeströmte Luft sich erwärmt und die zurückgebliebene Luft sich um ebenso viel abgekühlt hatte, so dass die mittlere Temperatur der ganzen Luftmasse nach der Ausdehnung dieselbe war, wie vor der Ausdehnung. Es hatte also bei dieser Art von Ausdehnung, bei welcher keine äussere Arbeit geleistet wurde, auch kein Wärmeverlust stattgefunden. Zu demselben Ergebnisse ist auch Joule[1]) und später Regnault[2]) gekommen, welche ähnliche Versuche mit grosser Sorgfalt ausgeführt haben.

Man kann den entsprechenden Satz auch unabhängig von jenen speciellen Experimenten durch gewisse in meiner ersten Abhandlung enthaltene Schlüsse aus den sonst schon bekannten Eigenschaften der Gase ableiten, wobei man zugleich den Grad seiner Genauigkeit erkennen kann.

Die Gase zeigen nämlich in ihrem Verhalten, besonders in der durch das Mariotte'sche und Gay-Lussac'sche Gesetz ausgedrückten Beziehung zwischen Volumen, Druck und Temperatur, eine so grosse Regelmässigkeit, dass man dadurch zu der Vorstellung geleitet wird, dass die gegenseitige Anziehung der Molecüle, welche im Innern der festen und tropfbar flüssigen Körper wirkt, bei den Gasen schon aufgehoben sei, so dass die Wärme, während sie bei jenen, um eine Ausdehnung zu bewirken, nicht

---

[1]) *Phil. Mag. Ser. III, Vol. 26* und Joule, das mechanische Aequivalent der Wärme, übersetzt von Spengel, S. 65.

[2]) *Comptes rendus t. 36, p. 680.*

bloss den äusseren Druck, sondern auch die inneren Anziehungen überwinden muss, es bei den Gasen nur noch mit dem äusseren Drucke zu thun habe. Ist dieses der Fall, so kann, wenn ein Gas sich bei constanter Temperatur ausdehnt, dabei nur so viel Wärme *verbraucht* werden, wie zu der *äusseren* Arbeit nöthig ist. Ferner lässt sich auch nicht annehmen, dass die in dem Gase *wirklich vorhandene* Wärmemenge, nachdem es sich bei constanter Temperatur ausgedehnt hat, grösser sei, als vorher. Giebt man auch dieses zu, so erhält man folgenden Satz: *ein permanentes Gas verschluckt, wenn es sich bei constanter Temperatur ausdehnt, nur so viel Wärme, wie zu der äusseren Arbeit, die es dabei leistet, verbraucht wird.*

Natürlich darf man aber diesem Satze keine strengere Gültigkeit zuschreiben, als den Sätzen, aus welchen er abgeleitet ist, sondern muss vielmehr annehmen, dass er für jedes Gas in eben dem Grade genau ist, in welchem das Mariotte'sche und Gay-Lussac'sche Gesetz auf dasselbe Anwendung findet. Nur für die vollkommenen Gase darf man ihn als streng richtig ansehen.

In diesem Sinne habe ich den Satz in Anwendung gebracht, und habe ihn als eine *Nebenannahme* mit den beiden Hauptsätzen der mechanischen Wärmetheorie in Verbindung gesetzt und zu weiteren Schlüssen benutzt.

Später hat W. Thomson, welcher mit einem der gezogenen Schlüsse anfangs nicht übereinstimmte, im Vereine mit J.P. Joule es unternommen, die Richtigkeit des Satzes experimentell zu prüfen[1]), und sie haben dazu mit vieler Sorgfalt eine Reihe zweckmässig ersonnener Versuche angestellt, welche ihrer Wichtigkeit wegen weiter unten noch näher besprochen werden sollen. Dabei hat sich nicht nur der Satz im Allgemeinen, sondern auch die von mir über den Grad seiner Genauigkeit hinzugefügte Bemerkung durchaus bestätigt. Für die von ihnen untersuchten *permanenten* Gase, atmosphärische Luft und Wasserstoff, haben sie den Satz so nahe richtig gefunden, dass die Abweichungen in den meisten Rechnungen vernachlässigt werden können, während sie bei dem zur Untersuchung ausgewählten *nicht permanenten* Gase, der Kohlensäure, ganz so, wie es nach dem sonstigen Verhalten dieses Gases zu erwarten war, etwas grössere Abweichungen beobachtet haben.

---

[1]) *Phil. Transact. of the Roy. Soc. of London for 1853, 1854 and 1862.*

Hiernach wird man jetzt um so weniger Bedenken tragen, den Satz für die wirklich bestehenden Gase als so nahe richtig, wie das Mariotte'sche und Gay-Lussac'sche Gesetz, und für die vollkommenen Gase als streng richtig in Anwendung zu bringen.

§. 3. Formen, welche die den ersten Hauptsatz ausdrückende Gleichung für vollkommene Gase annimmt.

Wir kehren nun zur Gleichung (IV.), nämlich

$$d\,Q = d\,U + p\,dv,$$

zurück, um sie auf ein vollkommenes Gas anzuwenden, wozu wir uns wieder, wie weiter oben, eine Gewichtseinheit desselben gegeben denken.

Der Zustand des Gases ist vollständig bestimmt, wenn seine Temperatur und sein Volumen gegeben ist, und ebenso lässt er sich durch Temperatur und Druck und durch Druck und Volumen bestimmen. Wir wollen zunächst die beiden erstgenannten Grössen, Temperatur und Volumen, zur Bestimmung des Zustandes des Gases auswählen, und demgemäss T und v als die unabhängigen Veränderlichen betrachten, von denen alle anderen auf den Zustand des Gases bezüglichen Grössen abhängen. Indem wir dann auch die Energie U des Gases als Function dieser beiden Veränderlichen ansehen, können wir schreiben:

$$dU = \frac{dU}{dT}\,dT + \frac{dU}{dv}\,dv,$$

wodurch die vorige Gleichung übergeht in:

(8) $$d\,Q = \frac{dU}{dT}\,d\,T + \left(\frac{dU}{dv} + p\right)d\,v.$$

Diese Gleichung, welche in der vorstehenden Form nicht bloss für ein Gas, sondern für jeden Körper, dessen Zustand durch Temperatur und Volumen bestimmt wird, gültig ist, lässt sich für gasförmige Körper, wegen der besonderen Eigenschaften dieser letzteren, noch wesentlich vereinfachen.

Die Wärmemenge, welche das Gas aufnehmen muss, wenn es sich bei constanter Temperatur um dv ausdehnt, ist allgemein durch $\dfrac{dQ}{dv}\,dv$ zu bezeichnen. Da diese Wärmemenge nach der im vorigen Paragraphen besprochenen Nebenannahme gleich der bei der Ausdehnung geleisteten Arbeit ist, welche durch $p\,dv$ dargestellt wird, so erhalten wir die Gleichung:

$$\frac{dQ}{dv}\,dv = p\,dv,$$

woraus folgt:

$$\frac{dQ}{dv} = p.$$

Nun ist aber andererseits, gemäss der Gleichung (8), zu setzen:

$$\frac{dQ}{dv} = \frac{dU}{dv} + p,$$

und aus der Vereinigung beider Gleichungen ergiebt sich:

(9) $$\frac{dU}{dv} = 0.$$

Hieraus ist zu schliessen, dass die Energie U bei einem vollkommenen Gase vom Volumen unabhängig· ist, und somit nur eine Function der Temperatur sein kann.

Indem wir nun in der Gleichung (8) $\frac{dU}{dv}$ gleich Null setzen, und für $\frac{dU}{dT}$ das Zeichen C_v einführen, geht sie über in:

(10) $$dQ = C_r\,dT + p\,dv.$$

Aus der Form dieser Gleichung ersieht man sofort, dass C_v *die specifische Wärme des Gases bei constantem Volumen* bedeutet, indem $C_r\,dT$ die Wärmemenge ausdrückt, welche dem Gase bei der Erwärmung um dT mitgetheilt werden muss, wenn dv gleich Null ist. Da diese specifische Wärme gleich $\frac{dU}{dT}$, also gleich dem nach der Temperatur genommenen Differentialcoefficienten einer Temperaturfunction ist, so kann auch sie *nur eine Function der Temperatur* sein.

In der Gleichung (10) kommen alle drei Grössen T, v und p vor. Es ist aber leicht, mit Hülfe der Gleichung (6) eine derselben zu eliminiren, und indem wir dieses der Reihe nach mit allen dreien ausführen, erhalten wir drei verschiedene Formen der Gleichung.

Durch Elimination p geht sie über in:

(11) $$dQ = C_r\,dT + \frac{RT}{v}\,dv.$$

Um ferner v zu eliminiren, setzen wir:

$$v = \frac{RT}{p},$$

woraus folgt:

$$dv = \frac{R}{p} dT - \frac{RT}{p^2} dp.$$

Indem wir diesen Ausdruck von dv in (10) einsetzen und dann die beiden Glieder, welche dT enthalten, zusammenziehen, bekommen wir:

$$(12) \qquad dQ = (C_v + R)\, dT - \frac{RT}{p} dp.$$

Um endlich T zu eliminiren, setzen wir gemäss (6):

$$dT = \frac{v\, dp + p\, dv}{R},$$

wodurch (10) übergeht in:

$$(13) \qquad dQ = \frac{C_v}{R} v\, dp + \frac{C_v + R}{R} p\, dv.$$

§. 4. **Folgerung in Bezug auf die beiden specifischen Wärmen und Umformung der vorigen Gleichungen.**

Ebenso, wie aus der Gleichung (10) ersichtlich ist, dass die darin als Factor von dT stehende Grösse C_v die specifische Wärme bei constantem Volumen bedeutet, ist auch aus der Gleichung (12) ersichtlich, dass der in ihr vorkommende Factor von dT, nämlich $C_v + R$, *die specifische Wärme bei constantem Drucke* darstellt. Wir können daher, wenn wir die letztere specifische Wärme mit C_p bezeichnen, setzen:

$$(14) \qquad C_p = C_v + R,$$

welche Gleichung die Beziehung zwischen den beiden specifischen Wärmen angiebt.

Da R eine Constante ist, und C_v, wie wir oben gesehen haben, nur eine Function der Temperatur sein kann, so folgt aus dieser Gleichung, dass auch C_p nur eine Function der Temperatur sein kann.

Als ich zuerst in der oben erläuterten Weise aus der mechanischen Wärmetheorie den Schluss zog, dass die beiden specifischen Wärmen eines permanenten Gases von seiner Dichtigkeit, oder, was auf dasselbe hinauskommt, von dem Drucke, unter dem es steht, unabhängig sein müssen, und nur von der Temperatur abhängen können, und noch die Bemerkung hinzufügte, dass sie wahrscheinlich sogar constant seien, gerieth ich dadurch mit den damals herrschenden Ansichten in Widerspruch. Zu jener Zeit galt es, in Folge der Versuche von Suermann und von de la Roche und Bérard, als feststehend, dass die specifische Wärme der Gase vom Drucke abhängig sei, und der Umstand, dass die neue Theorie zu einem anderen Resultate führte, erregte Misstrauen gegen dieselbe, und wurde u. A. von Holtzmann zu ihrer Bekämpfung benutzt.

Einige Jahre später aber erfolgte die erste Publication der schönen Untersuchungen von Regnault über die specifische Wärme der Gase[1]), bei welchen auch der Einfluss des Druckes und der Temperatur auf die specifische Wärme einer speciellen Prüfung unterworfen ist. Regnault hat die atmosphärische Luft zwischen 1 und 12 Atmosphären und den Wasserstoff zwischen 1 und 9 Atmosphären Druck untersucht, hat aber keinen Unterschied in der specifischen Wärme finden können. Die Temperatur hat er in der Weise geändert, dass er die Untersuchungen zwischen — 30⁰ und + 10⁰, zwischen 0⁰ und 100⁰ und zwischen 0⁰ und 200⁰ angestellt hat, und auch hierbei hat er die specifische Wärme immer gleich gefunden[2]). Das Resultat seiner Untersuchungen kann also dahin ausgedrückt werden, dass innerhalb der Grenzen von Druck und Temperatur, bis zu welchen seine Beobachtungen reichten, die specifische Wärme der permanenten Gase sich constant zeigte.

Diese directen experimentellen Untersuchungen haben sich freilich nur auf die specifische Wärme bei constantem Drucke bezogen; man wird aber wohl kaum ein Bedenken tragen, dasselbe Resultat nun auch für die andere specifische Wärme, welche sich nach Gleichung (14) von jener nur durch die Constante R unterscheidet, als richtig anzunehmen. Demgemäss wollen wir im Folgenden, wenigstens für die vollkommenen Gase, die beiden specifischen Wärmen als constant behandeln.

Mit Hülfe der Gleichung (14) kann man die drei unter (11), (12) und (13) gegebenen Gleichungen, welche den ersten Haupt-

---

[1]) *Comptes rendus T. XXXVI, 1853*; später vollständig veröffentlicht im zweiten Bande seiner *Relation des expériences*.

[2]) Die auf S. 108 des zweiten Bandes der *Rel. des exp.* für atmosphärische Luft angeführten, auf gewöhnliche Wärmeeinheiten bezüglichen Zahlen sind:

zwischen — 30⁰ und + 10⁰			0·23771
„ 0⁰ „ + 100⁰			0·23741
„ 0⁰ „ + 200⁰			0·23751,

welche als gleich betrachtet werden können.

satz der mechanischen Wärmetheorie für Gase ausdrücken, auch so umgestalten, dass sie, statt der specifischen Wärme bei constantem Volumen, diejenige bei constantem Drucke enthalten, was vielleicht geeigneter erscheinen kann, weil die letztere, als die durch directe Beobachtungen bestimmte, häufiger angeführt zu werden pflegt, als die erstere. Dann lauten die Gleichungen:

$$(15) \quad \begin{cases} dQ = (C_p - R)\,dT + \dfrac{RT}{v}\,dv \\[2ex] dQ = C_p\,dT - \dfrac{RT}{p}\,dp \\[2ex] dQ = \dfrac{C_p - R}{R}\,v\,dp + \dfrac{C_p}{R}\,p\,dv. \end{cases}$$

Endlich kann man auch beide specifische Wärmen in die Gleichungen einführen und dafür die Grösse R eliminiren, wodurch die Gleichungen in Bezug auf p und v symmetrischer werden, nämlich:

$$(16) \quad \begin{cases} dQ = C_v\,dT + (C_p - C_v)\,\dfrac{T}{v}\,dv \\[2ex] dQ = C_p\,dT + (C_v - C_p)\,\dfrac{T}{p}\,dp \\[2ex] dQ = \dfrac{C_v}{C_p - C_v}\,v\,dp + \dfrac{C_p}{C_p - C_v}\,p\,dv. \end{cases}$$

In den obigen Gleichungen sind die specifischen Wärmen in mechanischen Einheiten ausgedrückt. Will man sie in gewöhnlichen Wärmeeinheiten ausdrücken, so braucht man jene Werthe nur durch das mechanische Aequivalent der Wärme zu dividiren. Bezeichnet man also die in gewöhnlichen Wärmeeinheiten ausgedrückten specifischen Wärmen mit c_v und c_p, so hat man zu setzen:

$$(17) \qquad c_v = \frac{C_v}{E}; \qquad c_p = \frac{C_p}{E}.$$

Unter Anwendung dieser Zeichen geht die Gleichung (14), nachdem man alle Glieder durch E dividirt hat, über in:

$$(18) \qquad c_p = c_v + \frac{R}{E}.$$

§. 5. Verhältniss der beiden specifischen Wärmen und Anwendung desselben zur Berechnung des mechanischen Aequivalentes der Wärme.

Wenn durch irgend ein Gas, z. B. durch die atmosphärische Luft, ein System von Schallwellen sich fortpflanzt, so wird das Gas dabei abwechselnd verdichtet und verdünnt, und die Geschwindigkeit, mit welcher der Schall sich fortpflanzt, hängt, wie schon Newton nachgewiesen hat, davon ab, wie bei diesen Dichtigkeitsänderungen der Druck sich ändert. Für sehr kleine Dichtigkeits- und Druckänderungen dient als Ausdruck der zwischen ihnen stattfindenden Beziehung der Differentialcoefficient des Druckes nach der Dichtigkeit, also, wenn die Dichtigkeit, d. h. das Gewicht der Volumeneinheit, mit ϱ bezeichnet wird, der Differentialcoefficient $\frac{dp}{d\varrho}$. Unter Anwendung desselben erhalten wir für die Schallgeschwindigkeit, welche wir mit u bezeichnen wollen, folgende Gleichung:

$$(19) \qquad u = \sqrt{g \frac{dp}{d\varrho}},$$

worin g die Beschleunigung der Schwere bedeutet.

Um nun den Werth des Differentialcoefficienten $\frac{dp}{d\varrho}$ zu bestimmen, wandte Newton das Mariotte'sche Gesetz an, nach welchem Druck und Dichtigkeit einander proportional sind. Er setzte also:

$$\frac{p}{\varrho} = \text{Const.},$$

woraus man durch Differentiation erhält:

$$\frac{\varrho \, dp - p \, d\varrho}{\varrho^2} = 0,$$

und somit:

$$(20) \qquad \frac{dp}{d\varrho} = \frac{p}{\varrho},$$

wodurch (19) übergeht in:

$$(21) \qquad u = \sqrt{g \frac{p}{\varrho}}.$$

Die mit Hülfe dieser Formel berechnete Schallgeschwindigkeit stimmte aber mit der Erfahrung nicht überein, und der Grund dieser Differenz wurde, nachdem man sehr lange vergeblich danach gesucht hatte, endlich von Laplace aufgefunden.

Das Mariotte'sche Gesetz gilt nämlich nur, wenn die Dichtigkeitsänderung bei constanter Temperatur vor sich geht. Dieses ist aber bei den Schallschwingungen nicht der Fall, sondern bei jeder Verdichtung findet gleichzeitig Erwärmung und bei jeder Verdünnung Abkühlung statt. Demgemäss muss bei der Verdichtung der Druck stärker zunehmen, und bei der Verdünnung der Druck stärker abnehmen, als es nach dem Mariotte'schen Gesetze sein sollte. Es fragt sich nun, wie unter diesen Umständen der Werth des Differentialcoefficienten $\frac{dp}{d\varrho}$ bestimmt werden kann.

Da die Verdichtungen und Verdünnungen sehr schnell wechseln, so kann während einer solchen kurzen Zeit zwischen den verdichteten und verdünnten Theilen des Gases nur ein sehr geringer Wärmeaustausch stattfinden. Vernachlässigt man diesen, so hat man es mit einer Dichtigkeitsänderung zu thun, bei welcher die betreffende Gasmenge keine Wärme von Aussen empfängt oder nach Aussen abgiebt, und man hat also, wenn man die Differentialgleichungen des vorigen Paragraphen auf diesen Fall anwenden will, $dQ = 0$ zu setzen. Thun wir dieses z. B. in der letzten der Gleichungen (16), so lautet sie:

$$\frac{C_v}{C_p - C_v}\, v\, dp + \frac{C_p}{C_p - C_v}\, p\, dv = 0,$$

oder nach Forthebung des gemeinsamen Nenners:

$$C_v v\, dp + C_p p\, dv = 0.$$

Da nun das auf die Gewichtseinheit bezügliche Volumen v der reciproke Werth der Dichtigkeit ist, so können wir setzen:

$$v = \frac{1}{\varrho}, \text{ und daher } dv = -\frac{d\varrho}{\varrho^2},$$

wodurch die Gleichung übergeht in:

$$C_v \frac{dp}{\varrho} - C_p \frac{p\, d\varrho}{\varrho^2} = 0,$$

und hieraus ergiebt sich:

(22) $$\frac{dp}{d\varrho} = \frac{C_p}{C_v}\, \frac{p}{\varrho}.$$

Dieser Werth des Differentialcoefficienten unterscheidet sich von dem aus dem Mariotte'schen Gesetze abgeleiteten, unter (20) gegebenen dadurch, dass das Verhältniss der beiden specifischen Wärmen in ihm als Factor vorkommt. Dieses Verhältniss wollen wir durch einen einfachen Buchstaben bezeichnen, indem wir setzen:

$$(23) \qquad k = \frac{C_p}{C_r},$$

wodurch die vorige Gleichung übergeht in:

$$(24) \qquad \frac{dp}{d\varrho} = k \frac{p}{\varrho}.$$

Indem wir diesen Werth des Differentialcoefficienten in die Gleichung (19) einsetzen, erhalten wir statt (21):

$$(25) \qquad u = \sqrt{k g \frac{p}{\varrho}}.$$

Mittelst dieser Gleichung kann man, wenn k bekannt ist, die Schallgeschwindigkeit u berechnen. Wenn dagegen die Schallgeschwindigkeit durch Beobachtung bekannt ist, so kann man die Gleichung zur Berechnung von k anwenden, indem man sie umformt in:

$$(26) \qquad k = \frac{u^2 \varrho}{g p}.$$

Für die atmosphärische Luft ist die Schallgeschwindigkeit mehrfach mit grosser Sorgfalt von verschiedenen Physikern bestimmt, deren Resultate unter einander nahe übereinstimmen. Nach den Versuchen von **Bravais** und **Martins**[1]) beträgt die Schallgeschwindigkeit bei der Temperatur des Gefrierpunktes 332·4 m. Diesen Werth wollen wir in die Gleichung (26) einsetzen. Ferner haben wir darin für g den bekannten Werth 9·809 m zu setzen. Bei der Bestimmung des Bruches $\frac{\varrho}{p}$ können wir den Druck p beliebig wählen, müssen aber dann für die Dichtigkeit ϱ den Werth setzen, welcher dem gewählten Drucke entspricht. Wir wollen p als den Druck einer Atmosphäre annehmen. Dieser Druck muss in der Formel durch ein auf einer Flächeneinheit lastendes Gewicht dargestellt werden. Da dieses Gewicht gleich demjenigen eines Quecksilberprismas ist, welches 1 Quadratmeter Grundfläche und 760 mm Höhe und folglich 760 Cubikdecimeter Rauminhalt hat, und da nach **Regnault** das specifische

---

[1]) *Ann. de Chim. S. III, t. 13, p. 5* und Pogg. Ann. Bd. 66, S. 351.

Gewicht des Quecksilbers bei 0^0, verglichen mit Wasser von 4^0, gleich 13·596 ist, so erhalten wir:

$$p = 1 \text{ Atm.} = 760 \cdot 13\text{·}596 = 10333.$$

Unter ϱ endlich haben wir das Gewicht eines Cubikmeter Luft unter dem angenommenen Drucke von einer Atmosphäre und bei der Temperatur 0^0 zu verstehen, welches nach Regnault 1·2932 Kil. beträgt. Durch Einsetzung dieser Werthe in die Gleichung (26) erhalten wir:

$$k = \frac{(332\text{·}4)^2 \cdot 1\text{·}2932}{9\text{·}809 \cdot 10333} = 1\text{·}410.$$

Nachdem diese Grösse k für die atmosphärische Luft bestimmt ist, können wir die Gleichung (18) dazu benutzen, die Grösse E, d. h. das *mechanische Aequivalent der Wärme*, zu berechnen, wie es zuerst von Mayer geschehen ist. Aus (18) folgt nämlich:

$$E = \frac{R}{c_p - c_v},$$

und wenn man hierin für den Bruch $\dfrac{c_p}{c_v}$, welcher derselbe ist wie $\dfrac{C_p}{C_v}$, wieder den Buchstaben k anwendet, und demgemäss c_v durch $\dfrac{c_p}{k}$ ersetzt, so kommt:

(27)
$$E = \frac{k R}{(k - 1) c_p}.$$

Hierin setzen wir für k den oben gefundenen Werth 1·410, und für c_p nach Regnault den Werth 0·2375. Es bleibt also nur noch die Grösse $R = \dfrac{p_0 v_0}{a}$ zu bestimmen. Dabei nehmen wir p_0 wieder als den Druck einer Atmosphäre an, welcher dem Obigen nach durch die Zahl 10333 auszudrücken ist, und haben dann unter v_0 das nach Cubikmeter gemessene Volumen von 1 Kil. Luft unter dem genannten Drucke und bei der Temperatur 0^0 zu verstehen, welches nach Regnault 0·7733 beträgt. Die Grösse a endlich haben wir schon früher zu 273 angenommen. Demnach wird R für atmosphärische Luft bestimmt durch die Gleichung:

$$R = \frac{10333 \cdot 0\text{·}7733}{273} = 29{,}27.$$

Durch Einsetzung dieser Werthe von k, c_p und R in die Gleichung (27) erhalten wir:

$$E = \frac{1\cdot410 \;.\; 29\cdot27}{0\cdot410 \;.\; 0\cdot2375} = 423\cdot8.$$

Diese Zahl stimmt mit der von Joule durch Reibung des Wassers gefundenen Zahl 423·55 fast genau überein. Man muss sogar sagen, dass die Uebereinstimmung grösser ist, als man nach dem Grade der Zuverlässigkeit der zur Rechnung angewandten Data erwarten durfte, so dass auch der Zufall etwas dabei mitgewirkt haben muss. Immerhin aber bildet diese Uebereinstimmung eine augenfällige Bestätigung der für die Gase aufgestellten Gleichungen.

§. 6. Verschiedene auf die specifischen Wärmen der Gase bezügliche Formeln.

Nimmt man in der Gleichung (18) die Grösse E als bekannt an, so kann man die Gleichung dazu anwenden, aus der durch Beobachtung bestimmten specifischen Wärme bei constantem Drucke diejenige bei constantem Volumen zu berechnen. Diese Anwendung ist von besonderer Wichtigkeit, weil das Verfahren, das Verhältniss der beiden specifischen Wärmen aus der Schallgeschwindigkeit abzuleiten, nur für wenige Gase ausführbar ist, indem die Schallgeschwindigkeit nur für eine geringe Anzahl von Gasen durch Beobachtung bestimmt ist. Für alle anderen Gase liefert die Gleichung (18) das einzige bis jetzt vorhandene Mittel, die specifische Wärme bei constantem Volumen aus derjenigen bei constantem Drucke zu berechnen.

Dabei ist nun freilich zu bemerken, dass die Gleichung (18) nur für *vollkommene* Gase streng richtig ist; indessen liefert sie für die anderen Gase wenigstens angenäherte Resultate. Auch ist der Umstand in Betracht zu ziehen, dass die Beobachtung der specifischen Wärme eines Gases bei constantem Drucke um so schwieriger und demgemäss die betreffende Beobachtungszahl um so weniger zuverlässig ist, je weniger permanent das Gas ist, und je mehr es daher in seinem Verhalten von den Gesetzen eines vollkommenen Gases abweicht; und man kann daher, da man von der Rechnung keine grössere Genauigkeit zu verlangen braucht, als die Beobachtungszahlen möglicher Weise besitzen, die angewandte Rechnungsweise als für den Zweck vollkommen genügend betrachten.

Wir schreiben die Gleichung zunächst in der Form:

$$(28) \qquad c_v = c_p - \frac{R}{E}.$$

Für E wenden wir hierin den Werth 423·55 an. Die Grösse R ist bestimmt durch die Gleichung (4), nämlich:

$$R = \frac{p_0 v_0}{a},$$

welche sich auf die Temperatur des Gefrierpunktes bezieht. Sollte aber ein Gas sich bei dieser Temperatur nicht gut beobachten lassen, was bei vielen Dämpfen der Fall ist, so kann man auch, in Folge von (6), schreiben:

$$(29) \qquad R = \frac{pv}{T},$$

worin p, v und T irgend drei zusammengehörige Werthe von Druck, Volumen und absoluter Temperatur sind.

Diese Grösse R ist, wie früher schon gelegentlich erwähnt wurde, von der Natur des Gases nur insofern abhängig, als sie dem specifischen Gewichte desselben umgekehrt proportional ist. Bezeichnen wir nämlich das Volumen einer Gewichtseinheit atmosphärischer Luft bei der Temperatur T und unter dem Drucke p mit v', und den auf atmosphärische Luft bezüglichen Werth von R mit R', so ist:

$$R' = \frac{pv'}{T}.$$

Vereinigen wir diese Gleichung mit der vorigen, so erhalten wir:

$$R = R' \frac{v}{v'}.$$

Der Bruch $\frac{v}{v'}$ ist aber, wie leicht zu sehen, der reciproke Werth des specifischen Gewichtes des betreffenden Gases, verglichen mit atmosphärischer Luft. Bezeichnen wir dieses specifische Gewicht mit d, so geht die letzte Gleichung über in:

$$(30) \qquad R = \frac{R'}{d}.$$

Durch Einsetzung dieses Werthes von R in (28) erhält man:

$$(31) \qquad c_v = c_p - \frac{R'}{Ed}.$$

Der hierin mit R' bezeichnete, auf die atmosphärische Luft bezügliche Werth der Grösse R ist schon in §. 5 berechnet, und zu 29·27 gefunden. Daraus ergiebt sich weiter:

$$\frac{R'}{E} = \frac{29 \cdot 27}{423 \cdot 55} = 0 \cdot 0691,$$

wodurch die zur Bestimmung der specifischen Wärme bei constantem Volumen dienende Gleichung folgende sehr einfache Form annimmt:

$$(32) \qquad c_v = c_p - \frac{0 \cdot 0691}{d}.$$

Wenn wir diese Gleichung zunächst auf die atmosphärische Luft, für welche $d = 1$ zu setzen ist, anwenden, und dabei die auf die Luft bezüglichen Zeichen der specifischen Wärmen zur Unterscheidung mit Accenten versehen, so kommt:

$$(33) \qquad c_v' = c_p' - 0 \cdot 0691,$$

und, wenn wir hierin für c_p' nach Regnault die Zahl $0 \cdot 2375$ setzen, so erhalten wir das Resultat:

$$(34) \qquad c_v' = 0 \cdot 2375 - 0 \cdot 0691 = 0 \cdot 1684.$$

Für die anderen Gase wollen wir der Gleichung noch folgende Form geben:

$$(35) \qquad c_v = \frac{c_p d - 0 \cdot 0691}{d},$$

welche, wie wir später sehen werden, bei der Anwendung der von Regnault für die specifische Wärme bei constantem Drucke gegebenen Werthe besonders bequem ist.

Die mit c_p und c_v bezeichneten specifischen Wärmen beziehen sich auf eine Gewichtseinheit des Gases, und haben als Einheit die gewöhnliche Wärmeeinheit, nämlich die Wärmemenge, welche eine Gewichtseinheit Wasser zur Erwärmung von 0^0 bis 1^0 bedarf. Man kann also sagen: das Gas ist in Bezug auf die Wärme, welche es entweder bei constantem Drucke oder bei constantem Volumen zur Erwärmung bedarf, *dem Gewichte nach mit Wasser verglichen.*

Es ist aber bei Gasen gebräuchlicher, *sie dem Volumen nach mit Luft zu vergleichen*, d. h. die specifische Wärme so zu bestimmen, dass man die Wärmemenge, welche das Gas zur Erwärmung um einen Grad bedarf, vergleicht mit der Wärmemenge, welche ein gleiches Volumen Luft, bei gleicher Temperatur und unter gleichem Drucke genommen, zu derselben Erwärmung bedarf. Diese Art der Vergleichung wendet man bei beiden specifischen Wärmen an, indem man bei der einen annimmt, dass sowohl das betrachtete Gas, als auch die atmosphärische Luft bei constantem Drucke erwärmt wird, und bei der anderen annimmt, dass beide bei constantem Volumen erwärmt werden. Die so bestimmten specifischen Wärmen mögen durch γ_p und γ_v bezeichnet werden.

Da wir das Volumen, welches eine Gewichtseinheit des Gases bei gegebener Temperatur und unter gegebenem Drucke einnimmt, mit v bezeichnen, so wird die Wärmemenge, welche eine Volumeneinheit des Gases bei constantem Drucke zur Erwärmung um einen Grad bedarf, durch $\dfrac{c_p}{v}$ dargestellt, und für die atmosphärische Luft wird die entsprechende Grösse durch $\dfrac{c_p'}{v'}$ dargestellt. Durch Division dieser beiden Grössen entsteht γ_p, und es ist somit zu setzen:

$$(36) \qquad \gamma_p = \frac{c_p}{v} \frac{v'}{c_p'} = \frac{c_p}{c_p'} \frac{v'}{v} = \frac{c_p}{c_p'} d.$$

Ebenso erhält man:

$$(37) \qquad \gamma_v = \frac{c_v}{c_v'} d.$$

In der ersten dieser beiden Gleichungen bringen wir nun für c_p' den von Regnault gefundenen Werth 0·2375 in Anwendung, so dass sie lautet:

$$(38) \qquad \gamma_p = \frac{c_p d}{0·2375}.$$

In der zweiten setzen wir für c_v' gemäss (34) den Werth 0·1684, und für c_v den in (35) gegebenen Ausdruck, wodurch entsteht:

$$(39) \qquad \gamma_v = \frac{c_p d - 0·0691}{0·1684}.$$

§. 7. Numerische Berechnung der specifischen Wärme bei constantem Volumen.

Die im vorigen Paragraphen entwickelten Formeln habe ich angewandt, um aus den Werthen, welche Regnault durch seine Beobachtungen bei einer grossen Anzahl von Gasen und Dämpfen für die specifische Wärme bei constantem Drucke gefunden hat, die entsprechenden Werthe der specifischen Wärme bei constantem Volumen zu berechnen.

Dabei habe ich auch eine der beiden von Regnault selbst gegebenen Zahlenreihen etwas umgerechnet. Regnault hat nämlich die specifische Wärme bei constantem Drucke in zwei verschiedenen Weisen ausgedrückt, und die betreffenden Zahlen in zwei Reihen zusammengestellt, welche er „en poids" und „en volume" überschrieben hat. Die erste Reihe enthält die Werthe, welche entstehen, wenn man die Gase in Bezug auf die zu ihrer Erwärmung nöthigen Wärmemengen dem Gewichte nach mit Wasser vergleicht, also die Werthe der oben mit c_p bezeichneten Grösse. Die Zahlen der *zweiten* Reihe sind aus denen der ersten einfach durch Multiplication mit den zugehörigen specifischen Gewichten abgeleitet, es sind also die Werthe des Productes $c_p d$.

Diese letzteren Zahlen waren freilich die, welche sich aus den beobachteten Werthen von c_p am leichtesten berechnen liessen, aber ihre Bedeutung ist ziemlich complicirt. Als Einheit der Wärmemenge dient bei ihnen die gewöhnliche Wärmeeinheit, während das Volumen, auf welches sie sich beziehen, dasjenige ist, welches eine Gewichtseinheit atmosphärischer Luft einnimmt, wenn sie sich bei derselben Temperatur und unter demselben Drucke befindet, wie das betrachtete Gas. Diese Weitläufigkeit des wörtlichen Ausdruckes macht die Zahlen für die Auffassung und Anwendung unbequem; auch ist diese Art, die specifische Wärme der Gase auszudrücken, so viel ich weiss, vor Regnault von Niemand angewandt. Wenn man die Gase dem Volumen nach betrachtete, so pflegte man dieses sonst immer in der Weise zu thun, dass man die Wärmemenge, welche ein gegebenes Volumen eines Gases zur Erwärmung bedarf, mit der Wärmemenge verglich, welche ein gleiches Volumen atmosphärischer Luft unter gleichen Umständen zur gleichen Erwärmung bedarf, was wir oben kurz so ausgedrückt haben, dass die Gase *dem Volumen nach mit Luft verglichen* werden. Die dadurch gewonnenen Zahlen zeichnen sich durch ihre Einfachheit aus, und lassen die bei den specifischen Wärmen der Gase bestehenden Gesetzmässigkeiten besonders deutlich hervortreten.

Es wird daher, wie ich glaube, gerechtfertigt erscheinen, dass ich aus den von Regnault unter der Ueberschrift „*en volume*" gegebenen Werthen des Productes $c_p d$ die Werthe der oben besprochenen Grösse γ_p berechnet habe, wozu nach (38) nur nöthig war, die Werthe von $c_p d$ durch 0·2375 zu dividiren.

Ferner habe ich die Werthe der Grössen c_v und γ_v berechnet, was nach den Gleichungen (35) und (39) sehr einfach dadurch geschehen konnte, dass von den Werthen des Productes $c_p d$ die Zahl 0·0691 abgezogen und die Differenz entweder durch d oder durch 0·1684 dividirt wurde.

Die so berechneten Zahlen habe ich in der nachstehenden Tabelle zusammengestellt, in welcher die einzelnen Columnen folgende Bedeutungen haben.

Columne I. Die *Namen* der Gase.

Columne II. Die *chemische Zusammensetzung*, und zwar in der Weise ausgedrückt, dass daraus unmittelbar die bei der Verbindung eingetretene Volumenverminderung zu ersehen ist. Es sind nämlich jedesmal diejenigen Volumina der einfachen Gase angegeben, welche sich verbinden müssen, um *zwei* Volumina des zusammengesetzten Gases zu geben. Dabei ist für Kohlengas das hypothetische Volumen vorausgesetzt, welches man annehmen muss, um sagen zu können: ein Volumen Kohlengas verbindet sich mit einem Volumen Sauerstoff zu Kohlenoxydgas und mit zwei Volumen Sauerstoff zu Kohlensäure. Wenn hiernach in der Tabelle z. B. Alkohol bezeichnet ist: C_2H_6O, so soll das heissen: 2 Vol. hypothetisches Kohlengas, 6 Vol. Wasserstoff und 1 Vol. Sauerstoff geben 2 Vol. Alkoholdampf. Bei Schwefelgas ist zur Bestimmung des Volumens dasjenige specifische Gewicht als maassgebend betrachtet, welches Sainte-Claire Deville und Troost bei sehr hohen Temperaturen gefunden haben, nämlich 2·23. Bei den fünf letzten Verbindungen der Tabelle, welche Kiesel, Phosphor, Arsen, Titan und Zinn enthalten, sind für diese einfachen Stoffe ihre gewöhnlichen chemischen Zeichen, ohne Rücksicht auf ihre Volumina im gasförmigen Zustande, hingeschrieben, weil die Gasvolumina dieser Stoffe theils noch unbekannt, theils mit gewissen noch nicht hinlänglich aufgeklärten Unregelmässigkeiten behaftet sind.

Columne III. Die *Dichtigkeit* der Gase, und zwar die von Regnault angeführten Zahlen.

Columne IV. Die *specifische Wärme bei constantem Drucke dem Gewichte nach verglichen mit Wasser*, oder, was dasselbe ist, bezogen auf eine Gewichtseinheit der Gase und ausgedrückt in gewöhnlichen Wärmeeinheiten. Dieses sind die Zahlen, welche Regnault unter der Rubrik „*en poids*" gegeben hat.

Columne V. Die *specifische Wärme bei constantem Drucke dem Volumen nach verglichen mit Luft*, dadurch berechnet, dass die von Regnault unter der Rubrik „*en volume*" gegebenen Zahlen durch 0·2375 dividirt sind.

Columne VI. Die *specifische Wärme bei constantem Volumen dem Gewichte nach verglichen mit Wasser*, nach Gleichung (35) berechnet.

Columne VII. Die *specifische Wärme bei constantem Volumen dem Volumen nach verglichen mit Luft*, nach Gleichung (39) berechnet.

I.	II.	III.	IV.	V.	VI.	VII.
			Specif. Wärme bei constantem Drucke		Specif. Wärme bei constantem Volumen	
Namen der Gase	Chemische Zusammensetzung	Dichtigkeit	dem Gewichte nach verglichen mit Wasser	dem Volumen nach verglichen mit Luft	dem Gewichte nach verglichen mit Wasser	dem Volumen nach verglichen mit Luft
Atmosphärische Luft . .		1	0·2375	1	0·1684	1
Sauerstoff	O_2	1·1056	0·21751	1·013	0·1551	1·018
Stickstoff	N_2	0·9713	0·24380	0·997	0·1727	0·996
Wasserstoff	H_2	0·0692	3·40900	0·993	2·411	0·990
Chlor	Cl_2	2·4502	0·12099	1·248	0·0928	1·350
Brom	Br_2	5·4772	0·05552	1·280	0·0429	1·395
Stickstoffoxyd	NO	1·0384	0·2317	1·013	0·1652	1·018
Kohlenoxyd	CO	0·9673	0·2450	0·998	0·1736	0·997
Chlorwasserstoff . . .	HCl	1·2596	0·1852	0·982	0·1304	0·975
Kohlensäure	CO_2	1·5201	0·2169	1·39	0·172	1·55
Stickstoffoxydul . . .	N_2O	1·5241	0·2262	1·45	0·181	1·64
Wasserdampf	H_2O	0·6219	0·4805	1·26	0·370	1·36
Schweflige Säure . . .	SO_2	2·2113	0·1544	1·44	0·123	1·62
Schwefelwasserstoff. .	H_2S	1·1747	0·2432	1·20	0·184	1·29
Schwefelkohlenstoff. .	CS_2	2·6258	0·1569	1·74	0·131	2·04
Grubengas	CH_4	0·5527	0·5929	1·38	0·468	1·54
Chloroform	$CHCl_3$	4·1244	0·1567	2·72	0·140	3·43
Oelbildendes Gas . . .	C_2H_4	0·9672	0·4040	1·75	0·359	2·06
Ammoniak	NH_3	0·5894	0·5084	1·26	0·391	1·37
Benzin.	C_6H_6	2·6942	0·3754	4·26	0·350	5·60
Terpentinöl	$C_{10}H_{16}$	4·6978	0·5061	10·01	0·491	13·71
Holzgeist	CH_4O	1·1055	0·4580	2·13	0·395	2·60
Alkohol	C_2H_6O	1·5890	0·4534	3·03	0·410	3·87
Aether.	$C_4H_{10}O$	2·5573	0·4797	5·16	0·453	6·87
Schwefeläthyl	$C_4H_{10}S$	3·1101	0·4008	5·25	0·379	6·99
Chloräthyl	C_2H_5Cl	2·2269	0·2738	2·57	0·243	3·21
Bromäthyl	C_2H_5Br	3·7058	0·1896	2·96	0·171	3·76
Holländische Flüssigkeit	$C_2H_4Cl_2$	3·4174	0·2293	3·30	0·209	4·24
Aceton	C_3H_6O	2·0036	0·4125	3·48	0·378	4·50
Essigäther	$C_4H_8O_2$	3·0400	0·4008	5·13	0·378	6·82
Kieselchlorür . : . . .	$SiCl_3$	5·8833	0·1322	3·27	0·120	4·21
Phosphorchlorür . . .	PCl_3	4·7464	0·1347	2·69	0·120	3·39
Arsenchlorür.	$AsCl_3$	6·2667	0·1122	2·96	0·101	3·77
Titanchlorid	$TiCl_4$	6·6402	0·1290	3·61	0·119	4·67
Zinnchlorid	$SnCl_4$	8·9654	0·0939	3·54	0·086	4·59

§. 8. Integration der Differentialgleichungen, welche
den ersten Hauptsatz für Gase ausdrücken.

Die in den §§. 3 und 4 aufgestellten Differentialgleichungen,
welche in verschiedenen Formen den ersten Hauptsatz der mechanischen Wärmetheorie für Gase ausdrücken, sind, wie man an jeder
einzelnen leicht erkennen kann, *nicht unmittelbar integrabel*, und
sie müssen daher so behandelt werden, wie es in §. 3 der Einleitung
auseinandergesetzt ist.

Die Integration lässt sich nämlich ausführen, sobald die in
der betreffenden Gleichung vorkommenden Veränderlichen einer
Bedingung unterworfen werden, wodurch der Weg der Veränderung
bestimmt wird. Wir wollen in dieser Weise hier nur zwei sehr
einfache Beispiele behandeln, deren Resultate für die weiteren
Untersuchungen von Wichtigkeit sind.

1) Das Gas soll bei *constantem Drucke* sein Volumen ändern,
und die dazu nöthige Wärmemenge soll bestimmt werden.

Für diesen Fall wählen wir aus den obigen Gleichungen eine
solche aus, welche p und v als unabhängige Veränderliche enthält, z. B. die letzte der Gleichungen (15), nämlich:

$$dQ = \frac{C_p - R}{R} v\, dp + \frac{C_p}{R} p\, dv.$$

Da nun der Druck p constant sein soll, so setzen wir $p = p_1$ und
$dp = 0$, wodurch die Gleichung übergeht in:

$$dQ = \frac{C_p}{R} p_1\, dv,$$

und diese giebt durch Integration, wenn wir den Anfangswerth
von v mit v_1 bezeichnen:

(40) $$Q = \frac{C_p}{R} p_1 (v - v_1).$$

2) Das Gas soll bei *constanter Temperatur* sein Volumen
ändern, und die dazu nöthige Wärmemenge soll bestimmt werden.

Für diesen Fall wählen wir eine Gleichung, welche T und v
als unabhängige Veränderliche enthält, z. B. die Gleichung (11), S. 48
nämlich:

$$dQ = C_v\, dT + \frac{RT}{v}\, dv.$$

Da T constant sein soll, so setzen wir $T = T_1$ und $dT = 0$, wodurch entsteht:

$$dQ = RT_1 \frac{dv}{v}.$$

Durch Integration dieser Gleichung erhalten wir:

(41) $$Q = RT_1 \log \frac{v}{v_1},$$

$log_1 = lu$

worin unter *log* der natürliche Logarithmus verstanden wird. Hieraus folgt zunächst der Satz: *wenn ein Gas ohne Temperatur-änderung sein Volumen ändert, so stehen die von ihm aufgenommenen oder abgegebenen Wärmemengen in arithmetischer Reihe, während die Volumina eine geometrische Reihe bilden.*

Wenn man ferner für R den Bruch $\dfrac{p_1 v_1}{T_1}$ setzt, so kommt:

(42) $$Q = p_1 v_1 \log \frac{v}{v_1}.$$

Fasst man diese Gleichung in dem Sinne auf, dass man sie nicht gerade auf eine Gewichtseinheit des Gases bezieht, sondern auf eine solche Menge desselben, welche unter dem Drucke p_1 ein gegebenes Volumen v_1 einnimmt, und dann dieses Volumen bei constanter Temperatur bis v ändert, so enthält die Gleichung nichts, was sich auf die besondere Natur des Gases bezieht. Die aufgenommene Wärmemenge ist also *von der Natur des Gases unabhängig.* Auch von der Temperatur hängt sie nicht ab, sondern nur vom Drucke, indem sie *dem anfänglichen Drucke proportional* ist.

Eine andere Anwendung der in den §§. 3 und 4 aufgestellten Differentialgleichungen besteht darin, dass über die dem Gase während seiner Zustandsänderung mitzutheilende Wärme eine Annahme gemacht und dann untersucht wird, welchen Verlauf unter diesen Umständen die Zustandsänderung nehmen muss.

Die einfachste und zugleich wichtigste Annahme dieser Art ist die, *dass dem Gase während der Veränderung gar keine Wärme mitgetheilt oder entzogen wird.* Man kann sich dazu vorstellen, das Gas befinde sich in einer für Wärme undurchdringlichen Hülle, oder die Veränderung gehe so schnell vor sich, dass in der kurzen Zeit keine merkliche Wärmemenge zu- oder abströmen könne.

Dieser Annahme entsprechend haben wir $dQ = 0$ zu setzen, was wir in den drei unter (16) gegebenen Gleichungen thun wollen.

Die *erste* dieser Gleichungen lautet dann:

$$C_v dT + (C_p - C_v)\frac{T}{v}dv = 0.$$

Diese Gleichung wollen wir durch T und C_v dividiren, und dann den Bruch $\dfrac{C_p}{C_v}$, wie oben, mit k bezeichnen, wodurch sie übergeht in:

$$\frac{dT}{T} + (k-1)\frac{dv}{v} = 0.$$

Hieraus ergiebt sich durch Integration:

$$log\,.T + (k-1)\,log\,v = \text{Const.},$$

oder:

$$Tv^{k-1} = \text{Const.}$$

Bezeichnen wir die Anfangswerthe von T und v mit T_1 und v_1 und eliminiren dann die unbestimmte Constante, so kommt:

$$(43) \qquad \frac{T}{T_1} = \left(\frac{v_1}{v}\right)^{k-1}$$

Wendet man diese Gleichung z. B. auf atmosphärische Luft an, und setzt dabei $k = 1{\cdot}410$, so kann man leicht die Temperaturänderung, welche irgend einer Volumenänderung entspricht, berechnen. Nimmt man z. B. an, es sei bei der Temperatur des Gefrierpunktes unter einem beliebigen Drucke eine Quantität Luft genommen, und sei in einer für Wärme undurchdringlichen Hülle oder sehr schnell auf die Hälfte ihres Volumens zusammengedrückt, so hat man $T_1 = 273$ und $\dfrac{v_1}{v} = 2$ zu setzen, und es kommt also:

$$\frac{T}{273} = 2^{0{\cdot}410} = 1{\cdot}329,$$

woraus folgt:

$$T = 273\,.\,1{\cdot}329 = 363,$$

oder, wenn t die vom Gefrierpunkte an gezählte Temperatur bedeutet:

$$t = T - 273 = 90^0.$$

Wenn man dieselbe Rechnung für die Zusammendrückungen auf $1/4$ und $1/10$ des ursprünglichen Volumens ausführt, so erhält man die Resultate, welche mit dem vorigen vereint in der nachstehenden kleinen Tabelle zusammengestellt sind:

$\dfrac{r}{r_1}$	$^1\!/_2$	$^1\!/_4$	$^1\!/_{10}$
$\dfrac{T}{273}$	1·329	1·765	2·570
T	363	482	702
t	90^0	209^0	429^0

Setzt man in der *zweiten* der Gleichungen (16) $dQ = 0$, so kommt:

$$C_p dT + (C_v - C_p)\frac{T}{p}\, dp = 0.$$

Diese Gleichung ist von derselben Form, wie die vorher behandelte, nur dass p an die Stelle von v getreten ist und die Grössen C_v und C_p vertauscht sind. Man muss also in ganz entsprechender Weise erhalten:

$$\frac{T}{T_1} = \left(\frac{p_1}{p}\right)^{\frac{1}{k}-1}$$

woraus folgt:

(44)
$$\left(\frac{T}{T_1}\right)^k = \left(\frac{p}{p_1}\right)^{k-1}$$

Die *letzte* der Gleichungen (16) endlich geht, wenn $dQ = 0$ gesetzt wird, in die schon in §. 5 angewandte Gleichung

$$\frac{C_v}{C_p - C_v}v\,dp + \frac{C_p}{C_p - C_v}p\,dv = 0$$

über, welche sich umformen lässt in:

$$\frac{dp}{p} + k\frac{dv}{v} = 0$$

und durch Integration giebt:

(45)
$$\frac{p}{p_1} = \left(\frac{r_1}{v}\right)^k.$$

§. 9.   Bestimmung der äusseren Arbeit bei Volumenänderungen eines Gases.

Eine Grösse, welche bei der Ausdehnung der Gase noch speciell beachtet zu werden verdient, ist die dabei geleistete *äussere Arbeit*, deren Element durch die Gleichung (6) des vorigen Abschnittes bestimmt wird. nämlich:

$$dW = p\,dv.$$

Diese Arbeit lässt sich in sehr anschaulicher Weise graphisch darstellen. Wir führen dazu ein rechtwinkliges Coordinatensystem ein, dessen Abscisse das Volumen v und dessen Ordinate den Druck p bedeutet. Denkt man sich nun, dass p durch irgend eine Function von v ausgedrückt sei, nämlich:

$$p = f(v),$$

so ist diese Gleichung die Gleichung einer Curve, deren Ordinaten die zu den verschiedenen Werthen von v gehörigen Werthe von p darstellen, und welche wir kurz die *Druckcurve* nennen wollen. In Fig. 3 möge rs diese Curve sein, so dass, wenn oe das in einem gewissen Momente stattfindende Volumen v bedeutet, dann die in e errichtete Ordinate ef den gleichzeitig stattfindenden Druck p darstellt. Bedeutet ferner die als unendlich klein angenommene Strecke eg ein Volumenelement dv, und wird in g ebenfalls die Ordinate gh errichtet, so entsteht dadurch ein unendlich schmales Paralleltrapez $efhg$, dessen Flächeninhalt die bei der unendlich kleinen Ausdehnung geleistete äussere Arbeit darstellt, und von dem Producte pdv nur um ein unendlich Kleines zweiter Ordnung, welches vernachlässigt werden kann, abweicht. Dasselbe gilt von jeder anderen unendlich kleinen Ausdehnung, und man sieht daraus, dass bei einer endlichen Ausdehnung, von dem durch die Abscisse oa repräsentirten Volumen v_1 bis zu dem durch oc repräsentirten Volumen v_2, die äussere Arbeit, für welche die Gleichung

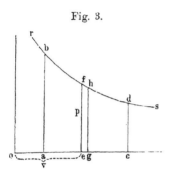

Fig. 3.

$$(46) \qquad W = \int_{v_1}^{v_2} p \, dv$$

gilt, durch den Flächeninhalt des Vierecks $abdc$ dargestellt wird, welches durch das Abscissenstück ac, die beiden Ordinaten ab und cd und das Curvenstück bd begrenzt wird.

Um nun die in der vorstehenden Gleichung angedeutete Integration wirklich ausführen zu können, muss die Function von v, durch welche der Druck p bestimmt wird, bekannt sein. In dieser

Beziehung wollen wir die oben schon betrachteten Fälle als Beispiele wählen.

Wir nehmen zunächst an, *der Druck p sei constant.* Dann ist
die Druckcurve eine der Abscissenaxe parallele Gerade, und das
Viereck $abdc$ ist somit ein Rechteck (Fig. 4), dessen Flächeninhalt

Fig. 4.   Fig. 5.

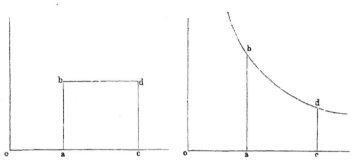

gleich dem Producte aus den Strecken ac und ab ist, und dementsprechend erhält man aus (46), wenn der constante Druck mit
p_1 bezeichnet wird:

$$(47) \qquad W = p_1 (v_2 - v_1).$$

Die zweite Annahme möge sein, *dass bei der Ausdehnung des
Gases die Temperatur constant bleibe.* Dann gilt für die Beziehung
zwischen Druck und Volumen das **Mariotte**'sche Gesetz, welches
durch die Gleichung

$$p v = \text{Const.}$$

ausgedrückt wird. Aus der Form dieser Gleichung sieht man, dass
die Druckcurve für diesen Fall eine gleichseitige Hyperbel (Fig. 5)
ist, welche die Coordinatenaxen zu Asymptoten hat. Eine Druckcurve solcher Art, welche der speciellen Bedingung, *dass die Temperatur constant sei*, entspricht, pflegt man eine *isothermische* Curve
zu nennen.

Zur Ausführung der Integration wenden wir, gemäss der
vorigen Gleichung, in welcher wir noch die Constante durch das
Product $p_1 v_1$ ersetzen, für p den Werth $\dfrac{p_1 v_1}{v}$ an, und erhalten
dann aus (46):

$$(48) \qquad W = p_1 v_1 \int_{v_1}^{v_2} \frac{dv}{v} = p_1 v_1 \, log \, \frac{v_2}{v_1}.$$

Man sieht, dass dieser Werth von W mit dem unter (42) für Q gegebenen übereinstimmt, was darin seinen Grund hat, dass das Gas während einer bei constanter Temperatur stattfindenden Ausdehnung nur so viel Wärme aufnimmt, wie zu äusserer Arbeit verbraucht wird.

Die Gleichung (48) hat Joule bei einer seiner Bestimmungen des mechanischen Aequivalentes der Wärme angewandt. Er pumpte nämlich in einen festen Recipienten atmosphärische Luft bis zur zehnfachen oder zwanzigfachen Verdichtung ein. Dabei befand sich der Recipient und die Pumpe unter Wasser, so dass alle Wärme, welche beim Pumpen erzeugt wurde, in dem Wasser gemessen werden konnte. Der dabei angewandte Apparat ist in Fig. 6 abgebildet, in welcher R der Recipient und C die Pumpe

Fig. 6.

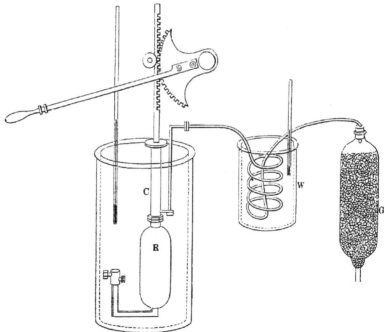

ist. Das Gefäss G diente, wie man leicht sieht, zum Austrocknen der Luft und das mit dem Spiralrohr versehene Gefäss W dazu, der Luft vor ihrem Eintritte in die Pumpe eine genau bekannte

Temperatur zu geben. Von der im Calorimeter gemessenen Wärmemenge zog Joule den Theil ab, welcher nur durch die Reibung
der Pumpe erzeugt war, und welchen er dadurch bestimmte, dass
er die Pumpe eine ebenso lange Zeit unter demselben mittleren
Drucke aber ohne Zutritt von äusserer Luft bewegte, und die dadurch
entstehende Wärme beobachtete. Den nach Abzug derselben bleibenden Rest betrachtete er als die durch die Compression der Luft erzeugte Wärme, und diese verglich er mit der nach der Gleichung (48)
berechneten, zur Compression verbrauchten Arbeit. Daraus ergab
sich als Mittel von zwei Versuchsreihen der Werth 444 Kilogrammeter für das mechanische Aequivalent der Wärme.

Dieser Werth stimmt freilich mit dem durch Reibung des
Wassers gefundenen Werthe 424 nicht ganz überein, was seinen
Grund wohl in den grösseren Fehlerquellen bei den mit der Luft
angestellten Versuchen hat. Immerhin war aber zu jener Zeit, wo
der Satz, dass die zur Erzeugung einer gewissen Wärmemenge
nöthige Arbeit unter allen Umständen gleich ist, noch nicht fest-
stand, die Uebereinstimmung der auf ganz verschiedene Weisen
gefundenen Werthe gross genug, um zur Bestätigung des Satzes
mit beizutragen.

Die dritte Annahme zur Bestimmung der Arbeit möge sein,
dass das Gas in einer für Wärme undurchdringlichen Hülle sein
Volumen ändere, oder, was auf dasselbe hinauskommt, *dass die*
Volumenänderung so schnell vor sich gehe, dass während der Zeit
kein merkliches Zu- oder Abströmen von Wärme stattfinden könne.

In diesem Falle wird die Beziehung zwischen Druck und
Volumen durch die unter (45) gegebene Gleichung

$$\frac{p}{p_1} = \left(\frac{v_1}{v}\right)^k$$

ausgedrückt. Die dieser Gleichung entsprechende Druckcurve

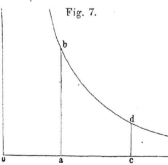

Fig. 7.

(Fig. 7) fällt steiler ab, als die in
Fig. 5 dargestellte. Rankine hat
die specielle Art von Druckcurven,
welche der *Ausdehnung in einer*
für Wärme undurchdringlichen
Hülle entspricht (von διαβαίνειν,
hindurchgehen), *adiabatische*
Curven genannt. Gibs dagegen
hat vorgeschlagen (Trans. of the
Connecticut Acad. Vol. II, p. 309),

sie *isentropische* Curven zu nennen, weil bei dieser Ausdehnung die *Entropie*, eine Grösse, von der weiter unten die Rede sein wird, constant bleibt. Dieser Benennungsweise will ich mich anschliessen, weil es sehr zweckmässig und auch allgemein üblich ist, derartige Curven nach derjenigen Grösse zu benennen, welche bei dem betreffenden Vorgange constant bleibt.

Um in diesem Falle die Integration auszuführen, setzen wir gemäss der vorigen Gleichung:

$$p = p_1 v_1^k \frac{1}{v^k},$$

wodurch (46) übergeht in:

$$W = p_1 v_1^k \int_{v_1}^{v_2} \frac{d v}{v^k} = \frac{p_1 v_1^k}{k-1} \left(\frac{1}{v_1^{k-1}} - \frac{1}{v_2^{k-1}} \right),$$

oder, anders geschrieben:

$$(49) \qquad W = \frac{p_1 v_1}{k-1} \left[1 - \left(\frac{v_1}{v_2} \right)^{k-1} \right].$$

ABSCHNITT III.

Zweiter Hauptsatz der mechanischen Wärmetheorie.

§. 1. Betrachtung eines Kreisprocesses von specieller Art.

Um den zweiten Hauptsatz der mechanischen Wärmetheorie ableiten und beweisen zu können, wollen wir davon ausgehen, einen Kreisprocess von specieller Art in seinen einzelnen Theilen zu verfolgen und in der oben angegebenen Weise graphisch darzustellen.

Zu dem letzteren Zwecke wollen wir annehmen, der Zustand des veränderlichen Körpers sei durch sein Volumen v und seinen Druck p bestimmt, und wollen, wie oben, ein rechtwinkliges Coordinatensystem in der Ebene einführen, von welchem die Abscisse das Volumen und die Ordinate den Druck bedeutet. Dann entspricht jeder Punkt der Ebene einem gewissen Zustande des Körpers, in welchem sein Volumen und sein Druck dieselben Werthe haben, wie die Abscisse und die Ordinate des Punktes. Ferner wird jede Veränderung des Körpers durch eine Linie dargestellt, deren Anfangs- und Endpunkt den Anfangs- und Endzustand bestimmen, und deren Verlauf angiebt, in welcher Weise sich der Druck mit dem Volumen ändert.

Es sei nun in Fig. 8 der Anfangszustand des Körpers, von welchem der Kreisprocess beginnt, durch den Punkt a angegeben, indem die Abscisse $oe = v_1$ das Anfangsvolumen und die Ordinate

$ea = p_1$ den Anfangsdruck bedeute. Durch diese beiden Grössen ist zugleich auch die Anfangstemperatur bestimmt, welche wir T_1 nennen wollen.

Nun soll der Körper sich zuerst ausdehnen, während seine Temperatur constant T_1 bleibt. Da er sich bei der Ausdehnung, wenn ihm dabei keine Wärme mitgetheilt würde, abkühlen müsste, so nehmen wir an, er sei mit einem als Wärmereservoir dienenden Körper K_1 in Verbindung gesetzt, welcher die Temperatur T_1 hat, und diese während des Processes nicht merklich ändert. Von diesem Körper soll der veränderliche Körper während der Ausdehnung so viel Wärme erhalten, dass auch er dieselbe Temperatur T_1 beibehält.

Fig. 8.

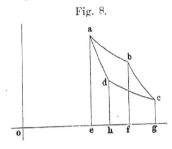

Die Curve, welche bei dieser Ausdehnung den Druck darstellt, ist ein Stück einer *isothermischen* Curve. Um bei der graphischen Darstellung dieser und den anderen noch vorkommenden Curven bestimmte Gestalten geben zu können, wollen wir, ohne die Betrachtung selbst auf einen bestimmten Körper zu beschränken, doch die Figur so zeichnen, wie sie sich für ein vollkommenes Gas gestaltet. Dann ist die isothermische Curve, wie schon oben erwähnt, eine gleichseitige Hyperbel, und wenn die Ausdehnung vom Volumen $oe = v_1$ bis zum Volumen $of = V_1$ geschieht, so erhalten wir von dieser gleichseitigen Hyperbel das Stück ab.

Nachdem das Volumen V_1 erreicht ist, denken wir uns den Körper K_1 fortgenommen, und lassen nun den veränderlichen Körper für sich allein seine Ausdehnung fortsetzen, ohne dass ihm Wärme mitgetheilt wird. Dann sinkt seine Temperatur und wir erhalten als Druckcurve eine *isentropische* Curve, welche steiler abfällt, als die isothermische Curve. Diese Ausdehnung möge bis zum Volumen $og = V_2$ vor sich gehen, wobei wir das Curvenstück bc erhalten. Die dabei erreichte niedrigere Temperatur möge T_2 heissen.

Von nun an soll der Körper wieder zusammengedrückt werden, um ihn wieder in sein ursprüngliches Volumen zu bringen. Zunächst möge eine Zusammendrückung bei der constanten Temperatur T_2 stattfinden, wozu wir uns den veränderlichen Körper mit einem als Wärmereservoir dienenden Körper K_2 von der Temperatur T_2 in Verbindung gesetzt denken, an welchen er während der Zusammendrückung so viel Wärme abgiebt, dass er die Temperatur T_2 beibehält. Die dieser Zusammendrückung entsprechende Druckcurve ist wieder eine isothermische Curve und speciell für ein vollkommenes Gas eine andere gleichseitige Hyperbel, von welcher wir bei der Volumenabnahme bis $oh = v_2$ das Stück cd erhalten.

Die letzte Zusammendrückung endlich, welche den veränderlichen Körper wieder in sein anfängliches Volumen bringt, soll ohne den Körper K_2 stattfinden, so dass also die Temperatur steigt, wobei dann der Druck nach einer isentropischen Curve wächst. Wir wollen nun annehmen, das Volumen $oh = v_2$, bis zu welchem die erste Zusammendrückung geschah, sei so gewählt, dass die von diesem Volumen beginnende und bis zum Volumen $oe = v_1$ fortschreitende Zusammendrückung gerade ausreiche, um die Temperatur wieder von T_2 auf T_1 zu erhöhen. Wenn dann zugleich mit dem anfänglichen Volumen auch die anfängliche Temperatur erreicht wird, muss auch der Druck wieder den anfänglichen Werth annehmen, und die letzte Druckcurve muss daher gerade den Punkt a treffen. Indem somit der Körper zu seinem durch a angedeuteten ursprünglichen Zustande wieder zurückgekehrt ist, ist der Kreisprocess vollendet.

§. 2. Resultat des Kreisprocesses.

Bei den beiden im Kreisprocesse vorkommenden Ausdehnungen des veränderlichen Körpers muss der äussere Druck überwunden werden, und es wird daher äussere Arbeit geleistet, und bei den Zusammendrückungen wird umgekehrt äussere Arbeit verbraucht.

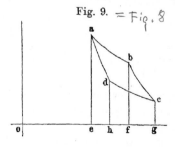

Fig. 9. $= Fig. 8$

Diese Arbeitsgrössen sind unmittelbar aus der hier wieder abgedruckten Figur ersichtlich. Die bei der Ausdehnung ab geleistete Arbeit wird durch das Viereck $eabf$ dargestellt, und ebenso die bei der Ausdehnung bc geleistete durch das Viereck $fbcg$. Ferner wird die bei der

Zusammendrückung cd verbrauchte Arbeit durch das Viereck $gcdh$ und die bei der Zusammendrückung da verbrauchte Arbeit durch das Viereck $hdae$ dargestellt. Die letzten beiden Arbeitsgrössen sind wegen der bei den Zusammendrückungen herrschenden niedrigeren Temperatur und des dadurch bedingten geringeren Druckes kleiner, als die beiden ersten, und wenn wir sie von diesen abziehen, so bleibt ein Ueberschuss an geleisteter äusserer Arbeit, welcher durch das Viereck $abcd$ dargestellt wird, und welchen wir mit W bezeichnen wollen.

Dieser gewonnenen äusseren Arbeit muss, gemäss der Gleichung (5a) des ersten Abschnittes, eine Menge Q von verbrauchter Wärme entsprechen, welche ihr an Werth gleich ist. Der veränderliche Körper erhielt aber während der ersten, durch ab dargestellten Ausdehnung, welche in Verbindung mit dem Körper K_1 stattfand, von diesem eine gewisse Wärmemenge, welche wir Q_1 nennen wollen, und während der ersten, durch cd dargestellten Zusammendrückung, welche in Verbindung mit dem Körper K_2 stattfand, gab er an diesen eine gewisse Wärmemenge ab, welche Q_2 heissen möge. Während der zweiten Ausdehnung bc und der zweiten Zusammendrückung da wurde dem veränderlichen Körper weder Wärme mitgetheilt noch entzogen. Da nun während des ganzen Kreisprocesses eine gewisse Wärmemenge Q zu Arbeit verbraucht ist, so muss die Wärmemenge Q_1, welche der veränderliche Körper empfangen hat, grösser sein, als die Wärmemenge Q_2, welche er wieder abgegeben hat, so dass die Differenz $Q_1 - Q_2$ gleich Q ist.

Demgemäss können wir setzen:

(1) $$Q_1 = Q_2 + Q,$$

und können somit in der Wärmemenge Q_1, welche der veränderliche Körper von dem Körper K_1 erhalten hat, zwei Theile unterscheiden, deren einer Q in Arbeit verwandelt ist, während der andere Q_2 als Wärme an den Körper K_2 wieder abgegeben ist. Da in allen übrigen Beziehungen zu Ende des Kreisprocesses wieder der ursprüngliche Zustand hergestellt ist, und folglich jede Veränderung, welche in einem Theile des Kreisprocesses stattgefunden hat, durch eine entgegengesetzte in einem andern Theile des Kreisprocesses eingetretene Veränderung wieder aufgehoben ist, so können wir das Resultat des Kreisprocesses schliesslich so aussprechen. *Die eine aus dem Körper K_1 stammende Wärmemenge Q ist in Arbeit verwandelt, und die andere Wärmemenge Q_2 ist aus dem Körper K_1 in den kälteren Körper K_2 übergegangen.*

Wir können den ganzen vorher beschriebenen Kreisprocess auch in umgekehrter Weise vor sich gehen lassen. Indem wir wieder von dem durch den Punkt a angedeuteten Zustande ausgehen, bei welchem der veränderliche Körper das Volumen v_1 und die Temperatur T_1 hat, denken wir uns, dass er zuerst ohne Mittheilung von Wärme sich bis zum Volumen v_2 ausdehne, und somit die Curve ad beschreibe, wobei seine Temperatur von T_1 bis T_2 sinke; dass er sodann in Verbindung mit dem Körper K_2 und daher bei der constanten Temperatur T_2 sich von v_2 bis V_2 ausdehne und die Curve dc beschreibe, wobei er von dem Körper K_2 Wärme empfange; dass er darauf ohne Entziehung von Wärme von V_2 bis V_1 zusammengedrückt werde und die Curve cb beschreibe, wobei seine Temperatur von T_2 bis T_1 steige, und dass er endlich in Verbindung mit dem Körper K_1 bei der constanten Temperatur T_1 und unter Abgabe von Wärme an K_1 von dem Volumen V_1 bis zum Anfangsvolumen v_1 zusammengedrückt werde und die Curve ba beschreibe.

Bei diesem umgekehrten Processe sind die durch die Vierecke $eadh$ und $hdcg$ dargestellten Arbeitsgrössen geleistete oder positive und die durch die Vierecke $gcbf$ und $fbae$ dargestellten Arbeitsgrössen verbrauchte oder negative. Die verbrauchten sind also grösser wie die geleisteten, und somit ist der durch das Viereck $abcd$ dargestellte Rest in diesem Falle *verbrauchte* Arbeit.

Ferner hat der veränderliche Körper von dem Körper K_2 die Wärmemenge Q_2 empfangen und an den Körper K_1 die Wärmemenge $Q_1 = Q_2 + Q$ abgegeben. Von den beiden Theilen, aus denen Q_1 besteht, entspricht der eine Q der verbrauchten Arbeit und ist durch dieselbe entstanden, während der andere Q_2 von dem Körper K_2 zum Körper K_1 übertragen ist. Wir können somit das Resultat des umgekehrten Kreisprocesses folgendermaassen zusammenfassen. *Die Wärmemenge Q ist durch Arbeit entstanden und an den Körper K_1 abgegeben, und die Wärmemenge Q_2 ist aus dem kälteren Körper K_2 in den wärmeren Körper K_1 übergegangen.*

§. 3. Kreisprocess eines aus Flüssigkeit und Dampf bestehenden Körpers.

Da wir in den vorigen Paragraphen, obwohl wir bei der Besprechung des Kreisprocesses keine beschränkende Annahme über die Natur des veränderlichen Körpers machten, doch die graphische

Darstellung des Processes so ausgeführt haben, wie sie einem vollkommenen Gase entspricht, so wird es vielleicht zweckmässig sein,
für einen Körper von anderer Art den Kreisprocess noch einmal
zu betrachten, um zu sehen, wie seine äussere Gestaltung sich mit
der Natur des Körpers ändern kann. Wir wollen nämlich einen
solchen Körper zur Betrachtung auswählen, welcher nicht in allen
seinen Theilen einen und denselben Aggregatzustand hat, sondern
zum Theil flüssig, zum Theil dampfförmig im Maximum der Dichtigkeit ist.

Es sei also in einem ausdehnsamen Gefässe eine Flüssigkeit
enthalten, welche aber nur einen Theil des Raumes ausfülle und
den übrigen Theil für den Dampf freilasse, der die Dichte hat,
welche der stattfindenden Tempe-
ratur T_1 als Maximum entspricht.
Das Gesammtvolumen beider sei
in Fig. 10 durch die Abscisse oe
und der Druck des Dampfes durch
die Ordinate ea dargestellt. Nun
gebe das Gefäss dem Drucke nach,
und erweitere sich, während Flüssigkeit und Dampf mit einem
Körper K_1 von der constanten Temperatur T_1 in Berührung seien.
So wie der Raum grösser wird, verdampft mehr Flüssigkeit, aber
die dabei verbrauchte Wärme wird immer wieder vom Körper K_1
ersetzt, so dass die Temperatur und mit ihr auch der Druck des
Dampfes ungeändert bleiben.   Die auf diese Ausdehnung bezügliche isothermische Curve ist also eine der Abscissenaxe parallele
Gerade.   Wenn auf diese Weise das Gesammtvolumen von oe bis
of angewachsen ist, so ist dabei eine äussere Arbeit erzeugt, die
durch das Rechteck $eabf$ dargestellt wird. — Jetzt nehme man
den Körper K_1 fort, und lasse das Gefäss sich noch mehr erweitern,
während weder Wärme hinein noch heraus kann. Dabei wird theils
der vorhandene Dampf sich ausdehnen, theils neuer entstehen, und
demzufolge wird die Temperatur sinken und somit auch der Druck
abnehmen.   Dieses setze man fort, bis die Temperatur aus T_1 in
T_2 übergegangen ist, wobei das Volumen og erreicht werde.   Wird
die während dieser Ausdehnung stattfindende Druckabnahme durch
die Curve bc, welche eine isentropische Curve ist, dargestellt, so
ist die dabei erzeugte äussere Arbeit $= fbcg$.

Nun drücke man das Gefäss zusammen, um die Flüssigkeit

Fig. 10.

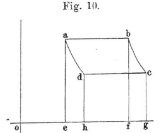

mit dem Dampfe wieder auf ihr ursprüngliches Gesammtvolumen
oe zurückzubringen; und zwar geschehe diese Zusammendrückung
zum Theil in Berührung mit dem Körper K_2 von der Temperatur
T_2, auf den alle bei der Condensation des Dampfes entstehende
Wärme übergehe, so dass die Temperatur constant $= T_2$ bleibe,
zum Theil ohne diesen Körper, so dass die Temperatur steige, und
man richte es so ein, dass die erste Zusammendrückung nur so
weit (bis oh) fortgesetzt werde, dass der dann noch bleibende
Raum he gerade hinreiche, um die Temperatur wieder von T_2 bis
T_1 zu erhöhen. Während der ersten Volumenverringerung bleibt
der Druck unveränderlich $= gc$, und die dabei verbrauchte äussere Arbeit ist gleich dem Rechtecke $gcdh$. Während der letzten
Volumenverringerung nimmt der Druck zu und werde dargestellt
durch die isentropische Curve da, welche gerade im Punkte a
enden muss, da der ursprünglichen Temperatur T_1 auch wieder
der ursprüngliche Druck ea entsprechen muss. Die zuletzt verbrauchte äussere Arbeit ist $= hdac$.

Am Schlusse der Operation sind Flüssigkeit und Dampf wieder in ihrem ursprünglichen Zustande und der Kreisprocess ist somit vollendet. Der Ueberschuss der positiven äusseren Arbeit über
die negative, also die während des Kreisprocesses im Ganzen gewonnene äussere Arbeit W wird wieder durch das Viereck $abcd$
dargestellt. Dieser Arbeit muss der Verbrauch einer ihr gleichen
Wärmemenge Q entsprechen, und wenn wir daher die während der
Ausdehnung mitgetheilte Wärme wieder mit Q_1 und die während
der Zusammendrückung entzogene Wärme mit Q_2 bezeichnen, so
ist Q_1 gleich $Q_2 + Q$ zu setzen und das Endresultat des Kreisprocesses besteht daher auch hier darin, dass die Wärmemenge Q
in Arbeit verwandelt, und die Wärmemenge Q_2 aus dem wärmeren
Körper K_1 in den kälteren Körper K_2 übergegangen ist.

Auch dieser Kreisprocess kann umgekehrt ausgeführt werden,
wobei dann die Wärmemenge Q durch Arbeit erzeugt und an den
Körper K_1 abgegeben, und die Wärmemenge Q_2 vom kälteren
Körper K_2 zum wärmeren Körper K_1 übertragen wird.

Ebenso kann man mit verschiedenen anderen veränderlichen
Körpern Kreisprocesse dieser Art, die graphisch durch zwei isothermische und zwei isentropische Curven dargestellt werden, ausführen, wobei zwar die Form der Curven von der Natur des veränderlichen Körpers abhängt, aber das Resultat des Processes
immer in gleicher Weise darin besteht, dass Eine Wärmemenge in

Arbeit verwandelt oder durch Arbeit erzeugt wird, und eine andere
Wärmemenge aus einem wärmeren in einen kälteren Körper, oder
umgekehrt, übergeht. Es lässt sich nun die Frage stellen, *ob die in Arbeit verwandelte oder durch Arbeit erzeugte Wärmemenge zu derjenigen Wärmemenge, welche aus dem wärmeren in den kälteren Körper oder umgekehrt übergeht, in einem allgemein gültigen Verhältnisse steht,
oder ob das zwischen ihnen obwaltende Verhältniss je nach der
Natur des veränderlichen Körpers, welcher den Vorgang vermittelt,
verschieden ist.*

§. 4. Carnot's Ansicht über die in einem Kreisprocesse geleistete Arbeit.

S. Carnot, welcher zuerst darauf aufmerksam geworden war,
dass bei der Hervorbringung von mechanischer Arbeit Wärme aus
einem wärmeren in einen kälteren Körper übergeht, und dass umgekehrt durch Verbrauch von mechanischer Arbeit Wärme aus
einem kälteren in einen wärmeren Körper geschafft werden kann,
und welcher auch den vorher beschriebenen einfachen Kreisprocess
ersonnen hat (der dann von Clapeyron zuerst graphisch dargestellt ist), hat sich von dem ursächlichen Zusammenhange jener
Vorgänge eine eigenthümliche Ansicht gebildet[1]).

Zu seiner Zeit war noch allgemein jene schon oben besprochene
Vorstellung verbreitet, dass die Wärme ein besonderer Stoff sei,
welcher in einem Körper in grösserer oder geringerer Quantität
vorhanden sein könne, und dadurch die Verschiedenheiten der
Temperatur bedinge. Dieser Vorstellung gemäss war man der
Meinung, dass die Wärme wohl die Art ihrer Vertheilung ändern
könne, indem sie aus einem Körper in einen anderen übergehe,
und dass sie ferner in verschiedenen Zuständen existiren könne,
die man mit den Worten „latent" und „frei" bezeichnete; dass
aber die Quantität der im Ganzen vorhandenen Wärme sich weder
vermehren noch vermindern lasse, da ein Stoff nicht neu erzeugt
und nicht vernichtet werden könne.

Dieser Meinung war auch Carnot und er betrachtete es daher als selbstverständlich, dass die Wärmemengen, welche der ver-

---

[1]) *Reflexions sur la puissance motrice du feu. Paris 1824.*

änderliche Körper während eines Kreisprocesses von Aussen aufnimmt und nach Aussen abgiebt, unter einander gleich seien, so
dass sie sich gegenseitig aufheben. Er spricht dieses sehr bestimmt
auf S. 27 seines Buches aus, wo er sagt: „Nous supposerons.....
que les quantités de chaleur absorbées et dégagées dans ses diver-
ses transformations sont exactement compensées. Ce fait n'a ja-
mais été révoqué en doute; il a été d'abord admis sans reflexion
et vérifié ensuite dans beaucoup de cas par les expériences du
calorimètre. Le nier, ce serait renverser toute la théorie de la
chaleur, dans laquelle il sert de base."

Da hiernach die Quantität der vorhandenen Wärme nach dem
Kreisprocesse dieselbe sein sollte, wie vor demselben, und da doch
ein Gewinn an Arbeit vorlag, so suchte Carnot diesen letzteren
aus dem Herabsinken der Wärme von einer höheren zu einer
tieferen Temperatur zu erklären. Er verglich diesen absteigenden
Wärmeübergang, welcher besonders bei der Dampfmaschine augenfällig ist, wo das Feuer Wärme an den Dampfkessel abgiebt und
das Kühlwasser des Condensators umgekehrt Wärme empfängt,
mit dem Herabsinken des Wassers von einer höheren zu einer
tieferen Stelle, wodurch eine Maschine in Bewegung gesetzt, und
somit Arbeit geleistet werden kann. Demgemäss wendet er auf
S. 28 seines Buches, nachdem er den Ausdruck „la chute d'eau"
gebraucht hat, in entsprechender Weise für das Herabsinken der
Wärme von einer höheren zu einer tieferen Temperatur den Ausdruck „la chute du calorique" an.

Von dieser Betrachtung ausgehend, stellte er den Satz auf,
dass die Grösse der geleisteten Arbeit zu dem gleichzeitig stattfindenden Wärmeübergange, d. h. zu der Quantität der übergehenden Wärme und den Temperaturen der Körper, zwischen denen
sie übergeht, in einer gewissen allgemein gültigen Beziehung stehen
müsse, welche von der Natur desjenigen Stoffes, durch welchen
die Arbeitsleistung und der Wärmeübergang vermittelt wird, unabhängig sei. Sein Beweis für die Nothwendigkeit einer solchen
bestimmten Beziehung stützt sich auf den Grundsatz, *dass es unmöglich sei, bewegende Kraft aus Nichts zu schaffen*, oder mit
anderen Worten, *dass ein Perpetuum-Mobile unmöglich sei.*

Diese Betrachtungsweise stimmt aber mit unseren jetzigen Anschauungen nicht überein, indem wir vielmehr annehmen, dass zur
Hervorbringung von Arbeit eine entsprechende Menge Wärme verbraucht werde, und dass demnach die während des Kreisprocesses

nach Aussen abgegebene, Wärmemenge geringer sei, als die von Aussen aufgenommene. Wenn nun aber zur Hervorbringung von Arbeit Wärme verbraucht wird, so kann natürlich, mag neben dem Verbrauche von Wärme noch gleichzeitig ein Uebergang einer anderen Wärmemenge von einem wärmeren zu einem kälteren Körper stattfinden, oder nicht, doch keinesfalls davon die Rede sein, dass die Arbeit aus Nichts entstanden sei. Demnach bedurfte nicht nur der Satz, welchen Carnot ausgesprochen hatte, einer Aenderung, sondern es musste auch für den Beweis eine andere Basis gesucht werden, als diejenige, auf welche Carnot den seinigen gegründet hatte.

§. 5. Ein neuer Grundsatz in Bezug auf die Wärme.

Verschiedene Betrachtungen über das Verhalten und die Natur der Wärme hatten mich zu der Ueberzeugung geführt, dass das bei der Wärmeleitung und der gewöhnlichen Wärmestrahlung hervortretende Bestreben der Wärme von wärmeren zu kälteren Körpern überzugehen, und dadurch die bestehenden Temperaturdifferenzen auszugleichen, so innig mit ihrem ganzen Wesen verknüpft sei, dass es sich unter allen Umständen geltend machen müsse. Ich stellte daher folgenden Satz als Grundsatz auf:

Die Wärme kann nicht von selbst aus einem kälteren in einen wärmeren Körper übergehen.

Die hierin vorkommenden Worte „von selbst“, welche der Kürze wegen angewandt sind, bedürfen, um vollkommen verständlich zu sein, noch einer Erläuterung, welche ich in meinen Abhandlungen an verschiedenen Orten gegeben habe. Zunächst soll darin ausgedrückt sein, dass durch Leitung und Strahlung die Wärme sich nie in dem wärmeren Körper auf Kosten des kälteren noch mehr anhäufen kann. Dabei soll dasjenige, was in dieser Beziehung über die Strahlung schon früher bekannt war, auch auf solche Fälle ausgedehnt werden, wo durch Brechung oder Reflexion die Richtung der Strahlen irgend wie geändert, und dadurch eine Concentration derselben bewirkt wird. Ferner soll der Satz sich auch auf solche Processe beziehen, die aus mehreren verschiedenen Vorgängen zusammengesetzt sind, wie z. B. Kreisprocesse der oben beschriebenen Art. Durch einen solchen Process kann allerdings (wie wir es bei der umgekehrten Ausführung des obigen Kreis-

processes gesehen haben), Wärme aus einem kälteren in einen
wärmeren Körper übertragen werden; unser Satz soll aber ausdrücken, dass dann gleichzeitig mit diesem Wärmeübergange aus
dem kälteren in den wärmeren Körper entweder ein entgegengesetzter Wärmeübergang aus einem wärmeren in einen kälteren
Körper stattfinden oder irgend eine sonstige Veränderung eintreten
muss, welche die Eigenthümlichkeit hat, dass sie nicht rückgängig
werden kann, ohne ihrerseits, sei es unmittelbar oder mittelbar,
einen solchen entgegengesetzten Wärmeübergang zu veranlassen.
Dieser gleichzeitig stattfindende entgegengesetzte Wärmeübergang
oder die sonstige Veränderung, welche einen entgegengesetzten
Wärmeübergang zur Folge hat, ist dann als *Compensation* jenes
Wärmeüberganges von dem kälteren zum wärmeren Körper zu betrachten, und unter Anwendung dieses Begriffes kann man die
Worte „von selbst" durch die Worte „ohne Compensation" ersetzen,
und den obigen Satz so aussprechen:

> *Ein Wärmeübergang aus einem kälteren in einen wärmeren*
> *Körper kann nicht ohne Compensation stattfinden.*

Dieser von mir als Grundsatz hingestellte Satz hat viele An-
fechtungen erfahren, und ich habe ihn daher zu wiederholten Malen
vertheidigen müssen, wobei ich immer nachweisen konnte, dass die
Einwände nur dadurch veranlasst waren, dass die Erscheinungen,
in welchen man einen uncompensirten Wärmeübergang aus einem
kälteren in einen wärmeren Körper zu finden geglaubt hatte, unrichtig aufgefasst waren. Es würde aber an dieser Stelle den Gang
unserer Betrachtungen zu sehr unterbrechen, wenn ich die Einwände und ihre Widerlegungen hier mittheilen wollte. Ich will
daher bei den hier folgenden Auseinandersetzungen den Satz,
welcher gegenwärtig, wie ich glaube, von den meisten Physikern
als richtig anerkannt wird, einfach als einen Grundsatz in Anwendung bringen, so wie ich es in meinen Abhandlungen gethan habe,
und behalte mir vor, weiter unten auf die über ihn geführten Discussionen noch etwas näher einzugehen.

§. 6. **Beweis, dass das Verhältniss zwischen der in Arbeit
verwandelten Wärme und der übergegangenen Wärme
von der Natur des vermittelnden Stoffes unabhängig ist.**

Unter Annahme des vorstehenden Grundsatzes lässt sich beweisen, dass zwischen der Wärmemenge Q, welche in einem Kreis-

processe der oben beschriebenen Art in Arbeit verwandelt (oder bei der umgekehrten Ausführung des Processes durch Arbeit erzeugt) wird, und der Wärmemenge Q_2, welche aus einem wärmeren in einen kälteren Körper (oder umgekehrt) übergeht, ein Verhältniss besteht, welches von der Natur des veränderlichen Körpers, der die Verwandlung und den Uebergang vermittelt, unabhängig ist, dass also, wenn unter Anwendung derselben Wärmereservoire K_1 und K_2 mit verschiedenen veränderlichen Körpern Kreisprocesse ausgeführt werden, dann das Verhältniss $\dfrac{Q}{Q_2}$ bei allen gleich ist.

Denkt man sich die Kreisprocesse ihrer Grösse nach immer so eingerichtet, dass die Wärmemenge Q, welche in Arbeit verwandelt wird, einen bestimmten Werth hat, so handelt es sich nur noch um die Grösse der übergegangenen Wärmemenge Q_2, und der Satz, welcher bewiesen werden soll, lautet dann: *wenn bei Anwendung zweier verschiedener veränderlicher Körper die in Arbeit verwandelte Wärmemenge Q gleich ist, so muss auch die übergegangene Wärmemenge Q_2 gleich sein.*

Angenommen, es gebe zwei Körper C und C' (z. B. das oben betrachtete Gas und die aus Flüssigkeit und Dampf bestehende Masse), für welche bei gleichem Werthe von Q die übergegangenen Wärmemengen verschiedene Werthe haben, die mit Q_2 und Q_2' bezeichnet werden mögen, und von denen Q_2' grösser als Q_2 sei, so können wir in folgender Weise verfahren. Zuerst lassen wir den Körper C den Kreisprocess in dem Sinne durchmachen, dass die Wärmemenge Q in Arbeit verwandelt und die Wärmemenge Q_2 von K_1 nach K_2 übergeführt wird. Darauf lassen wir den Körper C' den Kreisprocess im umgekehrten Sinne durchmachen, wobei die Wärmemenge Q durch Arbeit erzeugt und die Wärmemenge Q_2' von K_2 nach K_1 übergeführt wird.

Die beiden hierbei vorkommenden Verwandlungen aus Wärme in Arbeit und aus Arbeit in Wärme heben sich gegenseitig auf, denn, nachdem im ersten Kreisprocesse die Wärmemenge Q, welche aus dem Körper K_1 stammt, in Arbeit verwandelt ist, kann man sich denken, dass eben diese Arbeit im zweiten Kreisprocesse wieder verbraucht wurde, um die Wärmemenge Q zu erzeugen, die dann wieder an den Körper K_1 abgegeben ist. Auch im Uebrigen befindet sich zu Ende der beiden Operationen Alles wieder im ursprünglichen Zustande, mit Ausnahme Einer Veränderung, die übrig geblieben ist. Da nämlich die von K_2 zu K_1 übergegangene

Wärmemenge Q_2' der Annahme nach grösser ist, als die von K_1 zu K_2 übergegangene Wärmemenge Q_2, so heben sich diese beiden Wärmeübergänge nicht vollständig auf, sondern es ist schliesslich die durch die Differenz $Q_2' - Q_2$ dargestellte Wärmemenge von K_2 zu K_1 übergegangen. Wir gelangen also zu dem Resultate, dass ein Wärmeübergang aus einem kälteren in einen wärmeren Körper ohne eine sonstige als Compensation dienende Veränderung statt-gefunden habe. Da dieses dem Grundsatze widerspricht, so muss die Annahme, dass Q_2' grösser als Q_2 sei, unrichtig sein.

Würden wir die andere Annahme machen, dass Q_2' kleiner als Q_2 sei, so könnten wir uns denken, dass der Körper C' den Kreisprocess im ersten Sinne und der Körper C im umgekehrten Sinne durchmache. Dann würden wir zu dem Resultate gelangen, dass die Wärmemenge $Q_2 - Q_2'$ ohne Compensation vom kälteren Körper K_2 zum wärmeren Körper K_1 übergegangen sei, was aber-mals dem Grundsatze widerspräche.

Wenn demnach Q_2' weder grösser noch kleiner als Q_2 sein kann, so müssen beide gleich sein, womit der obige Satz be-wiesen ist.

Wir wollen nun dem auf diese Weise gewonnenen Resultate noch eine für die folgenden Entwickelungen möglichst bequeme mathematische Form geben. Da der Bruch $\dfrac{Q}{Q_2}$ von der Natur des veränderlichen Körpers unabhängig ist, so kann er nur noch von den Temperaturen der beiden als Wärmereservoire dienenden Körper K_1 und K_2 abhängen. Dasselbe gilt natürlich auch von der Summe $1 + \dfrac{Q}{Q_2}$, und, da wir ferner schreiben können:

$$1 + \frac{Q}{Q_2} = \frac{Q_2 + Q}{Q_2} = \frac{Q_1}{Q_2},$$

so können wir den letzten Bruch, welcher das Verhältniss zwischen der aufgenommenen und der abgegebenen Wärme dargestellt, zur weiteren Betrachtung auswählen, und das gewonnene Resultat da-hin ausdrücken, *dass der Bruch* $\dfrac{Q_1}{Q_2}$ *nur von den Temperaturen* T_1 *und* T_2 *abhängen kann.* Demgemäss bilden wir die Gleichung:

$$(2) \qquad \frac{Q_1}{Q_2} = \Phi(T_1, T_2),$$

worin $\Phi(T_1, T_2)$ eine Function der beiden Temperaturen bedeuten soll, welche von der Natur des veränderlichen Körpers unabhängig ist.

§. 7. Bestimmung der Function $\Phi(T_1, T_2)$.

Der Umstand, dass die in der Gleichung (2) vorkommende Function der beiden Temperaturen von der Natur des veränderlichen Körpers unabhängig ist, giebt uns ein Mittel an die Hand, diese Function zu bestimmen, denn sobald für irgend einen Körper die Form der Function gefunden ist, kann diese Form als die allgemein gültige betrachtet werden.

Unter den verschiedenen Körperclassen eignen sich nun ganz besonders die vollkommenen Gase zu einer solchen Bestimmung, weil deren Gesetze am genauesten bekannt sind. Wir wollen daher einen mit einem vollkommenen Gase ausgeführten Kreisprocess betrachten, wie er schon in der zu §. 1 gehörigen Fig. 8, welche hier noch einmal Platz finden möge, graphisch dargestellt ist, indem damals bei der Construction der Figur beispielsweise ein vollkommenes Gas als veränderlicher Körper angenommen wurde.

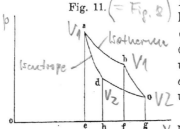

Fig. 11.

Die in diesem Kreisprocesse vorkommenden Wärmemengen Q_1 und Q_2, welche das Gas bei der Ausdehnung ab (Fig. 11) aufnimmt und bei der Zusammendrückung cd abgiebt, wollen wir berechnen und unter einander vergleichen.

Dazu müssen wir unsere Aufmerksamkeit zunächst auf die durch die Abscissen oe, oh, of und og dargestellten und mit v_1, v_2, V_1 und V_2 bezeichneten Volumina richten, um die zwischen ihnen bestehende Beziehung abzuleiten.

Die durch oe und oh dargestellten Volumina v_1 und v_2 bilden die Grenzen derjenigen Volumenänderung, auf welche die isentropische Curve ad sich bezieht, und welche man nach Belieben als Ausdehnung oder als Zusammendrückung geschehen lassen kann. Eine solche Volumenänderung, bei welcher das Gas keine Wärme empfängt oder abgiebt, haben wir schon in §. 8 des vorigen Abschnittes behandelt, und haben folgende dort unter (43) gegebene Gleichung gefunden:

$$\frac{T}{T_1} = \left(\frac{v_1}{v}\right)^{k-1},$$

und wenn wir für unseren gegenwärtigen Fall die Endtemperatur und das Endvolumen mit T_2 und v_2 bezeichnen, so erhalten wir:

(3)
$$\frac{T_2}{T_1} = \left(\frac{v_1}{v_2}\right)^{k-1} \quad \text{Isentrope}$$

Ganz ebenso erhalten wir bei Betrachtung der durch die isentropische Curve bc dargestellten Volumenänderung:

(4)
$$\frac{T_2}{T_1} = \left(\frac{V_1}{V_2}\right)^{k-1}$$

Aus der Vereinigung dieser beiden Gleichungen ergiebt sich:

$$\frac{V_1}{V_2} = \frac{v_1}{v_2},$$

oder umgeschrieben:

(5)
$$\frac{V_1}{v_1} = \frac{V_2}{v_2}.$$

Nun wenden wir uns zu der durch die isothermische Curve ab dargestellten Volumenänderung, welche bei der constanten Temperatur T_1 zwischen den Grenzen v_1 und V_1 vor sich geht. Die bei einer solchen Volumenänderung aufgenommene oder abgegebene Wärmemenge haben wir auch schon in §. 8 des vorigen Abschnittes bestimmt, und gemäss der dort unter (41) gegebenen Gleichung können wir für unseren gegenwärtigen Fall setzen:

(6)
$$Q_1 = R T_1 \, log \, \frac{V_1}{v_1}.$$

Ebenso haben wir für die durch die isothermische Curve dc dargestellte Volumenänderung, welche bei der Temperatur T_2 zwischen den Grenzen v_2 und V_2 stattfindet, zu setzen:

(7)
$$Q_2 = R T_2 \, log \, \frac{V_2}{v_2}.$$

Wenn wir diese beiden Gleichungen durch einander dividiren, und dabei die Gleichung (5) berücksichtigen, so erhalten wir das gesuchte Verhältniss zwischen Q_1 und Q_2, nämlich:

(8)
$$\frac{Q_1}{Q_2} = \frac{T_1}{T_2}.$$

Hierdurch ist die in (2) vorkommende Function der beiden Temperaturen bestimmt, indem wir, um jene Gleichung mit der vorstehenden in Uebereinstimmung zu bringen, setzen müssen:

(9)
$$\Phi(T_1, T_2) = \frac{T_1}{T_2}.$$

Die nun an die Stelle von (2) tretende bestimmtere Gleichung (8), welche sich auch in der Form

(10) $$\frac{Q_1}{T_1} - \frac{Q_2}{T_2} = 0$$

schreiben lässt, wollen wir äusserlich noch etwas umändern, indem wir die in dem Kreisprocesse vorkommenden Wärmemengen, welche bisher als absolute Grössen behandelt wurden, und bei denen der Unterschied, dass die eine *aufgenommene* und die andere *abgegebene* Wärme ist, in Worten ausgedrückt wurde, dadurch von einander unterscheiden, dass wir sie als positive und negative Grössen behandeln. Es ist nämlich für die Rechnung bequemer, immer nur von aufgenommener Wärme zu sprechen, und abgegebene Wärmemengen als aufgenommene negative Wärmemengen zu betrachten. Wenn wir demgemäss sagen, der veränderliche Körper habe während des Kreisprocesses die Wärmemengen Q_1 und Q_2 aufgenommen, so müssen wir unter Q_2 eine negative Grösse verstehen, nämlich die Grösse, welche bisher durch $- Q_2$ dargestellt wurde. Dadurch geht die Gleichung (10) über in:

(11) $$\frac{Q_1}{T_1} + \frac{Q_2}{T_2} = 0.$$

§. 8. Complicirtere Kreisprocesse.

Bisher haben wir uns auf solche Kreisprocesse beschränkt, in denen die Aufnahme von positiven und negativen Wärmemengen nur bei *zwei* Temperaturen stattfindet. Derartige Kreisprocesse wollen wir von jetzt an kurz *einfache Kreisprocesse* nennen. Wir müssen nun aber auch solche Kreisprocesse betrachten, in denen die Aufnahme von positiven und negativen Wärmemengen bei mehr als zwei Temperaturen stattfindet.

Zunächst möge ein Kreisprocess mit *drei* Aufnahmetemperaturen betrachtet werden, welcher umstehend graphisch dargestellt ist durch die Figur *abcdefa*, die, wie die früheren, aus lauter isothermischen und isentropischen Curven besteht. Diese Curven sind wieder beispielsweise in der Gestalt gezeichnet, welche sie bei einem vollkommenen Gase haben, was aber nicht wesentlich ist. Die Curve *ab* bedeutet eine Ausdehnung bei der constanten Temperatur T_1, *bc* eine Ausdehnung ohne Wärmeaufnahme, bei welcher die Temperatur von T_1 bis T_2 sinkt, cd eine Ausdehnung bei der constanten Temperatur T_2, de eine Ausdehnung ohne Wärmeauf-

Fig. 12.

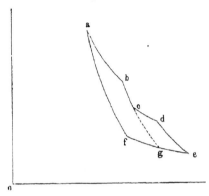

nahme, bei welcher die Temperatur von T_2 bis T_3 sinkt, ef eine Zusammendrückung bei der constanten Temperatur T_3 und endlich fa eine Zusammendrückung ohne Wärmeabgabe, bei welcher die Temperatur von T_3 bis T_1 steigt, und durch welche der veränderliche Körper wieder in sein anfängliches Volumen zurückkommt. Bei den Ausdehnungen ab und cd nimmt der Körper die positiven Wärmemengen Q_1 und Q_2 und bei der Zusammendrückung ef die negative Wärmemenge Q_3 auf. Es handelt sich nun darum, zwischen diesen drei Wärmemengen eine Beziehung zu finden.

Dazu denken wir uns in der Figur die isentropische Curve bc fortgesetzt, wie es durch das punktirte Stück cg angedeutet ist. Dadurch zerfällt der ganze Kreisprocess in zwei einfache Kreisprocesse $abgfa$ und $cdegc$. Beim ersten geht der Körper von dem Zustande a aus und kommt in denselben wieder zurück. Beim zweiten denken wir uns einen eben solchen Körper, welcher von dem Zustande c ausgeht, und zu demselben wieder zurückkehrt. Die negative Wärmemenge Q_3, welche bei der Zusammendrückung ef aufgenommen wird, denken wir uns in zwei Theile q_3 und q_3' zerlegt, von denen der erste bei der Zusammendrückung gf und der zweite bei der Zusammendrückung eg aufgenommen wird. Dann können wir die beiden Gleichungen bilden, welche gemäss (11) für die beiden einfachen Kreisprocesse gelten, nämlich für den Process $abgfa$:

$$\frac{Q_1}{T_1} + \frac{q_3}{T_3} = 0,$$

und für den Process $cdegc$:

$$\frac{Q_2}{T_2} + \frac{q_3'}{T_3} = 0.$$

Durch Addition dieser Gleichungen erhält man:

$$\frac{Q_1}{T_1} + \frac{Q_2}{T_2} + \frac{q_3 + q_3'}{T_3} = 0,$$

oder, da $q_3 + q_3'$ gleich Q_3 ist:

(12)
$$\frac{Q_1}{T_1} + \frac{Q_2}{T_2} + \frac{Q_3}{T_3} = 0.$$

Ebenso können wir einen Kreisprocess mit *vier* Aufnahmetemperaturen behandeln, wie er durch die folgende Figur $abcdefgha$

Fig. 13.

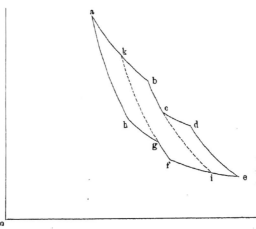

dargestellt ist, welche wieder aus lauter isothermischen und isentropischen Curven besteht. Die Ausdehnungen ab und cd und die Zusammendrückungen ef und gh sollen bei den Temperaturen T_1, T_2, T_3 und T_4 stattfinden und dabei sollen die Wärmemengen Q_1, Q_2, Q_3 und Q_4 aufgenommen werden, von denen die beiden ersten positiv und die beiden letzten negativ sind.

Wir denken uns die isentropische Curve bc durch das punktirte Stück ci und die isentropische Curve fg durch das punktirte Stück

gk fortgesetzt. Dadurch zerfällt der ganze Kreisprocess in drei einfache Kreisprocesse $akgha$, $kbifk$ und $cdeic$, welche wir uns mit drei ganz gleichen Körpern ausgeführt denken. Die bei der Ausdehnung ab aufgenommene Wärmemenge Q_1 denken wir uns in zwei Theile q_1 und q_1' zerlegt, welche den Ausdehnungen ak und kb entsprechen, und die bei der Zusammendrückung ef aufgenommene negative Wärmemenge Q_3 denken wir uns gleichfalls in zwei Theile q_3 und q_3' zerlegt, welche den Zusammendrückungen if und ei entsprechen. Dann können wir für die drei einfachen Kreisprocesse folgende Gleichungen bilden. Für $akgha$:

$$\frac{q_1}{T_1} + \frac{Q_4}{T_4} = 0,$$

für $kbifk$:

$$\frac{q_1'}{T_1} + \frac{q_3}{T_3} = 0,$$

und für $cdeic$:

$$\frac{Q_2}{T_2} + \frac{q_3'}{T_3} = 0.$$

Durch Addition dieser Gleichungen erhalten wir:

$$\frac{q_1 + q_1'}{T_1} + \frac{Q_2}{T_2} + \frac{q_3 + q_3'}{T_3} + \frac{Q_4}{T_4} = 0,$$

oder:

(13) $$\frac{Q_1}{T_1} + \frac{Q_2}{T_2} + \frac{Q_3}{T_3} + \frac{Q_4}{T_4} = 0.$$

Ebenso kann man jeden anderen Kreisprocess, welcher sich durch eine nur aus isothermischen und isentropischen Curven bestehende Figur darstellen lässt, aber eine beliebige Anzahl von Aufnahmetemperaturen hat, behandeln, wobei man immer eine Gleichung von der obigen Form erhält, nämlich:

$$\frac{Q_1}{T_1} + \frac{Q_2}{T_2} + \frac{Q_3}{T_3} + \frac{Q_4}{T_4} + \text{etc.} = 0,$$

oder unter Anwendung des Summenzeichens:

(14) $$\sum \frac{Q}{T} = 0.$$

§. 9. Kreisprocesse, bei denen Wärmeaufnahme und Temperaturänderung gleichzeitig stattfinden.

Wir müssen nun endlich noch versuchen, auch solche Kreisprocesse, welche durch Figuren dargestellt werden, die nicht bloss isothermische und isentropische Curven enthalten, sondern ganz beliebig gestaltet sind, in ähnlicher Weise zu behandeln.

Dazu gelangen wir durch folgende Betrachtung. Der Punkt a in Fig. 14 deute irgend einen Zustand des veränderlichen Körpers

Fig. 14.

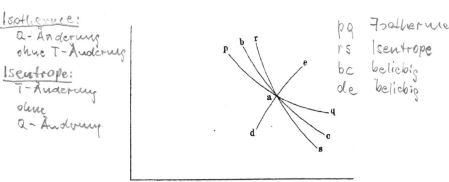

Isothorme:
a-Änderung
ohne T-Änderung

Isentrope:
T-Änderung
ohne
Q-Änderung

pq Isotherme
rs Isentrope
bc beliebig
de beliebig

an, pq sei der Verlauf der durch a gehenden isothermischen Curve und rs der Verlauf der durch a gehenden isentropischen Curve. Wenn nun der Körper eine Veränderung erleidet, welche durch eine anders verlaufende Druckcurve, z. B. durch bc oder de dargestellt wird, und bei welcher gleichzeitig Wärmeaufnahme und Temperaturänderung stattfindet, so können wir uns eine solche Veränderung ersetzt denken durch eine grosse Anzahl auf einander folgender Veränderungen, bei denen immer abwechselnd Temperaturänderung ohne Wärmeaufnahme und Wärmeaufnahme ohne Temperaturänderung stattfindet.

Diese Reihe von aufeinander folgenden Veränderungen wird durch eine gebrochene Linie dargestellt, welche aus Stücken von isothermischen und isentropischen Curven besteht, so wie es in Fig. 15 (a. f. S.) längs bc und längs de gezeichnet ist. Die gebrochene Linie bleibt der stetig verlaufenden um so näher, je

kleiner die Stücke sind, aus denen sie besteht, und wenn diese
unendlich klein sind, so bleibt sie ihr unendlich nahe. In diesem

Fig. 15.

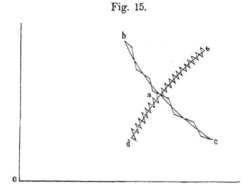

Falle kann es in Bezug auf die aufgenommenen Wärmemengen und
ihre Temperaturen nur einen unendlich kleinen Unterschied
machen, wenn man die Veränderung, welche durch die stetig verlaufende Linie dargestellt wird, ersetzt durch die unendliche Anzahl
von abwechselnd verschiedenartigen Veränderungen, welche durch
die gebrochene Linie dargestellt wird.

Nun möge ein ganzer Kreisprocess zur Betrachtung gegeben
sein, bei welchem die Wärmeaufnahmen gleichzeitig mit Temperaturänderungen stattfinden, und welcher graphisch durch Curven von
beliebiger Art oder auch nur durch eine einzige stetig verlaufende
und in sich geschlossene Curve dargestellt wird, wie in Fig. 16.

Fig. 16.

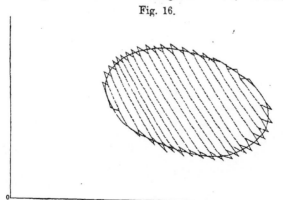

Dann denke man sich die umschlossene Fläche, welche die
äussere Arbeit darstellt, durch isentropische Curven, wie sie in
der Figur punktirt gezeichnet sind, in unendlich schmale Streifen
getheilt. Diese Curven denke man sich oben und unten durch unendlich kleine Stücke von isothermischen Curven verbunden, welche
die gegebene Curve durchschneiden, so dass man längs der ganzen
gegebenen Curve eine gebrochene Linie erhält, die ihr überall
unendlich nahe liegt. Den durch diese gebrochene Linie dargestellten Kreisprocess kann man dem Obigen nach an die Stelle
des durch die stetig verlaufende Linie dargestellten setzen, ohne
dass dadurch eine bemerkenswerthe Aenderung in den aufgenommenen Wärmemengen und ihren Temperaturen entsteht. Ferner
kann man den durch die gebrochene Linie dargestellten Kreisprocess wiederum ersetzen durch die unendlich vielen einfachen
Kreisprocesse, welche durch die unendlich schmalen Vierecke dargestellt werden, deren jedes aus zwei neben einander liegenden
isentropischen Curven und zwei unendlich kleinen Stücken von
isothermischen Curven besteht.

　　Bildet man nun für jeden dieser letztgenannten Kreisprocesse
eine Gleichung von der Form (11), bei der die beiden Wärmemengen
unendlich klein sind, und daher als Differentiale von Q bezeichnet
werden können, und addirt dann alle diese Gleichungen, so erhält
man eine Gleichung von derselben Form, wie (14), nur dass an die
Stelle des Summenzeichens ein Integralzeichen tritt, nämlich:

(V.)
$$\int \frac{dQ}{T} = 0.$$

Clausius 1854

　　Diese Gleichung, welche ich zuerst im Jahre 1854 veröffentlicht habe[1]), bildet einen sehr bequemen Ausdruck des zweiten
Hauptsatzes der mechanischen Wärmetheorie, soweit er sich auf
umkehrbare Kreisprocesse bezieht. Ihre Bedeutung lässt sich
folgendermaassen in Worten ausdrücken. *Wenn bei einem umkehrbaren Kreisprocesse jedes von dem veränderlichen Körper aufgenommene (positive oder negative) Wärmeelement durch die absolute Aufnahmetemperatur dividirt, und der so entstandene Differentialausdruck für den ganzen Verlauf des Kreisprocesses integrirt
wird, so hat das Integral den Werth Null.*

　　Wenn das auf beliebige nach einander stattfindende Veränderungen eines Körpers bezügliche Integral

---

[1]) Pogg. Ann. Bd. 93, S. 500.

$$\int \frac{dQ}{T}$$

jedes Mal gleich Null wird, so oft der Körper wieder in seinen Anfangszustand zurückkehrt, welches auch die dazwischen durchlaufenen Zustände sein mögen, so muss der unter dem Integralzeichen stehende Ausdruck

$$\frac{dQ}{T}$$

das vollständige Differential einer Grösse sein, welche nur von dem augenblicklichen Zustande des Körpers, und nicht von dem Wege, auf welchem der Körper in diesen Zustand gelangt ist, abhängt. Bezeichnen wir diese Grösse mit S, so können w.. ..'zen:

$$\frac{dQ}{T} = dS$$

oder:

(VI.) $$dQ = TdS,$$

welche Gleichung einen anderen für viele Untersuchungen bequemen Ausdruck des zweiten Hauptsatzes der mechanischen Wärmetheorie bildet.

$Q_1, Q_2 =$ Wärmemengen zweier isothermer Zustandsänderungen mit den Temperaturen T_1 und T_2

ABSCHNITT IV.

Veränderte Form des zweiten Hauptsatzes
oder
Satz von der Aequivalenz der Verwandlungen.

§. 1. Zwei verschiedene Arten von Verwandlungen.

Im vorigen Abschnitte haben wir gesehen, dass bei einem einfachen Kreisprocesse zwei auf die Wärme bezügliche Veränderungen eintreten, dass nämlich eine Wärmemenge in Arbeit verwandelt (oder durch Arbeit erzeugt) wird und eine andere Wärmemenge aus einem wärmeren in einen kälteren Körper (oder umgekehrt) übergeht. Wir haben dann weiter gefunden, dass zwischen der in Arbeit verwandelten (oder durch Arbeit erzeugten) Wärmemenge und der übergehenden Wärmemenge ein bestimmtes Verhältniss bestehen muss, welches von der Natur des veränderlichen Körpers unabhängig ist, und daher nur von den Temperaturen der beiden als Wärmereservoire dienenden Körper abhängen kann.

Für die eine jener beiden Veränderungen haben wir schon früher den Ausdruck *Verwandlung* eingeführt, indem wir, wenn Wärme verbraucht wird und dafür Arbeit entsteht, oder umgekehrt Arbeit verbraucht wird und dafür Wärme entsteht, sagten, es habe sich Wärme in Arbeit oder Arbeit in Wärme verwandelt. Wir können nun auch die zweite Veränderung, welche darin besteht, dass Wärme aus einem Körper in einen anderen, der entweder wärmer oder kälter ist, übergeht, als eine *Verwandlung* bezeichnen, indem wir sagen, es verwandle sich dabei Wärme von einer Temperatur in Wärme von einer anderen Temperatur.

Bei dieser Auffassung der Sache können wir das Resultat eines einfachen Kreisprocesses dahin aussprechen, *dass zwei Verwandlungen eingetreten sind, eine Verwandlung aus Wärme in Arbeit (oder umgekehrt) und eine Verwandlung aus Wärme von höherer Temperatur in Wärme von niederer Temperatur (oder umgekehrt),* und die Beziehung zwischen diesen beiden Verwandlungen ist es dann, welche durch den zweiten Hauptsatz ausgedrückt werden soll.

Was nun zuerst die Verwandlung aus Wärme von einer Temperatur in Wärme von einer anderen Temperatur anbetrifft, so ist es im Voraus klar, dass dabei die beiden Temperaturen, zwischen denen die Verwandlung vor sich geht, in Betracht kommen müssen. Es entsteht nun aber die weitere Frage, ob bei der Verwandlung aus Wärme in Arbeit oder aus Arbeit in Wärme die Temperatur der betreffenden Wärmemenge auch eine wesentliche Rolle spielt, oder ob bei dieser Verwandlung die Temperatur gleichgültig ist.

Wenn wir die Beantwortung dieser Frage aus der Betrachtung des oben beschriebenen einfachen Kreisprocesses ableiten wollen, so finden wir, dass er für diesen Zweck zu beschränkt ist. Da nämlich in ihm nur zwei als Wärmereservoire dienende Körper vorkommen, so ist stillschweigend vorausgesetzt, dass die in Arbeit verwandelte Wärme aus einem derselben beiden Körper stamme (oder die durch Arbeit erzeugte Wärme von einem derselben beiden Körper aufgenommen werde), zwischen denen auch der Wärmeübergang stattfindet. Dadurch ist über die Temperatur der in Arbeit verwandelten (oder durch Arbeit erzeugten) Wärme im Voraus die bestimmte Annahme gemacht, dass sie mit einer der beiden beim Wärmeübergange vorkommenden Temperaturen übereinstimme, und diese Beschränkung verhindert es, zu erkennen, welchen Einfluss es auf die Beziehung zwischen den beiden Verwandlungen hat, wenn die erstgenannte Temperatur sich ändert, während die beiden letztgenannten Temperaturen ungeändert bleiben.

Man würde nun zwar die im vorigen Abschnitte auch schon beschriebenen complicirteren Kreisprocesse und die aus ihnen abgeleiteten Gleichungen benutzen können, um diesen Einfluss zu bestimmen; ich glaube aber, dass es der Klarheit und Uebersichtlichkeit wegen zweckmässiger ist, einen für diese Bestimmung besonders geeigneten Kreisprocess zu betrachten, und mit dessen Hülfe den zweiten Hauptsatz in seiner veränderten Form noch einmal abzuleiten.

§. 2. Ein Kreisprocess von besonderer Form.

Es sei wiederum ein veränderlicher Körper gegeben, dessen Zustand durch sein Volumen und den Druck, unter welchem er steht, vollkommen bestimmt ist, so dass wir seine Veränderungen in der oben beschriebenen Weise graphisch darstellen können. Dabei wollen wir die Figur wieder beispielsweise in der Form construiren, welche sie für ein vollkommenes Gas annimmt, ohne aber bei der Betrachtung selbst eine beschränkende Annahme über die Natur des Körpers zu machen.

Der Körper sei zunächst in dem durch den Punkt a (Fig. 17) angedeuteten Zustande gegeben, in welchem sein Volumen durch

Fig. 17.

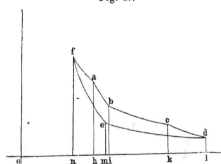

die Abscisse oh und der Druck durch die Ordinate ha dargestellt wird. Die durch diese beiden Grössen bestimmte Temperatur sei T. Nun mögen mit dem Körper nach einander folgende Veränderungen vorgenommen werden.

1. Man bringt den Körper von der Temperatur T auf eine andere Temperatur T_1, die beispielsweise niedriger als T sein mag, und zwar dadurch, dass man ihn in einer für Wärme undurchdringlichen Hülle, so dass er weder Wärme aufnehmen noch abgeben kann, sich ausdehnen lässt. Die Abnahme des Druckes, welche durch die gleichzeitige Volumenzunahme und Temperaturabnahme bedingt wird, sei durch die isentropische Curve ab dar-

gestellt, so dass, wenn die Temperatur des Körpers bis T_1 gesunken ist, sein Volumen und sein Druck in $o\,i$ und $i\,b$ übergegangen sind.

2. Man setzt den veränderlichen Körper mit einem Körper K_1 von der Temperatur T_1 in Verbindung, und lässt ihn dann sich noch weiter ausdehnen, wobei ihm alle durch die Ausdehnung verschwindende Wärme von dem Körper K_1 wieder ersetzt wird. Von dem letzteren sei angenommen, dass seine Temperatur wegen seiner Grösse oder aus irgend einem anderen Grunde durch diese Wärmeabgabe nicht merklich erniedrigt wird, und daher als constant zu betrachten ist. Dann behält auch der veränderliche Körper während der Ausdehnung diese constante Temperatur, und die Druckabnahme wird daher durch eine isothermische Curve $b\,c$ dargestellt. Die hierbei von K_1 abgegebene Wärmemenge heisse Q_1.

3. Man trennt den veränderlichen Körper von dem Körper K_1, und lässt ihn ohne dass er Wärme aufnehmen oder abgeben kann, sich noch weiter ausdehnen, bis seine Temperatur von T_1 auf T_2 gesunken ist. Die hierbei stattfindende Druckabnahme sei durch die isentropische Curve $c\,d$ dargestellt.

4. Man setzt den veränderlichen Körper mit einem Körper K_2 von der constanten Temperatur T_2 in Verbindung und drückt ihn dann zusammen, wobei er alle in ihm entstehende Wärme dem Körper K_2 mittheilt. Diese Zusammendrückung setzt man so lange fort, bis K_2 dieselbe Wärmemenge Q_1 empfangen hat, welche vorher von K_1 abgegeben wurde. Der Druck nimmt hierbei nach der isothermischen Curve $d\,e$ zu.

5. Man trennt den veränderlichen Körper von dem Körper K_2, und drückt ihn, ohne dass er Wärme aufnehmen oder abgeben kann, noch so lange zusammen, bis seine Temperatur von T_2 auf den ursprünglichen Werth T gestiegen ist, wobei der Druck nach der isentropischen Curve $e\,f$ zunimmt. Das Volumen $o\,n$, in welches der Körper auf diese Weise gebracht wird, ist kleiner als sein ursprüngliches Volumen $o\,h$, denn, da bei der Zusammendrückung $d\,e$ der zu überwindende Druck und demgemäss die aufzuwendende äussere Arbeit geringer waren, als die entsprechenden Grössen bei der Ausdehnung $b\,c$, so musste dafür, wenn doch dieselbe Wärmemenge Q_1 entstehen sollte, die Zusammendrückung weiter fortgesetzt werden, als nöthig gewesen wäre, wenn die Zusammendrückungen nur die Ausdehnungen hätten aufheben sollen.

6. Man bringt den veränderlichen Körper mit einem Körper K von der constanten Temperatur T in Verbindung und lässt ihn

sich bis zu seinem ursprünglichen Volumen oh ausdehnen, indem ihm K die dabei verschwindende Wärme ersetzt. Die dazu nöthige Wärmemenge heisse Q. Wenn der Körper mit der Temperatur T das Volumen oh erreicht, so muss auch der Druck wieder der ursprüngliche sein, und die isothermische Curve, welche die letzte Druckabnahme darstellt, muss daher gerade den Punkt a treffen.

Diese sechs Veränderungen bilden zusammen einen *Kreisprocess*, da der veränderliche Körper sich am Schlusse derselben genau wieder in seinem Anfangszustande b•findet. Von den drei Körpern K, K_1 und K_2, welche bei dem ganzen Vorgange nur in sofern in Betracht kommen, als sie als Wärmequellen oder Wärmereservoire dienen, haben die beiden ersten die Wärmemengen Q und Q_1 verloren, und der letzte die Wärmemenge Q_1 empfangen, was man so aussprechen kann, dass Q_1 aus K_1 in K_2 übergegangen und Q verschwunden ist. Die letztere Wärmemenge muss nach dem, was bei dem ersten Hauptsatze gesagt ist, in äussere Arbeit verwandelt sein. Der Gewinn an äusserer Arbeit, welcher während des Kreisprocesses dadurch entstanden ist, dass der Druck bei der Ausdehnung grösser, als bei der Zusammendrückung, und daher die positive Arbeit grösser als die negative war, wird, wie man leicht übersieht, durch den Flächeninhalt der geschlossenen Figur $abcdef$ dargestellt. Nennen wir diese Arbeit W, so muss nach Gleichung (5a) des ersten Abschnittes $Q = W$ sein.

Man sieht leicht, dass der hier beschriebene Kreisprocess den am Anfange des Abschnittes III. zur Betrachtung angewandten und in Fig. 8 dargestellten Kreisprocess als speciellen Fall umfasst. Wenn man nämlich in Bezug auf die Temperatur T des Körpers K die specielle Annahme macht, dass sie gleich der Temperatur T_1 des Körpers K_1 sei, so kann man den Körper K ganz fortlassen, und statt seiner den Körper K_1 anwenden, und erhält dann das Resultat, dass von der Wärme, welche der Körper K_1 abgegeben hat, ein Theil in Arbeit verwandelt, und der andere Theil zum Körper K_2 übertragen ist, wie es bei jenem früher angewandten Kreisprocesse war.

Der ganze hier beschriebene Kreisprocess lässt sich auch in umgekehrter Weise ausführen, indem man zuerst in Verbindung mit dem Körper K statt der vorher geschehenen Ausdehnung fa jetzt die Zusammendrückung af bewirkt, und ebenso, immer unter denselben Umständen, unter denen vorher die entgegengesetzten Veränderungen geschahen, jetzt nach einander die Ausdehnungen

fe und ed und die Zusammendrückungen dc, cb und ba geschehen
lässt. Hierbei werden offenbar von den Körpern K und K_1 die
Wärmemengen Q und Q_1 *aufgenommen* und von K_2 wird die Wärmemenge Q_1 *abgegeben*. Zugleich ist jetzt die negative Arbeit grösser
als die positive, so dass der Flächeninhalt der geschlossenen Figur
jetzt *verbrauchte* Arbeit darstellt. Das Resultat des umgekehrten
Processes ist also, dass die Wärmemenge Q_1 von K_2 nach K_1 übergeführt, und die Wärmemenge Q durch Arbeit erzeugt und an den
Körper K abgegeben ist.

§. 3. Aequivalente Verwandlungen.

Um die gegenseitige Abhängigkeit der beiden gleichzeitig eintretenden Verwandlungen kennen zu lernen, wollen wir zuerst annehmen, dass die Temperaturen der drei Wärmereservoire dieselben
bleiben, aber die Kreisprocesse, durch welche die Verwandlungen
bewirkt werden, verschieden seien, indem entweder verschiedene
veränderliche Körper ähnlichen Veränderungen unterworfen werden, oder auch Kreisprocesse von beliebiger anderer Natur stattfinden, welche nur der Bedingung genügen müssen, dass die drei
Körper K, K_1 und K_2 die einzigen sind, welche Wärme empfangen
oder abgeben, und ausserdem von den beiden letzten der eine so
viel empfängt, als der andere abgiebt. Diese verschiedenen Processe können entweder umkehrbar sein, wie der vorher betrachtete,
oder nicht, und darnach ändert sich auch das für die Verwandlungen geltende Gesetz. Indessen lässt sich die Aenderung, welche
das Gesetz für die nicht umkehrbaren Processe erleidet, leicht nachträglich hinzufügen, und wir wollen uns daher vorläufig auf die
Betrachtung der *umkehrbaren* Kreisprocesse beschränken.

Für diese lässt sich aus dem im vorigen Abschnitte aufgestellten
Grundsatze beweisen, dass die von K_1 nach K_2 übertragene Wärmemenge Q_1 zu der in Arbeit verwandelten Q bei ihnen allen in einem
und demselben Verhältnisse stehen muss. Angenommen nämlich,
es gäbe zwei solche Processe, bei denen, wenn Q in beiden gleich
genommen wird, Q_1 verschieden wäre, so könnte man nach einander
den einen, bei welchem Q_1 kleiner wäre, direct, und den anderen
umgekehrt ausführen. Dann würde die Wärmemenge Q, welche durch
den ersten Process in Arbeit verwandelt wäre, durch den zweiten
wieder in Wärme verwandelt und an den Körper K zurückgegeben
werden, und auch im Uebrigen würde sich am Schlusse Alles wie-

der in dem ursprünglichen Zustande befinden, nur dass mehr Wärme von K_2 nach K_1 als in umgekehrter Richtung übergeführt wäre. Es hätte also im Ganzen ein Wärmeübergang von dem kälteren Körper K_2 nach dem wärmeren K_1 stattgefunden, der durch nichts compensirt wäre. Da dieses unserem Grundsatze widerspricht, so muss die obige Annahme unrichtig sein, und Q muss zu Q_1 in einem immer gleichen Verhältnisse stehen.

Von den beiden in einem solchen umkehrbaren Kreisprocesse vorkommenden Verwandlungen, kann jede die andere, wenn diese im entgegengesetzten Sinne genommen wird, ersetzen, so dass, wenn eine Verwandlung der einen Art stattgefunden hat, diese wieder rückgängig werden, und dafür eine Verwandlung der anderen Art eintreten kann, ohne dass dazu irgend eine sonstige bleibende Veränderung nöthig ist. Sei z. B. auf irgend eine Weise die Wärmemenge Q aus Arbeit entstanden und von dem Körper K aufgenommen, so kann man sie durch den oben beschriebenen Kreisprocess dem Körper K wieder entziehen, und in Arbeit zurück verwandeln, aber es geht dafür die Wärmemenge Q_1 von dem Körper K_1 zu K_2 über. Sei ferner die Wärmemenge Q_1 vorher von K_1 zu K_2 übergegangen, so kann man diese durch die umgekehrte Ausführung des obigen Kreisprocesses wieder nach K_1 zurückschaffen, indem man dafür die Wärmemenge Q von der Temperatur des Körpers K aus Arbeit entstehen lässt.

Man sieht also, dass diese beiden Verwandlungsarten als Vorgänge von gleicher Natur zu betrachten sind, und zwei solche Verwandlungen, die sich in der erwähnten Weise gegenseitig ersetzen können, wollen wir *äquivalent* nennen.

§. 4. Aequivalenzwerthe der Verwandlungen.

Es kommt nun darauf an, das Gesetz zu finden, nach welchem man die Verwandlungen als mathematische Grössen darstellen muss, damit sich die Aequivalenz zweier Verwandlungen aus der Gleichheit ihrer Werthe ergiebt. Der so bestimmte mathematische Werth einer Verwandlung möge ihr *Aequivalenzwerth* heissen.

Was zunächst den Sinn anbetrifft, in welchem jede Verwandlungsart als positiv zu rechnen ist, so kann man diesen bei dem einen willkürlich wählen, bei der anderen aber ist er dadurch gleich mit bestimmt, indem man offenbar eine solche Verwandlung als positiv annehmen muss, welche einer positiven Verwandlung der anderen Art äquivalent ist. Wir wollen im Folgenden *die Verwandlung aus Arbeit in Wärme, und demgemäss den Ueber-gang von Wärme von höherer zu niederer Temperatur als positive Verwandlungen rechnen.* Man wird später sehen, wodurch diese Wahl des positiven und negativen Sinnes sich vor der entgegen-gesetzten empfiehlt.

In Bezug auf die Grösse der Aequivalenzwerthe ist zunächst klar, dass der Werth einer Verwandlung aus Arbeit in Wärme der Menge der entstandenen Wärme proportional sein muss, und ausserdem nur noch von ihrer Temperatur abhängen kann. Man kann also den Aequivalenzwerth der Entstehung der Wärmemenge Q von der Temperatur T aus Arbeit ganz allgemein durch den Ausdruck

$$Q \cdot f(T)$$

darstellen, worin $f(T)$ eine für alle Fälle gleiche Temperatur-function ist. Wenn in dieser Formel Q negativ wird, so wird da-durch ausgedrückt, dass die Wärmemenge Q nicht aus Arbeit in Wärme sondern aus Wärme in Arbeit verwandelt ist.

Ebenso muss der Werth des Ueberganges der Wärmemenge Q von der Temperatur T_1 zur Temperatur T_2 der übergehenden Wärmemenge proportional sein, und kann ausserdem nur noch von den beiden Temperaturen abhängen. Wir können ihn also all-gemein durch den Ausdruck

$$Q \cdot F(T_1, T_2)$$

darstellen, worin $F(T_1, T_2)$ ebenfalls eine für alle Fälle gleiche Function der beiden Temperaturen ist, welche wir zwar noch nicht näher kennen, von der aber soviel im Voraus klar ist, dass sie durch Verwechslung der beiden Temperaturen ihr Vorzeichen um-kehren muss, ohne ihren numerischen Werth zu ändern, so dass man setzen kann:

(1) $$F(T_2, T_1) = - F(T_1, T_2).$$

Um diese beiden Ausdrücke mit einander in Beziehung zu bringen, haben wir die Bedingung, dass in jedem umkehrbaren Kreisprocesse der oben angegebenen Art die beiden darin vor-kommenden Verwandlungen gleich gross, aber von entgegen-gesetzten Vorzeichen sein müssen, so dass ihre algebraische Summe Null ist. Wählen wir also zunächst den Process, welcher oben vollständig beschrieben ist, so wurde dabei die Wärmemenge Q von der Temperatur T in Arbeit verwandelt, was als Aequivalenzwerth $- Q \cdot f(T)$ giebt, und die Wärmemenge Q_1 von der Temperatur T_1 zu T_2 übergeführt, was als Aequivalenzwerth $Q_1 \cdot F(T_1, T_2)$ giebt, und es muss also die Gleichung

(2) $\qquad - Q \cdot f(T) + Q_1 \cdot F(T_1, T_2) = 0$

gelten.

Denken wir uns nun einen eben solchen Process umgekehrt ausgeführt, und zwar in der Weise, dass die Körper K_1 und K_2 und die zwischen ihnen übergehende Wärmemenge Q_1 dieselben bleiben, wie vorher, aber für den Körper K von der Temperatur T ein anderer Körper K' von der Temperatur T' angewandt wird, und nennen wir die in diesem Falle durch Arbeit erzeugte Wärmemenge Q', so haben wir, entsprechend der vorigen, die Gleichung:

(3) $\qquad Q' \cdot f(T') + Q_1 \cdot F(T_2, T_1) = 0.$

Durch Addition dieser beiden Gleichungen unter Berücksichtigung von (1) ergiebt sich:

(4) $\qquad - Q \cdot f(T) + Q' \cdot f(T') = 0.$

Sieht man nun, was natürlich gestattet ist, diese beiden nach einander ausgeführten Kreisprocesse zusammen als Einen Kreisprocess an, so kommen in diesem die beiden Wärmeübergänge zwischen K_1 und K_2 nicht mehr in Betracht, da sie sich gerade gegenseitig aufgehoben haben, und es bleiben also nur die Verwandlung der von K abgegebenen Wärmemenge Q in Arbeit, und die Entstehung der von K' aufgenommenen Wärmemenge Q' aus Arbeit übrig. Diese beiden Verwandlungen von *gleicher* Art können aber auch so zerlegt und zusammengesetzt werden, dass sie wieder als zwei Verwandlungen von *verschiedener* Art erscheinen. Hält man nämlich einfach an der Thatsache fest, dass der eine Körper K die Wärmemenge Q verloren und der andere K' die Menge Q' empfangen hat, so kann man den Theil, welcher in beiden Mengen gemeinsam vorkommt, ohne Weiteres als von K zu K' übergeführt betrachten, und braucht nur für den übrigen Theil, um welchen die eine Menge grösser ist, als die andere, die Verwandlung aus Wärme in Arbeit (oder umgekehrt) als solche zu berücksichtigen. Sei z. B. die Temperatur T höher als T', so hat der auf diese Weise angenommene Wärmeübergang die Richtung vom wärmeren zum kälteren Körper, und ist somit positiv. Demnach muss die andere Verwandlung negativ, also eine Verwandlung aus Wärme in Arbeit sein, woraus folgt, dass die von K abgegebene Wärmemenge Q grösser als die von K' empfangene Q' ist. Zerlegen wir nun Q in die beiden Theile

$$Q' \text{ und } Q - Q',$$

so ist der erstere die von K zu K' übergeführte, und der letztere die in Arbeit verwandelte Wärmemenge.

Bei dieser Auffassungsweise erscheint der Doppelprocess als ein Process von derselben Art, wie die beiden Processe, aus denen er besteht, denn der Umstand, dass die in Arbeit verwandelte Wärme nicht von einem dritten Körper, sondern von einem derjenigen beiden Körper herstammt, zwischen denen der Wärmeübergang stattfindet, macht keinen wesentlichen Unterschied, da die Temperatur der in Arbeit verwandelten Wärme beliebig ist, und daher auch denselben Werth haben kann, wie die Temperatur eines jener beiden Körper, in welchem Falle der dritte Körper überflüssig ist. Es muss daher für die beiden Wärmemengen Q' und $Q - Q'$ eine Gleichung von derselben Form gelten wie (2), nämlich:

$$- (Q - Q') \cdot f(T) + Q' \cdot F(T, T') = 0.$$

Eliminirt man hieraus vermittelst (4) die Grösse Q, und hebt dann die Grösse Q' fort, so erhält man die Gleichung

(5) $$\qquad\qquad F(T, T') = f(T') - f(T),$$

durch welche, da die Temperaturen T und T' willkürlich sind, die für die zweite Verwandlungsart geltende Function von zwei Temperaturen ganz allgemein auf die für die erste Art geltende Function von Einer Temperatur zurückgeführt ist.

Für die letztere Function wollen wir zur Abkürzung ein einfacheres Zeichen einführen. Dabei ist es aber aus einem Grunde, der später ersichtlich werden wird, zweckmässig, nicht die Function selbst, sondern ihren reciproken Werth durch das neue Zeichen darzustellen. Wir wollen daher setzen:

(6) $$\qquad\qquad \tau = \frac{1}{f(T)} \text{ oder } f(T) = \frac{1}{\tau},$$

so dass nun τ die unbekannte Temperaturfunction ist, welche in den Aequivalenzwerthen vorkommt. Wenn von dieser Function besondere Werthe auszudrücken sind, welche den Temperaturen T_1, T_2 etc. oder T', T'' etc. entsprechen, so soll dieses einfach dadurch geschehen, dass die Indices oder Accente an τ selbst gesetzt werden, also τ_1, τ_2 etc. oder τ', τ'' etc. Dann lautet die Gleichung (5):

$$F(T, T') = \frac{1}{\tau'} - \frac{1}{\tau}.$$

Hiernach lässt sich der zweite Hauptsatz der mechanischen Wärmetheorie, welchen man, wie ich glaube, in dieser Form passend den *Satz von der Aequivalenz der Verwandlungen* nennen kann, folgendermaassen aussprechen.

Nennt man zwei Verwandlungen, welche sich, ohne dazu eine sonstige bleibende Veränderung zu erfordern, gegenseitig ersetzen können, äquivalent, so hat die Entstehung der Wärmemenge Q von der Temperatur T aus Arbeit den Aequivalenzwerth

$$\frac{Q}{\tau},$$

und der Uebergang der Wärmemenge Q von der Temperatur T_1 zur Temperatur T_2 den Aequivalenzwerth

$$Q\left(\frac{1}{\tau_2} - \frac{1}{\tau_1}\right),$$

worin τ eine von der Art des Processes, durch welchen die Verwandlung geschieht, unabhängige Temperaturfunction ist.

§. 5. Gesammtwerth aller in einem Kreisprocesse vorkommenden Verwandlungen.

Schreibt man den letzten im vorigen Paragraphen angeführten Ausdruck in der Form

$$\frac{Q}{\tau_2} - \frac{Q}{\tau_1},$$

so sieht man, dass der Uebergang der Wärmemenge Q von der Temperatur T_1 zur Temperatur T_2 denselben Aequivalenzwerth hat, wie eine doppelte Verwandlung der ersten Art, nämlich die Verwandlung der Menge Q aus Wärme von der Temperatur T_1 in Arbeit und aus Arbeit in Wärme von der Temperatur T_2. Eine Erörterung der Frage, in wieweit diese äussere Uebereinstimmung in dem Wesen der Vorgänge selbst begründet ist, würde hier noch nicht am Orte sein; jedenfalls aber kann man bei der mathematischen Bestimmung des Aequivalenzwerthes jeden Wärmeübergang, gleichgültig wie er geschehen ist, als eine solche Combination von zwei entgegengesetzten Verwandlungen der ersten Art betrachten.

Durch diese Regel wird es leicht, für jeden noch so complicirten Kreisprocess, in welchem beliebig viele Verwandlungen der

beiden Arten vorkommen, den mathematischen Ausdruck abzuleiten, welcher den Gesammtwerth aller dieser Verwandlungen darstellt. Hiernach braucht man nämlich bei einer Wärmemenge,
welche ein Wärmereservoir abgiebt, nicht erst zu untersuchen,
welcher Theil davon in Arbeit verwandelt wird, und wo der übrige
Theil hingeht, sondern kann statt dessen bei allen in dem Kreisprocesse vorkommenden Wärmereservoiren jede abgegebene Wärmemenge im Ganzen als in Arbeit verwandelt, und jede aufgenommene
als aus Arbeit entstanden in Rechnung bringen. Nehmen wir also
an, dass als Wärmereservoire die Körper K_1, K_2, K_3 etc. mit den
Temperaturen T_1, T_2, T_3 etc. vorkommen, und nennen wir die
Wärmemengen, welche sie während des Kreisprocesses abgegeben
haben, Q_1, Q_2, Q_3 etc., wobei wir jetzt aufgenommene Wärmemengen
als abgegebene *negative* Wärmemengen rechnen wollen[1]), so wird
der Gesammtwerth aller Verwandlungen, welcher mit N bezeichnet
werden möge, folgendermaassen dargestellt:

$$N = -\frac{Q_1}{\tau_1} - \frac{Q_2}{\tau_2} - \frac{Q_3}{\tau_3} - \text{etc.},$$

oder unter Anwendung eines Summenzeichens:

$$(7) \qquad N = -\sum \frac{Q}{\tau}.$$

Hierbei ist vorausgesetzt, dass die Temperaturen der Körper
K_1, K_2, K_3 etc. constant, oder wenigstens so nahe constant seien,
dass ihre Aenderungen vernachlässigt werden können. Wenn aber
einer der Körper entweder durch die Aufnahme der Wärmemenge
Q selbst, oder aus irgend einem anderen Grunde seine Temperatur
während des Processes so bedeutend ändert, dass diese Aenderung
Berücksichtigung erfordert, so muss man für jedes aufgenommene
Wärmeelement dQ die Temperatur anwenden, welche der Körper
bei seiner Aufnahme gerade hat, wodurch natürlich eine Integration nöthig wird. Nehmen wir der Allgemeinheit wegen an, dass
dieser Umstand bei allen Körpern stattfinde, so erhält die vorige
Gleichung folgende Gestalt:

---

[1]) Diese Wahl des positiven und negativen Sinnes der Wärmemengen
stimmt mit der im vorigen Abschnitte getroffenen überein, wo wir eine
von dem veränderlichen Körper aufgenommene Wärmemenge als positiv
und eine von ihm abgegebene als negativ rechneten, denn eine von einem
Wärmereservoir abgegebene Wärmemenge ist von dem veränderlichen
Körper aufgenommen und umgekehrt.

(8)
$$N = -\int \frac{dQ}{\tau},$$

worin das Integral auf alle von den verschiedenen Körpern abgegebenen Wärmemengen zu beziehen ist.

§. 6. Beweis, dass in einem umkehrbaren Kreisprocesse der Gesammtwerth aller Verwandlungen gleich Null sein muss.

Wenn der in Rede stehende Kreisprocess *umkehrbar* ist, so
lässt sich, wie complicirt er auch sei, beweisen, *dass die in ihm
vorkommenden Verwandlungen sich gegenseitig gerade aufheben
müssen, so dass ihre algebraische Summe gleich Null ist.*

Angenommen nämlich, es sei dieses nicht der Fall, sondern
die algebraische Summe der Verwandlungen habe einen von Null
verschiedenen Werth, dann denke man sich folgendes Verfahren
angewandt. Man theile alle vorkommenden Verwandlungen in zwei
Theile, von denen der erste die algebraische Summe Null hat, und
der zweite nur aus Verwandlungen von gleichen Vorzeichen besteht. Die Verwandlungen des ersten Theiles denke man sich in
lauter Paare von je zwei gleich grossen aber den Vorzeichen nach
entgegengesetzten Verwandlungen zerlegt. Wenn alle vorhandenen
Wärmereservoire constante Temperaturen haben, so dass in dem
Kreisprocesse nur eine endliche Anzahl von bestimmten Temperaturen vorkommt, so ist auch die Anzahl der Paare, die man zu
bilden hat, eine endliche; sollten aber die Temperaturen der
Wärmereservoire sich stetig ändern, so dass unendlich viele verschiedene Temperaturen vorkommen, und daher die abgegebenen
und aufgenommenen Wärmemengen in Elemente zerlegt werden
müssen, so wird die Anzahl der Paare, die man zu bilden hat,
unendlich gross. Das macht indessen dem Principe nach keinen
Unterschied. Die beiden Verwandlungen jedes Paares lassen sich
nun durch einen oder zwei Kreisprocesse von der in §. 2 beschriebenen Form rückgängig machen.

Seien nämlich erstens die beiden gegebenen Verwandlungen
von verschiedener Art, sei z. B. die Wärmemenge Q von der Temperatur T in Arbeit verwandelt, und die Wärmemenge Q_1 aus
einem Körper K_1 von der Temperatur T_1 in einen Körper K_2 von
der Temperatur T_2 übertragen (wobei wir unter Q und Q_1 die

absoluten Werthe der Wärmemengen verstehen wollen), und sei
angenommen, dass die Grössen der beiden Wärmemengen unter
einander in der Beziehung stehen, dass man folgende der Gleichung
(2) entsprechende Gleichung habe:

$$- \frac{Q}{\tau} + Q_1 \left(\frac{1}{\tau_2} - \frac{1}{\tau_1} \right) = 0.$$

Dann denke man sich den oben beschriebenen Kreisprocess in umgekehrter Weise ausgeführt, wodurch die Wärmemenge Q von der
Temperatur T aus Arbeit entsteht, und eine andere Wärmemenge
aus dem Körper K_2 in den Körper K_1 übertragen wird. Diese
letztere Wärmemenge muss dann gerade gleich der in der vorigen
Gleichung stehenden Wärmemenge Q_1 sein, und die gegebenen Verwandlungen sind somit rückgängig gemacht.

Sei ferner eine Verwandlung aus Arbeit in Wärme und eine
aus Wärme in Arbeit gegeben, sei z. B. die Wärmemenge Q von
der Temperatur T durch Arbeit erzeugt, und die Wärmemenge Q'
von der Temperatur T' in Arbeit verwandelt, und stehen diese beiden in der Beziehung zu einander, dass man habe:

$$\frac{Q}{\tau} - \frac{Q'}{\tau'} = 0.$$

Dann denke man sich zuerst den oben beschriebenen Kreisprocess
ausgeführt, wodurch die Wärmemenge Q von der Temperatur T in
Arbeit verwandelt, und eine andere Wärmemenge Q_1 aus einem
Körper K_1 in einen anderen Körper K_2 übertragen wird. Darauf
denke man sich einen zweiten Kreisprocess in umgekehrter Weise
ausgeführt, in welchem die zuletzt genannte Wärmemenge Q_1 wieder von K_2 nach K_1 zurücktransportirt werde, und ausserdem eine
Wärmemenge von der Temperatur T' aus Arbeit entstehe. Diese
Verwandlung aus Arbeit in Wärme muss dann, abgesehen vom
Vorzeichen, der vorigen Verwandlung aus Wärme in Arbeit äquivalent sein, da sie beide einem und demselben Wärmeübergange
äquivalent sind. Die aus Arbeit entstandene Wärmemenge von
der Temperatur T' muss daher eben so gross sein, wie die in der
vorigen Gleichung stehende Wärmemenge Q', und die gegebenen
Verwandlungen sind somit rückgängig gemacht.

Seien endlich zwei Wärmeübergänge gegeben, sei z. B. die
Wärmemenge Q_1 aus einem Körper K_1 von der Temperatur T_1 in
einen Körper K_2 von der Temperatur T_2 und die Wärmemenge
Q_1' aus einem Körper K_2' von der Temperatur T_2' in einen Körper

K_1' von der Temperatur T_1' übergegangen, und stehen diese zu einander in der Beziehung, dass man habe:

$$Q_1\left(\frac{1}{\tau_2} - \frac{1}{\tau_1}\right) + Q_1'\left(\frac{1}{\tau_1'} - \frac{1}{\tau_2'}\right) = 0.$$

Dann denke man sich zwei Kreisprocesse ausgeführt, in deren einem die Wärmemenge Q_1 von K_2 nach K_1 übertragen, und dabei die Wärmemenge Q von der Temperatur T durch Arbeit erzeugt werde, während im zweiten dieselbe Wärmemenge Q wieder in Arbeit verwandelt, und dabei eine andere Wärmemenge von K_1' nach K_2' übertragen werde. Diese andere Wärmemenge muss dann gerade gleich der gegebenen Wärmemenge Q_1' sein, und die beiden gegebenen Wärmeübergänge sind somit rückgängig gemacht.

Wenn durch Operationen dieser Art alle Verwandlungen des ersten Theiles rückgängig gemacht sind, so bleiben nur die den Vorzeichen nach übereinstimmenden Verwandlungen des zweiten Theiles ohne irgend eine sonstige Veränderung übrig.

Wären nun diese Verwandlungen *negativ*, so könnten sie nur Verwandlungen aus Wärme in Arbeit und Wärmeübergänge von niederer zu höherer Temperatur sein, und von diesen liessen sich noch die Verwandlungen der ersteren Art durch Verwandlungen der letzteren Art ersetzen. Wenn nämlich eine Wärmemenge Q von der Temperatur T in Arbeit verwandelt ist, so braucht man nur den in §. 2 beschriebenen Kreisprocess in umgekehrter Weise auszuführen, wobei die Wärmemenge Q von der Temperatur T durch Arbeit erzeugt, und zugleich eine andere Wärmemenge Q_1 aus einem Körper K_2 von der Temperatur T_2 in einen Körper K_1 von der höheren Temperatur T_1 übertragen wird. Dadurch wird die gegebene Verwandlung aus Wärme in Arbeit rückgängig gemacht und durch den Wärmeübergang von K_2 nach K_1 ersetzt. Nach Anwendung dieses Verfahrens würden schliesslich nur Wärmeübergänge von niederer zu höherer Temperatur übrig bleiben, die durch nichts compensirt wären. Da dieses unserem Grundsatze widerspricht, so muss die Voraussetzung, dass die Verwandlungen des zweiten Theiles negativ seien, unrichtig sein.

Wären ferner jene Verwandlungen *positiv*, so würde nun die Bedingung, dass der in Rede stehende Kreisprocess *umkehrbar* sein soll, in Betracht zu ziehen sein. Dächte man sich nämlich den ganzen Kreisprocess umgekehrt ausgeführt, so würden dabei alle in ihm vorkommenden Verwandlungen das entgegengesetzte Vorzeichen annehmen, und jene Verwandlungen des zweiten Theiles würden somit negativ werden. Dadurch würde man abermals zu dem obigen mit unserem Grundsatze unvereinbaren Falle gelangen.

Da hiernach die Verwandlungen des zweiten Theiles weder positiv noch negativ sein können, so können sie überhaupt nicht existiren, und der erste Theil, dessen algebraische Summe Null ist, umfasst somit alle in dem Kreisprocesse vorkommenden Verwandlungen. Demnach können wir in der Gleichung (8) $N = 0$ setzen, und erhalten dadurch als analytischen Ausdruck des zweiten Hauptsatzes der mechanischen Wärmetheorie für umkehrbare Kreisprocesse die Gleichung:

(VII.)
$$\int \frac{dQ}{\tau} = 0.$$

§. 7. Die Temperaturen der vorkommenden Wärmemengen und die Entropie.

Bei der vorstehenden Ableitung der Gleichung (VII.) wurden die Temperaturen der in Betracht kommenden Wärmemengen nach den Wärmereservoiren bestimmt, aus welchen sie herstammen, oder in welche sie übergehen. Betrachtet man nun aber einen Kreisprocess, welcher darin besteht, dass ein Körper eine Reihe von Zustandsänderungen durchmacht, und zuletzt wieder in seinen Anfangszustand zurückkehrt, so muss dieser veränderliche Körper, wenn er mit einem Wärmereservoir zur Aufnahme oder Abgabe von Wärme in Verbindung gesetzt wird, dieselbe Temperatur haben, wie das Wärmereservoir, weil nur in diesem Falle die Wärme eben so gut von dem Wärmereservoir zu dem veränderlichen Körper, wie in umgekehrter Richtung übergehen kann, was für die Umkehrbarkeit des Kreisprocesses erforderlich ist. Absolut kann diese Bedingung zwar nicht erfüllt sein, da bei ganz gleicher Temperatur überhaupt kein Wärmeübergang eintreten würde, aber man kann sie wenigstens als so nahe erfüllt annehmen, dass die kleinen noch vorhandenen Temperaturdifferenzen in der Rechnung zu vernachlässigen sind.

In diesem Falle ist es natürlich einerlei, ob man die Temperatur einer übergehenden Wärmemenge der Temperatur des Wärmereservoirs oder der augenblicklichen Temperatur des veränderlichen Körpers gleichsetzen will, da beide unter einander übereinstimmen. Hat man aber einmal die letztere Wahl getroffen, und festgesetzt, dass bei der Bildung der Gleichung (VII.) für jedes Wärmeelement dQ diejenige Temperatur in Rechnung gebracht werden soll, welche der veränderliche Körper bei seiner Aufnahme gerade hat, so kann man nun den Wärmereservoiren auch beliebige andere Temperaturen zuschreiben, ohne dass dadurch der Ausdruck $\int \frac{dQ}{\tau}$ irgend eine Aenderung erleidet. Bei dieser Bedeutung der vorkommenden Temperaturen kann man also die Gleichung (VII.) als gültig betrachten, ohne sich darum zu bekümmern, wo die von dem veränderlichen Körper aufgenommene Wärme herkommt oder die von ihm abgegebene Wärme hingeht, wenn der Process nur im Uebrigen umkehrbar ist.

Der unter dem Integralzeichen stehende Ausdruck $\frac{dQ}{\tau}$, wenn er in dem eben angegebenen Sinne verstanden wird, ist das Differential einer auf den Zustand des Körpers bezüglichen Grösse, und zwar einer Grösse, welche vollkommen bestimmt ist, sobald der augenblickliche Zustand bekannt ist, ohne dass man den Weg, auf welchem der Körper in denselben gelangt ist, zu kennen braucht, denn nur in diesem Falle kann das Integral jedesmal gleich Null werden, so oft der Körper nach beliebigen Veränderungen wieder in seinen Anfangszustand zurückkommt. Ich habe bei einer anderen Gelegenheit[1]), nach Einführung einer gewissen Erweiterung des Satzes von der Aequivalenz der Verwandlungen, den Vorschlag gemacht, diese Grösse nach dem griechischen Worte $\tau\varrho o\pi\acute{\eta}$, Verwandlung, die _Entropie_ des Körpers zu nennen. Die vollständige Erklärung dieses Namens und der Nachweis, dass er die Bedeutung der betreffenden Grösse richtig ausdrückt, kann freilich erst an einer späteren Stelle gegeben werden, nachdem die eben erwähnte Erweiterung besprochen ist, indessen wollen wir der Bequemlichkeit wegen diesen Namen schon jetzt anwenden.

Bezeichnen wir die Entropie des Körpers mit S, so können wir setzen:

$$\frac{dQ}{\tau} = dS,$$

oder umgeschrieben:

(VIII.) $$dQ = \tau \, dS.$$

---

[1]) Pogg. Ann. Bd. 125, S. 390.

§. 8. Die Temperaturfunction τ.

Um die Temperaturfunction τ zu bestimmen, wenden wir dasselbe Verfahren an, welches wir im vorigen Abschnitte, §. 7, angewandt haben, um die Function $\Phi(T_1, T_2)$ zu bestimmen. Da
nämlich die Function τ von der Natur des beim Kreisprocesse angewandten veränderlichen Körpers unabhängig ist, so kommt es
nur darauf an, bei einem mit irgend einem Körper ausgeführten
Kreisprocesse ihre Form zu bestimmen. Wir wählen dazu als veränderlichen Körper wieder ein vollkommenes Gas und denken uns
mit demselben, wie in jenem Paragraphen, einen einfachen Kreisprocess ausgeführt, in welchem das Gas nur bei Einer Temperatur,
welche wir T nennen wollen, Wärme aufnimmt, und bei einer
anderen Temperatur, welche T_1 heissen möge, Wärme abgiebt.
Die beiden Wärmemengen, welche in diesem Falle aufgenommen
und abgegeben werden, und deren absolute Werthe mit Q und Q_1
bezeichnet werden mögen, stehen, gemäss der Gleichung (8) des
vorigen Abschnittes, in folgendem Verhältnisse zu einander:

$$(9) \qquad \frac{Q}{Q_1} = \frac{T}{T_1}.$$

Nun erhalten wir aber andererseits, wenn wir die Gleichung (VII.)
auf diesen einfachen Kreisprocess anwenden, indem wir dabei die
Abgabe der Wärmemenge Q_1 als Aufnahme der negativen Wärmemenge $- Q_1$ in Rechnung bringen, die Gleichung:

$$\frac{Q}{\tau} - \frac{Q_1}{\tau_1} = 0,$$

woraus folgt:

$$(10) \qquad \frac{Q}{Q_1} = \frac{\tau}{\tau_1}.$$

Aus der Vereinigung der Gleichungen (9) und (10) ergiebt sich:

$$\frac{\tau}{\tau_1} = \frac{T}{T_1}$$

oder:

$$(11) \qquad \tau = \frac{\tau_1}{T_1} T.$$

Betrachten wir nun T als eine beliebige und T_1 als eine gegebene
Temperatur, so können wir die vorige Gleichung so schreiben:

$$(12) \qquad \tau = T \cdot \text{Const.},$$

und die Temperaturfunction τ ist somit bis auf einen constanten Factor bestimmt.

Welchen Werth wir dem constanten Factor zuschreiben wollen, ist gleichgültig, da er sich aus der Gleichung (VII.) fortheben lässt und somit auf die mit dieser Gleichung angestellten Rechnungen ohne Einfluss ist. Wir wollen daher den bequemsten Werth, nämlich die Einheit, wählen, wodurch die vorige Gleichung übergeht in:

$$(13) \qquad\qquad \tau = T.$$

Demnach ist die Temperaturfunction τ nichts weiter, als die absolute Temperatur selbst.

Da die hier ausgeführte Bestimmung der Function τ sich auf die für Gase abgeleiteten Gleichungen stützt, so bildet die bei der Behandlung der Gase gemachte Nebenannahme, dass ein vollkommenes Gas, wenn es sich bei constanter Temperatur ausdehnt, nur so viel Wärme verschluckt, wie zu der dabei gethanen äussern Arbeit verbraucht wird, eine der Grundlagen, auf welchen diese Bestimmung beruht. Sollte Jemand wegen dieses Grundes Bedenken tragen, diese Bestimmung als vollständig zuverlässig anzuerkennen, so könnte er in den Gleichungen (VII.) und (VIII.) τ als Zeichen einer noch unbestimmten Temperaturfunction beibehalten, und die Gleichungen in dieser Form anwenden. Ein solches Bedenken würde aber meiner Ansicht nach nicht gerechtfertigt sein, und ich werde daher im Folgenden immer T an die Stelle von τ setzen. Dadurch gehen die Gleichungen (VII.) und (VIII.) in diejenigen über, welche schon im vorigen Abschnitte unter (V.) und (VI.) gegeben wurden, nämlich:

$$\int \frac{dQ}{T} = 0$$
$$dQ = T\,dS.$$

ABSCHNITT V.

Umformungen der beiden Hauptgleichungen.

§. 1. Einführung von Veränderlichen, welche den Zustand des Körpers bestimmen.

In den bisherigen allgemeinen Betrachtungen sind wir dahin gelangt, die beiden Hauptsätze der mechanischen Wärmetheorie durch zwei sehr einfache, unter (III.) und (VI.) gegebene Gleichungen auszudrücken, nämlich:

(III.) $$dQ = dU + dW,$$
(VI.) $$dQ = TdS.$$

Wir wollen nun mit diesen Gleichungen einige Umformungen vornehmen, durch welche sie für weitere Rechnungen bequem werden.

Beide Gleichungen beziehen sich auf eine unendlich kleine Zustandsänderung eines Körpers, und zwar ist bei der letzteren Gleichung vorausgesetzt, dass die Zustandsänderung in umkehrbarer Weise vor sich gehe. Für die Gültigkeit der ersteren Gleichung ist diese Voraussetzung zwar nicht nothwendig, wir wollen sie aber auch bei ihr machen und in den hier folgenden Rechnungen ebenso, wie bisher, annehmen, dass wir es nur mit *umkehrbaren* Veränderungen zu thun haben.

Den Zustand des betrachteten Körpers denken wir uns durch irgend welche Grössen bestimmt, und zwar wollen wir für jetzt annehmen, dass *zwei* Grössen dazu ausreichen. Fälle, welche besonders oft vorkommen, sind die, wo der Zustand des Körpers durch seine Temperatur und sein Volumen, oder durch seine Temperatur und den Druck, unter welchem er steht, oder endlich durch sein Volumen und den Druck bestimmt ist. Wir wollen uns aber nicht gleich an besondere Grössen binden, sondern wollen zunächst annehmen, der Zustand des Körpers sei durch zwei beliebige Grössen, welche x und y heissen mögen, bestimmt, und diese Grössen wollen wir in den Rechnungen als die unabhängigen Veränderlichen betrachten. Natürlich steht es uns dann bei specielleren Anwendungen immer frei, unter einer dieser Veränderlichen oder unter beiden eine oder zwei der vorher genannten Grössen, Temperatur, Volumen und Druck, zu verstehen.

Wenn die Grössen x und y den Zustand des Körpers bestimmen, so können wir in den obigen Gleichungen die Energie U und die Entropie S als Functionen dieser Veränderlichen behandeln. Ebenso ist die Temperatur T, sofern sie nicht selbst eine der Veränderlichen bildet, als Function der beiden Veränderlichen anzusehen. Die Grössen W und Q dagegen lassen sich, wie schon früher erwähnt, nicht so einfach bestimmen, sondern müssen in anderer Weise behandelt werden.

Die Differentialcoefficienten dieser Grössen, welche wir folgendermaassen bezeichnen wollen:

(1) $$\frac{dW}{dx} = m; \qquad \frac{dW}{dy} = n$$

(2) $$\frac{dQ}{dx} = M; \qquad \frac{dQ}{dy} = N,$$

sind bestimmte Functionen von x und y. Wenn nämlich festgesetzt wird, dass die Veränderliche x in $x + dx$ übergehen soll, während y unverändert bleibt, und dass diese Zustandsänderung des Körpers in umkehrbarer Weise geschehen soll, so handelt es sich um einen vollkommen bestimmten Vorgang, und es muss daher auch die dabei gethane äussere Arbeit eine bestimmte sein, woraus weiter folgt, dass der Bruch $\dfrac{dW}{dx}$ ebenfalls einen bestimmten Werth haben muss. Ebenso verhält es sich, wenn festgesetzt wird, dass y in $y + dy$ übergehen soll, während x constant bleibt. Wenn hiernach die Differentialcoëfficienten der äusseren Arbeit W bestimmte Functionen von x und y sind, so muss zufolge der Gleichung (III.) auch von den Differentialcoëfficienten der vom Körper aufgenommenen Wärme Q dasselbe gelten, dass auch sie bestimmte Functionen von x und y sind.

Bilden wir nun aber für dW und dQ ihre Ausdrücke in dx und dy, indem wir unter Vernachlässigung der Glieder, welche in Bezug auf dx und dy von höherer Ordnung sind, schreiben:

(3) $$dW = mdx + ndy$$
(4) $$dQ = Mdx + Ndy,$$

so erhalten wir dadurch zwei vollständige Differentialgleichungen, welche sich nicht integriren lassen, so lange die Veränderlichen x und y von einander unabhängig sind, indem die Grössen m, n und M, N der Bedingungsgleichung der Integrabilität, nämlich:

$$\frac{dm}{dy} = \frac{dn}{dx} \text{ resp. } \frac{dM}{dy} = \frac{dN}{dx},$$

nicht genügen. Die Grössen W und Q gehören also zu denjenigen, welche in der mathematischen Einleitung besprochen wurden, deren Eigenthümlichkeit darin besteht, dass zwar ihre Differentialcoëfficienten bestimmte Functionen der beiden unabhängigen Veränderlichen sind, dass sie selbst aber nicht durch solche Functionen dargestellt werden können, sondern sich erst dann bestimmen lassen, wenn noch eine weitere Beziehung zwischen den Veränderlichen gegeben und dadurch der Weg der Veränderungen vorgeschrieben ist.

§. 2. Elimination der Grössen U und S aus den beiden Hauptgleichungen.

Kehren wir nun zur Gleichung (III.) zurück und setzen darin für dW und dQ die Ausdrücke (3) und (4), und zerlegen ebenso dU in seine beiden auf dx und dy bezüglichen Theile, so lautet die Gleichung:

$$Mdx + Ndy = \left(\frac{dU}{dx} + m\right) dx + \left(\frac{dU}{dy} + n\right) dy.$$

Da diese Gleichung für alle beliebigen Werthe von dx und dy gültig sein muss, so zerfällt sie in folgende zwei:

$$M = \frac{dU}{dx} + m$$

$$N = \frac{dU}{dy} + n.$$

Differentiiren wir die erste dieser Gleichungen nach y und die zweite nach x, so erhalten wir:

$$\frac{d\,M}{dy} = \frac{d^2\,U}{dx\,dy} + \frac{d\,m}{dy}$$

$$\frac{d\,N}{dx} = \frac{d^2\,U}{dy\,dx} + \frac{d\,n}{dx}.$$

Nun ist auf U der für jede Function von zwei unabhängigen Veränderlichen geltende Satz anzuwenden, dass, wenn man sie nach den beiden Veränderlichen differentiirt, die Ordnung der Differentiationen gleichgültig ist, so dass man setzen kann:

$$\frac{d^2\,U}{dx\,dy} = \frac{d^2\,U}{dy\,dx}.$$

Wenn man unter Berücksichtigung dieser letzten Gleichung die zweite der beiden vorigen Gleichungen von der ersten abzieht, so kommt:

(5) $$\frac{d\,M}{dy} - \frac{d\,N}{dx} = \frac{d\,m}{dy} - \frac{d\,n}{dx}.$$

In ähnlicher Weise wollen wir nun auch die Gleichung (VI.) behandeln. Setzen wir in derselben für $d\,Q$ und $d\,S$ die vollständigen Differentialausdrücke, so lautet sie:

$$M\,dx + N\,dy = T\left(\frac{d\,S}{dx}\,dx + \frac{d\,S}{dy}\,dy\right),$$

oder, wenn wir noch mit T dividiren:

$$\frac{M}{T}\,dx + \frac{N}{T}\,dy = \frac{d\,S}{dx}\,dx + \frac{d\,S}{dy}\,dy.$$

Diese Gleichung lässt sich ebenso, wie die oben betrachtete, in zwei Gleichungen zerlegen, nämlich:

$$\frac{M}{T} = \frac{d\,S}{dx}$$

$$\frac{N}{T} = \frac{d\,S}{dy}.$$

Indem wir die erste dieser Gleichungen nach y und die zweite nach x differentiiren, erhalten wir:

$$\frac{T\dfrac{d\,M}{dy} - M\dfrac{d\,T}{dy}}{T^2} = \frac{d^2\,S}{dx\,dy}$$

$$\frac{T\dfrac{d\,N}{dx} - N\dfrac{d\,T}{dx}}{T^2} = \frac{d^2\,S}{dy\,dx}.$$

Da nun für die zweiten Differentialcoefficienten von S dasselbe gilt, was oben über diejenigen von U gesagt wurde, nämlich dass zu setzen ist:

$$\frac{d^2 S}{dx\, dy} = \frac{d^2 S}{dy\, dx},$$

so erhält man durch Subtraction der beiden Gleichungen von einander:

$$\frac{T\dfrac{dM}{dy} - M\dfrac{dT}{dy}}{T^2} - \frac{T\dfrac{dN}{dx} - N\dfrac{dT}{dx}}{T^2} = 0,$$

oder umgeschrieben:

$$(6) \qquad \frac{dM}{dy} - \frac{dN}{dx} = \frac{1}{T}\left(M\frac{dT}{dy} - N\frac{dT}{dx} \right).$$

Den beiden so erhaltenen Gleichungen (5) und (6) wollen wir noch eine etwas andere äussere Gestalt geben. Um nicht zu viele verschiedene Buchstaben in den Formeln zu haben, wollen wir für M und N, welche als abgekürzte Zeichen für die Differential-coëfficienten $\dfrac{dQ}{dx}$ und $\dfrac{dQ}{dy}$ eingeführt sind, künftig wieder die Differentialcoëfficienten selbst schreiben. Betrachten wir ferner die in (5) an der rechten Seite stehende Differenz, welche, wenn wir auch für m und n wieder die Differentialcoëfficienten $\dfrac{dW}{dx}$ und $\dfrac{dW}{dy}$ schreiben, lautet:

$$\frac{d}{dy}\left(\frac{dW}{dx}\right) - \frac{d}{dx}\left(\frac{dW}{dy}\right),$$

so ist die durch diese Differenz dargestellte Grösse eine Function von x und y, die gewöhnlich als bekannt anzunehmen ist, indem die von aussen auf den Körper wirkenden Kräfte der directen Beobachtung zugänglich sind, und daraus dann weiter die äussere Arbeit bestimmt werden kann. Wir wollen diese Differenz, welche im Folgenden sehr häufig vorkommen wird, *die auf xy bezügliche Arbeitsdifferenz* nennen, und dafür ein besonderes Zeichen einführen, indem wir setzen:

$$(7) \qquad D_{xy} = \frac{d}{dy}\left(\frac{dW}{dx}\right) - \frac{d}{dx}\left(\frac{dW}{dy}\right).$$

Durch diese Aenderungen in der Bezeichnung gehen die Gleichungen (5) und (6) über in:

(8) $\qquad \dfrac{d}{dy}\left(\dfrac{dQ}{dx}\right) - \dfrac{d}{dx}\left(\dfrac{dQ}{dy}\right) = D_{xy}$

(9) $\qquad \dfrac{d}{dy}\left(\dfrac{dQ}{dx}\right) - \dfrac{d}{dx}\left(\dfrac{dQ}{dy}\right) = \dfrac{1}{T}\left(\dfrac{dT}{dy}\cdot\dfrac{dQ}{dx} - \dfrac{dT}{dx}\cdot\dfrac{dQ}{dy}\right).$

Diese beiden Gleichungen bilden die auf umkehrbare Veränderungen bezüglichen analytischen Ausdrücke der beiden Hauptsätze für den Fall, wo der Zustand des Körpers durch zwei beliebige Veränderliche bestimmt ist. Aus diesen Gleichungen ergiebt
sich sofort noch eine dritte, welche insofern einfacher ist, als sie
nur die Differentialcoëfficienten erster Ordnung von Q enthält,
nämlich:

(10) $\qquad \dfrac{dT}{dy}\cdot\dfrac{dQ}{dx} - \dfrac{dT}{dx}\cdot\dfrac{dQ}{dy} = TD_{xy}$

§. 3. Anwendung der Temperatur als eine der unab-hängigen Veränderlichen.

Besonders einfach werden die drei vorstehenden Gleichungen,
wenn man als eine der unabhängigen Veränderlichen die Temperatur des Körpers wählt. Wir wollen zu dem Zwecke $y = T$
setzen, so dass nun die noch unbestimmt gelassene Grösse x und
die Temperatur T die beiden unabhängigen Veränderlichen sind.
Wenn $y = T$ ist, so folgt daraus ohne Weiteres, dass

$$\dfrac{dT}{dy} = 1$$

ist. Was ferner den Differentialcoëfficienten $\dfrac{dT}{dx}$ anbetrifft, so ist
bei der Bildung desselben vorausgesetzt, dass, während x in
$x + dx$ übergeht, die andere Veränderliche, welche bisher y hiess,
constant bleibe. Da nun gegenwärtig T selbst die andere Veränderliche ist, welche in dem Differentialcoëfficienten als constant
vorausgesetzt wird, so folgt daraus, dass man zu setzen hat:

$$\dfrac{dT}{dx} = 0.$$

Bilden wir nun zunächst die auf xT bezügliche Arbeitsdifferenz,
so lautet diese:

(11) $\qquad D_{xT} = \dfrac{d}{dT}\left(\dfrac{dW}{dx}\right) - \dfrac{d}{dx}\left(\dfrac{dW}{dT}\right),$

und unter Anwendung dieses Werthes gehen die Gleichungen (8), (9) und (10) über in:

$$(12) \qquad \frac{d}{dT}\left(\frac{dQ}{dx}\right) - \frac{d}{dx}\left(\frac{dQ}{dT}\right) = D_{xT}$$

$$(13) \qquad \frac{d}{dT}\left(\frac{dQ}{dx}\right) - \frac{d}{dx}\left(\frac{dQ}{dT}\right) = \frac{1}{T} \cdot \frac{dQ}{dx}$$

$$(14) \qquad \frac{dQ}{dx} = TD_{xT}.$$

Wenn man das in (14) gegebene Product TD_{xT} statt des Differentialcoëfficienten $\dfrac{dQ}{dx}$ in die Gleichung (12) einsetzt, und es, wie dort vorgeschrieben ist, nach T differentiirt, so erhält man noch folgende einfache Gleichung:

$$(15) \qquad \frac{d}{dx}\left(\frac{dQ}{dT}\right) = T\frac{dD_{xT}}{dT}.$$

§. 4. Specialisirung der äusseren Kräfte.

Bisher haben wir über die äusseren Kräfte, denen der Körper unterworfen ist, und auf welche sich die bei Zustandsänderungen gethane äussere Arbeit bezieht, keine besonderen Annahmen gemacht. Wir wollen nun einen Fall näher betrachten, welcher vorzugsweise häufig vorkommt, nämlich den, wo die einzige vorhandene äussere Kraft, oder wenigstens die einzige, welche bedeutend genug ist, um bei den Rechnungen Berücksichtigung zu verdienen, ein auf die Oberfläche des Körpers wirkender Druck ist, welcher an allen Punkten gleich stark und überall normal gegen die Oberfläche gerichtet ist.

In diesem Falle wird nur bei Volumenänderungen des Körpers äussere Arbeit gethan. Nennen wir den auf die Flächeneinheit bezogenen Druck p, so ist die äussere Arbeit, welche gethan wird, wenn das Volumen v um dv zunimmt:

$$(16) \qquad dW = pdv.$$

Denken wir uns nun, dass der Zustand des Körpers durch zwei beliebige Veränderliche x und y bestimmt sei, so sind der Druck p und das Volumen v als Functionen von x und y zu betrachten. Wir können also die vorige Gleichung in folgender Form schreiben:

$$dW = p\left(\frac{dv}{dx}dx + \frac{dv}{dy}dy\right),$$

woraus folgt:

(17)
$$\begin{cases} \dfrac{dW}{dx} = p\,\dfrac{dv}{dx} \\[2mm] \dfrac{dW}{dy} = p\,\dfrac{dv}{dy}. \end{cases}$$

Setzen wir diese Werthe von $\dfrac{dW}{dx}$ und $\dfrac{dW}{dy}$ in den in (7) gegebenen Ausdruck von D_{xy} ein, und führen die darin angedeuteten zweiten Differentiationen aus, und berücksichtigen zugleich, dass $\dfrac{d^2v}{dx\,dy} = \dfrac{d^2v}{dy\,dx}$ sein muss, so erhalten wir:

(18)
$$D_{xy} = \frac{dp}{dy}\cdot\frac{dv}{dx} - \frac{dp}{dx}\cdot\frac{dv}{dy}.$$

Diesen Werth von D_{xy} haben wir auf die Gleichungen (8) und (10) anzuwenden.

Sind x und T die beiden unabhängigen Veränderlichen, so erhält man, ganz der vorigen Gleichung entsprechend:

(19)
$$D_{xT} = \frac{dp}{dT}\cdot\frac{dv}{dx} - \frac{dp}{dx}\cdot\frac{dv}{dT},$$

welchen Werth man auf die Gleichungen (12), (14) und (15) anzuwenden hat.

Die einfachsten Formen nimmt der in (18) gegebene Ausdruck an, wenn man entweder das Volumen oder den Druck als eine der unabhängigen Veränderlichen, oder wenn man Volumen und Druck als die beiden unabhängigen Veränderlichen wählt. Für diese Fälle geht nämlich die Gleichung (18), wie sich leicht ersehen lässt, über in:

(20)
$$D_{vy} = \frac{dp}{dy}$$

(21)
$$D_{py} = -\frac{dv}{dy}$$

(22)
$$D_{vp} = 1.$$

Will man endlich in den Fällen, wo entweder das Volumen oder der Druck als eine unabhängige Veränderliche gewählt ist, die Temperatur als andere unabhängige Veränderliche wählen, so braucht man nur in den Gleichungen (20) und (21) T an die Stelle von y zu setzen, also:

(23) $$D_{vT} = \frac{dp}{dT}$$

(24) $$D_{pT} = -\frac{dv}{dT}.$$

§. 5. Zusammenstellung einiger häufig vorkommender Formen der Differentialgleichungen.

Unter den vorher genannten Umständen, wo die einzige vorhandene fremde Kraft ein gleichmässiger und normaler Oberflächendruck ist, pflegt man als unabhängige Veränderliche, welche den Zustand des Körpers bestimmen sollen, am häufigsten die im vorigen Paragraphen zuletzt genannten Grössen zu wählen, nämlich Volumen und Temperatur, oder Druck und Temperatur, oder endlich Volumen und Druck. Die für diese drei Fälle geltenden Systeme von Differentialgleichungen will ich, obwohl sie sich leicht aus den obigen allgemeineren Systemen ableiten lassen, doch ihrer häufigen Anwendung wegen hier in übersichtlicher Weise zusammenstellen. Das erste System ist dasjenige, welches ich in meinen Abhandlungen bei Betrachtung specieller Fälle meistens angewandt habe.

Wenn v und T als unabhängige Veränderliche gewählt sind:

(25)
$$\begin{cases} \dfrac{d}{dT}\left(\dfrac{dQ}{dv}\right) - \dfrac{d}{dv}\left(\dfrac{dQ}{dT}\right) = \dfrac{dp}{dT} \\[2ex] \dfrac{d}{dT}\left(\dfrac{dQ}{dv}\right) - \dfrac{d}{dv}\left(\dfrac{dQ}{dT}\right) = \dfrac{1}{T}\cdot\dfrac{dQ}{dv} \\[2ex] \dfrac{dQ}{dv} = T\dfrac{dp}{dT} \\[2ex] \dfrac{d}{dv}\left(\dfrac{dQ}{dT}\right) = T\dfrac{d^2p}{dT^2}. \end{cases}$$

Wenn p und T als unabhängige Veränderliche gewählt sind:

(26)
$$\begin{cases} \dfrac{d}{dT}\left(\dfrac{dQ}{dp}\right) - \dfrac{d}{dp}\left(\dfrac{dQ}{dT}\right) = -\dfrac{dv}{dT} \\[2ex] \dfrac{d}{dT}\left(\dfrac{dQ}{dp}\right) - \dfrac{d}{dp}\left(\dfrac{dQ}{dT}\right) = \dfrac{1}{T}\cdot\dfrac{dQ}{dp} \\[2ex] \dfrac{dQ}{dp} = -T\dfrac{dv}{dT} \\[2ex] \dfrac{d}{dp}\left(\dfrac{dQ}{dT}\right) = -T\dfrac{d^2v}{dT^2}. \end{cases}$$

Wenn v und p als unabhängige Veränderliche gewählt sind:

$$27) \begin{cases} \dfrac{d}{dp}\left(\dfrac{dQ}{dv}\right) - \dfrac{d}{dv}\left(\dfrac{dQ}{dp}\right) = 1 \\[2ex] \dfrac{d}{dp}\left(\dfrac{dQ}{dv}\right) - \dfrac{d}{dv}\left(\dfrac{dQ}{dp}\right) = \dfrac{1}{T}\left(\dfrac{dT}{dp}\cdot\dfrac{dQ}{dv} - \dfrac{dT}{dv}\cdot\dfrac{dQ}{dp}\right) \\[2ex] \dfrac{dT}{dp}\cdot\dfrac{dQ}{dv} - \dfrac{dT}{dv}\cdot\dfrac{dQ}{dp} = T. \end{cases}$$

§. 6. Gleichungen für einen Körper, welcher eine theilweise Aenderung seines Aggregatzustandes erleidet.

Ein Fall, welcher noch eine eigenthümliche Vereinfachung zulässt, und welcher wegen seiner häufigen Anwendungen von besonderem Interesse ist, ist der, wo mit den Zustandsänderungen des betrachteten Körpers *eine theilweise Aenderung des Aggregatzustandes* verbunden ist.

Wir wollen annehmen, es sei ein Körper gegeben, von dem sich ein Theil in einem und der übrige Theil in einem anderen Aggregatzustande befinde. Als Beispiel kann man sich denken, ein Theil des Körpers befinde sich im flüssigen und der übrige Theil im dampfförmigen Zustande, und zwar mit derjenigen Dichtigkeit, welche der Dampf in Berührung mit der Flüssigkeit annimmt; indessen gelten die aufzustellenden Gleichungen auch, wenn ein Theil des Körpers sich im festen und der andere im flüssigen, oder ein Theil im festen und der andere im dampfförmigen Zustande befindet. Wir wollen daher der grösseren Allgemeinheit wegen die beiden Aggregatzustände, um die es sich handeln soll, nicht näher bestimmen, sondern sie nur den *ersten* und den *zweiten* Aggregatzustand nennen.

Es sei also in einem Gefässe von gegebenem Volumen eine gewisse Menge des Stoffes eingeschlossen, und ein Theil desselben habe den ersten und der andere Theil den zweiten Aggregatzustand. Wenn die specifischen Volumina, welche der Stoff bei einer gegebenen Temperatur in den beiden Aggregatzuständen hat, ungleich sind, so können in einem gegebenen Raume die beiden in verschiedenen Aggregatzuständen befindlichen Theile nicht beliebige, sondern nur ganz bestimmte Grössen haben. Wenn nämlich der Theil, welcher sich in dem Aggregatzustande von grösserem specifischem Volumen befindet, an Grösse zunimmt, so

wächst damit zugleich der Druck, den der eingeschlossene Stoff
auf die Umhüllungswände ausübt, und den er daher auch umgekehrt von den Umhüllungswänden erleidet, und es wird zuletzt
ein Punkt erreicht, wo der Druck so gross ist, dass er den weiteren Uebergang in diesen Aggregatzustand verhindert. Wenn dieser Punkt erreicht ist, so können, so lange die Temperatur der
Masse und ihr Volumen, d. h. der Rauminhalt des Gefässes, constant bleiben, die Grössen der in den beiden Aggregatzuständen
befindlichen Theile sich nicht weiter ändern. Nimmt dann aber,
während die Temperatur constant bleibt, der Rauminhalt des Gefässes zu, so kann der Theil, welcher sich in dem Aggregatzustande mit grösserem specifischem Volumen befindet, noch weiter
auf Kosten des anderen wachsen, bis abermals derselbe Druck,
wie vorher, erreicht und dadurch der weitere Uebergang verhindert ist.

Hieraus ergiebt sich die Eigenthümlichkeit, welche diesen
Fall von anderen unterscheidet. Wählen wir nämlich die Temperatur und das Volumen der Masse als die beiden unabhängigen
Veränderlichen, durch welche ihr Zustand bestimmt wird, so ist
der Druck nicht eine Function dieser *beiden* Veränderlichen, sondern eine Function der Temperatur allein. Ebenso verhält es
sich, wenn wir statt des Volumens eine andere Grösse, welche sich
gleichfalls unabhängig von der Temperatur ändern kann und mit
der Temperatur zusammen den ganzen Zustand des Körpers bestimmt, als zweite unabhängige Veränderliche wählen. Auch von
dieser kann der Druck nicht abhängen. Die beiden Grössen
Temperatur und Druck zusammen können in diesem Falle nicht
als die beiden Veränderlichen, welche zur Bestimmung des Körperzustandes dienen sollen, gewählt werden.

Wir wollen nun neben der Temperatur T irgend eine noch
unbestimmt gelassene Grösse x als zweite unabhängige Veränderliche zur Bestimmung des Körperzustandes wählen. Betrachten
wir dann den in (19) gegebenen Ausdruck der auf xT bezüglichen
Arbeitsdifferenz, nämlich:

$$D_{xT} = \frac{dp}{dT} \cdot \frac{dv}{dx} - \frac{dp}{dx} \cdot \frac{dv}{dT},$$

so ist hierin dem Vorigen nach $\frac{dp}{dx} = 0$ zu setzen, und wir erhalten also:

(28)
$$D_{xT} = \frac{dp}{dT} \cdot \frac{dv}{dx}.$$

Hierdurch gehen die drei Gleichungen (12), (13) und (14) über in:

(29)
$$\frac{d}{dT}\left(\frac{dQ}{dx}\right) - \frac{d}{dx}\left(\frac{dQ}{dT}\right) = \frac{dp}{dT} \cdot \frac{dv}{dx}$$

(30)
$$\frac{d}{dT}\left(\frac{dQ}{dx}\right) - \frac{d}{dx}\left(\frac{dQ}{dT}\right) = \frac{1}{T} \cdot \frac{dQ}{dx}$$

(31)
$$\frac{dQ}{dx} = T\frac{dp}{dT} \cdot \frac{dv}{dx}.$$

§. 7. Die Clapeyron'sche Gleichung und die Carnot'sche Function.

Im Anschlusse an die in diesem Abschnitte enthaltenen Umformungen der Hauptgleichungen möge hier noch diejenige Gleichung, welche Clapeyron[1] aus der Carnot'schen Theorie als Hauptgleichung abgeleitet hat, angeführt werden, um zu sehen, in welcher Beziehung sie zu den von uns entwickelten Gleichungen steht. Da aber die Clapeyron'sche Gleichung eine unbestimmte Temperaturfunction enthält, welche man die Carnot'sche Function zu nennen pflegt, so wird es zweckmässig sein, auch unseren Gleichungen, so weit sie hierbei in Betracht kommen, vorher die Form zu geben, in welcher man sie erhält, wenn man die im vorigen Abschnitte eingeführte Temperaturfunction τ nicht, gemäss der nachträglichen Bestimmung, gleich der absoluten Temperatur T setzt, sondern als eine noch unbestimmte Temperaturfunction beibehält. Dadurch wird sich dann die Gelegenheit bieten, die Beziehung zwischen unserer Temperaturfunction τ und der Carnot'schen Function festzustellen.

Wenn man statt der Gleichung
$$dQ = TdS$$
die weniger bestimmte, im vorigen Abschnitte unter (VIII.) gegebene Gleichung
$$dQ = \tau dS$$
anwendet, und aus ihr ebenso, wie es in §. 2 geschehen ist, S eliminirt, so erhält man, statt der Gleichung (9), die folgende:

---

[1] *Journal de l'Ecole polytechnique T. XIV.* (1834) u. Pogg. Ann. Bd. 59.

$$(32) \quad \frac{d}{dy}\left(\frac{dQ}{dx}\right) - \frac{d}{dx}\left(\frac{dQ}{dy}\right) = \frac{1}{\tau}\left(\frac{d\tau}{dy}\cdot\frac{dQ}{dx} - \frac{d\tau}{dx}\cdot\frac{dQ}{dy}\right),$$

und wenn man diese mit (8) verbindet, so erhält man statt (10) die Gleichung:

$$(33) \quad \frac{d\tau}{dy}\cdot\frac{dQ}{dx} - \frac{d\tau}{dx}\cdot\frac{dQ}{dy} = \tau D_{xy}.$$

Nimmt man nun an, dass als äussere Kraft nur ein gleichmässiger und normaler Oberflächendruck wirke, so kann man für D_{xy} den in (18) gegebenen Ausdruck anwenden, und die Gleichung geht dadurch über in:

$$(34) \quad \frac{d\tau}{dy}\cdot\frac{dQ}{dx} - \frac{d\tau}{dx}\cdot\frac{dQ}{dy} = \tau\left(\frac{dp}{dy}\cdot\frac{dv}{dx} - \frac{dp}{dx}\cdot\frac{dv}{dy}\right).$$

Wählt man ferner als unabhängige Veränderliche v und p, indem man setzt: $x = v$ und $y = p$, so kommt:

$$(35) \quad \frac{d\tau}{dp}\cdot\frac{dQ}{dv} - \frac{d\tau}{dv}\cdot\frac{dQ}{dp} = \tau.$$

Da nun τ nur eine Function von T ist, so kann man setzen:

$$\frac{d\tau}{dv} = \frac{d\tau}{dT}\cdot\frac{dT}{dv} \text{ und } \frac{d\tau}{dp} = \frac{d\tau}{dT}\cdot\frac{dT}{dp}.$$

Wenn man diese Werthe von $\frac{d\tau}{dv}$ und $\frac{d\tau}{dp}$ in die vorige Gleichung einführt, und dann durch $\frac{d\tau}{dT}$ dividirt, so erhält man, statt der letzten der Gleichungen (27), folgende Gleichung:

$$(36) \quad \frac{dT}{dp}\cdot\frac{dQ}{dv} - \frac{dT}{dv}\cdot\frac{dQ}{dp} = \frac{\tau}{\dfrac{d\tau}{dT}}.$$

Hierin ist vorausgesetzt, dass die Wärme nach mechanischem Maasse gemessen sei. Will man gewöhnliches Wärmemaass einführen, so hat man den Ausdruck an der rechten Seite der Gleichung durch das mechanische Aequivalent der Wärme zu dividiren, und erhält:

$$(37) \quad \frac{dT}{dp}\cdot\frac{dQ}{dv} - \frac{dT}{dv}\cdot\frac{dQ}{dp} = \frac{\tau}{E\dfrac{d\tau}{dT}}.$$

Mit dieser Gleichung stimmt die Clapeyron'sche der Form nach überein, indem sie lautet[1]):

---

[1]) Pogg. Ann. Bd. 59, S. 574.

$$(38) \qquad \frac{dT}{dp} \cdot \frac{dQ}{dv} - \frac{dT}{dv} \cdot \frac{dQ}{dp} = C,$$

worin C eine unbestimmte Temperaturfunction ist, nämlich die schon erwähnte Carnot'sche Function.

Setzt man die in den beiden vorigen Gleichungen an der rechten Seite stehenden Ausdrücke unter einander gleich, so erhält man die Beziehung zwischen C und τ, nämlich:

$$(39) \qquad C = \frac{\tau}{E \dfrac{d\tau}{dT}} = \frac{1}{E \dfrac{d\log\tau}{dT}} \cdot$$

Wenn man, gemäss der von uns ausgeführten Bestimmung, annimmt, dass τ nichts weiter, als die absolute Temperatur T ist, so nimmt auch C eine einfache Form an, nämlich:

$$(40) \qquad C = \frac{T}{E} \cdot$$

Da die Gleichung (33) aus der Verbindung zweier Gleichungen hervorgegangen ist, welche den ersten und zweiten Hauptsatz ausdrücken, so ergiebt sich daraus, dass auch die Clapeyron'sche Gleichung nicht als ein Ausdruck des zweiten Hauptsatzes in der von uns angenommenen Form anzusehen ist, sondern als Ausdruck eines Satzes, welcher sich aus der Verbindung des ersten und zweiten Hauptsatzes ableiten lässt.

Was nun weiter die Art anbetrifft, wie Clapeyron seine Differentialgleichung behandelt hat, so ist diese von unserer Behandlungsart sehr verschieden. Er ging nämlich, wie Carnot, von der Annahme aus, dass die Wärmemenge, welche man einem Körper mittheilen muss, während er aus einem Zustande in einen anderen übergeht, durch seinen Anfangs- und Endzustand vollkommen bestimmt sei, ohne dass man zu wissen brauche, in welcher Weise und auf welchem Wege der Uebergang stattgefunden hat. Demgemäss betrachtete er Q als eine Function von p und v und leitete für diese durch Integration seiner Differentialgleichung folgenden Ausdruck ab:

$$(41) \qquad Q = F(T) - C \varphi(p,v),$$

worin $F(T)$ eine willkürliche Function der Temperatur ist, und $\varphi(p,v)$ eine Function von p und v bedeutet, welche der folgenden einfacheren Differentialgleichung genügt:

$$(42) \qquad \frac{dT}{dv} \cdot \frac{d\varphi}{dp} - \frac{dT}{dp} \cdot \frac{d\varphi}{dv} = 1.$$

Um auch diese Gleichung zu integriren, muss man für den betrachteten Körper die Temperatur T als Function von p und v ausdrücken können. Nimmt man an, der betrachtete Körper sei ein vollkommenes Gas, so hat man:

(43)
$$T = \frac{pv}{R},$$

und demgemäss:

$$\frac{dT}{dv} = \frac{p}{R} \text{ und } \frac{dT}{dp} = \frac{v}{R}.$$

Dadurch geht die Gleichung (42) über in:

(44)
$$p\frac{d\varphi}{dp} - v\frac{d\varphi}{dv} = R,$$

und hieraus erhält man durch Integration:

$$\varphi(p, v) = R \log p + \Phi(pv),$$

worin $\Phi(pv)$ eine willkürliche Function des Productes pv ist. Für diese kann man gemäss (43) auch eine willkürliche Function der Temperatur setzen, so dass die Gleichung lautet:

(45)
$$\varphi(p, v) = R \log p + \Psi(T).$$

Führt man diesen Ausdruck von $\varphi(p, v)$ in (41) ein, und setzt dann noch

$$F(T) - C\Psi(T) = RB,$$

worin B wiederum eine willkürliche Function der Temperatur bedeutet, so kommt:

(46)
$$Q = R(B - C \log p).$$

Dieses ist die Gleichung, welche Clapeyron für Gase abgeleitet hat.

ABSCHNITT VI.

Anwendung der mechanischen Wärmetheorie auf
gesättigte Dämpfe.

§. 1. Hauptgleichungen für gesättigte Dämpfe.

Unter den Gleichungen des vorigen Abschnittes mögen zunächst die in §. 6 angeführten, welche sich auf eine theilweise Aenderung des Aggregatzustandes beziehen, zur Anwendung gebracht werden, weil der dort erwähnte Umstand, dass der Druck nur eine Function der Temperatur ist, eine besondere Erleichterung der Behandlung gewährt. Wir wollen zunächst den Uebergang aus dem flüssigen in den dampfförmigen Zustand betrachten.

In einem ausdehnsamen Gefässe sei von irgend einem Stoffe die Gewichtsmenge M enthalten, und von dieser befinde sich der Theil m im Zustande von Dampf, und zwar, wie es sich bei der Berührung mit der Flüssigkeit von selbst versteht, von Dampf im Maximum der Dichtigkeit, und der übrige Theil $M-m$ sei flüssig. Wenn die Temperatur T der Masse gegeben ist, so ist damit der Zustand des dampfförmigen Theiles und ebenso der Zustand des flüssigen Theiles bestimmt. Wenn nun auch noch m gegeben ist und dadurch die Grössen jener beiden Theile bestimmt sind, so kennt man den Zustand der ganzen Masse. Wir wollen daher T und m als die unabhängigen Veränderlichen wählen, und somit

in den Gleichungen (29), (30) und (31) des vorigen Abschnittes.m
an die Stelle von x setzen. Dadurch gehen diese Gleichungen
über in:

(1)
$$\frac{d}{dT}\left(\frac{dQ}{dm}\right) - \frac{d}{dm}\left(\frac{dQ}{dT}\right) = \frac{dp}{dT}\cdot\frac{dv}{dm}$$

(2)
$$\frac{d}{dT}\left(\frac{dQ}{dm}\right) - \frac{d}{dm}\left(\frac{dQ}{dT}\right) = \frac{1}{T}\cdot\frac{dQ}{dm}$$

(3)
$$\frac{dQ}{dm} = T\frac{dp}{dT}\cdot\frac{dv}{dm}.$$

Es möge nun das specifische Volumen (d. h. das Volumen der
Gewichtseinheit) des gesättigten Dampfes mit s, und das specifische
Volumen der Flüssigkeit mit σ bezeichnet werden. Beide Grössen
beziehen sich auf die Temperatur T und auf den dieser Temperatur
entsprechenden Druck, und sind ebenso, wie der Druck, als Functionen der Temperatur allein zu betrachten. Bezeichnen wir ferner
das Volumen, welches die Masse im Ganzen einnimmt, mit v, so ist
zu setzen:
$$v = ms + (M-m)\sigma$$
$$= m(s-\sigma) + M\sigma.$$
Hierin wollen wir noch für die Differenz $s-\sigma$ ein vereinfachtes
Zeichen einführen, indem wir setzen:

(4)
$$u = s-\sigma,$$
dann kommt:

(5)
$$v = mu + M\sigma,$$
woraus folgt:

(6)
$$\frac{dv}{dm} = u.$$

Die Wärmemenge, welche der Masse zugeführt werden muss,
wenn eine Gewichtseinheit derselben bei der Temperatur T und
unter dem entsprechenden Drucke aus dem flüssigen in den
dampfförmigen Aggregatzustand übergehen soll, und welche wir
kurz die Verdampfungswärme nennen, möge mit ϱ bezeichnet werden, dann ist:

(7)
$$\frac{dQ}{dm} = \varrho.$$

Ferner wollen wir die specifische Wärme des Stoffes im
flüssigen und dampfförmigen Aggregatzustande in die Gleichungen
einführen. Die specifische Wärme, um welche es sich hier handelt,
ist aber nicht die bei constantem Volumen, noch auch die bei

constantem Drucke, sondern bezieht sich auf den Fall, wo mit der Temperatur der Druck in der Weise wächst, wie das Maximum der Spannkraft des gesättigten Dampfes.

Auf die specifische Wärme der Flüssigkeit hat dieses Wachsen des Druckes einen sehr geringen Einfluss, da die Flüssigkeiten sich durch Druckzunahmen von solchen Grössen, wie sie hierbei vorkommen, nur sehr wenig zusammendrücken lassen. Es wird später bei den auf die verschiedenen specifischen Wärmen bezüglichen Untersuchungen davon die Rede sein, wie man diesen Einfluss bestimmen kann, und ich will mich daher für jetzt damit begnügen, nur Eine Zahl als Beispiel anzuführen. Für Wasser bei 100⁰ beträgt die Differenz zwischen der hier in Betracht kommenden specifischen Wärme und der specifischen Wärme bei constantem Drucke nur $\frac{1}{3900}$ der letzteren, eine Differenz, welche unbedenklich vernachlässigt werden kann. Wir können daher die hier in Betracht kommende specifische Wärme der Flüssigkeit, welche wir mit C bezeichnen wollen, wenn sie auch der Bedeutung nach von der specifischen Wärme bei constantem Drucke verschieden ist, doch für unsere Rechnungen als mit ihr gleich betrachten.

Anders ist es bei dem Dampfe. Die hier in Betracht kommende specifische Wärme soll sich dem Obigen nach auf diejenige Wärmemenge beziehen, welche gesättigter Dampf zur Erwärmung bedarf, wenn er zugleich so stark zusammengedrückt wird, dass er sich bei der erhöhten Temperatur wieder im gesättigten Zustande befindet. Da diese Zusammendrückung sehr erheblich ist, so ist auch diese Art von specifischer Wärme von allen bisher betrachteten sehr verschieden. Wir wollen sie *die specifische Wärme des gesättigten Dampfes* nennen und mit H bezeichnen.

Nach Einführung der beiden Zeichen C und H kann man die Wärmemenge, welche nöthig ist, um die Dampfmenge m und die Flüssigkeitsmenge $M - m$ um dT zu erwärmen, sofort hinschreiben, nämlich:

$$m H d T + (M - m)\, C d T,$$

woraus folgt:

$$\frac{dQ}{dT} = m H + (M - m)\, C,$$

oder anders geordnet:

(8) $$\frac{dQ}{dT} = m(H - C) + M C.$$

9*

Aus den Gleichungen (7) und (8) folgt weiter:

$$(9) \qquad \frac{d}{dT}\left(\frac{dQ}{dm}\right) = \frac{d\varrho}{dT}$$

$$(10) \qquad \frac{d}{dm}\left(\frac{dQ}{dT}\right) = H - C.$$

Durch Einsetzung der in den Gleichungen (7), (9) und (10) gegebenen Werthe in die Gleichungen (1), (2) und (3) erhält man:

$$(11) \qquad \frac{d\varrho}{dT} + C - H = u\,\frac{dp}{dT}$$

$$(12) \qquad \frac{d\varrho}{dT} + C - H = \frac{\varrho}{T}$$

$$(13) \qquad \varrho = Tu\,\frac{dp}{dT}.$$

Dieses sind die auf die Dampfbildung bezüglichen Hauptgleichungen der mechanischen Wärmetheorie. Die Gleichung (11) ist eine Folge des ersten Hauptsatzes, (12) eine Folge des zweiten Hauptsatzes und (13) ergiebt sich aus der Vereinigung beider Hauptsätze.

Will man die Wärmemengen nicht nach mechanischem Maasse sondern nach gewöhnlichem Wärmemaasse messen, so braucht man nur alle Glieder der vorigen Gleichungen durch das mechanische Aequivalent der Wärme zu dividiren. Für diesen Fall wollen wir die beiden specifischen Wärmen und die Verdampfungswärme durch neue Zeichen darstellen, indem wir setzen:

$$(14) \qquad c = \frac{C}{E}; \qquad h = \frac{H}{E}; \qquad r = \frac{\varrho}{E}.$$

·Dann lauten die Gleichungen:

$$(15) \qquad \frac{dr}{dT} + c - h = \frac{u}{E}\cdot\frac{dp}{dT}$$

$$(16) \qquad \frac{dr}{dT} + c - h = \frac{r}{T}$$

$$(17) \qquad r = \frac{Tu}{E}\cdot\frac{dp}{dT}.$$

§. 2. Specifische Wärme des gesättigten Dampfes.

Da die vorstehenden Gleichungen (15), (16) und (17), von denen jedoch nur zwei unabhängig sind, durch die mechanische Wärmetheorie neu gewonnen sind, so kann man sie dazu benutzen, zwei Grössen, deren eine früher ganz unbekannt und die andere nur unvollkommen bekannt war, näher zu bestimmen, nämlich die Grösse h und die in u enthaltene Grösse s.

Indem wir uns zuerst zur Betrachtung der Grösse h, *der specifischen Wärme des gesättigten Dampfes*, wenden, wird es vielleicht zweckmässig sein, zunächst Einiges von den früher über diese Grösse ausgesprochenen Ansichten mitzutheilen.

Die Grösse h ist besonders für die Dampfmaschinentheorie sehr wichtig und in der That ist der Erste, welcher über sie eine bestimmte Ansicht ausgesprochen hat, der berühmte Verbesserer der Dampfmaschinen, James Watt, gewesen.

Dieser ging natürlich bei seinen Betrachtungen von denjenigen Ansichten aus, welche auf der älteren Wärmetheorie beruhen. Dahin gehört besonders die schon im Abschnitt I. erwähnte Ansicht, dass die sogenannte Gesammtwärme (d. h. die von einem Körper während des Ueberganges aus einem gegebenen Anfangszustande in seinen gegenwärtigen Zustand im Ganzen aufgenommene Wärmemenge) nur von dem gegenwärtigen Zustande, und nicht von der Art, wie der Körper in denselben gelangt ist, abhänge, und dass sie daher als eine Function derjenigen Veränderlichen, von welchen der Zustand des Körpers abhängt, dargestellt werden könne. Gemäss dieser Ansicht würden wir in unserem Falle, wo der Zustand des aus Flüssigkeit und Dampf bestehenden Körpers durch die Grössen T und m bestimmt wird, die betreffende Wärmemenge, für welche wir, unserer bisherigen Bezeichnung entsprechend, den Buchstaben Q wählen, als eine Function von T und m zu betrachten und in Folge dessen zu setzen haben:

$$\frac{d}{dT}\left(\frac{dQ}{dm}\right) - \frac{d}{dm}\left(\frac{dQ}{dT}\right) = 0.$$

Führt man hierin für die beiden zweiten Differentialcoefficienten die in (9) und (10) gegebenen Werthe ein, so kommt:

$$\frac{d\varrho}{dT} + C - H = 0,$$

oder nach Division aller Glieder durch E:

$$\frac{dr}{dT} + c - h = 0,$$

woraus man zur Bestimmung von h erhalten würde:

$$(18) \qquad h = \frac{dr}{dT} + c.$$

Diese Gleichung war es in der That, welche man, wenn auch nicht gerade in derselben Form, früher benutzt hat, um h zu bestimmen.

Um aus dieser Gleichung h berechnen zu können, musste man den Differentialcoefficienten $\frac{dr}{dT}$, also die Aenderung der Verdampfungswärme mit der Temperatur, kennen.

Watt hatte über die Verdampfungswärme des Wassers bei verschiedenen Temperaturen Messungen angestellt, und war dabei zu einem Resultate gelangt, welches sich in einem sehr einfachen Satze aussprechen liess, den man *das Watt'sche Gesetz* zu nennen pflegte. Dieser Satz lautete in seiner kürzesten Form: *die Summe der freien und latenten Wärme ist constant*, und sollte aussagen, dass die Summe der beiden Wärmemengen, welche man einer Gewichtseinheit Wasser mittheilen muss, um sie vom Gefrierpunkte bis zur Temperatur T zu erwärmen und dann bei dieser Temperatur in Dampf zu verwandeln, von der Temperatur T unabhängig sei. Die zur Erwärmung des Wassers nöthige Wärmemenge wird durch das Integral

$$\int_a^T c\, dT$$

dargestellt, worin a die absolute Temperatur des Gefrierpunktes bedeutet, und der obige Satz führt daher zu der Gleichung:

$$(19) \qquad r + \int_a^T c\, dT = \text{Const.},$$

durch deren Differentiation man erhält:

$$(20) \qquad \frac{dr}{dT} + c = 0.$$

Vereinigt man diese Gleichung mit (18), so erhält man:

$$(21) \qquad h = 0.$$

Dieses Resultat hat man lange für richtig gehalten, und hat es in folgendem Satze ausgesprochen: *Wenn Dampf vom Maximum der Dichtigkeit in einer für Wärme undurchdringlichen Hülle sein*

Volumen ändert, so bleibt er dabei immer im Maximum der Dichtigkeit.

Später hat Regnault die Aenderung der Verdampfungswärme mit der Temperatur zum Gegenstande neuer und sehr sorgfältiger Untersuchungen gemacht[1]), und hat dabei gefunden, dass das Watt'sche Gesetz, nach welchem die Summe der freien und latenten Wärme constant sein soll, der Wirklichkeit nicht entspricht, sondern dass diese Summe einen mit steigender Temperatur wachsenden Werth hat. Das Resultat seiner Untersuchungen wird durch folgende Gleichung ausgedrückt, in welcher statt der absoluten Temperatur T die vom Gefrierpunkte an gezählte Temperatur t eingeführt ist:

$$(22) \qquad r + \int_0^t c\,dt = 606 \cdot 5 + 0 \cdot 305\,t.$$

Wenn man diese Gleichung nach t differentiirt, und dann statt des Differentialcoefficienten $\dfrac{dr}{dt}$ den gleichbedeutenden $\dfrac{dr}{dT}$ setzt, so kommt:

$$(23) \qquad \frac{dr}{dT} + c = 0 \cdot 305.$$

Durch Verbindung dieser Gleichung mit (18) erhält man:

$$(24) \qquad h = 0 \cdot 305.$$

Dieses war der Werth von h, welchen man nach der Veröffentlichung der Regnault'schen Versuche glaubte statt des Werthes Null annehmen und in die Dampfmaschinentheorie einführen zu müssen. Man kam also zu der Ansicht, dass gesättigter Dampf bei der Zusammendrückung, wenn er sich dabei so erwärmen soll, dass er immer gerade die Temperatur hat, für welche die Dichtigkeit das Maximum ist, Wärme von Aussen aufnehmen müsse, und dass er umgekehrt bei der Ausdehnung, um sich gerade in der richtigen Weise abzukühlen, Wärme nach Aussen abgeben müsse. Daraus musste man weiter schliessen, dass in einer für Wärme undurchdringlichen Hülle bei der Zusammendrückung des gesättigten Dampfes ein theilweiser Niederschlag erfolge, während bei Ausdehnung der Dampf nicht im Maximum der Dichtigkeit

---

[1]) *Relation des expériences t. I.*, zugleich *Mém. de l'Acad. t. XXI,* 1847.

bleibe, indem seine Temperatur nicht so stark sinke, wie dazu erforderlich sein würde.

Nach diesen Mittheilungen über die früher in Bezug auf h gezogenen Schlüsse, wollen wir nun sehen, was sich aus unseren Gleichungen schliessen lässt. Die Grösse h kommt in den beiden Gleichungen (15) und (16) vor; die erstere derselben enthält aber ausser h noch die Grösse u, welche nicht ohne Weiteres als genügend bekannt angesehen werden darf, und sie ist daher zur Bestimmung von h weniger geeignet, als die letztere, welche ausser h nur solche Grössen enthält, die beim Wasser und bei einer Anzahl anderer Flüssigkeiten durch die Versuche von Regnault sehr genau bestimmt sind. Aus dieser Gleichung ergiebt sich durch blosse Umstellung der Glieder:

$$(25) \qquad h = \frac{dr}{dT} + c - \frac{r}{T},$$

und wir haben somit durch die mechanische Wärmetheorie zur Bestimmung von h eine neue Gleichung gewonnen, welche sich von der früher angenommenen Gleichung (18) durch das negative Glied $-\dfrac{r}{T}$, dessen Werth sehr beträchtlich ist, unterscheidet.

§. 3. Numerische Bestimmung von h für Wasserdampf.

Wenn wir die Gleichung (25) zunächst auf Wasser anwenden, so haben wir nach Regnault für die Summe der beiden ersten Glieder an der rechten Seite die Zahl 0·305 zu setzen. Um das letzte Glied zu bestimmen, müssen wir r als Function der Temperatur kennen. Nach Gleichung (22) haben wir zu setzen:

$$(26) \qquad r = 606·5 + 0·305\, t - \int_0^t c\, dt.$$

Die specifische Wärme c des Wassers bestimmt Regnault durch folgende Formel:

$$(27) \qquad c = 1 + 0·00004\, t + 0·0000009\, t^2,$$

durch deren Anwendung die vorige Gleichung übergeht in:

$$(28) \qquad r = 606·5 - 0·695\, t - 0·00002\, t^2 - 0·0000003\, t^3.$$

Wenn man diesen Ausdruck von r in (25) einsetzt, und dabei auch noch T durch $273 + t$ ersetzt, so erhält man für Wasserdampf die Gleichung:

(29) $\quad h = 0.305 - \dfrac{606.5 - 0.695\,t - 0.00002\,t^2 - 0.0000003\,t^3}{273 + t}$.

Der unter (28) gegebene Ausdruck von r ist durch seine Länge unbequem, und ich glaube, dass die Versuche über die Verdampfungswärme bei verschiedenen Temperaturen, so werthvoll sie auch sind, doch nicht einen solchen Grad von Genauigkeit besitzen, dass eine so lange Formel zu ihrer Darstellung erforderlich wäre. Ich habe daher in meiner Abhandlung über die Dampfmaschinentheorie vorgeschlagen, statt jener Formel folgende anzuwenden:

(30) $\quad\quad\quad\quad r = 607 - 0.708\,t.$

Die Art, wie die beiden Constanten dieser Formel bestimmt sind, soll später bei Besprechung der Dampfmaschinen näher mitgetheilt werden. Hier möge nur, um zu zeigen, dass die Abweichung beider Formeln von einander so gering ist, dass man ohne Bedenken die eine für die andere setzen kann, eine Zusammenstellung einiger Zahlenwerthe folgen:

t	0^0	50^0	100^0	150^0	200^0
r nach Gleichung (28)	606·5	571·6	536·5	500·7	464·3
r nach Gleichung (30)	607·0	571·6	536·2	500·8	465·4

Durch Einsetzung des in (30) gegebenen Ausdruckes von r in die Gleichung (25) erhält man, statt (29), die Gleichung:

$$h = 0.305 - \frac{607 - 0.708\,t}{273 + t},$$

welche sich auch in folgende noch einfachere Form bringen lässt:

(31) $\quad\quad\quad\quad h = 1.013 - \dfrac{800.3}{273 + t}.$

Ein Blick auf die Gleichungen (29) und (31) lässt sofort erkennen, dass für Temperaturen, welche nicht sehr hoch sind, h eine *negative* Grösse ist, und für einige bestimmte Temperaturen ergeben sich aus (29) folgende Werthe, welche mit den aus (31) berechneten Werthen sehr nahe übereinstimmen:

t	0^0	50^0	100^0	150^0	200^0
h	$- 1{\cdot}916$	$- 1{\cdot}465$	$- 1{\cdot}133$	$- 0{\cdot}879$	$- 0{\cdot}676$

Der Umstand, dass die specifische Wärme des gesättigten Wasserdampfes negative und zwar so grosse negative Werthe hat, bildet eine wichtige Eigenschaft desselben. Man kann sich von der Ursache dieses eigenthümlichen Verhaltens in folgender Weise Rechenschaft geben. Wenn der Dampf zusammengedrückt wird, so wird durch die dabei verbrauchte Arbeit Wärme erzeugt, und diese Wärme ist mehr als ausreichend, um den Dampf um so viel zu erwärmen, dass er die Temperatur annimmt, zu welcher die neue Dichtigkeit als Maximum gehört. Man muss ihm daher, wenn er sich gerade nur in der Weise erwärmen soll, dass er gesättigt bleibt, einen Theil der erzeugten Wärme entziehen. In entsprechender Weise wird bei der Ausdehnung des Dampfes mehr Wärme zu Arbeit verbraucht, als nöthig ist, um den Dampf um so viel abzukühlen, dass er gerade in dem Zustande als gesättigter Dampf bleibt. Man muss ihm also, wenn dieses Letztere stattfinden soll, bei der Ausdehnung Wärme mittheilen.

Sollte der ursprünglich gesättigte Dampf sich in einer für Wärme undurchdringlichen Hülle befinden, so würde er bei der Zusammendrückung überhitzt werden, und bei der Ausdehnung sich theilweise niederschlagen.

Der Schluss, dass die specifische Wärme des gesättigten Wasserdampfes negativ sei, wurde unabhängig und gleichzeitig von Rankine und mir[1]) gezogen. Rankine hat aber von den beiden Gleichungen (15) und (16), welche h enthalten, nur die erstere (freilich in etwas anderer Form) entwickelt. Die letztere konnte er nicht entwickeln, weil ihm der dazu nöthige zweite Hauptsatz fehlte. Da in der ersteren Gleichung neben h noch das in der Grösse u enthaltene specifische Volumen des gesättigten Dampfes vorkommt, so wandte Rankine, um dieses zu bestimmen, das Mariotte'sche und Gay-Lussac'sche Gesetz auf den gesättigten

---

[1]) Rankine's Abhandlung ist im Februar 1850 in der Edinburger Royal Society vorgetragen und dann in den Transactions dieser Gesellschaft Vol. XX, p. 147 gedruckt. Meine Abhandlung ist im Februar 1850 in der Berliner Akademie vorgetragen und dann in Poggendorff's Annalen Bd. 79, S. 368 und 500 gedruckt.

Dampf an, was, wie wir später sehen werden, ungenau ist. Die genauere Bestimmung von h konnte nur durch die zuerst von mir abgeleitete Gleichung (16) stattfinden.

§. 4. Numerische Bestimmung von h für andere Dämpfe.

Zur Zeit der ersten Aufstellung der Gleichung (25) hatte Regnault seine bekannten werthvollen Messungen zur Bestimmung der specifischen Wärme und der Verdampfungswärme als Functionen der Temperatur nur beim Wasser ausgeführt[1]), und es konnte daher auch die Grösse h nur für Wasser numerisch berechnet werden. Später hat Regnault seine Messungen auch auf andere Flüssigkeiten ausgedehnt[2]), und es ist nun möglich, auch für diese Flüssigkeiten jene Gleichung zur numerischen Berechnung von h anzuwenden. Man erhält auf diese Weise folgende Resultate:

Schwefelkohlenstoff: CS_2.

Nach Regnault ist zu setzen:

$$\int_0^t c\,dt = 0{\cdot}23523\,t + 0{\cdot}0000815\,t^2$$

$$r + \int_0^t c\,dt = 90{\cdot}00 + 0{\cdot}14601\,t - 0{\cdot}0004123\,t^2,$$

woraus folgt:

$$c = 0{\cdot}23523 + 0{\cdot}0001630\,t$$
$$r = 90{\cdot}00 - 0{\cdot}08922\,t - 0{\cdot}0004938\,t^2.$$

Durch Einsetzung dieser Werthe geht die Gleichung (25) über in:

$$h = 0{\cdot}14601 - 0{\cdot}0008246\,t - \frac{90{\cdot}00 - 0{\cdot}08922\,t - 0{\cdot}0004938\,t^2}{273 + t}.$$

Hieraus ergeben sich für h unter anderen folgende Werthe:

t	0^0	100^0
h	$-0{\cdot}1837$	$-0{\cdot}1406$

---

[1]) *Relation des expériences t. I. Paris 1847.*
[2]) Ebendas. *t. II. Paris 1862.*

Die specifische Wärme des gesättigten Dampfes ist also auch beim Schwefelkohlenstoff negativ, hat aber kleinere Werthe, als beim Wasser.

Aether: $C_4H_{10}O$.

Nach Regnault ist zu setzen:

$$\int_0^t c\,dt = 0{\cdot}52900\,t + 0{\cdot}00029587\,t^2$$

$$r + \int_0^t c\,dt = 94{\cdot}00 + \dot{0}{\cdot}45000\,t - 0{\cdot}00055556\,t^2,$$

woraus folgt:

$$c = 0{\cdot}52900 + 0{\cdot}00059174\,t$$
$$r = 94{\cdot}00 - 0{\cdot}07900\,t - 0{\cdot}0008514\,t^2.$$

Dadurch geht (25) über in:

$$h = 0{\cdot}45000 - 0{\cdot}0011111\,t - \frac{94{\cdot}00 - 0{\cdot}07900\,t - 0{\cdot}0008514\,t^2}{273 + t},$$

und hieraus ergeben sich folgende Werthe:

t	0^0	100^0
h	$0{\cdot}1057$	$0{\cdot}1309$

Beim Aether hat also die specifische Wärme des gesättigten Dampfes, wenigstens bei den gewöhnlich vorkommenden Temperaturen, *positive* Werthe.

Chloroform: $CHCl_3$.

Nach Regnault ist zu setzen:

$$\int_0^t c\,dt = 0{\cdot}23235\,t + 0{\cdot}00005072\,t^2$$

$$r + \int_0^t c\,dt = 67{\cdot}00 + 0{\cdot}1375\,t,$$

woraus folgt:

$$c = 0{\cdot}23235 + 0{\cdot}00010144\,t$$
$$r = 67{\cdot}00 - 0{\cdot}09485\,t - 0{\cdot}00005072$$

Dadurch geht (25) über in:

$$h = 0{\cdot}1375 - \frac{67{\cdot}00 - 0{\cdot}09485\,t - 0{\cdot}00005072\,t^2}{273 + t},$$

und hieraus ergeben sich folgende Werthe:

t	0^0	100^0
h	$-\,0{\cdot}1079$	$-\,0{\cdot}0153$

Chlorkohlenstoff: CCl_4.

Nach Regnault ist zu setzen:

$$\int_0^t c\,dt = 0{\cdot}19798\,t + 0{\cdot}0000906\,t^2$$

$$r + \int_0^t c\,dt = 52{\cdot}00 + 0{\cdot}14625\,t - 0{\cdot}000172\,t^2,$$

woraus folgt:

$$c = 0{\cdot}19798 + 0{\cdot}0001812\,t$$
$$r = 52{\cdot}00 - 0{\cdot}05173\,t - 0{\cdot}0002626\,t^2.$$

Dadurch geht (25) über in:

$$h = 0{\cdot}14625 - 0{\cdot}000344\,t - \frac{52{\cdot}00 - 0{\cdot}05173\,t - 0{\cdot}0002626\,t^2}{273 + t},$$

und hieraus ergeben sich folgende Werthe:

t	0^0	100^0
h	$-\,0{\cdot}0442$	$-\,0{\cdot}0066$

Aceton: C_3H_6O.

Nach Regnault ist zu setzen:

$$\int_0^t c\,dt = 0{\cdot}50643\,t + 0{\cdot}0003965\,t^2$$

$$r + \int_0^t c\,dt = 140{\cdot}5 + 0{\cdot}36644\,t - 0{\cdot}000516\,t^2,$$

woraus folgt:

$$c = 0\cdot50643 + 0\cdot0007930\,t$$
$$r = 140\cdot5 - 0\cdot13999\,t - 0\cdot0009125\,t^2.$$

Dadurch geht (25) über in:

$$h = 0\cdot36644 - 0\cdot001032\,t - \frac{140\cdot5 - 0\cdot13999\,t - 0\cdot0009125\,t^2}{273 + t},$$

und hieraus ergeben sich folgende Werthe:

t	0^0	100^0
h	$- 0\cdot1482$	$- 0\cdot0515$

Ausser den vorstehenden Flüssigkeiten hat Regnault noch Alcohol, Benzin und Terpentinöl in der Weise untersucht, dass er die Grösse $r + \int_0^t c\,dt$ bestimmt hat. Beim Alcohol und Terpentinöl giebt er aber keine empirische Formel zur Darstellung dieser Grösse an, weil die Versuchsresultate zu viele Unregelmässigkeiten zeigten, und beim Benzin hat er die Grösse $\int_0^t c\,dt$ nicht als Function der Temperatur bestimmt, sondern nur einen Mittelwerth der specifischen Wärme für ein beschränktes Temperatur-Intervall aufgesucht. Für diese Flüssigkeiten würde daher die numerische Berechnung von h mit grösseren Unsicherheiten behaftet sein, als bei den oben angeführten Flüssigkeiten, weshalb wir von ihrer Ausführung hier absehen wollen.

In allen vorstehenden speciellen Formeln für h zeigt sich, dass diese Grösse mit steigender Temperatur wächst. In dem einzigen Falle, wo sie bei gewöhnlichen Temperaturen positiv ist, beim Aether, nimmt ihr absoluter Werth mit steigender Temperatur zu. In den anderen Fällen, wo sie negativ ist, nimmt ihr absoluter Werth mit steigender Temperatur ab. Sie nähert sich in diesen Fällen also der Null, und zwar meistens in solcher Weise, dass man annehmen darf, dass sie bei einer gewissen höheren Temperatur den Werth Null erreichen und bei noch weiterem Wachsen der Temperatur positiv werden wird. Zur Bestimmung der Temperatur, für welche $h = 0$ wird, hat man gemäss (25) zu setzen:

$$(32) \qquad \frac{dr}{dT} + c - \frac{r}{T} = 0,$$

und diese Gleichung hat man, nachdem darin, wie es oben geschehen ist, c und r durch Functionen der Temperatur ersetzt sind, nach t aufzulösen. Die empirischen Formeln von Regnault, nach welchen wir c und r als Functionen von t bestimmt haben, dürfen aber natürlich nicht zu weit über die Temperaturgrenzen hinaus angewandt werden, innerhalb deren Regnault seine Versuche angestellt hat. Dadurch wird die Bestimmung der Temperatur, für welche $h = 0$ wird, in manchen Fällen unmöglich, wie z. B. beim Wasser, wo man aus den Gleichungen, welche man erhält, wenn man in (29) und (31) $h = 0$ setzt, eine Temperatur von etwa 500^0 erhalten würde, während doch die Gleichungen nur bis etwas über 200^0 anwendbar sind. Bei anderen Flüssigkeiten dagegen liegt die Temperatur, für welche die Formel von h den Werth Null annimmt, und über welche hinaus sie positive Werthe hat, noch innerhalb der Grenzen, für welche man die Formel anwenden darf. So berechnet Cazin[1] diese Temperatur für Chloroform zu $123\cdot48^0$ und für Chlorkohlenstoff zu $128\cdot9^0$.

§. 5. Experimentelle Prüfung der specifischen Wärme des gesättigten Dampfes.

Nachdem die Theorie zu dem Resultate geführt hatte, dass die specifische Wärme des gesättigten Wasserdampfes negativ sei, und dass daher gesättigter Wasserdampf in einer für Wärme undurchdringlichen Hülle sich bei der Ausdehnung theilweise niederschlagen müsse, ist dieses Resultat von Hirn einer experimentellen Prüfung unterworfen[2]. Ein cylinderförmiges Gefäss von Metall war an seinen beiden Enden mit parallelen Spiegelglasplatten versehen, so dass man hindurchsehen konnte. Nachdem dieser Cylinder mit Wasserdampf von hohem Drucke gefüllt war, welcher vollkommen durchsichtig war, öffnete man plötzlich einen Hahn, so dass ein Theil des Dampfes in die Atmosphäre ausströmte und der zurückbleibende Dampf sich somit ausdehnte. Dabei sah man einen dicken Nebel im Innern des Cylinders entstehen, wodurch der theilweise Niederschlag des Dampfes erwiesen war.

Als später der zweite Band der *Relation des expériences* von Regnault erschienen war, worin die oben erwähnten, auf andere

---

[1] *Annales de Chimie et de Physique, 4. série, t. XIV.*
[2] *Bulletin 133 de la Société industrielle de Mulhouse, p. 137.*

Flüssigkeiten bezüglichen Data enthalten waren, mittelst deren man h auch für diese Flüssigkeiten berechnen konnte, und als sich dabei herausgestellt hatte, dass h für Aetherdampf positiv sein muss, stellte Hirn auch mit diesem Dampfe Versuche an, welche er folgendermaassen beschreibt[1]). „An den Hals einer festen Flasche von Krystall brachte ich eine Pumpe an, deren Capacität angenähert gleich der der Flasche war, und welche unten mit einem Hahn versehen war. Nachdem etwas Aether in die Flasche gegossen war, tauchte man sie bis zum Halse in Wasser von ungefähr 50^0, und öffnete den Hahn, bis man annehmen konnte, dass die Luft vollkommen ausgetrieben sei. Dann schloss man den Hahn, und tauchte die Pumpe ebenfalls mit der Flasche in das warme Wasser. Sofort wurde der Stempel durch den Aetherdampf ganz hinauf getrieben. Indem man dann plötzlich den Apparat aus dem Wasser nahm, stiess man den Stempel schnell hinunter. In diesem Augenblicke, aber auch nur während eines Augenblickes, füllte sich die Flasche mit einem sehr sichtbaren Nebel.“ Hiermit war also erwiesen, dass der Aetherdampf sich umgekehrt verhält, wie der Wasserdampf, dass er nämlich, statt bei der Ausdehnung, vielmehr bei der Zusammendrückung sich theilweise niederschlägt, wie es dem entgegengesetzten Vorzeichen von h entspricht.

Zur Controle dieses Versuches machte Hirn noch einen ganz eben solchen Versuch mit Schwefelkohlenstoff. Da zeigte sich, dass beim Hinunterstossen des Stempels die Flasche vollkommen durchsichtig blieb. Dieses stimmt wieder mit der Theorie überein, indem beim Schwefelkohlenstoff, wie beim Wasser, h negativ ist, und somit bei der Zusammendrückung des Dampfes nicht ein Niederschlag, sondern umgekehrt eine Ueberhitzung eintreten muss.

Einige Jahre später hat Cazin, unterstützt von der *Association scientifique*, ähnliche und in einigen Beziehungen noch erweiterte Versuche mit grosser Sorgfalt und vielem Geschicke angestellt[2]).

Er wandte ebenfalls ein cylindrisches Metallgefäss an, welches an seinen Enden mit Glasplatten zum Durchsehen versehen war. Dasselbe befand sich in einem Oelbade, um ihm eine bestimmte für den Versuch geeignete Temperatur geben zu können.

---

[1]) Cosmos, 10. April 1863.
[2]) *Annales de Chimie et de Physique*, 4. série, t. XIV.

Bei einer ersten Versuchsreihe wurde nur Ausdehnung des Dampfes beabsichtigt, und es war daher die Einrichtung getroffen, dass man, wenn das cylindrische Gefäss mit Dampf gefüllt war, einen Hahn öffnen konnte, durch den dann ein Theil des Dampfes entweder in die Atmosphäre austrat, oder in ein Luftreservoir strömte, dessen Druck man um eine beliebige Differenz kleiner als den Druck des Dampfes machen konnte. Bei einer zweiten Versuchsreihe war mit dem cylindrischen Gefässe eine Pumpe in Verbindung gebracht, welche sich in dem gleichen Oelbade befand, und deren Kolben durch einen besonderen Mechanismus schnell aufwärts oder abwärts getrieben werden konnte, so dass das Volumen des Dampfes vergrössert oder verkleinert wurde.

Durch die Versuche mit diesen Apparaten wurden zunächst die von Hirn beim Wasserdampf und Aetherdampf gefundenen Resultate bestätigt, und zwar geschah die Prüfung mit dem letzten Apparate jedesmal in doppelter Weise, durch Verdünnung und Verdichtung. Der Wasserdampf zeigte bei der Verdünnung Nebelbildung, während er bei der Verdichtung klar durchsichtig blieb. Der Aetherdampf dagegen zeigte bei der Verdichtung Nebelbildung, während er bei der Verdünnung klar durchsichtig blieb.

Ausserdem stellte Cazin noch specielle Versuche mit Chloroformdampf an. Wie schon oben erwähnt, wird beim Chloroformdampf die Grösse h, welche bei niederen Temperaturen negativ ist, bei einer Temperatur von mässiger Höhe, welche Cazin zu 123·48° berechnet hat, Null, und bei noch höheren Temperaturen positiv. Dieser Dampf muss also bei niederen Temperaturen sich bei der Ausdehnung theilweise condensiren, und bei höheren Temperaturen, jenseit jener Uebergangstemperatur, sich bei der Zusammendrückung theilweise condensiren.

Mit dem ersten Apparate, welcher nur Ausdehnung gestattete, beobachtete Cazin bis zur Temperatur von 123° Nebelbildung bei der Ausdehnung. Bei Temperaturen über 145° fand die Nebelbildung nicht mehr statt. Zwischen 123° und 145° war das Verhalten je nach der Grösse der Ausdehnung etwas verschieden. Bei kleiner Ausdehnung fand keine Nebelbildung statt; bei grosser Ausdehnung dagegen trat zu Ende der Ausdehnung etwas Nebelbildung ein. Dieses Letztere erklärt sich sehr einfach daraus, dass die grosse Ausdehnung auch eine Temperaturerniedrigung von entsprechender Grösse zur Folge hatte, und dadurch der Dampf zu denjenigen Temperaturen gelangte, bei welchen Ausdehnung mit Niederschlag verbunden ist. Das Resultat stimmte also ganz mit der Theorie überein.

Mit dem zweiten Apparate zeigte der Chloroformdampf bis 130° bei der Ausdehnung Nebelbildung, während er bei der Zusammendrückung klar durchsichtig blieb. Ueber 136° zeigte er bei der Zusammendrückung Nebelbildung, während er bei der Ausdehnung klar durchsichtig blieb. Hierdurch ist die Theorie noch vollständiger als durch die Versuche mit dem ersten Apparate bestätigt. Auf den Umstand, dass die Temperatur, bei welcher das Verhalten des Dampfes sich umkehrt, bei diesen Versuchen zwischen 130° und 136° zu liegen schien, während die Theorie 123·48° giebt, darf man kein zu grosses Gewicht legen. Einerseits sind diese Versuche zu einer genauen Bestimmung dieser Temperatur nicht geeignet, weil bei ihnen immer endliche Volumenänderungen von beträchtlicher Grösse vorkommen, während die theoretische Zahl sich auf unendlich kleine Volumenänderungen bezieht. Andererseits sagt Cazin selbst, dass sein Chloroform nicht chemisch rein war, und zu gegebenen Dampfspannungen höherer Temperaturen bedurfte, als die, welche Regnault gefunden hat. Man kann also unter Berücksichtigung dieser Umstände die Bestätigung der Theorie durch das Experiment als ganz genügend betrachten.

§. 6. Das specifische Volumen des gesättigten Dampfes.

Wir wollen nun die zweite der beiden Grössen, welche zu Anfang des §. 2 genannt wurden, nämlich die Grösse s, *das specifische Volumen des gesättigten Dampfes*, betrachten.

Man wandte früher zur Berechnung des Volumens, welches ein Dampf bei verschiedenen Temperaturen und unter verschiedenem Drucke einnimmt, das Mariotte'sche und Gay-Lussac'sche Gesetz an, und machte dabei keinen Unterschied, ob sich der Dampf im gesättigten oder im überhitzten Zustande befindet. Es wurden freilich von manchen Seiten Zweifel darüber ausgesprochen, ob die Dämpfe wirklich bis zum Sättigungspunkte jenen Gesetzen folgen; da aber die experimentelle Bestimmung des Volumens gesättigter Dämpfe zu grosse Schwierigkeiten darbot, und eine theoretische Bestimmung aus Mangel an sicheren Anhaltspunkten nicht möglich war, so blieb man dabei, jene Gesetze auch auf gesättigte Dämpfe anzuwenden, um dadurch wenigstens eine ungefähre Bestimmung ihres Volumens ausführen zu können.

Unsere neu gewonnenen, am Ende des §. 1 angeführten Gleichungen gewähren uns nun aber ein Mittel zu einer theoretisch strengen und mit zuverlässigen Daten ausführbaren Berechnung des Volumens gesättigter Dämpfe. In diesen Gleichungen kommt nämlich die Grösse u vor, welche gleich der Differenz $s - \sigma$ ist, worin σ das specifische Volumen der Flüssigkeit bedeutet. Dieses letztere ist der Regel nach gegen s sehr klein und kann daher bei vielen Rechnungen ganz vernachlässigt werden; ausserdem aber ist es als bekannt anzusehen, so dass auch seine Berücksichtigung keine Schwierigkeit hat.

Die letzte jener Gleichungen, nämlich die Gleichung (17) lautet, wenn wir darin u durch $s - \sigma$ ersetzen:

$$(33) \qquad r = \frac{T(s - \sigma)}{E} \cdot \frac{dp}{dT}.$$

Indem wir diese Gleichung nach s auflösen, erhalten wir:

$$(34) \qquad s = \frac{Er}{T\dfrac{dp}{dT}} + \sigma.$$

Mittelst dieser Gleichung kann man für alle Stoffe, für welche die Dampfspannung p und die Verdampfungswärme r als Functionen der Temperatur bekannt sind, auch das specifische Volumen s des gesättigten Dampfes für jede Temperatur berechnen.

§. 7. Abweichung des gesättigten Wasserdampfes vom Mariotte'schen und Gay-Lussac'schen Gesetze.

Wir wollen die vorstehenden Gleichungen zunächst dazu anwenden, zu untersuchen, ob der gesättigte Wasserdampf dem Mariotte'schen und Gay-Lussac'schen Gesetze folgt, oder ob und in wie weit er davon abweicht.

Wenn der gesättigte Dampf jenen Gesetzen folgte, so müsste die nachstehende Gleichung gelten:

$$\frac{ps}{T} = \text{Const.,}$$

oder auch, indem man T durch $a + t$ ersetzt, und die Gleichung mit dem constanten Factor $\dfrac{a}{E}$ multiplicirt:

$$\frac{1}{E}\, p s\, \frac{a}{a+t} = \text{Const.}$$

Aus der Gleichung (33) lässt sich aber, nachdem auch in ihr T durch $a+t$ ersetzt ist, folgende Gleichung ableiten:

(35) $$\frac{1}{E}\, p\,(s-\sigma)\, \frac{a}{a+t} = \frac{a r}{(a+t)^2\, \frac{1}{p} \cdot \frac{dp}{dt}}.$$

Da nun die Differenz $s-\sigma$ sehr wenig von s verschieden ist, so ist die linke Seite dieser Gleichung sehr nahe gleich der linken Seite der vorigen Gleichung, und man braucht also, um zu untersuchen, wie der gesättigte Dampf sich zum Mariotte'schen und Gay-Lussac'schen Gesetze verhält, nur zu prüfen, *ob der an der rechten Seite der letzten Gleichung stehende Ausdruck constant ist, oder sich mit der Temperatur ändert.* Eine solche Prüfung eines Ausdruckes, ob seine aufeinander folgenden Werthe untereinander gleich sind, oder ob und in welcher Weise sie von der Gleichheit abweichen, ist besonders einfach und anschaulich, und die unter (35) gegebene Form der Gleichung ist daher für unseren gegenwärtigen Zweck sehr geeignet.

Ich habe die Werthe des Ausdruckes für eine Reihe von Temperaturen von 0^0 bis über 200^0 berechnet, indem ich dabei für r und p die von Regnault gegebenen Zahlen angewandt habe.

Was zunächst die Verdampfungswärme r anbetrifft, so habe ich von der schon unter (28) angeführten Formel

$$r = 606{\cdot}5 - 0{\cdot}695\,t - 0{\cdot}00002\,t^2 - 0{\cdot}0000003\,t^3$$

Gebrauch gemacht, wofür man ohne wesentliche Aenderung der Resultate auch die unter (30) gegebene vereinfachte Formel benutzen könnte.

Was ferner den Druck p anbetrifft, so wandte ich bei meinen Rechnungen zuerst diejenigen Zahlen an, welche Regnault in seiner bekannten grossen Tabelle zusammengestellt hat, in welcher von -32^0 bis $+230^0$ die Spannungen des Wasserdampfes von Grad zu Grad angegeben sind. Ich fand aber dabei eigenthümliche Abweichungen vom regelmässigen Verlaufe der Zahlen, welche in gewissen Temperaturintervallen einen anderen Charakter hatten, als in anderen Intervallen, und ich erkannte bald, dass der Grund dieser Abweichungen darin lag, dass Regnault seine Zahlen mittelst empirischer Formeln berechnet hat, und dass er in verschiedenen Temperaturintervallen verschiedene Formeln angewandt

hat. Demnach schien es mir zweckmässiger, mich bei meiner
Untersuchung von dem Einflusse der empirischen Formeln ganz
frei zu machen, und mich an diejenigen Zahlen zu halten, welche
das Ergebniss der Beobachtungen in möglichster Reinheit darstellen, weil diese zur Vergleichung mit theoretischen Resultaten
besonders geeignet sind.

Regnault hat, um aus seinen zahlreichen Beobachtungen
die wahrscheinlichsten Werthe zu erhalten, eine graphische Darstellung zu Hülfe genommen, indem er Curven construirt hat, deren
Abscissen die Temperatur, und deren Ordinaten den Druck p bedeuten, und welche in verschiedenen Absätzen von — 33° bis
+ 230° gehen. Von 100° bis 230° hat er auch noch eine Curve
gezeichnet, deren Ordinaten nicht p selbst, sondern den Logarithmus von p bedeuten. Aus dieser Darstellung haben sich folgende
Werthe ergeben, welche als das unmittelbarste Resultat seiner Beobachtungen zu betrachten sind, und aus welchen auch diejenigen
Werthe, die zur Berechnung seiner empirischen Formeln gedient
haben, entnommen sind:

t in Cent.-Gr. des Luftthermometers.	p in Millimetern.	t in Cent.-Gr. des Luftthermometers.	p in Millimetern	
			nach der Curve der Zahlen.	nach der Curve der Logarithmen [1].
— 20°	0·91	110°	1073·7	1073·3
— 10	2·08	120	1489·0	1490·7
0	4·60	130	2029·0	2030·5
10	9·16	140	2713·0	2711·5
20	17·39	150	3572·0	3578·5
30	31·55	160	4647·0	4651·6
40	54·91	170	5960·0	5956·7
50	91·98	180	7545·0	7537·0
60	148·79	190	9428·0	9425·4
70	233·09	200	11660·0	11679·0
80	354·64	210	14308·0	14325·0
90	525·45	220	17390·0	17390·0
100	760·00	230	20915·0	20927·0

[1] Es sind in dieser Columne statt der durch die Curve unmittelbar
gegebenen und von Regnault angeführten *Logarithmen*, die dazu gehörigen *Zahlen* mitgetheilt, um sie besser mit den Werthen der vorher-
gehenden Columne vergleichen zu können.

Um nun mit diesen Daten die beabsichtigte Rechnung auszuführen, habe ich zuerst nach der vorstehenden Tabelle die Werthe von $\frac{1}{p} \cdot \frac{dp}{dt}$ für die Temperaturen 5^0, 15^0, 25^0 etc. bestimmt, und zwar auf folgende Weise. Da die Grösse $\frac{1}{p} \cdot \frac{dp}{dt}$ mit wachsender Temperatur nur langsam abnimmt, habe ich die Abnahme in jedem Intervall von 10 Graden, also von 0^0 bis 10^0, von 10^0 bis 20^0 etc. als gleichförmig betrachtet, so dass ich den z. B. für 25^0 geltenden Werth als das Mittel aus allen zwischen 20^0 und 30^0 vorkommenden Werthen ansehen konnte. Dann konnte ich mich, da $\frac{1}{p} \cdot \frac{dp}{dt} = \frac{d(log\, p)}{dt}$ ist, folgender Formel bedienen:

$$\left(\frac{1}{p} \cdot \frac{dp}{dt} \right)_{25^0} = \frac{log\, p_{30} - log\, p_{20}}{10}$$

oder auch:

(36) $$\left(\frac{1}{p} \cdot \frac{dp}{dt} \right)_{25^0} = \frac{Log\, p_{30} - Log\, p_{20}}{10 . M},$$

worin Log das Zeichen der Briggs'schen Logarithmen und M der Modulus dieses Systems ist. Mit Hülfe dieser Werthe von $\frac{1}{p} \cdot \frac{dp}{dt}$ und der durch die oben angeführte Gleichung gegebenen Werthe von r, so wie endlich des Werthes 273 von a sind die Werthe, welche die Formel auf der rechten Seite von (35) und somit auch der Ausdruck $\frac{1}{E} p (s - \sigma) \frac{a}{a + t}$ für die Temperaturen 5^0, 15^0, 25^0 etc. annimmt, berechnet und finden sich in der zweiten Columne der nachstehenden Tabelle angeführt. Bei den Temperaturen über 100^0 sind die beiden oben für p mitgetheilten Zahlenreihen einzeln benutzt, und die dadurch gefundenen doppelten Resultate neben einander gestellt. Die Bedeutung der dritten und vierten Columne wird gleich weiter unten noch näher bezeichnet werden.

1.	$\frac{1}{E} p\,(s - \sigma)\,\dfrac{a}{a + t}.$		4.
t in Cent.-Gr. des Luftthermometers.	2. nach den Beobachtungswerthen.	3. nach der Gleichung (38).	Differenzen.
5^0	30·93	30·46	— 0·47
15	30·60	30·38	— 0·22
25	30·40	30·30	— 0·10
35	30·23	30·20	— 0·03
45	30·10	30·10	0·00
55	29·98	30·00	+ 0·02
65	29·88	29·88	0·00
75	29·76	29·76	0·00
85	29·65	29·63	— 0·02
95	29·49	29·48	— 0·01
105	29·47 29·50	29·33	— 0·14 — 0·17
115	29·16 29·02	29·17	+ 0·01 + 0·15
125	28·89 28·93	28·99	+ 0·10 + 0·06
135	28·88 29·01	28·80	— 0·08 — 0·21
145	28·65 28·40	28·60	— 0·05 + 0·20
155	28·16 28·25	28·38	+ 0·22 + 0·13
165	28·02 28·19	28·14	+ 0·12 — 0·05
175	27·84 27·90	27·89	+ 0·05 — 0·01
185	27·76 27·67	27·62	— 0·14 — 0·05
195	27·45 27·20	27·33	— 0·12 + 0·13
205	26·89 26·94	27·02	+ 0·13 + 0·08
215	26·56 26·79	26·68	+ 0·12 — 0·11
225	26·64 26·50	26·32	— 0·32 — 0·18

Man sieht in dieser Tabelle sogleich, dass $\dfrac{1}{E} p\,(s - \sigma)\,\dfrac{a}{a + t}$ nicht, wie es sein müsste, wenn das Mariotte'sche und Gay-Lussac'sche Gesetz gültig wäre, constant ist, sondern mit der Temperatur entschieden abnimmt. Zwischen 35^0 und 95^0 zeigt sich diese Abnahme sehr regelmässig. Unter 35^0 findet die Abnahme weniger regelmässig statt, was sich einfach daraus erklärt, dass hier der Druck p und sein Differentialcoefficient

$\frac{dp}{dt}$ sehr klein sind, und dass daher geringe Ungenauigkeiten in ihrer Bestimmung, die ganz in die Grenzen der Beobachtungsfehler fallen, doch *verhältnissmässig* bedeutend werden können. Ueber 100° hinaus nehmen die Werthe dieses Ausdrucks ebenfalls nicht so regelmässig ab, wie zwischen 35° und 95°, doch zeigen sie wenigstens im *Allgemeinen* einen entsprechenden Gang, und besonders, wenn man eine graphische Darstellung ausführt, findet man, dass die Curve, welche innerhalb jenes Intervalls fast genau die Punkte verbindet, welche durch die in der Tabelle enthaltenen Zahlen bestimmt werden, sich auch darüber hinaus bis 230° ganz natürlich so fortsetzen lässt, dass diese Punkte gleichmässig auf beiden Seiten vertheilt liegen.

Der Gang dieser Curve kann in der ganzen Ausdehnung der Tabelle ziemlich genau durch eine Gleichung von der Form

$$(37) \qquad \frac{1}{E} p (s - \sigma) \frac{a}{a + t} = m - n e^{kt}$$

ausgedrückt werden, worin e die Basis der natürlichen Logarithmen bedeutet, und m, n und k Constante sind. Wenn die letzteren aus den Werthen, welche die Curve für 45°, 125° und 205° giebt, bestimmt werden, so kommt:

$$(37a) \qquad m = 31{\cdot}549; \quad n = 1{\cdot}0486; \quad k = 0{\cdot}007138,$$

und wenn man zur Bequemlichkeit noch Briggs'sche Logarithmen einführt, so erhält man:

$$(38) \qquad Log \left[31{\cdot}549 - \frac{1}{E} p (s - \sigma) \frac{a}{a + t} \right] = 0{\cdot}0206 + 0{\cdot}003100\, t.$$

Nach dieser Gleichung sind die in der dritten Columne enthaltenen Zahlen berechnet, und in der vierten sind die Differenzen hinzugefügt, welche diese Zahlen mit den in der zweiten befindlichen bilden.

§. 8. Differentialcoefficienten von $\frac{p s}{p s_0}$.

Aus dem Vorstehenden lässt sich nun leicht eine Formel ableiten, aus welcher man noch bestimmter erkennen kann, in welcher Weise das Verhalten des Dampfes vom Mariotte'schen und Gay-Lussac'schen Gesetze abweicht. Unter Annahme dieser Gesetze würde man, wenn $p s_0$ den bei 0^0 geltenden Werth von $p s$ bedeutet, setzen können:

$$\frac{p s}{p s_0} = \frac{a + t}{a},$$

und würde also für den Differentialcoefficienten $\frac{d}{dt}\left(\frac{p s}{p s_0}\right)$ eine constante Grösse, nämlich den bekannten Ausdehnungscoefficienten $\frac{1}{a} = 0\cdot003665$ erhalten. Statt dessen ergiebt sich aus (37), wenn man darin für $s - \sigma$ einfach s setzt, die Gleichung:

$$(39) \qquad \frac{p s}{p s_0} = \frac{m - n \cdot e^{k t}}{m - n} \cdot \frac{a + t}{a},$$

und daraus folgt:

$$(40) \qquad \frac{d}{dt}\left(\frac{p s}{p s_0}\right) = \frac{1}{a} \cdot \frac{m - n\left[1 + k\left(a + t\right)\right] e^{k t}}{m - n}.$$

Der Differentialcoefficient ist also nicht eine Constante, sondern eine mit wachsender Temperatur abnehmende Function, welche, nachdem man für m, n und k die in (37a) mitgetheilten Zahlen eingesetzt hat, unter anderen folgende Werthe annimmt:

$t.$	$\frac{d}{dt}\left(\frac{p s}{p s_0}\right).$	$t.$	$\frac{d}{dt}\left(\frac{p s}{p s_0}\right).$	$t.$	$\frac{d}{dt}\left(\frac{p s}{p s_0}\right).$
0^0	$0\cdot00342$	70^0	$0\cdot00307$	140^0	$0\cdot00244$
10	$0\cdot00338$	80	$0\cdot00300$	150.	$0\cdot00231$
20	$0\cdot00334$	90	$0\cdot00293$	160	$0\cdot00217$
30	$0\cdot00329$	100	$0\cdot00285$	170	$0\cdot00203$
40	$0\cdot00325$	110	$0\cdot00276$	180	$0\cdot00187$
50	$0\cdot00319$	120	$0\cdot00266$	190	$0\cdot00168$
60	$0\cdot00314$	130	$0\cdot00256$	200	$0\cdot00149$

Man sieht hieraus, dass die Abweichungen vom Mariotte'schen und Gay-Lussac'schen Gesetze bei niedrigen Temperaturen nur gering sind, bei höheren aber, z. B. bei 100^0 und darüber hinaus, nicht mehr vernachlässigt werden dürfen.

Es kann vielleicht auf den ersten Blick auffallend erscheinen, dass die gefundenen Werthe von $\frac{d}{dt}\left(\frac{p s}{p s_0}\right)$ *kleiner* sind, als $0\cdot003665$, während man doch weiss, dass bei denjenigen Gasen, welche beträchtlich vom Mariotte'schen und Gay-Lussac'schen Gesetze abweichen, wie die Kohlensäure und die schweflige Säure, der Ausdehnungscoefficient nicht *kleiner*, sondern *grösser* ist, als jene Zahl. Man darf jedoch den vorher berechneten Differentialcoefficienten nicht ganz gleichstellen mit dem Ausdehnungscoefficienten im *wörtlichen* Sinne, welcher sich auf die Vermehrung des Volumens bei *constantem Drucke* bezieht, auch nicht mit der Zahl, welche man erhält, wenn man bei der Erwärmung das *Volumen constant* lässt, und dann die Zunahme der Expansivkraft beobachtet, sondern es handelt sich hier um einen dritten besonderen

Fall des allgemeinen Differentialcoefficienten $\dfrac{d}{dt}\left(\dfrac{ps}{ps_0}\right)$, nämlich

um den, wo zugleich mit der Erwärmung der Druck in so starkem Verhältnisse wächst, wie es beim Wasserdampfe geschieht, wenn dieser im Maximum seiner Dichte bleibt; und diesen Fall müssen wir auch bei der Kohlensäure betrachten, wenn wir eine Vergleichung anstellen wollen.

Der Wasserdampf hat bei etwa 108⁰ eine Spannkraft von 1·m und bei 129½⁰ eine solche von 2 m. · Wir wollen daher untersuchen, wie sich die Kohlensäure verhält, wenn sie sich auch um 21½⁰ erwärmt, und dabei der Druck von 1 m bis 2 m vermehrt wird. Nach Regnault[1]) ist der Ausdehnungscoefficient der Kohlensäure bei constantem Drucke, wenn dieser 760 mm beträgt, 0·003710, und wenn er 2520 mm beträgt, 0·003846. Für einen Druck von 1500 mm (dem Mittel zwischen 1 m und 2 m) erhält man daraus, wenn man die Zunahme des Ausdehnungscoefficienten als proportional der Druckzunahme betrachtet, den Werth 0·003767. Würde also die Kohlensäure unter diesem mittleren Drucke von 0⁰ bis

21½⁰ erwärmt, so würde dabei die Grösse $\dfrac{pv}{pv_0}$ von 1 zu

$1 + 0\cdot003767 \times 21\cdot5 = 1\cdot08099$ anwachsen. — Ferner ist aus anderen Versuchen von Regnault[2]) bekannt, dass wenn Kohlensäure, welche sich bei einer Temperatur von nahe 0⁰ unter dem Drucke von 1 m befunden hat, mit einem Drucke von 1·98292 m belastet wird, dabei die Grösse pv im Verhältnisse von 1 : 0·99146 abnimmt, woraus sich bei einer Druckvermehrung von 1 m zu 2 m

---

[1]) *Relation des expériences, t. I, Mem.. I.*
[2]) Ebendas. *t. I, Mem. VI.*

eine Abnahme im Verhältnisse von 1 : 0·99131 ergiebt. — Wenn
nun beides gleichzeitig stattfindet, die Temperaturerhöhung von 0^0
bis $21^1/_2^0$ und die Druckzunahme von 1 m zu 2 m, so muss dabei die

Grösse $\dfrac{p\,v}{p\,v_0}$ sehr nahe von 1 zu 1·08099 $\times$ 0·99131 $=$ 1·071596

anwachsen, und daraus erhält man als mittleren Werth des Differentialcoefficienten $\dfrac{d}{dt}\left(\dfrac{p\,v}{p\,v_0}\right)$:

$$\frac{0·071596}{21·5} = 0·00333.$$

Man sieht also, dass man für den Fall, auf den es hier ankommt,
schon bei der Kohlensäure einen Werth erhält, der kleiner als
0·003665 ist, und es kann daher jenes Resultat beim Dampfe *im
Maximum seiner Dichte* um so weniger befremden.

Wollte man dagegen den eigentlichen Ausdehnungscoefficienten des Dampfes bestimmen, also die Zahl, welche angiebt, um
wie viel ein Dampfquantum sich ausdehnt, wenn es bei einer bestimmten Temperatur im Maximum seiner Dichte genommen, und
dann, getrennt von Wasser, unter constantem Drucke erwärmt
wird, so würde man gewiss einen Werth erhalten, der *grösser* und
vielleicht *beträchtlich* grösser wäre, als 0·003665.

§. 9. Formel zur Bestimmung des specifischen Volumens
des gesättigten Wasserdampfes, und Vergleichung derselben mit der Erfahrung.

Aus der Gleichung (37) und ebenso aus der Gleichung (34)
lassen sich die *relativen* Werthe von $s - \sigma$ und daher auch mit
grosser Annäherung von s für verschiedene Temperaturen berechnen, ohne dass man das mechanische Aequivalent der Wärme
E zu kennen braucht. Will man aber aus diesen Gleichungen die
absoluten Werthe von s berechnen, so muss entweder E bekannt
sein, oder man muss suchen, mit Hülfe eines anderen Datums E
zu eliminiren.

Zu der Zeit, als ich zuerst diese Rechnungen ausführte, waren
für E von Joule mehrere aus verschiedenen Versuchsarten abgeleitete Werthe angegeben, welche ziemlich weit von einander ab-
wichen, und Joule hatte sich noch nicht darüber ausgesprochen,
welchen dieser Werthe er für den wahrscheinlichsten hielt. Wegen

dieser Unsicherheit schien es mir zweckmässig, zur Bestimmung der absoluten Werthe von s einen anderen Anhaltspunkt zu suchen, und ich glaube, dass das von mir gewählte Verfahren auch jetzt noch genügendes Interesse besitzt, um es hier mittheilen zu dürfen.

Man drückt bekanntlich das specifische Gewicht der Gase und Dämpfe gewöhnlich in der Weise aus, dass man das Gewicht einer Volumeneinheit des Gases oder Dampfes mit dem Gewichte einer Volumeneinheit atmosphärischer Luft unter demselben Drucke und bei derselben Temperatur vergleicht. Ebenso kann man das specifische Volumen in der Weise ausdrücken, dass man das Volumen einer Gewichtseinheit des Gases oder Dampfes mit dem Volumen einer Gewichtseinheit atmosphärischer Luft unter demselben Drucke und bei derselben Temperatur vergleicht. Wenden wir dieses Letztere auf den gesättigten Dampf an, für welchen wir das Volumen einer Gewichtseinheit mit s bezeichnet haben, und bezeichnen wir ferner das Volumen einer Gewichtseinheit atmosphärischer Luft unter demselben Drucke und bei derselben Temperatur mit v', so wird die in Rede stehende Grösse durch den Bruch $\dfrac{s}{v'}$ dargestellt.

Für s ergiebt sich aus (37), wenn wir darin σ vernachlässigen, der Ausdruck:

$$(41) \qquad s = \frac{E(a+t)}{ap}\,(m - ne^{kt}).$$

Für v' können wir nach dem Mariotte'schen und Gay-Lussac'-schen Gesetze die Gleichung:

$$v' = R'\,\frac{a+t}{p}$$

bilden. Durch Division dieser beiden Gleichungen durch einander erhalten wir:

$$(42) \qquad \frac{s}{v'} = \frac{E}{R'a}\,(m - ne^{kt}).$$

Bilden wir dieselbe Gleichung für irgend eine specielle Temperatur, welche wir mit t_0 bezeichnen wollen, und bezeichnen auch den betreffenden Werth des Bruches $\dfrac{s}{v'}$ mit $\left(\dfrac{s}{v'}\right)_0$, so kommt:

$$\left(\frac{s}{v'}\right)_0 = \frac{E}{R'a}\,(m - ne^{kt_0}).$$

Indem wir mit Hülfe dieser Gleichung aus der vorigen den constanten Factor $\dfrac{E}{R'a}$ eliminiren, erhalten wir:

(43)
$$\frac{s}{v'} = \left(\frac{s}{v'}\right)_0 \frac{m - n e^{kt}}{m - n e^{kt_0}}.$$

Es fragt sich nun, ob man für irgend eine Temperatur t_0 die Grösse $\left(\frac{s}{v'}\right)_0$ oder ihren reciproken Werth $\left(\frac{v'}{s}\right)_0$, welcher das specifische Gewicht des Dampfes bei der Temperatur t_0 bedeutet, mit genügender Sicherheit bestimmen kann.

Die gewöhnlich für die specifischen Gewichte der Dämpfe angeführten Werthe sind nicht an gesättigten, sondern an stark überhitzten Dämpfen beobachtet. Sie stimmen, wie man weiss, ziemlich gut mit den theoretischen Werthen überein, welche man aus dem bekannten Gesetze über die Beziehung zwischen dem Volumen eines zusammengesetzten Gases und den Volumen seiner gasförmigen Bestandtheile ableiten kann. So hat z. B. Gay-Lussac für das specifische Gewicht des Wasserdampfes experimentell den Werth 0·6235 gefunden, und der theoretische Werth, welchen man erhält, wenn man annimmt, dass zwei Maass Wasserstoff und ein Maass Sauerstoff bei ihrer Verbindung zwei Maass Wasserdampf geben, ist:

$$\frac{2 \times 0·06926 + 1·10563}{2} = 0·622.$$

Diesen Werth des specifischen Gewichtes darf man aber auf den *gesättigten* Wasserdampf nicht allgemein anwenden, indem sich aus der Tabelle des vorigen Paragraphen, welche die Werthe von $\frac{d}{dt}\left(\frac{ps}{ps_0}\right)$ enthält, zu grosse Abweichungen vom Mariotte'schen und Gay-Lussac'schen Gesetze ergeben. Nun zeigt aber andererseits jene Tabelle, dass die Abweichungen um so geringer werden, je niedriger die Temperatur wird, und man wird daher nur noch einen unbedeutenden Fehler begehen, wenn man annimmt, dass der gesättigte Wasserdampf bei der Temperatur des Gefrierpunktes dem Mariotte'schen und Gay-Lussac'schen Gesetze schon hinlänglich folge, um für diese Temperatur das specifische Gewicht gleich 0·622 setzen zu dürfen. Streng genommen müsste man noch weiter gehen, und die Temperatur, für welche das specifische Gewicht des gesättigten Wasserdampfes den theoretischen Werth annimmt, noch tiefer, als den Gefrierpunkt, setzen. Da es aber bedenklich sein würde, die Gleichung (37), welche nur eine empirische Formel enthält, für so tiefe Temperaturen noch in Anwendung zu bringen, so wollen wir uns mit jener Annahme begnügen.

Indem wir also für t_0 den Werth 0 anwenden, und zugleich setzen:

$$\left(\frac{v'}{s}\right)_0 = 0\text{·}622 \quad \text{und daher:} \quad \left(\frac{s}{v'}\right)_0 = \frac{1}{0\text{·}622},$$

geht die Gleichung (43) über in:

$$(44) \qquad \frac{s}{v'} = \frac{m - n\,e^{kt}}{0\text{·}622\,(m - n)},$$

aus welcher Gleichung man unter Anwendung der in (37a) gegebenen Werthe von m, n und k die Grösse $\frac{s}{v'}$ und somit auch die Grösse s für jede Temperatur berechnen kann.

Man kann der vorstehenden Gleichung noch eine für die Rechnung bequemere Form geben, indem man setzt:

$$(45) \qquad \frac{s}{v'} = M - N\alpha^t,$$

und den Constanten M, N und α folgende aus den Werthen von m, n und k berechnete Werthe giebt:

$$(45\,a) \qquad M = 1\text{·}6630; \quad N = 0\text{·}05527; \quad \alpha = 1\text{·}007164.$$

Um von dem Verhalten dieser Formel eine Anschauung zu geben, sind in der folgenden Tabelle einige Werthe von $\frac{s}{v'}$ und auch von dem reciproken Werthe $\frac{v'}{s}$, welchen wir kürzer durch den schon früher für das specifische Gewicht angewandten Buchstaben d bezeichnen wollen, zusammengestellt.

t	0^0	50^0	100^0	150^0	200^0
$\frac{s}{v'}$	1·608	1·585	1·550	1·502	1·433
d	0·622	0·631	0·645	0·666	0·698

Das Resultat, dass der gesättigte Wasserdampf von dem Mariotte'schen und Gay-Lussac'schen Gesetze, welche man bis dahin allgemein auf ihn angewandt hatte, so weit abweiche, wie es in den obigen Formeln und Tabellen ausgedrückt ist, fand, wie schon an einer andern Stelle gelegentlich erwähnt wurde, anfangs energischen Widerspruch, selbst von sehr competenter Seite. Gegenwärtig wird es aber, wie ich glaube, ziemlich allgemein als richtig anerkannt.

Auch eine experimentelle Bestätigung hat es erfahren durch die im Jahre 1860 veröffentlichten Untersuchungen von Fairbairn und Tate[1]), deren Beobachtungsresultate in der nachstehenden Tabelle einerseits mit den früher angenommenen Zahlen, bei welchen für alle Temperaturen das specifische Gewicht 0·622 vorausgesetzt ist, und andererseits mit den aus der Gleichung (45) hervorgehenden Zahlen verglichen sind.

Temperatur in Centesimal-Graden.	Volumen eines Kilogramm gesättigten Wasserdampfes in Cubikmetern		
	früher angenommene Werthe.	nach der Gleichung (45).	nach den Beobachtungen.
58·21°	8·38	8·23	8·27
68·52	5·41	5·29	5·33
70·76	4·94	4·83	4·91
77·18	3·84	3·74	3·72
77·49	3·79	3·69	3·71
79·40	3·52	3·43	3·43
83·50	3·02	2·94	3·05
86·83	2·68	2·60	2·62
92·66	2·18	2·11	2·15
117·17	0·991	0·947	0·941
118·23	0·961	0·917	0·906
118·46	0·954	0·911	0·891
124·17	0·809	0·769	0·758
128·41	0·718	0·681	0·648
130·67	0·674	0·639	0·634
131·78	0·654	0·619	0·604
134·87	0·602	0·569	0·583
137·46	0·562	0·530	0·514
139·21	0·537	0·505	0·496
141·81	0·502	0·472	0·457
142·36	0·495	0·465	0·448
144·74	0·466	0·437	0·432

---

[1]) *Proc. of the Royal Soc. 1860* und *Phil. Mag. Ser. 4, Vol. XXI.*

Man sieht aus dieser Tabelle, dass die beobachteten Werthe viel besser mit den aus meiner Gleichung berechneten, als mit den früher angenommenen Werthen stimmen, und dass die Differenzen, welche zwischen den Beobachtungswerthen und den Werthen meiner Formel noch vorkommen, sogar meistens in dem Sinne stattfinden, dass die Beobachtungswerthe von den früher angenommenen Werthen noch weiter abweichen, als die Werthe meiner Formel.

§. 10. Bestimmung des mechanischen Aequivalentes der Wärme aus dem Verhalten des gesättigten Dampfes.

Nachdem wir die absoluten Werthe von s bestimmt haben, ohne das mechanische Aequivalent der Wärme als bekannt vorauszusetzen, können wir nun umgekehrt, unter Anwendung dieser Werthe, die Gleichung (17) dazu benutzen, das mechanische Aequivalent der Wärme zu bestimmen, indem wir dieser Gleichung folgende Form geben:

$$(46) \qquad E = \frac{(a+t)\,\dfrac{dp}{dt}}{r}\,(s - \sigma).$$

Der in dieser Gleichung als Factor von $s - \sigma$ stehende Bruch lässt sich nach den von Regnault festgestellten Zahlen für verschiedene Temperaturen berechnen. Will man ihn z. B. für 100^0 berechnen, so hat man nach Regnault für $\dfrac{dp}{dt}$, wenn der Druck in Millimetern Quecksilber dargestellt wird, den Werth 27·20. Um diese Zahl auf das hier anzuwendende Druckmaass, nämlich Kilogramme auf ein Quadratmeter, zu reduciren, muss man sie mit dem Gewichte einer bei der Temperatur 0^0 genommenen Quecksilbersäule von ein Quadratmeter Grundfläche und ein Millimeter Höhe, also mit dem Gewichte eines Cubikdecimeter Quecksilber von 0^0 multipliciren. Da dieses Gewicht nach Regnault in Kilogrammen 13·596 beträgt, so erhält man die Zahl 369·8. Ferner hat man $a + t$ und r für 100^0 gleich 373 und 536·5 zu setzen. Daraus ergiebt sich:

$$\frac{(a + t) \dfrac{dp}{dt}}{r} = \frac{373 \times 369 \cdot 8}{536 \cdot 5} = 257,$$

und somit geht (46) über in:

(47) $$E = 257 \, (s - \sigma).$$

Es kommt nun darauf an, die Grösse $s - \sigma$ oder, da σ bekannt ist, die Grösse s für Wasserdampf von 100^0 zu bestimmen. Das früher übliche Verfahren, dasselbe specifische Gewicht, welches man für überhitzten Dampf experimentell gefunden oder theoretisch aus der Zusammensetzung des Wassers abgeleitet hatte, auch auf den gesättigten Dampf anzuwenden, führte zu dem Ergebnisse, dass ein Kilogramm Wasserdampf bei 100^0 einen Raum von $1\cdot696$ Cubikmeter einnehme. Dieser Werth muss aber dem Obigen nach beträchtlich zu gross sein, und muss daher auch einen zu grossen Werth des mechanischen Aequivalentes der Wärme geben. Nimmt man dagegen dasjenige specifische Gewicht, welches sich aus der Gleichung (45) berechnen lässt, und welches für 100^0 gleich $0\cdot645$ ist, als angenähert richtig an, so erhält man für s den Werth $1\cdot638$.

Unter Anwendung dieses Werthes von s geht die Gleichung (47) über in:

(48) $$E = 421.$$

Man erhält also auf diese Weise für das mechanische Aequivalent der Wärme einen Werth, welcher mit dem von Joule durch Reibung des Wassers gefundenen und dem in Abschnitt II. aus dem Verhalten der Gase abgeleiteten Werthe, die beide nahe gleich 424 sind, in ganz befriedigender Weise übereinstimmt. Diese Uebereinstimmung kann als eine Bestätigung unserer über die Dichtigkeit des gesättigten Dampfes angestellten Betrachtungen dienen.

§. 11. Vollständige Differentialgleichung von Q für einen aus Flüssigkeit und Dampf bestehenden Körper.

Im §. 1 dieses Abschnittes hatten wir für einen aus Flüssigkeit und Dampf bestehenden Körper die beiden ersten Differentialcoefficienten von Q durch folgende, dort unter (7) und (8) gegebene Gleichungen bestimmt:

$$\frac{dQ}{dm} = \varrho$$

$$\frac{dQ}{dT} = m(H - C) + MC.$$

Hieraus lässt sich sofort die vollständige Differentialgleichung erster Ordnung von Q bilden, nämlich:

(49) $dQ = \varrho\, dm + \Big[m(H - C) + MC \Big] dT.$

Nun ist, gemäss der Gleichung (12), zu setzen:

$$H - C = \frac{d\varrho}{dT} - \frac{\varrho}{T},$$

wodurch die vorige Gleichung übergeht in:

(50) $dQ = \varrho\, dm + \Big[m\Big(\frac{d\varrho}{dT} - \frac{\varrho}{T}\Big) + MC \Big] dT,$

welche Gleichung man, da ϱ nur eine Function von T und folglich $\frac{d\varrho}{dT}\, dT$ gleich $d\varrho$ ist, auch so schreiben kann:

(51) $dQ = d(m\varrho) + \Big(-\frac{m\varrho}{T} + MC \Big) dT,$

oder noch kürzer:

(52) $dQ = Td\Big(\frac{m\varrho}{T}\Big) + MCdT.$

Diese Gleichungen sind, so lange die beiden Grössen, deren Differentiale an der rechten Seite vorkommen, von einander unabhängig sind, und somit der Weg der Veränderungen unbestimmt gelassen ist, nicht integrabel. Sie werden aber integrabel, sobald auf irgend eine Weise der Weg der Veränderungen bestimmt wird. Man kann daher mit ihnen ganz ähnliche Rechnungen anstellen, wie die, welche in Abschnitt II. für Gase ausgeführt wurden.

Wir wollen beispielsweise einen Fall behandeln, welcher einerseits an sich von Wichtigkeit ist, und andererseits dadurch an Interesse gewinnt, dass er in der Dampfmaschinentheorie eine wesentliche Rolle spielt. Wir wollen nämlich annehmen, die aus Flüssigkeit und Dampf bestehende Masse ändere ihr Volumen, *ohne dass ihr dabei Wärme mitgetheilt oder entzogen werde.* Bei dieser Volumenänderung erleidet auch die Temperatur und die Grösse des dampfförmigen Theiles eine Aenderung, und zugleich wird eine positive oder negative äussere Arbeit gethan. *Es sollen nun unter diesen Umständen die Grösse des dampfförmigen Theiles m, das Volumen v und die äussere Arbeit W als Functionen der Temperatur bestimmt werden.*

§. 12.   Veränderung des dampfförmigen Theiles der Masse.

Da die in dem Gefässe befindliche Masse keine Wärme empfangen oder abgeben soll, so haben wir $dQ = 0$ zu setzen. Indem wir dieses in der Gleichung (52) thun, erhalten wir:

$$(53) \qquad Td\left(\frac{m\varrho}{T}\right) + MCdT = 0.$$

Denken wir uns beide Glieder dieser Gleichung durch E dividirt, so gehen dadurch die Grössen ϱ und C, welche sich auf *mechanisches* Wärmemaass beziehen, in die Grössen r und c über, welche sich auf *gewöhnliches* Wärmemaass beziehen.   Dividiren wir zugleich noch die beiden Glieder durch T, so lautet die Gleichung:

$$(53\,\mathrm{a}) \qquad d\left(\frac{mr}{T}\right) + Mc\frac{dT}{T} = 0.$$

Das erste Glied dieser Gleichung, welches ein einfaches Differential ist, lässt sich natürlich sofort integriren, und auch im letzten Gliede ist, da c nur von der Temperatur T abhängt, die Integration immer ausführbar. Wenn wir diese Integration vorläufig nur andeuten, und die auf den Anfangszustand bezüglichen Werthe aller vorkommenden Grössen zur Unterscheidung mit dem Index 1 versehen, so lautet die entstehende Gleichung:

$$\frac{mr}{T} - \frac{m_1r_1}{T_1} + M\int_{T_1}^{T} c\frac{dT}{T} = 0,$$

oder anders geordnet:

$$(54) \qquad \frac{mr}{T} = \frac{m_1r_1}{T_1} - M\int_{T_1}^{T} c\frac{dT}{T}.$$

Zur wirklichen Ausführung der angedeuteten Integration kann man für c die von Regnault aufgestellten empirischen Formeln anwenden.   Beim Wasser lautet die schon unter (27) angeführte Regnault'sche Formel:

$$c = 1 + 0{\cdot}00004\,t + 0{\cdot}0000009\,t^2.$$

Da sich hiernach c mit der Temperatur sehr wenig ändert, so wollen wir in den hier folgenden auf Wasser bezüglichen Rechnungen c als constant betrachten, was auf die Genauigkeit der

11*

Resultate nur einen unerheblichen Einfluss haben kann. Dadurch geht (54) über in:

$$(55) \qquad \frac{mr}{T} = \frac{m_1 r_1}{T_1} - Mc\,log\,\frac{T}{T_1},$$

woraus weiter folgt:

$$(56) \qquad m = \frac{T}{r}\left(\frac{m_1 r_1}{T_1} - Mc\,log\,\frac{T}{T_1}\right).$$

Wenn wir hierin für r den Ausdruck setzen, welcher unter (28) und in vereinfachter Form unter (30) gegeben ist, so ist m als Function der Temperatur bestimmt.

Um von dem Verhalten dieser Function eine ungefähre Anschauung zu geben, habe ich einige für einen besonderen Fall berechnete Werthe in der folgenden Tabelle zusammengestellt. Es ist nämlich angenommen, das Gefäss enthalte zu Anfange kein tropfbar flüssiges Wasser, sondern sei gerade mit Wasserdampf vom Maximum der Dichte angefüllt, so dass also in der vorigen Gleichung $m_1 = M$ zu setzen ist, und es finde nun eine Ausdehnung des Gefässes statt. Wenn das Gefäss zusammengedrückt werden sollte, so dürfte man die Annahme, dass zu Anfange kein flüssiges Wasser vorhanden sei, nicht machen, weil dann der Dampf nicht im Maximum der Dichte bleiben, sondern durch die bei der Zusammendrückung erzeugte Wärme überhitzt werden würde. Bei der Ausdehnung dagegen bleibt der Dampf nicht nur im Maximum der Dichte, sondern es schlägt sich sogar ein Theil desselben nieder, und die dadurch entstehende Verminderung von m ist es eben, um welche es sich in der Tabelle handelt. Die anfängliche Temperatur ist zu 150⁰ C. angenommen, und es sind für die Zeitpunkte, wo die Temperatur durch die Ausdehnung auf 125⁰, 100⁰ etc. gesunken ist, die entsprechenden Werthe von $\frac{m}{M}$ angegeben. Die vom Gefrierpunkte ab gezählte Temperatur ist, wie schon früher, zum Unterschiede von der durch T dargestellten absoluten Temperatur, mit t bezeichnet:

t	150⁰	125⁰	100⁰	75⁰	50⁰	25⁰
$\frac{m}{M}$	1	0·956	0·911	0·866	0·821	0·776

§. 13. Beziehung zwischen Volumen und Temperatur.

Um die zwischen dem Volumen v und der Temperatur stattfindende Beziehung auszudrücken, hat man zunächst die Gleichung
(5), nämlich:

$$v = mu + M\sigma.$$

Die hierin vorkommende Grösse σ, welche das Volumen einer Gewichtseinheit Flüssigkeit bedeutet, ist als Function der Temperatur
bekannt, und dasselbe gilt natürlich auch von dem Producte $M\sigma$.
Es kommt also nur noch darauf an, das Product mu zu bestimmen.
Dazu braucht man nur in der Gleichung (55) für r den in (17)
gegebenen Ausdruck zu substituiren, wodurch man erhält:

(57) $$\frac{mu}{E} \cdot \frac{dp}{dT} = \frac{m_1 r_1}{T_1} - Mc \log \frac{T}{T_1},$$

und somit:

(58) $$mu = \frac{E}{\dfrac{dp}{dT}} \left(\frac{m_1 r_1}{T_1} - Mc \log \frac{T}{T_1} \right).$$

Der hierin vorkommende Differentialcoefficient $\dfrac{dp}{dT}$ ist als bekannt
anzusehen, wenn p selbst als Function der Temperatur bekannt
ist, und somit ist durch diese Gleichung das Product mu bestimmt,
und aus ihm erhält man durch Addition von $M\sigma$ die gesuchte
Grösse v.

In der folgenden Tabelle ist wieder eine Reihe von Werthen
des Bruches $\dfrac{v}{v_1}$ zusammengestellt, welche sich für denselben Fall,
auf den sich die vorige Tabelle bezieht, aus dieser Gleichung ergeben. Ausserdem sind zur Vergleichung noch diejenigen Werthe
von $\dfrac{v}{v_1}$ hinzugefügt, welche man erhalten würde, wenn die beiden
bisher in der Dampfmaschinentheorie gewöhnlich gemachten Annahmen richtig wären, 1. dass der Dampf bei der Ausdehnung,
ohne sich theilweise niederzuschlagen, gerade im Maximum der
Dichte bleibe, 2. dass er dem Mariotte'schen und Gay-Lussac'-
schen Gesetze folge; nach welchen Annahmen

$$\frac{v}{v_1} = \frac{p_1}{p} \cdot \frac{T}{T_1}.$$

sein würde.

t	150^0	125^0	100^0	75^0	50^0	25^0
$\dfrac{v}{v_1}$	1	1·88	3·90	9·23	25·7	88·7
$\dfrac{p_1}{p} \cdot \dfrac{T}{T_1}$	1	1·93	4·16	10·21	29·7	107·1

§. 14. Bestimmung der Arbeit als Function der Temperatur.

Es bleibt endlich noch die bei der Volumenänderung gethane Arbeit zu bestimmen. Dazu haben wir allgemein die Gleichung:

$$(59) \qquad W = \int_{v_1}^{v} p\, dv.$$

Nun ist nach Gleichung (5), wenn wir darin die überhaupt nur kleine und dabei sehr wenig veränderliche Grösse σ als constant betrachten:

$$dv = d(mu),$$

also

$$p\, dv = p\, d(mu),$$

wofür man auch schreiben kann:

$$(60) \qquad p\, dv = d(mup) - mu\, \frac{dp}{dT}\, dT.$$

Hierin könnte man für $mu\, \dfrac{dp}{dT}$ den aus Gleichung (57) hervorgehenden Ausdruck setzen, und dann die Integration ausführen. Indessen erhält man das Resultat gleich in einer etwas bequemeren Form durch folgende Substitution. Nach (13) ist:

$$mu\, \frac{dp}{dT}\, dT = \frac{m\varrho}{T}\, dT,$$

und in Folge von (53) kann man setzen:

$$\frac{m\varrho}{T}\, dT = d(m\varrho) + MC,$$

und somit der vorigen Gleichung folgende Gestalt geben:

$$mu\, \frac{dp}{dT}\, dT = d(m\varrho) + MC\, dT.$$

Dadurch geht (60) über in:

(61) $$p\,dv = d(mup) - d(m\varrho) - MC\,dT$$
$$= -\,d[m(\varrho - up)] - MC\,dT,$$

und durch Integration dieser Gleichung erhält man:

(62) $W = m_1(\varrho_1 - u_1 p_1) - m(\varrho - up) + MC(T_1 - T).$

Setzt man hierin noch, gemäss (14), für ϱ und C die Producte Er und Ec, und fasst dann die Glieder, welche E als Factor enthalten, zusammen, so kommt:

(63) $W = mup - m_1 u_1 p_1 + E[m_1 r_1 - mr + Mc(T_1 - T)],$

woraus sich, da die Grössen mr und mu schon durch die vorigen Gleichungen bekannt sind, W berechnen lässt.

Auch diese Rechnung habe ich für den obigen speciellen Fall ausgeführt, wobei sich für $\dfrac{W}{M}$, d. h. für die von der Gewichtseinheit bei der Ausdehnung gethane Arbeit, die in der Tabelle angeführten Werthe ergeben haben. Als Gewichtseinheit ist ein Kilogramm und als Arbeitseinheit ein Kilogramm-Meter gewählt. Für E ist der von Joule gefundene Werth 423·55 angewandt.

Zur Vergleichung mit den Zahlen der Tabelle will ich noch anführen, dass man für diejenige Arbeit, welche während der Verdampfung selbst dadurch gethan wird, dass der sich bildende Dampf den äusseren Gegendruck überwindet, in dem Falle, wo 1 Kilogr. Wasser bei der Temperatur 150⁰ und unter dem entsprechenden Drucke verdampft, den Werth 18 700 erhält.

t	150⁰	125⁰	100⁰	75⁰	50⁰	25⁰
$\dfrac{W}{M}$	0	11 300	23 200	35 900	49 300	63 700

ABSCHNITT VII.

Schmelzprocess und Verdampfung fester Körper.

§. 1. Hauptgleichungen für den Schmelzprocess.

Während man bei der Verdampfung den Einfluss des äusseren Druckes längst kannte und in allen Untersuchungen berücksichtigte, hatte man bei der Schmelzung diesen Einfluss früher nicht beachtet, weil er sich hier viel weniger bemerklich macht. Indessen lässt schon eine oberflächliche Betrachtung erkennen, dass, wenn beim Schmelzen das Volumen des Körpers sich ändert, der äussere Druck einen Einfluss auf den Vorgang haben muss. Nimmt das Volumen des Körpers beim Schmelzen zu, so wird durch eine Vermehrung des Druckes das Schmelzen erschwert, und man kann daher schliessen, dass bei grösserem Drucke eine höhere Temperatur zum Schmelzen erforderlich ist, als bei geringerem Drucke. Nimmt dagegen das Volumen beim Schmelzen ab, so wird durch Vermehrung des Druckes das Schmelzen erleichtert, und die zum Schmelzen erforderliche Temperatur wird daher um so niedriger sein, je grösser der Druck ist.

Um nun aber den Zusammenhang zwischen Druck und Schmelzpunkt und die etwaigen sonstigen mit der Druckänderung zusammenhängenden Aenderungen näher bestimmen zu können, müssen wir die Gleichungen aufstellen, welche aus den beiden Hauptsätzen der mechanischen Wärmetheorie für den Schmelzprocess hervorgehen.

Dazu verfahren wir ebenso, wie bei der Verdampfung. Wir denken uns in einem ausdehnsamen Gefässe eine Menge M eines Stoffes enthalten, welcher sich zum Theil im festen, zum Theil im flüssigen Zustande befinde. Der flüssige Theil habe die Grösse m und demgemäss der feste Theil die Grösse $M - m$. Beide zusammen sollen den Rauminhalt des Gefässes vollständig ausfüllen, so dass dieser Rauminhalt zugleich das Volumen v des Körpers ist.

Wenn dieses Volumen v und die Temperatur T des Körpers gegeben sind, so ist damit auch die Grösse m bestimmt. Um dieses nachzuweisen, wollen wir zunächst die Voraussetzung machen, dass beim Schmelzen das Volumen des Körpers sich vergrössere. Der Körper sei in einem Zustande gegeben, in welchem die Temperatur T gerade die dem stattfindenden Drucke entsprechende Schmelztemperatur ist. Wenn die in diesem Zustande vorhandene Grösse des flüssigen Theiles auf Kosten des festen wüchse, so würde durch das damit verbundene Ausdehnungsbestreben der Druck des Körpers gegen die Gefässwände und demgemäss auch der Gegendruck dieser Wände zunehmen. Durch diesen vermehrten Druck würde der Schmelzpunkt steigen, und da dann die vorhandene Temperatur tiefer wäre, als der Schmelzpunkt, so müsste wieder ein Gefrieren des flüssigen Theiles beginnen. Wenn umgekehrt der feste Theil auf Kosten des flüssigen wüchse, so würde der Druck abnehmen und demgemäss der Schmelzpunkt sinken, und da alsdann die vorhandene Temperatur höher wäre, als der Schmelzpunkt, so müsste wieder ein Schmelzen des festen Theiles beginnen. Machen wir die entgegengesetzte Voraussetzung, dass beim Schmelzen das Volumen des Körpers sich verkleinere, so würden wir bei der Zunahme des festen Theiles eine Druckvermehrung und dadurch wieder ein theilweises Schmelzen und bei der Zunahme des flüssigen Theiles eine Druckverminderung und dadurch wieder ein theilweises Gefrieren erhalten. Es ergiebt sich also unter beiden Voraussetzungen das Resultat, dass nur die ursprünglich vorhandenen Grössen des flüssigen und festen Theiles, welche denjenigen Druck bedingen, zu welchem eine Schmelztemperatur gehört, die der gegebenen Temperatur gleich ist, für die Dauer bestehen können.

Ebenso, wie dem Vorigen nach durch die Temperatur und das Volumen die Grösse m mit bestimmt wird, wird auch durch die

Temperatur und die Grösse m das Volumen mit bestimmt, und
wir können T und m als diejenigen Veränderlichen wählen, welche
zur Bestimmung des Zustandes des Körpers dienen sollen. Dabei
ist dann p als eine Function von T allein anzusehen. Es kommen
also auch hier wieder die Gleichungen zur Anwendung, welche im
vorigen Abschnitte unter (1), (2) und (3) angeführt sind, nämlich:

$$\frac{d}{dT}\left(\frac{dQ}{dm}\right) - \frac{d}{dm}\left(\frac{dQ}{dT}\right) = \frac{dp}{dT} \cdot \frac{dv}{dm}$$

$$\frac{d}{dT}\left(\frac{dQ}{dm}\right) - \frac{d}{dm}\left(\frac{dQ}{dT}\right) = \frac{1}{T} \cdot \frac{dQ}{dm}$$

$$\frac{dQ}{dm} = T\frac{dp}{dT} \cdot \frac{dv}{dm}.$$

Bezeichnen wir nun das specifische Volumen (das Volumen
der Gewichtseinheit) für den flüssigen Zustand des Körpers, wie
früher, mit σ, und das specifische Volumen für den festen Zustand
mit τ, so gilt für das Gesammtvolumen v des Körpers die Gleichung:

$$v = m\sigma + (M - m)\tau,$$

oder:

(1)
$$v = m(\sigma - \tau) + M\tau,$$

woraus folgt:

(2)
$$\frac{dv}{dm} = \sigma - \tau.$$

Bezeichnen wir ferner die Schmelzwärme für die Gewichtseinheit mit ϱ', so ist zu setzen:

(3)
$$\frac{dQ}{dm} = \varrho'.$$

Um den anderen Differentialcoefficienten von Q, nämlich
$\frac{dQ}{dT}$, auszudrücken, müssen wir für die specifische Wärme des
Körpers im flüssigen und festen Zustande Zeichen einführen. Dabei ist aber auch hier wieder dieselbe Bemerkung zu machen, wie
bei der Verdampfung, dass es sich nicht um die specifische Wärme
bei constantem Drucke handelt, sondern um die specifische Wärme
für den Fall, wo mit der Temperatur der Druck sich in der Weise
ändert, wie es geschehen muss, wenn die Temperatur immer die
zu dem Drucke gehörige Schmelztemperatur sein soll. Bei der
Verdampfung, wo die vorkommenden Druckänderungen der Regel
nach nicht sehr gross sind, konnten wir bei der specifischen Wärme

des flüssigen Körpers den Einfluss der Druckänderung vernachlässigen, und die in der Formel vorkommende specifische Wärme des flüssigen Körpers mit der specifischen Wärme bei constantem Drucke als gleichbedeutend betrachten. In unserem gegenwärtigen Falle aber kommen bei geringen Temperaturänderungen so grosse Druckänderungen vor, dass ihr Einfluss auf die specifische Wärme nicht vernachlässigt werden darf. Wir wollen daher die specifische Wärme des flüssigen Körpers, welche wir in den auf die Verdampfung bezüglichen Formeln mit C bezeichneten, unter den jetzigen Umständen mit C' bezeichnen. Die specifische Wärme des festen Körpers unter den jetzigen Umständen möge mit K' bezeichnet werden. Unter Anwendung dieser Zeichen können wir setzen:

$$\frac{dQ}{dT} = m\,C' + (M-m)K',$$

oder auch:

$$(4) \qquad \frac{dQ}{dT} = m\,(C'-K') + MK'.$$

Aus den Gleichungen (3) und (4) folgt:

$$(5) \qquad \frac{d}{dT}\left(\frac{dQ}{dm}\right) = \frac{d\varrho'}{dT},$$

$$(6) \qquad \frac{d}{dm}\left(\frac{dQ}{dT}\right) = C'-K',$$

und durch Einsetzung dieser Werthe und des in (3) gegebenen Werthes von $\dfrac{dQ}{dm}$ in die obigen Differentialgleichungen erhalten wir:

$$(7) \qquad \frac{d\varrho'}{dT} + K' - C' = (\sigma - \tau)\frac{dp}{dT}$$

$$(8) \qquad \frac{d\varrho'}{dT} + K' - C' = \frac{\varrho'}{T}$$

$$(9) \qquad \varrho' = T(\sigma - \tau)\frac{dp}{dT}.$$

In diesen Gleichungen ist vorausgesetzt, dass die Wärme nach mechanischem Maasse gemessen sei. Für den Fall, wo die Wärme nach gewöhnlichem Maasse gemessen wird, mögen statt der deutschen Buchstaben lateinische angewandt werden, indem gesetzt wird:

$$(10) \qquad c' = \frac{C'}{E}; \quad k' = \frac{K'}{E}; \quad r' = \frac{\varrho'}{E}.$$

Dann gehen die obigen Gleichungen über in:

$$(11) \qquad \frac{dr'}{dT} + k' - c' = \frac{\sigma - \tau}{E} \cdot \frac{dp}{dT}$$

$$(12) \qquad \frac{dr'}{dT} + k' - c' = \frac{r'}{T}$$

$$(13) \qquad r' = \frac{T(\sigma - \tau)}{E} \cdot \frac{dp}{dT}.$$

Dieses sind die gesuchten Gleichungen, von denen die erste dem ersten Hauptsatze und die zweite dem zweiten Hauptsatze entspricht, während die dritte aus der Vereinigung beider Hauptsätze hervorgegangen ist.

§. 2. Beziehung zwischen Druck und Schmelztemperatur.

Die vorstehenden Gleichungen, von denen nur zwei unabhängig sind, lassen sich zur Bestimmung zweier bisher unbekannter Grössen anwenden.

Wir wollen zuerst von der letzten Gleichung Gebrauch machen, um die Abhängigkeit der Schmelztemperatur vom Drucke zu bestimmen. Dazu geben wir ihr folgende Gestalt:

$$(14) \qquad \frac{dT}{dp} = \frac{T(\sigma - \tau)}{Er'}.$$

Durch diese Gleichung bestätigt sich zunächst die schon oben gemachte Bemerkung, dass, wenn der Körper sich beim Schmelzen ausdehnt, der Schmelzpunkt mit wachsendem Drucke steigt, und wenn der Körper sich beim Schmelzen zusammenzieht, der Schmelzpunkt mit wachsendem Drucke sinkt, denn jenachdem σ grösser oder kleiner ist, als τ, ist die Differenz $\sigma - \tau$ und demgemäss auch der Differentialcoefficient $\frac{dT}{dp}$ positiv oder negativ. Mit Hülfe dieser Gleichung lässt sich aber auch der numerische Werth von $\frac{dT}{dT}$ berechnen.

Wir wollen diese Rechnung für Wasser ausführen. Das Volumen eines Kilogramm Wasser, in Cubikmetern ausgedrückt, ist bei 4⁰ C. gleich 0·001. Beim Gefrierpunkte ist es ein Wenig grösser, aber der Unterschied ist so gering, dass wir ihn für unsere Rechnung vernachlässigen und daher die Zahl 0·001 als Werth von σ anwenden können. Die Grösse τ, das Volumen eines Kilogramm Eis, in Cubikmetern ausgedrückt, ist 0·001087. Die Schmelzwärme r' des Wassers ist nach Person 79. Ferner ist T beim Gefrierpunkte 273 und für E wenden wir den Werth 424 an. Dadurch erhalten wir:

$$\frac{dT}{dp} = -\frac{273 \times 0\cdot000087}{424 \times 79}.$$

Will man den Druck nicht in mechanischen Einheiten (Kilogramme auf ein Quadratmeter), sondern in Atmosphären angeben, so hat man den vorher bestimmten Werth von $\frac{dT}{dp}$ noch mit 10 333 zu multipliciren, also:

$$\frac{dT}{dp} = -\frac{273 \times 0\cdot000087 \times 10\,333}{424 \times 79}.$$

Daraus ergiebt sich:

$$\frac{dT}{dp} = -0\cdot00733,$$

d. h. durch die Druckzunahme um eine Atmosphäre wird der Schmelzpunkt um 0·00733 Grad C. erniedrigt.

§. 3. Experimentelle Bestätigung des vorstehenden Resultates.

Der Schluss, dass der Schmelzpunkt des Eises durch vermehrten Druck erniedrigt werde, und die erste Berechnung dieser Erniedrigung stammt von James Thomson her, welcher aus der Carnot'schen Theorie eine Gleichung ableitete, die von der Gleichung (14) nur dadurch verschieden war, dass sie rechts an der Stelle von $\frac{T}{E}$ eine noch unbestimmte Temperaturfunction enthielt, deren auf den Frostpunkt bezüglicher Werth aus Regnault's Angaben über die Verdampfungswärme und die Spannung des Wasserdampfes bestimmt war. Der Bruder des vorher genannten Forschers, der berühmte Physiker William Thomson, unterwarf dann das theoretisch gewonnene Resultat einer sehr genauen experimentellen Prüfung[1]).

Um die Temperaturunterschiede fein messen zu können, liess er sich ein mit Schwefeläther gefülltes Thermometer anfertigen, dessen Gefäss 3$\frac{1}{2}$ Zoll Länge und $\frac{3}{8}$ Zoll Durchmesser hatte, und dessen

---

[1]) *Phil. Mag. Ser. III, Vol. 37, p. 123* und Pogg. Ann. Bd. 81, S. 163.

Röhre $6^1/_2$ Zoll lang war. $5^1/_2$ Zoll davon waren in 220 gleiche Theile getheilt und 212 dieser Theile umfassten ein Temperatur-intervall von 3^0 Fahr., so dass jeder Theil nahe gleich $\dfrac{1}{71}$ Grad Fahr. war. Dieses Thermometer wurde hermetisch in eine etwas weitere Glasröhre eingeschlossen, um es vor der Wirkung des äusseren Druckes zu schützen, und wurde mit dieser Umhüllung in eine Oersted'sche Presse gesetzt, welche mit Wasser und klaren Eisstücken gefüllt war, und zur Druckmessung ein gewöhnliches Luftmanometer enthielt.

Nachdem das Thermometer einen festen Stand angenommen hatte, welcher dem Schmelzpunkte des Eises unter atmosphärischem Drucke entsprach, wurde durch Niederschrauben des Stempels der Presse der Druck vermehrt, und sofort sah man das Thermometer sinken, indem die aus Wasser und Eis bestehende Masse die zu dem grösseren Drucke gehörende tiefere Schmelztemperatur annahm. Beim Nachlassen des Druckes ging das Thermometer wieder auf den ursprünglichen Stand zurück. Die nachstehende Tabelle enthält die für zwei Druckkräfte beobachteten Temperaturerniedrigungen und daneben sind diejenigen Temperaturerniedrigungen angeführt, welche sich für dieselben Druckkräfte berechnen lassen, wenn man den im vorigen Paragraphen gefundenen Werth von $\dfrac{dT}{dp}$, der sich zunächst auf den gewöhnlichen Druck von 1 Atm. bezieht, bis zum Drucke von $16\cdot8$ Atm. anwendet.

Druck.	Temperaturerniedrigung	
	beobachtet	berechnet
$8\cdot1$ Atm.	$0\cdot059^0$ C.	$0\cdot059^0$ C.
$16\cdot8$ „	$0\cdot129$ „	$0\cdot123$ „

Man sieht, dass zwischen den beobachteten und den berechneten Zahlen eine fast vollkommene Uebereinstimmung stattfindet, und somit auch dieses Resultat der Theorie in ausgezeichneter Weise bestätigt ist.

Später hat Mousson[1]) einen sehr interessanten Versuch angestellt, indem er Eis, welches fortwährend auf einer Temperatur

---

[1]) Pogg. Ann. Bd. 105, S. 161.

von — 18⁰ bis — 20⁰ erhalten wurde, durch Anwendung eines ungeheuren Druckes zum Schmelzen brachte. Den angewandten Druck giebt er nach einer ungefähren Schätzung zu etwa 13 000 Atm. an, wobei aber zu bemerken ist, dass möglicher Weise die Schmelzung schon bei einem viel geringeren Drucke eingetreten ist, indem sich bei der von ihm getroffenen Einrichtung nur erkennen liess, dass überhaupt eine Schmelzung des Eises während des Versuches stattgefunden hatte, aber nicht, zu welcher Zeit sie eingetreten war.

§. 4. Experimentelle Untersuchung mit Substanzen, die sich beim Schmelzen ausdehnen.

Mit solchen Substanzen, die sich beim Schmelzen ausdehnen, und bei denen daher die Schmelztemperatur mit wachsendem Drucke steigen muss, hat zuerst Bunsen eine experimentelle Untersuchung angestellt[1]), und zwar mit Wallrath und Paraffin. Durch eine sinnreiche Einrichtung erhielt er in höchst einfacher Weise eine sehr grosse und sofort messbare Druckvermehrung und konnte dieselbe Substanz unter gewöhnlichem atmosphärischem Drucke und unter dem vermehrten Drucke nebeneinander beobachten.

Er zog ein sehr dickwandiges Glasrohr von einem Fuss Länge und einer Weite von Strohhalmdicke am einen Ende zu einer feinen 15 bis 20 Zoll langen und am anderen Ende zu einer etwas weiteren nur 1½ Zoll langen Haarröhre aus. Die letztere, welche sich bei der Anwendung des Apparates unten befinden sollte, wurde so umgebogen, dass sie, dem unteren Theile der Glasröhre parallel, aufwärts stand. Diese kurze umgebogene Haarröhre wurde nun mit der zu untersuchenden Substanz und das weitere Glasrohr mit Quecksilber gefüllt, während die lange Haarröhre mit Luft gefüllt blieb. Beide Haarröhren wurden an ihren Enden zugeschmolzen. Wenn nun der Apparat erwärmt wurde, so stieg das Quecksilber, indem es sich ausdehnte, in der längeren Haarröhre empor und drückte die hier befindliche Luft zusammen. Durch den Gegendruck der Luft wurde zunächst das Quecksilber und dann weiter die in der kurzen Haarröhre befindliche Substanz gedrückt, und

---

[1]) Pogg. Ann. Bd. 81, S. 562.

die Stärke dieses Druckes, welche sich auf über hundert Atmosphären steigern liess, konnte an der Grösse des noch vorhandenen Luftvolumens gemessen werden.

Ein solcher Apparat wurde an einem Brette dicht neben einem anderen Apparate befestigt, welcher dieselbe Einrichtung hatte, nur dass die obere, mit Luft gefüllte Capillarröhre nicht zugeschmolzen war, so dass die Zusammendrückung der Luft und die damit verbundene Druckvermehrung in ihm nicht stattfand. Beide Apparate zusammen wurden nun in Wasser getaucht, dessen Temperatur etwas über dem Schmelzpunkte der zu untersuchenden Substanz lag. Dabei konnte man, wenn das untere, mit der Substanz gefüllte Röhrchen sich schon ganz unter Wasser befand, durch noch weiteres Einsenken einen immer grösseren Theil des Quecksilbers mit erwärmen und so den Druck in dem oben geschlossenen Apparate immer mehr steigern. Unter diesen Umständen liess Bunsen die in beiden Apparaten befindliche Substanz vielfach schmelzen, und bei der Abkühlung des Wassers wieder erstarren, und beobachtete die Temperatur, bei der das Letztere stattfand. Dabei zeigte sich, dass in dem Apparate, in welchem der Druck vermehrt war, das Erstarren immer bei höherer Temperatur eintrat, als in dem anderen Apparate, und zwar ergaben sich folgende Zahlen.

Beim Wallrath:

Druck.	Erstarrungs-punkt.
1 Atm.	47·7⁰ C.
29 „	48·3 „
96 „	49·7 „
141 „	50·5 „
156 „	50·9 „

Beim Paraffin:

Druck.	Erstarrungs-punkt.
1 Atm.	46·3⁰ C.
85 „	48·9 „
100 „	49·9 „

Später hat Hopkins[1]) Versuche mit Wallrath, Wachs, Schwefel und Stearin angestellt, bei denen der Druck durch einen mit Gewichten beschwerten Hebel hervorgebracht und bis über 800 Atm. getrieben wurde. Auch diese Versuche ergaben bei allen jenen Substanzen Erhöhung der Schmelztemperatur mit wachsendem Drucke. Die einzelnen bei verschiedenen Druckkräften von Hopkins beobachteten Temperaturen zeigen aber noch erhebliche Unregelmässigkeiten. Beim Wachs, bei welchem die Temperatur mit wachsendem Drucke am regelmässigsten stieg, hatte eine Druckzunahme von 808 Atm. eine Erhöhung des Schmelzpunktes um $15\frac{1}{2}^0$ C. zur Folge.

Aus der theoretischen Formel die Erhöhung des Schmelzpunktes numerisch zu berechnen, ist bei den von Bunsen und Hopkins untersuchten Stoffen für jetzt nicht gut ausführbar, weil die zu dieser Rechnung nöthigen Data noch nicht genau genug bekannt sind.

§. 5. Abhängigkeit der Werkwärme des Schmelzens von der Schmelztemperatur.

Nachdem wir die Gleichung (13) dazu angewandt haben, die Abhängigkeit der Schmelztemperatur vom Drucke zu bestimmen, wollen wir nun die Gleichung (12) in Anwendung bringen, welche sich in folgender Gestalt schreiben lässt:

$$(15) \qquad \frac{dr'}{dT} = c' - k' + \frac{r'}{T}.$$

Diese Gleichung zeigt, dass, wenn durch Druckänderung die Temperatur des Schmelzens geändert wird, dabei auch die zum Schmelzen erforderliche Wärmemenge r' sich ändert, und kann dazu dienen, die Grösse dieser Aenderung zu bestimmen. Die in ihr vorkommenden Zeichen c' und k' bedeuten die specifische Wärme des Stoffes im flüssigen und festen Zustande, aber, wie schon gesagt, nicht die specifische Wärme bei constantem Drucke, sondern die specifische Wärme für den Fall, wo der Druck sich mit der Temperatur in der Weise ändert, wie es die Gleichung (13) angiebt.

Wie man diese Art von specifischer Wärme bestimmen kann, soll im nächsten Abschnitte besprochen werden, und es mögen hier

---

[1]) *Report of the Brit. Assoc. 1854, 2, p. 57.*

nur beispielsweise die für Wasser geltenden Zahlenwerthe angeführt
werden. Die specifische Wärme bei constantem Drucke, nämlich
diejenige specifische Wärme, welche einfach unter dem atmosphärischen Drucke gemessen ist, hat in der Nähe von 0^0 für flüssiges
Wasser den Werth 1 und für Eis nach Person[1]) den Werth 0·48.
Die specifische Wärme für den hier in Betracht kommenden Fall
dagegen hat für flüssiges Wasser und Eis die Werthe

$$c' = 0·945 \text{ und } k' = 0·631.$$

Nimmt man ferner für r' nach Person den Werth 79 an, so erhält man:

$$\frac{dr'}{dT} = 0·945 - 0·631 + \frac{79}{273}$$
$$= 0·314 + 0·289$$
$$= 0·603.$$

Bekanntlich kann der Gefrierpunkt des Wassers auch dadurch
erniedrigt werden, dass man es vor jeder Erschütterung bewahrt.
Diese Temperaturerniedrigung bezieht sich aber nur auf den Anfang des Gefrierens, denn sobald das Gefrieren begonnen hat, gefriert gleich ein so grosser Theil des vorhandenen Wassers, dass
die ganze Wassermasse dadurch wieder auf 0^0 erwärmt wird, und
bei dieser Temperatur gefriert dann der übrige Theil. Es wird
daher nicht nöthig sein, auch die mit dieser Art von Temperaturerniedrigung verbundene Aenderung der Grösse r', welche einfach
durch die Differenz der specifischen Wärmen des flüssigen Wassers
und des Eises bei constantem Drucke bedingt wird, hier näher zu
besprechen.

§. 6. Uebergang aus dem festen in den luftförmigen Zustand.

Wir haben bisher die Uebergänge aus dem flüssigen in den
luftförmigen und aus dem festen in den flüssigen Zustand betrachtet; es kann aber auch geschehen, dass ein Stoff direct aus
dem festen in den luftförmigen Zustand übergeht. Für diesen
Fall gelten drei Gleichungen von derselben Form, wie die, welche
im vorigen Abschnitte unter (15) bis (17) und in diesem Abschnitte

---

[1]) *Comptes rendus T. XXX, p. 526.*

unter (11) bis (13) gegeben sind, nur dass die auf die verschiedenen Aggregatzustände bezüglichen specifischen Wärmen und specifischen Volumina und die Werkwärme des Ueberganges aus dem einen Zustande in den anderen in der dem gegenwärtigen Falle entsprechenden Weise gewählt werden müssen.

Der Umstand, dass die Werkwärme des Ueberganges aus dem festen in den luftförmigen Zustand grösser ist, als diejenige des Ueberganges aus dem flüssigen in den luftförmigen Zustand, führt sofort zu einem Schlusse, den schon Kirchhoff gezogen hat[1]).

Betrachtet man nämlich einen Stoff gerade bei seinem Schmelzpunkte, so kann sich bei dieser Temperatur Dampf vom flüssigen und vom festen Körper entwickeln. Bei Temperaturen über dem Schmelzpunkte hat man es nur mit solchem Dampfe zu thun, der sich vom flüssigen Körper entwickelt, und bei Temperaturen unter dem Schmelzpunkte hat man es (abgesehen von dem am Schlusse des vorigen Paragraphen besprochenen speciellen Falle, wo eine sehr ruhig gehaltene Flüssigkeit trotz der schon erreichten tieferen Temperatur noch flüssig geblieben ist) nur mit solchem Dampfe zu thun, der sich vom festen Körper entwickelt.

Wenn man nun für diese beiden Fälle, also für Temperaturen über und unter dem Schmelzpunkte, den Dampfdruck p als Function der Temperatur darstellt, und die Curve construirt, welche die Temperatur als Abscisse und den Druck als Ordinate hat, so fragt es sich, wie die den beiden Fällen entsprechenden Curvenstücke sich bei der gemeinsamen Grenztemperatur, nämlich der Schmelztemperatur, zu einander verhalten. Was zunächst den Werth von p selbst anbetrifft, so können wir es als erfahrungsmässig feststehend betrachten, dass er für beide Fälle gleich ist, dass also die beiden Curvenstücke bei der Schmelztemperatur in Einem Punkte zusammentreffen. In Bezug auf den Differential-coefficienten $\frac{dp}{dT}$ aber lehrt die letzte der oben erwähnten drei Gleichungen, dass er für die beiden Fälle verschiedene Werthe hat, so dass an der Stelle, wo die beiden Curvenstücke zusammentreffen, ihre Tangenten verschiedene Richtungen haben.

Die Gleichung (17) des vorigen Abschnittes, welche sich auf den Uebergang aus dem flüssigen in den luftförmigen Zustand bezieht, lässt sich so schreiben:

---

[1]) Pogg. Ann. Bd. 103, S. 206.

(16)
$$\frac{dp}{dT} = \frac{Er}{T(s - \sigma)}.$$

Soll nun die entsprechende Gleichung für den Uebergang aus dem festen in den luftförmigen Zustand gebildet werden, so möge dabei an der linken Seite der Druck des sich vom festen Körper entwickelnden Dampfes zum Unterschiede durch P bezeichnet werden. An der rechten Seite ist zunächst an die Stelle von σ, dem specifischen Volumen des flüssigen Stoffes, das specifische Volumen des festen Stoffes zu setzen, welches wir mit τ bezeichnet haben, wodurch aber, da diese beiden specifischen Volumina sehr wenig von einander abweichen und ausserdem beide gegen s, das specifische Volumen des luftförmigen Stoffes, sehr klein sind, nur ein sehr geringer Unterschied im Werthe der Formel entsteht. Von grösserer Bedeutung dagegen ist es, dass an die Stelle von r, der Werkwärme des Ueberganges aus dem flüssigen in den luftförmigen Zustand, die Werkwärme des Ueberganges aus dem festen in den luftförmigen Zustand treten muss. Diese ist gleich der Summe aus r und der durch r' bezeichneten Werkwärme des Schmelzens. Die Gleichung lautet daher für den in Rede stehenden Fall:

(17)
$$\frac{dP}{dT} = \frac{E(r + r')}{T(s - \tau)}.$$

Verbindet man diese Gleichung mit (16) und vernachlässigt dabei den kleinen Unterschied zwischen σ und τ, so ergiebt sich:

(18)
$$\frac{dP}{dT} - \frac{dp}{dT} = \frac{Er'}{T(s - \sigma)}.$$

Wendet man diese Gleichung speciell auf Wasser an, so ist zu setzen:

$$T = 273; \quad r' = 79; \quad s = 205; \quad \sigma = 0 \cdot 001,$$

und es kommt daher, indem man noch für E den bekannten Werth 424 setzt:

$$\frac{dP}{dT} - \frac{dp}{dT} = \frac{424 \times 79}{273 \times 205} = 0 \cdot 599.$$

Will man den Druck nicht in Kilogrammen auf ein Quadratmeter, sondern in Millimetern Quecksilber ausdrücken, so hat man, gemäss der in §. 10 des vorigen Abschnittes gemachten Bemerkung, die obige Zahl durch 13·596 zu dividiren, und man erhält daher, wenn man in diesem Falle für p und P die griechischen Buchstaben π und Π anwendet:

$$\frac{d\Pi}{dT} - \frac{d\pi}{dT} = 0{\cdot}044.$$

Zur Vergleichung möge noch hinzugefügt werden, dass der Diffe-rentialcoefficient $\frac{d\pi}{dT}$ nach den Dampfspannungen, welche Reg-nault bei den Temperaturen zunächst über 0^0 beobachtet hat, bei 0^0 den Werth $0{\cdot}33$ hat.

ABSCHNITT VIII.

Behandlung homogener Körper.

§. 1. Zustandsänderungen ohne Veränderung des Aggregatzustandes.

Wir kehren nun zu den im Abschnitt V. aufgestellten allgemeinen Gleichungen zurück, und wollen sie auf solche Fälle anwenden, wo ein Körper Aenderungen erleidet, die sich nicht auf den Aggregatzustand erstrecken, und wo sich stets alle Theile des Körpers in gleichem Zustande befinden.

Diese Zustandsänderungen wollen wir uns dadurch veranlasst denken, dass die Temperatur und die auf den Körper wirkenden äusseren Kräfte sich ändern. Infolge dessen ändert sich dann auch die Anordnung der Theilchen des Körpers, was sich äusserlich durch Volumen- und Gestaltänderung kund geben kann.

Der einfachste Fall in Bezug auf die äusseren Kräfte ist der, wo nur ein gleichmässiger, normaler Oberflächendruck auf den Körper wirkt, und daher bei der Bestimmung der äusseren Arbeit auf die Gestaltänderung des Körpers keine Rücksicht genommen zu werden braucht, sondern nur die Volumenänderung in Betracht zu ziehen ist. In diesem Falle kann man den Zustand des Körpers als bestimmt ansehen, wenn von den drei Grössen *Temperatur*, *Druck* und *Volumen*, welche wir, wie früher, durch T, p und v bezeichnen wollen, irgend zwei gegeben sind. Je nachdem man v

und T oder p und T oder endlich v und p als die beiden Grössen auswählt, welche zur Bestimmung des Zustandes des Körpers dienen sollen, erhält man eines der drei Systeme von Gleichungen, welche in Abschnitt V. unter (25), (26) und (27) aufgestellt wurden, und von diesen Gleichungen wollen wir nun Gebrauch machen, um die verschiedenen specifischen Wärmen und andere auf Temperatur-, Druck- und Volumenänderungen bezügliche Grössen zu bestimmen.

§. 2. Genauere Bezeichnung der Differentialcoefficienten.

Wenn man die oben genannten Gleichungen des Abschnittes V. auf eine Gewichtseinheit eines Stoffes bezieht, so bedeutet der Differentialcoefficient $\dfrac{dQ}{dT}$ in den Gleichungen (25) die specifische Wärme bei constantem Volumen und in den Gleichungen (26) die specifische Wärme bei constantem Drucke. Ebenso hat der Differentialcoefficient $\dfrac{dQ}{dv}$ in den Gleichungen (25) und (27) und der Differentialcoefficient $\dfrac{dQ}{dp}$ in den Gleichungen (26) und (27) verschiedene Bedeutungen. Aehnliche Unbestimmtheiten in der Bedeutung der Differentialcoefficienten kommen in allen solchen Fällen vor, wo die Natur des Gegenstandes es mit sich bringt, dass die als unabhängige Veränderliche dienenden Grössen zuweilen gewechselt werden. Hat man irgend zwei Grössen als unabhängige Veränderliche ausgewählt, so versteht es sich von selbst, dass bei der Differentiation nach der einen die andere als constant anzusehen ist. Wenn man nun aber, während man die erste unabhängige Veränderliche beibehält, als zweite unabhängige Veränderliche nach einander verschiedene Grössen wählt, so erhält man natürlich ebenso viele verschiedene Bedeutungen für den nach der ersten Veränderlichen genommenen Differentialcoefficienten.

Wegen dieser Unbestimmtheit habe ich für derartige Fälle in meiner Abhandlung „über verschiedene für die Anwendung bequeme Formen der Hauptgleichungen der mechanischen Wärmetheorie" [1]) eine, so viel ich weiss, vorher nicht üblich gewesene

---

[1]) Vierteljahrsschrift der Züricher naturforschenden Gesellschaft 1865 und Pogg. Ann. Bd. 125, S. 353.

Bezeichnung angewandt, indem ich die Grösse, welche bei der Differentiation als constant angesehen wurde, als Index zum Differentialcoefficienten hinzugefügt habe. Dieses that ich damals in der Form, dass ich den Differentialcoefficienten in Klammern schloss, und neben diese den Index schrieb, den ich, weil an dieser Stelle auch andere Indices vorkommen können, zur Unterscheidung noch mit einem über ihn gesetzten waagrechten Striche versah. Die beiden oben erwähnten Differentialcoefficienten, welche die specifische Wärme bei constantem Volumen und bei constantem Drucke bedeuten, sahen demnach so aus:

$$\left(\frac{dQ}{dT}\right)_{\bar{v}} \text{ und } \left(\frac{dQ}{dT}\right)_{\bar{p}}$$

Diese Schreibweise wurde bald von verschiedenen Autoren adoptirt, nur dass man gewöhnlich der Bequemlichkeit wegen den waagrechten Strich fortliess. Später[1]) habe ich, unter Beibehaltung dessen, was an meiner Schreibweise wesentlich ist, die Form derselben noch vereinfacht, indem ich den Index neben das d im Zähler des Differentialcoefficienten setzte. Dadurch wurden die Klammern unnöthig und auch der waagrechte Strich konnte fortbleiben, weil an dieser Stelle kein anderer Index angebracht zu werden pflegt, und ein Unterscheidungsmerkmal daher nicht erforderlich ist. Hiernach gestalten sich die beiden obigen Differentialcoefficienten so:

$$\frac{d_v Q}{dT} \text{ und } \frac{d_p Q}{dT}.$$

In dieser Form wollen wir jene Schreibweise im Folgenden anwenden.

§. 3. Beziehungen zwischen den Differentialcoefficienten von Druck, Volumen und Temperatur.

Wenn der Zustand eines Körpers durch je zwei der Grössen *Temperatur*, *Volumen* und *Druck* bestimmt ist, so kann man jede dieser drei Grössen als eine Function der beiden anderen ansehen, und daher folgende sechs Differentialcoefficienten bilden:

---

[1]) Ueber den Satz vom mittleren Ergal und seine Anwendung auf die Molecularbewegu gen der Gase. Sitzungsberichte der Niederr. .in. Ges. für Natur- und Heilkunde 1874, S. ' ..

$$\frac{d_v p}{d\,T}, \quad \frac{d_T p}{dv}; \quad \frac{d_p v}{d\,T}, \quad \frac{d_T v}{dp}; \quad \frac{d_p T}{dv}, \quad \frac{d_v T}{dp}.$$

Bei diesen Differentialcoefficienten könnte man die Indices, welche angeben, welche Grösse bei jeder Differentiation als constant vorausgesetzt ist, fortlassen, wenn man ein- für allemal festsetzte, dass von den drei Grössen T, v und p diejenige, welche in dem Differentialcoefficienten nicht vorkommt, als constant zu betrachten ist. Indessen der Uebersichtlichkeit wegen und weil im Folgenden auch Differentialcoefficienten zwischen denselben Grössen vorkommen werden, bei denen die als constant vorausgesetzte Grösse eine andere ist, als hier, wollen wir die Indices mitschreiben.

Es erleichtert nun die mit diesen sechs Differentialcoefficienten anzustellenden Rechnungen, wenn man die zwischen ihnen stattfindenden Beziehungen im Voraus feststellt.

Zuerst ist klar, dass unter den sechs Differentialcoefficienten dreimal je zwei vorkommen, welche einander reciprok sind. Nehmen wir z. B. die Grösse v als constant an, so hängen die beiden anderen Grössen T und p so unter einander zusammen, dass jede von ihnen einfach als Function der anderen anzusehen ist. Ebenso stehen, wenn p als constant angenommen wird, T und v, und wenn T als constant angenommen wird, v und p in dieser einfachen Beziehung zu einander. Man hat also zu setzen:

$$(1) \qquad \frac{1}{\dfrac{d_v T}{dp}} = \frac{d_v p}{d\,T}; \quad \frac{1}{\dfrac{d_p T}{dv}} = \frac{d_p v}{d\,T}; \quad \frac{1}{\dfrac{d_T p}{dv}} = \frac{d_T v}{dp}.$$

Um ferner die Beziehung zwischen den drei Paaren von Differentialcoefficienten zu erhalten, wollen wir beispielsweise p als Function von T und v betrachten. Dann lautet die vollständige Differentialgleichung für p:

$$dp = \frac{d_v p}{d\,T}\,dT + \frac{d_T p}{dv}\,dv.$$

Wenn wir nun diese Gleichung auf den Fall anwenden wollen, wo p constant ist, so haben wir in ihr zu setzen:

$$dp = 0 \text{ und } dv = \frac{d_p v}{d\,T}\,dT,$$

wodurch sie übergeht in:

$$0 = \frac{d_v p}{d\,T}\,dT + \frac{d_T p}{dv} \cdot \frac{d_p v}{d\,T}\,dT.$$

Wenn man hieraus dT forthebt, und dann noch mit $\dfrac{d_v p}{dT}$ dividirt,

oder mit $\dfrac{d_v T}{dp}$ multiplicirt, so erhält man:

(2) $$\frac{d_T p}{dv} \cdot \frac{d_p v}{dT} \cdot \frac{d_v T}{dp} = -1.$$

Mit Hülfe dieser Gleichung, in Verbindung mit den Gleichungen (1) kann man jeden der sechs Differentialcoefficienten durch ein Product oder einen Bruch aus zwei anderen Differentialcoefficienten darstellen.

§. 4. Vollständige Differentialgleichungen für Q.

Kehren wir nun zur Betrachtung der Wärmeaufnahme und Wärmeabgabe des gegebenen Körpers zurück, und bezeichnen die specifische Wärme bei constantem Volumen mit C_v und die specifische Wärme bei constantem Druck mit C_p, so haben wir, wenn wir das Gewicht des Körpers als eine Gewichtseinheit annehmen, zu setzen:

$$\frac{d_v Q}{dT} = C_v; \qquad \frac{d_p Q}{dT} = C_p.$$

Ferner kommen in Abschnitt V. unter (25) und (26) Gleichungen vor, welche bei unserer jetzigen Bezeichnungsweise so zu schreiben sind:

$$\frac{d_T Q}{dv} = T \frac{d_v p}{dT}; \qquad \frac{d_T Q}{dp} = -T \frac{d_p v}{dT}.$$

Hiernach kann man folgende vollständige Differentialgleichungen bilden:

(3) $$dQ = C_v dT + T \frac{d_v p}{dT} dv.$$

(4) $$dQ = C_p dT - T \frac{d_p v}{dT} dp.$$

Aus diesen beiden Gleichungen ergiebt sich leicht auch eine dritte vollständige Differentialgleichung für Q, welche sich auf v und p als unabhängige Veränderliche bezieht, wenn man die erste Gleichung mit C_p und die zweite mit C_v multiplicirt, dann beide von einander abzieht, und die dadurch entstehende Gleichung durch $C_p - C_v$ dividirt, nämlich:

$$(5) \qquad dQ = \frac{T}{C_p - C_v}\left(C_p \frac{d_v p}{dT} dv + C_v \frac{d_p v}{dT} dp \right).$$

Diese drei vollständigen Differentialgleichungen entsprechen ganz den in Abschnitt II. für vollkommene Gase aufgestellten, nur dass die letzteren durch Anwendung des Mariotte'schen und Gay-Lussac'schen Gesetzes vereinfacht sind. Aus der diese Gesetze ausdrückenden Gleichung

$$pv = RT$$

ergiebt sich nämlich:

$$\frac{d_v p}{dT} = \frac{R}{v}; \quad \frac{d_p v}{dT} = \frac{R}{p}.$$

Wenn man diese Werthe der Differentialcoefficienten in die obigen Gleichungen einsetzt und ausserdem in der letzten für T den Ausdruck $\frac{pv}{R}$ substituirt, so erhält man:

$$dQ = C_v dT + \frac{RT}{v} dv$$

$$dQ = C_p dT - \frac{RT}{p} dp$$

$$dQ = \frac{C_p}{C_p - C_v} p\, dv + \frac{C_v}{C_p - C_v} v\, dp,$$

welche Gleichungen in Abschnitt II. unter (11), (15) und (16) gegeben sind.

Die drei vollständigen Differentialgleichungen (3), (4) und (5) sind, wie wir es bei den speciell für Gase geltenden Gleichungen schon gesehen haben, nicht unmittelbar integrabel. Für die Gleichungen (3) und (4) ergiebt sich dieses sofort aus schon früher aufgestellten Gleichungen. Die im Abschnitt V. in den Systemen (25) und (26) zu unterst stehenden Gleichungen lauten nämlich unter Anwendung der Zeichen C_v und C_p und der für die Differentialcoefficienten jetzt angenommenen Schreibweise:

$$(6) \qquad \begin{cases} \dfrac{d_T C_v}{dv} = T \dfrac{d_v^2 p}{dT^2} \\[2mm] \dfrac{d_T C_p}{dp} = - T \dfrac{d_p^2 v}{dT^2}, \end{cases}$$

während die Bedingungsgleichungen, welche erfüllt sein müssten, wenn (3) und (4) integrabel sein sollten, lauten:

$$\frac{d_T C_v}{d v} = T \frac{d_v^2 p}{d T^2} + \frac{d_v p}{d T}$$

$$\frac{d_T C_p}{d p} = - T \frac{d_p^2 v}{d T^2} - \frac{d_p v}{d T}.$$

Aehnlich, nur etwas weitläufiger, ist der Nachweis zu führen, dass die Gleichung (5) nicht integrabel ist, was sich übrigens dem Vorigen nach auch von selbst versteht, da sie aus den Gleichungen (3) und (4) abgeleitet ist.

Die drei Gleichungen gehören also zu denjenigen vollständigen Differentialgleichungen, welche in der Einleitung besprochen sind, und welche sich erst dann integriren lassen, wenn zwischen den Veränderlichen noch eine andere Relation gegeben und dadurch der Weg der Veränderungen vorgeschrieben ist.

§. 5. Specifische Wärme bei constantem Volumen und bei constantem Drucke.

Wenn man in der Gleichung (4) statt des unbestimmten Differentials dp den Ausdruck $\frac{d_v p}{d T} d T$ setzt, so bezieht sie sich auf den speciellen Fall, wo der Körper bei constantem Volumen seine Temperatur um $d T$ ändert. Dividirt man dann noch die Gleichung durch $d T$, so erhält man an der linken Seite den Differential-coefficienten $\frac{d_v Q}{d T}$, welchen wir, da er die specifische Wärme bei constantem Volumen bedeutet, mit C_v bezeichnet haben, und es entsteht daher folgende die Beziehung zwischen C_v und C_p ausdrückende Gleichung:

$$(7) \qquad C_v = C_p - T \frac{d_p v}{d T} \cdot \frac{d_v p}{d T}.$$

Wenn man den aus dieser Gleichung hervorgehenden Werth der Differenz $C_p - C_v$ in die Gleichung (5) einsetzt, so nimmt dieselbe folgende noch einfachere Form an:

$$(8) \qquad dQ = C_p \frac{d_p T}{d v} d v + C_v \frac{d_v T}{d p} d p.$$

Will man mit Hülfe der Gleichung (7) die specifische Wärme bei constantem Volumen aus derjenigen bei constantem Drucke unter Anwendung der vorhandenen Data bestimmen, so ist es zweckmässig, noch eine kleine Aenderung mit der Gleichung vorzunehmen. Der in ihr vorkommende Differentialcoefficient $\dfrac{d_p v}{d T}$ stellt die Ausdehnung des Körpers durch Temperaturerhöhung dar, und ist der Regel nach als bekannt anzunehmen; der andere Differentialcoefficient $\dfrac{d_v p}{d T}$ dagegen pflegt bei festen und tropfbar flüssigen Körpern nicht unmittelbar durch Beobachtung bekannt zu sein. Man kann aber nach (2) setzen:

$$\frac{d_v p}{d T} = - \frac{\dfrac{d_p v}{d T}}{\dfrac{d_T v}{d p}},$$

und in diesem Bruche ist der im Zähler stehende Differentialcoefficient wieder der vorher besprochene, und der im Nenner stehende Differentialcoefficient stellt, wenn er mit dem negativen Vorzeichen genommen wird, die Volumenverringerung durch Druckvermehrung oder die Zusammendrückbarkeit dar, welche man bei einer Anzahl von Flüssigkeiten direct gemessen hat, und bei festen Körpern aus dem Elasticitätscoefficienten näherungsweise berechnen kann. Durch Einführung dieses Bruches geht die Gleichung (7) über in:

$$(7\,\mathrm{a}) \qquad C_v = C_p + T \frac{\left(\dfrac{d_p v}{d T}\right)^2}{\dfrac{d_T v}{d p}}.$$

Sollen die specifischen Wärmen nicht in mechanischem Maasse, sondern in gewöhnlichem Wärmemaasse ausgedrückt werden, und bezeichnet man sie in diesem Falle mit c_v und c_p, so geht die vorige Gleichung über in:

$$(7\,\mathrm{b}) \qquad c_v = c_p + \frac{T}{E} \cdot \frac{\left(\dfrac{d_p v}{d T}\right)^2}{\dfrac{d_T v}{d p}}.$$

Bei der Anwendung dieser Gleichung zu numerischen Rechnungen ist noch zu beachten, dass man in den Differentialcoefficienten als Volumeneinheit den Cubus derjenigen Längeneinheit, welche bei der Bestimmung der Grösse E angewandt ist, und als

Druckeinheit den Druck, welchen eine über eine Flächeneinheit verbreitete Gewichtseinheit ausübt, anwenden muss. Auf diese Einheiten hat man daher den Ausdehnungscoefficienten und den Zusammendrückungscoefficienten, wenn sie sich, wie es gewöhnlich der Fall ist, auf andere Einheiten beziehen, zu reduciren.

Da der Differentialcoefficient $\dfrac{d_T v}{dp}$ immer negativ ist, so folgt daraus, dass die specifische Wärme bei constantem Volumen immer kleiner sein muss als diejenige bei constantem Drucke. Der andere Differentialcoefficient $\dfrac{d_p v}{dT}$ ist im Allgemeinen eine positive Grösse. Beim Wasser ist er bei der Temperatur des Maximums der Dichte gleich Null, und demnach sind bei dieser Temperatur die beiden specifischen Wärmen gleich. Bei allen anderen Temperaturen, sowohl unter als über der Temperatur des Maximums der Dichte, ist die specifische Wärme bei constantem Volumen kleiner als die bei constantem Drucke, denn, wenn auch der Differentialcoefficient $\dfrac{d_p v}{dT}$ unter dieser Temperatur einen negativen Werth hat, so hat das doch auf den Werth der Formel keinen Einfluss, weil dieser Differentialcoefficient in ihr quadratisch vorkommt.

Um ein Beispiel von der Anwendung der Gleichung (9) zu erhalten, wollen wir das Wasser bei einigen bestimmten Temperaturen betrachten, und die Differenz zwischen den beiden specifischen Wärmen berechnen.

Nach den Beobachtungen von Kopp, deren Resultate in dem Lehrbuche der phys. und theor. Chemie S. 204 in einigen Zahlenreihen zusammengestellt sind, hat man für Wasser, wenn sein Volumen bei 4⁰ als Einheit genommen wird, folgende Ausdehnungscoefficienten:

$$
\begin{array}{lll}
\text{bei} & 0^0 & - \; 0\cdot000061 \\
\text{„} & 25^0 & + \; 0\cdot00025 \\
\text{„} & 50^0 & + \; 0\cdot00045.
\end{array}
$$

Nach den Beobachtungen von Grassi[1]) hat man für die Zusammendrückbarkeit des Wassers folgende Zahlen, welche die durch eine Druckzunahme um eine Atmosphäre verursachte Volumenvermin-

---

[1]) *Ann. de chim. et de phys. 3. sér. t. XXXI, p. 437,* und **Krönig's** Journ. für Physik des Auslandes Bd. II, S. 129.

derung als Bruchtheil des beim ursprünglichen Drucke stattfindenden Volumens angeben:

$$\begin{array}{lll} \text{bei} & 0^0 & 0\cdot000050 \\ \text{„} & 25^0 & 0\cdot000046 \\ \text{„} & 50^0 & 0\cdot000044. \end{array}$$

Wir wollen nun beispielsweise für die Temperatur von 25^0 die
Rechnung durchführen.

Als Längeneinheit wählen wir das Meter und als Gewichtseinheit das Kilogramm. Dann haben wir als Volumeneinheit ein
Cubikmeter anzunehmen, und da ein Kilogramm Wasser bei 4^0 den
Raum von $0\cdot001$ Cubikmeter einnimmt, so müssen wir, um $\dfrac{d_p v}{dT}$ zu
erhalten, den oben angeführten Ausdehnungscoefficienten mit $0\cdot001$
multipliciren, also:

$$\frac{d_p v}{dT} = 0\cdot00000025 = 25 \cdot 10^{-8}.$$

Bei der Zusammendrückbarkeit ist dem Vorigen nach das Volumen,
welches das Wasser bei der betreffenden Temperatur und beim
ursprünglichen Drucke (den wir als den gewöhnlichen Druck einer
Atmosphäre voraussetzen können) einnahm, als Einheit genommen.
Dieses Volumen ist bei 25^0 gleich $0\cdot001003$ Cubikmeter. Ferner
ist eine Atmosphäre Druck als Druckeinheit genommen, während
wir den Druck eines Kilogramm auf ein Quadratmeter als Druckeinheit nehmen müssen, wonach eine Atmosphäre Druck durch
10333 dargestellt wird. Demgemäss haben wir zu setzen:

$$\frac{d_T v}{dp} = - \frac{0\cdot000046 \cdot 0\cdot001003}{10333} = - 45 \cdot 10^{-13}.$$

Ausserdem haben wir bei 25^0 zu setzen: $T = 273 + 25 = 298$,
und für E wollen wir nach Joule 424 annehmen. Diese Zahlenwerthe in die Gleichung (7 b) eingesetzt, giebt:

$$c_p - c_v = \frac{298}{424} \cdot \frac{25^2 \cdot 10^{-16}}{45 \cdot 10^{-13}} = 0\cdot0098.$$

In derselben Weise ergeben sich aus den obigen Werthen des
Ausdehnungscoefficienten und der Zusammendrückbarkeit bei 0^0
und 50^0 folgende Zahlen:

$$\begin{array}{lll} \text{bei} & 0^0 & c_p - c_v = 0\cdot0005 \\ \text{„} & 50^0 & c_p - c_v = 0\cdot0358. \end{array}$$

Wenden wir nun für c_p, die specifische Wärme bei constantem

Drucke, die von Regnault experimentell gefundenen Werthe an, so erhalten wir für die beiden specifischen Wärmen folgende Paare von Zahlen:

$$\text{bei} \quad 0^0 \begin{cases} c_p = 1 \\ c_v = 0.9995 \end{cases}$$

$$_\text{\textit{n}} \quad 25^0 \begin{cases} c_p = 1.0016 \\ c_v = 0.9918 \end{cases}$$

$$_\text{\textit{n}} \quad 50^0 \begin{cases} c_p = 1.0042 \\ c_v = 0.9684 \end{cases}$$

§. 6. Specifische Wärmen unter anderen Umständen.

In gleicher Weise, wie wir im vorigen Paragraphen die specifische Wärme bei constantem Volumen bestimmt haben, können wir auch die irgend welchen anderen Umständen entsprechende specifische Wärme bestimmen, indem wir ihre Beziehung zur specifischen Wärme bei constantem Drucke aus der Gleichung (4) ableiten.

Wenn nämlich die Umstände, unter welchen die Erwärmung stattfinden soll, gegeben sind, so sind die beiden Differentiale dT und dp nicht mehr von einander unabhängig, sondern das eine ist durch das andere mitbestimmt, und wir können daher für dp das Product $\dfrac{dp}{dT} dT$ schreiben, worin der Differentialcoefficient $\dfrac{dp}{dT}$ eine bestimmte Function derjenigen Veränderlichen ist, von welchen der Zustand des Körpers abhängt. Wenn man dieses Product in (4) an die Stelle von dp setzt, dann die Gleichung durch dT dividirt, und den dadurch an der linken Seite entstehenden Bruch $\dfrac{dQ}{dT}$, welcher die specifische Wärme unter den gegebenen Umständen ausdrückt, mit C bezeichnet, so kommt:

$$(9) \qquad C = C_p - T \frac{d_p v}{dT} \cdot \frac{dp}{dT}.$$

Will man die specifischen Wärmen nicht in mechanischen Einheiten, sondern in gewöhnlichen Wärmeeinheiten ausdrücken und für diesen Fall wieder das kleine c statt des grossen zur Bezeichnung anwenden, so geht die vorige Gleichung über in:

$$(9\,a) \qquad c = c_p - \frac{T}{E} \cdot \frac{d_p v}{d T} \cdot \frac{d p}{d T}.$$

Diese Gleichung wollen wir beispielsweise dazu benutzen, diejenigen specifischen Wärmen zu bestimmen, welche in den beiden vorigen Abschnitten in den Rechnungen vorkamen, nämlich 1) die specifische Wärme des flüssigen Wassers, wenn es mit Dampf vom Maximum der Spannkraft in Berührung ist, und 2) die specifische Wärme des Wassers und des Eises für den Fall, wo der Druck sich mit der Temperatur so ändert, dass die dem Drucke entsprechende Schmelztemperatur immer gleich der gerade stattfindenden Temperatur ist.

Im ersten Falle haben wir dem Differentialcoefficienten $\dfrac{d p}{d T}$ einfach den Werth zu geben, welcher der Spannungsreihe des Wasserdampfes entspricht. Für die Temperatur 100^0 wird dieser Werth, wenn als Druckeinheit ein Kilogramm auf ein Quadratmeter gilt, durch die Zahl 370 dargestellt. Was den anderen Differentialcoefficienten $\dfrac{d_p v}{d T}$ anbetrifft, so ist nach den Versuchen von Kopp der Ausdehnungscoefficient des Wassers bei 100^0, wenn man das Volumen des Wassers bei 4^0 als Einheit nimmt, 0·00080. Diese Zahl hat man, um den Werth von $\dfrac{d_p v}{d T}$ für den Fall zu erhalten, wo ein Cubikmeter als Volumeneinheit und ein Kilogramm als Gewichtseinheit gilt, mit 0·001 zu multipliciren, wodurch entsteht 0·00000080. Endlich ist noch die absolute Temperatur T für 100^0 gleich 373 und E, wie gewöhnlich, gleich 424 zu setzen. Dadurch geht (9 a) über in:

$$c = c_p - \frac{373}{424} \times 0\cdot00000080 \times 370$$
$$= c_p - 0\cdot00026.$$

Nehmen wir nun für die specifische Wärme des Wassers bei constantem Drucke bei 100^0 den aus der Regnault'schen empirischen Formel hervorgehenden Werth an, so erhalten wir für die beiden zu vergleichenden specifischen Wärmen folgende zusammengehörige Zahlen:

$$c_p = 1\cdot013$$
$$c = 1\cdot01274.$$

Wir sehen hieraus, dass diese beiden Grössen so nahe gleich sind,

dass es keinen Nutzen gehabt haben würde, die zwischen ihnen
bestehende Differenz in unseren auf die gesättigten Dämpfe bezüglichen Rechnungen zu berücksichtigen.

Bei den Betrachtungen über den Einfluss des Druckes auf das
Gefrieren der Flüssigkeiten verhält es sich insofern anders, als eine
bedeutende Aenderung des Druckes den Gefrierpunkt nur sehr
wenig ändert, und daher der Differentialcoefficient $\frac{dp}{dT}$ für diesen
Fall einen sehr grossen Werth hat. Nimmt man beim Wasser gemäss der im vorigen Abschnitte ausgeführten Rechnung an, dass
für eine Druckzunahme um eine Atmosphäre der Gefrierpunkt um
0·00733° C. sinkt, so hat man zu setzen:

$$\frac{dp}{dT} = -\frac{10\,333}{0\cdot00733},$$

und die Gleichung (9 a) geht daher, wenn wir noch für T die für
den Gefrierpunkt geltende Zahl 273 und für E die Zahl 424 einsetzen, über in:

$$c = c_p + \frac{273}{424} \cdot \frac{10\,333}{0\cdot00733} \cdot \frac{d_p v}{dT}$$
$$= c_p + 908\,000\, \frac{d_p v}{dT}.$$

Um diese Gleichung zunächst auf flüssiges Wasser anzuwenden, nehmen wir nach Kopp den Ausdehnungscoefficienten des
Wassers bei 0° zu — 0·000061 an, in Folge dessen wir, unter Anwendung des Kilogramm als Gewichtseinheit und des Cubikmeter
als Raumeinheit, zu setzen haben:

$$\frac{d_p v}{dT} = -\,0\cdot000000061,$$

und demnach aus der vorigen Gleichung erhalten:

$$c = c_p - 0\cdot055.$$

Da nun $c_p = 1$ ist, so kommt:

$$c = 0\cdot945.$$

Um ferner die obige Gleichung auf Eis anzuwenden, nehmen
wir nach den Versuchen von Schumacher, Pohrt und Moritz
den linearen Ausdehnungscoefficienten des Eises zu 0·000051 an,
woraus sich der cubische Ausdehnungscoefficient zu 0·000153 ergiebt. Diese Zahl haben wir, um sie auf die erforderlichen Maass-
einheiten zu reduciren, mit 0·001087, dem in Cubikmetern gemesse-

nen Volumen eines Kilogramm Eis, zu multipliciren, wodurch wir erhalten:

$$\frac{d_p v}{d T} = 0\cdot000000166.$$

Durch Einsetzung dieses Werthes geht die obige Gleichung über in:

$$c = c_p + 0\cdot151.$$

Da nun nach Person[1]) $c_p = 0\cdot48$ zu setzen ist, so kommt:

$$c = 0\cdot631.$$

Die Werthe $0\cdot945$ und $0\cdot631$ sind es, die im vorigen Abschnitte bei der Rechnung, durch welche die Abhängigkeit der Werkwärme des Schmelzens von der Schmelztemperatur bestimmt wurde, in Anwendung kamen.

§. 7. Isentropische Aenderungen eines Körpers.

Anstatt die Art der Zustandsänderung eines Körpers durch eine solche Bedingungsgleichung zu bestimmen, die eine oder mehrere der Grössen T, v und p enthält, wollen wir jetzt die Bedingung stellen, dass dem Körper während seiner Veränderung keine Wärme mitgetheilt oder entzogen werde, was durch die Gleichung

$$dQ = 0$$

ausgedrückt wird. Da in Folge dieser Gleichung auch gesetzt werden kann:

$$dS = \frac{dQ}{T} = 0,$$

woraus folgt, dass die Entropie S des Körpers unverändert bleibt, so wollen wir diese Art von Zustandsänderungen, wie schon früher die darauf bezüglichen Druckcurven, *isentropische* nennen, und die bei ihrer Behandlung gebildeten Differentialcoefficienten durch den Index S charakterisiren.

Indem wir in der Gleichung (3) dQ gleich Null setzen, erhalten wir:

$$0 = C_v dT + T \frac{d_v p}{d T} dv.$$

Dividiren wir diese Gleichung durch dv, so ist der dadurch ent-

---

[1]) *Comptes rendus t.* XXX, *p. 526.*

stehende Differentialcoefficient $\dfrac{dT}{dv}$ ein solcher, der sich auf eine isentropische Aenderung bezieht, und es entsteht daher die Gleichung:

(10)
$$\frac{d_S T}{dv} = -\frac{T}{C_v} \cdot \frac{d_v p}{dT}.$$

Ebenso folgt aus der Gleichung (4):

(11)
$$\frac{d_S T}{dp} = \frac{T}{C_p} \cdot \frac{d_p v}{dT}.$$

Die Gleichung (5), statt deren man auch (7) anwenden kann, giebt zunächst:

$$0 = C_p \frac{d_v p}{dT} dv + C_v \frac{d_p v}{dT} dp,$$

und hieraus folgt:

$$\frac{d_S v}{dp} = -\frac{C_v}{C_p} \cdot \frac{\dfrac{d_p v}{dT}}{\dfrac{d_v p}{dT}},$$

welche Gleichung sich mit Hülfe von (1) und (2) in folgende umwandeln lässt:

(12)
$$\frac{d_S v}{dp} = \frac{C_v}{C_p} \cdot \frac{d_T v}{dp}.$$

Wenn man hierin für C_v den in (7a) gegebenen Werth setzt, so kommt:

(13)
$$\frac{d_S v}{dp} = \frac{d_T v}{dp} + \frac{T}{C_p} \left(\frac{d_p v}{dT}\right)^2.$$

Schreibt man statt (12), indem man die reciproken Werthe bildet:

(14)
$$\frac{d_S p}{dv} = \frac{C_p}{C_v} \cdot \frac{d_T p}{dv},$$

so kann man diese Gleichung in entsprechender Weise, wie (12), umformen und erhält dadurch:

(15)
$$\frac{d_S p}{dv} = \frac{d_T p}{dv} - \frac{T}{C_v} \left(\frac{d_v p}{dT}\right)^2.$$

Diese hier bestimmten, auf constante Entropie bezüglichen Differentialcoefficienten zwischen Volumen und Druck hat man bei der Berechnung der Fortpflanzungsgeschwindigkeit des Schalles in Gasen und Flüssigkeiten anzuwenden, was für die vollkommenen Gase schon in Abschnitt II. des Näheren besprochen ist.

§. 8. Specielle Form der Hauptgleichungen für einen gedehnten Stab.

Um nun, nachdem wir bisher als äussere Kraft immer einen gleichmässigen Oberflächendruck vorausgesetzt haben, auch von einer anderen äusseren Kraft ein Beispiel zu geben, wollen wir einen elastischen Stab (oder Faden) betrachten, welcher seiner Länge nach durch eine spannende Kraft, z. B. durch ein ange-hängtes Gewicht, gedehnt wird, während nach den Seitenrichtungen keine Kraft auf ihn wirkt. Statt einer den Stab in der Längen-richtung dehnenden Kraft kann auch eine ihn in der Längenrich-tung zusammendrückende Kraft stattfinden, sofern der Stab da-durch nicht gebogen wird. Eine solche zusammendrückende Kraft behandeln wir in den Formeln einfach als *negative* spannende Kraft. Die Bedingung, dass nach den Seitenrichtungen keine Kraft auf den Stab wirke, würde eigentlich nur dann vollständig erfüllt werden, wenn der Stab dem Luftdrucke entzogen und also in einen luftleeren Raum gebracht würde; wenn indessen die spannende Kraft, welche nach der Längenrichtung auf die Querschnittsfläche des Stabes wirkt, gegen den auf eine ebenso grosse Fläche wirken-den Luftdruck sehr gross ist, so kann man den letzteren dagegen vernachlässigen.

Die spannende Kraft möge mit P und die Länge, welche der Stab unter ihrem Einflusse und bei der Temperatur T hat, mit l bezeichnet werden. Die Länge des Stabes und überhaupt sein ganzer Zustand ist unter den gegebenen Umständen durch die Grössen P und T bestimmt, und wir können diese daher als unab-hängige Veränderliche wählen.

Wenn nun durch eine unendlich kleine Aenderung der spannenden Kraft, oder der Temperatur, oder auch beider, die Länge l sich um dl vermehrt, so wird dabei von der spannenden Kraft P die Arbeit $P\,dl$ gethan. Da wir aber in unseren Formeln nicht die von einer Kraft gethane sondern die von ihr *erlittene* Arbeit als positiv rechnen, so lautet die zur Bestimmung der äusseren Arbeit dienende Gleichung:

$$(16) \qquad dW = -\,P\,dl.$$

Betrachten wir l als Function von P und T, so können wir diese Gleichung so schreiben:

$$dW = - P\left(\frac{dl}{dP}dP + \frac{dl}{dT}dT\right),$$

woraus weiter folgt:

$$\frac{dW}{dP} = - P\frac{dl}{dP}$$

$$\frac{dW}{dT} = - P\frac{dl}{dT}.$$

Indem wir die erste dieser Gleichungen nach T und die zweite nach P differentiiren und dabei berücksichtigen, dass, da P und T die beiden unabhängigen Veränderlichen sind, der Differential-coefficient $\frac{dP}{dT}$ gleich Null zu setzen ist, erhalten wir:

$$\frac{d}{dT}\left(\frac{dW}{dP}\right) = - P\frac{d^2l}{dP\,dT}$$

$$\frac{d}{dP}\left(\frac{dW}{dT}\right) = - \frac{dl}{dT} - P\frac{d^2l}{dT\,dP}.$$

Subtrahiren wir die letztere dieser Gleichungen von der ersteren und setzen für die dadurch an der linken Seite entstehende Differenz das früher eingeführte Zeichen D_{PT} ein, so kommt:

$$(17) \qquad\qquad D_{PT} = \frac{dl}{dT}.$$

Diesen Werth von D_{PT} wenden wir auf die Gleichungen (12), (13), (14) und (15) des Abschnittes V. an, nachdem wir in denselben P an die Stelle von x gesetzt haben, dann erhalten wir die auf unseren Fall bezügliche Form der Hauptgleichungen, nämlich

$$(18) \qquad \frac{d}{dT}\left(\frac{dQ}{dP}\right) - \frac{d}{dP}\left(\frac{dQ}{dT}\right) = \frac{dl}{dT},$$

$$(19) \qquad \frac{d}{dT}\left(\frac{dQ}{dP}\right) - \frac{d}{dP}\left(\frac{dQ}{dT}\right) = \frac{1}{T}\cdot\frac{dQ}{dP},$$

$$(20) \qquad\qquad \frac{dQ}{dP} = T\frac{dl}{dT},$$

$$(21) \qquad \frac{d}{dP}\left(\frac{dQ}{dT}\right) = T\frac{d^2l}{dT^2}.$$

§. 9. Temperaturänderung bei der Verlängerung des Stabes.

Die Gleichung (20) lässt sofort durch ihre Form eine eigenthümliche Beziehung zwischen zwei Vorgängen erkennen, nämlich zwischen der durch Temperaturänderung bewirkten Längenänderung und der durch Längenänderung bewirkten Temperaturänderung. Wenn nämlich, wie es der Regel nach der Fall ist, der Stab bei constant bleibender Spannung durch Erwärmung länger wird, und somit $\frac{dl}{dT}$ positiv ist, so ist der Gleichung nach auch $\frac{dQ}{dP}$ positiv, woraus folgt, dass der Stab, wenn er durch Vermehrung der spannenden Kraft verlängert wird, dabei Wärme von Aussen empfangen muss, um seine Temperatur unverändert beizubehalten, und dass er sich daher, falls ihm keine Wärme zugeführt wird, bei der Verlängerung abkühlt. Wenn dagegen, was ausnahmsweise vorkommen kann, die Erwärmung bei constanter Spannung eine Verkürzung zur Folge hat, und somit $\frac{dl}{dT}$ negativ ist, so ist der Gleichung nach auch $\frac{dQ}{dP}$ negativ. In diesem Falle muss der Stab also bei der durch vermehrte Spannung bewirkten Verlängerung Wärme nach Aussen abgeben, um eine constante Temperatur zu behalten, und wenn keine Wärmeabgabe stattfindet, muss er sich bei der Verlängerung erwärmen.

Die Grösse der betreffenden Temperaturänderung, welche eintritt, wenn die spannende Kraft sich ändert, ohne dass dem Stabe Wärme mitgetheilt oder entzogen wird, ergiebt sich leicht, wenn man in ähnlicher Weise, wie es früher bei Körpern, die unter einem gleichmässigen Oberflächendruck stehen, geschehen ist, die vollständige Differentialgleichung erster Ordnung für Q bildet. Der Differentialcoefficient $\frac{d_T Q}{dP}$ ist durch die Gleichung (20) bestimmt, in welcher wir statt $\frac{dl}{dT}$ jetzt vollständiger $\frac{d_P l}{dT}$ schreiben wollen.

Um den anderen Differentialcoefficienten $\frac{d_P Q}{dT}$ in einer für unseren Zweck bequemen Weise ausdrücken zu können, möge diejenige specifische Wärme des Stabes, welche sich auf constante Spannung bezieht, mit C_P, und das Gewicht des Stabes mit M bezeichnet werden. Dann ist:

$$\frac{d_P Q}{dT} = M C_P,$$

und die vollständige Differentialgleichung lautet daher:

(22) $$dQ = M C_P dT + T \frac{d_P l}{dT} dP.$$

Macht man nun die Voraussetzung, dass dem Stabe keine Wärme mitgetheilt oder entzogen werde, so hat man $dQ = 0$ zu setzen, und erhält:

$$0 = M C_P dT + T \frac{d_P l}{dT} dP.$$

Wenn man diese Gleichung durch dP dividirt, so stellt der Bruch $\frac{dT}{dP}$ denjenigen Differentialcoefficienten von T nach P dar, bei dessen Bildung die Entropie als constant vorausgesetzt ist, und er ist daher vollständiger $\frac{d_S T}{dP}$ zu schreiben. Man erhält auf diese Weise die Gleichung:

(23) $$\frac{d_S T}{dP} = - \frac{T}{M C_P} \cdot \frac{d_P l}{dT}.$$

Diese Gleichung ist, wenn auch nicht gerade in derselben Form, zuerst von W. Thomson entwickelt, und ihre Richtigkeit ist durch Versuche von·Joule[1]) bestätigt. Besonders auffällig zeigte sich die Uebereinstimmung der Beobachtungsresultate mit der Theorie in einer beim Kautschuk vorkommenden Erscheinung, welche schon früher von Gough wahrgenommen war, und dann von Joule ebenfalls beobachtet und durch genauere Messungen festgestellt wurde. So lange der Kautschuk entweder gar nicht, oder nur durch eine geringe spannende Kraft gedehnt ist, verhält er sich in Bezug auf die durch Temperaturänderung bewirkte Längenänderung, wie die anderen Körper, nämlich dass er sich bei der Erwärmung verlängert, und bei der Abkühlung verkürzt. Wenn er aber durch eine grössere Kraft gedehnt ist, so zeigt er das umgekehrte Verhalten, dass er sich bei der Erwärmung verkürzt und bei der Abkühlung verlängert. Der Differentialcoeffi-

---

[1]) *Phil. Transact. for the year 1859.*

cient $\frac{d_P l}{d T}$ ist also im ersten Falle positiv und im zweiten Falle negativ. Dementsprechend zeigt er die Eigenschaft, dass er, so lange die Dehnung noch gering ist, durch Zunahme der Dehnung sich abkühlt, dagegen bei starker Dehnung durch Zunahme der Dehnung sich erwärmt, ganz so wie es die Gleichung (23) verlangt, nach welcher der Differentialcoefficient $\frac{d_S T}{d P}$ immer das entgegengesetzte Vorzeichen haben muss, wie $\frac{d_P l}{d T}$.

§. 10. Weitere Folgerungen aus den obigen Gleichungen.

Man kann die vollständige Differentialgleichung (22) auch so umformen, dass T und l oder l und P als unabhängige Veränderliche in ihr vorkommen.

Dazu möge zunächst die Beziehung vorausgeschickt werden, in welcher die Differentialcoefficienten zwischen den Grössen T, l und P unter einander stehen, und welche durch eine Gleichung von derselben Form, wie (2), ausgedrückt wird, nämlich:

$$(24) \qquad \frac{d_T P}{d l} \cdot \frac{d_P l}{d T} \cdot \frac{d_l T}{d P} = -1.$$

Um nun die vollständige Differentialgleichung zu bilden, welche T und l als unabhängige Veränderliche enthält, betrachten wir P als Function von T und l und schreiben demgemäss (22) in der Form:

$$dQ = M C_P d T + T \frac{d_P l}{d T} \left(\frac{d_l P}{d T} d T + \frac{d_T P}{d l} d l \right)$$

oder:

$$dQ = \left(M C_P + T \frac{d_P l}{d T} \cdot \frac{d_l P}{d T} \right) d T + T \frac{d_P l}{d T} \cdot \frac{d_T P}{d l} d l.$$

Das im letzten Gliede stehende Product aus zwei Differentialcoefficienten kann man gemäss (24) durch einen einzelnen Differentialcoefficienten ersetzen, und erhält dadurch:

$$(25) \qquad dQ = \left(M C_P + T \frac{d_P l}{d T} \cdot \frac{d_l P}{d T} \right) d T - T \frac{d_l P}{d T} d l.$$

Will man für die specifische Wärme bei constanter Länge ein besonderes Zeichen C_l einführen, so hat man den in Klammer

stehenden Factor von dT gleich MC_l zu setzen, woraus sich ergiebt:

$$(26) \qquad C_l = C_P + \frac{T}{M} \cdot \frac{d_P l}{dT} \cdot \frac{d_l P}{dT},$$

oder nach einer mit Hülfe von (24) vorgenommenen Umformung:

$$(27) \qquad C_l = C_P - \frac{T}{M} \cdot \frac{\left(\frac{d_P l}{dT}\right)^2}{\frac{d_T l}{dP}}.$$

Die Gleichung (25) nimmt dann folgende vereinfachte Form an:

$$(28) \qquad dQ = MC_l dT - T \frac{d_l P}{dT} dl.$$

Um die vollständige Differentialgleichung zu bilden, welche l
und P als unabhängige Veränderliche enthält, betrachten wir T
als Function von l und P, wodurch die Gleichung (22) sich so
gestaltet:

$$dQ = MC_P\left(\frac{d_P T}{dl} dl + \frac{d_l T}{dP} dP\right) + T\frac{d_P l}{dT} dP$$

$$= MC_P \frac{d_P T}{dl} dl + \left(MC_P \frac{d_l T}{dP} + T\frac{d_P l}{dT}\right) dP.$$

Wenn man hierin den Factor von dP folgendermaassen umändert:

$$dQ = MC_P \frac{d_P T}{dl} dl + \left(MC_P + T\frac{d_P l}{dT} \cdot \frac{d_l P}{dT}\right) \frac{d_l T}{dP} dP,$$

so kann man den in Klammer stehenden Ausdruck nach (26) durch
MC_l ersetzen und erhält somit:

$$(29) \qquad dQ = MC_P \frac{d_P T}{dl} dl + MC_l \frac{d_l T}{dP} dP.$$

Die Gleichungen (28) und (29) wollen wir wieder auf den
speciellen Fall anwenden, wo dem Stabe von Aussen keine Wärme
mitgetheilt oder entzogen wird, und somit $dQ = 0$ zu setzen ist.
Dann giebt die erstere:

$$(30) \qquad \frac{d_S T}{dl} = \frac{T}{MC_l} \cdot \frac{d_l P}{dT},$$

und die letztere giebt zunächst:

$$\frac{d_S l}{dP} = - \frac{C_l}{C_P} \cdot \frac{\frac{d_l T}{dP}}{\frac{d_P T}{dl}},$$

wofür in Folge von (24) geschrieben werden kann:

(31)
$$\frac{d_S l}{dP} = \frac{C_l}{C_P} \cdot \frac{d_T l}{dP}.$$

Setzt man hierin noch für C_l seinen Werth aus (27), so kommt:

(32)
$$\frac{d_S l}{dP} = \frac{d_T l}{dP} - \frac{T}{MC_P} \left(\frac{d_P l}{dT}\right)^2$$

Die durch den hier bestimmten Differentialcoefficienten $\dfrac{d_S l}{dP}$ ausgedrückte Beziehung zwischen Länge und spannender Kraft ist es, welche man bei der Berechnung der Schallgeschwindigkeit in einem elastischen Stabe in Anwendung zu bringen hat, an Stelle der gewöhnlich angewandten durch den Differentialcoefficienten $\dfrac{d_T l}{dP}$ ausgedrückten Beziehung, welche durch den Elasticitätscoefficienten bestimmt wird, ebenso, wie man bei der Berechnung der Schallgeschwindigkeit in luftförmigen und flüssigen Körpern die durch den Differentialcoefficienten $\dfrac{d_S v}{dp}$ ausgedrückte Beziehung zwischen Volumen und Druck, statt der durch den Differentialcoefficienten $\dfrac{d_T v}{dp}$ ausgedrückten Beziehung, in Anwendung zu bringen hat.

Dabei ist noch zu bemerken, dass bei der Betrachtung der Schallfortpflanzung, wo es sich nicht um grosse Werthe der Spannung P handelt, in der Gleichung (32), welche zur Bestimmung des Differentialcoefficienten $\dfrac{d_S l}{dP}$ dient, an die Stelle der durch C_P bezeichneten specifischen Wärme bei constanter Spannung ohne Bedenken die in gewöhnlicher Weise unter dem Drucke der Atmosphäre gemessene specifische Wärme bei constantem Drucke gesetzt werden kann.

ABSCHNITT IX.

Bestimmung der Energie und Entropie.

§. 1. Allgemeine Gleichungen.

In den früheren Abschnitten ist vielfach von der *Energie* und der *Entropie* eines Körpers die Rede gewesen, als von zwei für die Wärmelehre wichtigen Grössen, welche durch den gerade statt-findenden Zustand des Körpers bestimmt sind, ohne dass man die Art, wie der Körper in diesen Zustand gelangt ist, zu kennen braucht. Wenn diese Grössen für einen Körper bekannt sind, so lassen sich mit Hülfe derselben viele Rechnungen, welche sich auf die Zustandsänderungen des Körpers und die dabei in Betracht kommenden Wärmemengen beziehen, in sehr einfacher Weise aus-führen. Die Eine der beiden Grössen, die Energie, ist schon mehr-fach, besonders von Kirchhoff[1]), zum Gegenstande werthvoller Untersuchungen gemacht, und es ist dabei auch die Art ihrer Be-stimmung näher besprochen. Wir wollen hier die Energie und Entropie gemeinsam behandeln, und die Gleichungen, welche zu ihrer Bestimmung dienen, zusammenstellen.

Im ersten und dritten Abschnitte sind folgende Gleichungen als Hauptgleichungen aufgestellt, welche dort mit (III.) und (VI.) bezeichnet wurden:

---

[1]) Ueber einen Satz der mechanischen Wärmetheorie und einige An-wendungen desselben. Pogg. Ann. Bd. 103, S. 177.

(III.) $$dQ = dU + dW,$$
(VI.) $$dQ = TdS.$$

Hierin bedeuten U und S die Energie und Entropie des Körpers, und dU und dS die Veränderungen, welche dieselben bei einer unendlich kleinen Zustandsänderung des Körpers erleiden. dQ ist die Wärmemenge, welche der Körper bei der Zustandsänderung aufnimmt, dW die dabei geleistete äussere Arbeit und T die absolute Temperatur, bei welcher die Aenderung geschieht. Die erstere dieser beiden Gleichungen ist auf jede, in beliebiger Weise vor sich gehende unendlich kleine Zustandsänderung anwendbar, die letztere dagegen darf nur auf solche Zustandsänderungen angewandt werden, die in umkehrbarer Weise stattfinden. Diese beiden Gleichungen schreiben wir nun in der Form:

(1) $$dU = dQ - dW,$$
(2) $$dS = \frac{dQ}{T},$$

um aus ihnen durch Integration die Grössen U und S zu bestimmen.

Dabei ist zunächst ein Punkt zu erwähnen, der in Bezug auf die Energie schon in §. 8 des ersten Abschnittes besprochen wurde. Man kann nämlich nicht die ganze Energie eines Körpers bestimmen, sondern nur den Zuwachs, welchen die Energie erfahren hat, während der Körper aus irgend einem als Anfangszustand gewählten Zustande in seinen gegenwärtigen Zustand übergegangen ist, und dasselbe gilt auch von der Entropie.

Um nun die Gleichung (1) in Anwendung zu bringen, denken wir uns, dass der Körper aus dem gegebenen Anfangszustande, in welchem wir die Energie mit U_0 bezeichnen, auf irgend einem für unsere Betrachtung bequemen Wege und in irgend einer (umkehrbaren oder nicht umkehrbaren) Weise in seinen gegenwärtigen Zustand gebracht werde, und für den Verlauf dieser Zustandsänderung denken wir uns die Integration ausgeführt. Das Integral von dU stellt sich einfach durch die Differenz $U - U_0$ dar. Die Integrale von dQ und dW, d. h. die ganze Wärmemenge, welche der Körper während der Zustandsänderung aufgenommen, und die ganze äussere Arbeit, welche er dabei geleistet hat, wollen wir mit Q und W bezeichnen. Dann erhalten wir die Gleichung:

(3) $$U = U_0 + Q - W.$$

Hieraus folgt, dass, wenn wir für irgend eine Art des Ueberganges aus einem gegebenen Anfangszustande des Körpers in seinen gegenwärtigen Zustand die dabei aufgenommene Wärme und geleistete äussere Arbeit bestimmen können, wir dadurch auch die Energie des Körpers bis auf eine auf den Anfangszustand bezügliche Constante kennen lernen.

Um ferner die Gleichung (2) anzuwenden, denken wir uns, dass der Körper aus dem gegebenen Anfangszustande, in welchem wir die Entropie mit S_0 bezeichnen, wiederum auf einem beliebig gewählten Wege, aber in umkehrbarer Weise in seinen gegenwärtigen Zustand gebracht werde, und für diese Zustandsänderung denken wir uns die Gleichung integrirt. Das Integral von dS stellt sich wieder durch die Differenz $S - S_0$ dar, und, indem wir das andere Integral nur andeuten, erhalten wir die Gleichung:

$$(4) \qquad S = S_0 + \int \frac{dQ}{T}.$$

Hieraus folgt, dass, wenn wir für einen in umkehrbarer Weise aber auf beliebigem Wege geschehenen Uebergang des Körpers aus einem gegebenen Anfangszustande in seinen gegenwärtigen Zustand das Integral $\int \frac{dQ}{T}$ bestimmen können, wir dadurch den Werth der Entropie bis auf eine auf den Anfangszustand bezügliche Constante erhalten.

§. 2. Differentialgleichungen für den Fall, wo nur umkehrbare Veränderungen vorkommen, und der Zustand des Körpers durch zwei unabhängige Veränderliche bestimmt wird.

Wenn wir die Gleichungen (III.) und (VI.) beide auf eine und dieselbe, in umkehrbarer Weise vor sich gehende unendlich kleine Zustandsänderung eines Körpers anwenden, so ist das Wärmeelement dQ in beiden Gleichungen dasselbe, und wir können es daher aus den Gleichungen eliminiren, wodurch wir erhalten:

$$(5) \qquad TdS = dU + dW.$$

Nun wollen wir annehmen, der Zustand des Körpers sei durch irgend zwei Veränderliche bestimmt, welche wir, wie in Abschnitt V., vorläufig allgemein mit x und y bezeichnen, indem wir uns vorbehalten, später bestimmte Grössen, wie z. B. Temperatur, Volumen und Druck dafür einzusetzen. Wenn der Zustand des Körpers durch die Veränderlichen x und y bestimmt wird, so müssen sich alle Grössen, welche durch den augenblicklich stattfindenden Zustand des Körpers bestimmt sind, ohne dass man die Art, wie der Körper in diesen Zustand gelangt ist, zu kennen braucht, durch Functionen dieser Veränderlichen darstellen lassen, in denen die Veränderlichen als von einander unabhängig betrachtet werden können. Demnach sind auch die Entropie S und die Energie U als Functionen der unabhängigen Veränderlichen x und y anzusehen. Die äussere Arbeit W dagegen verhält sich in dieser Beziehung, wie schon mehrfach besprochen wurde, wesentlich anders. Die *Differentialcoefficienten* von W können zwar, sofern es sich nur um umkehrbare Veränderungen handelt, als bestimmte Functionen von x und y betrachtet werden, W selbst aber lässt sich nicht durch eine solche Function darstellen, sondern kann erst dann bestimmt werden, wenn nicht nur der Anfangs- und Endzustand des Körpers, sondern auch der Weg, auf welchem der Körper aus dem einen in den anderen gelangte, gegeben ist.

Wenn man nun in der Gleichung (5) setzt:

$$dS = \frac{dS}{dx}dx + \frac{dS}{dy}dy$$

$$dU = \frac{dU}{dx}dx + \frac{dU}{dy}dy$$

$$dW = \frac{dW}{dx}dx + \frac{dW}{dy}dy$$

so geht sie über in:

$$T\frac{dS}{dx}dx + T\frac{dS}{dy}dy = \left(\frac{dU}{dx} + \frac{dW}{dx}\right)dx + \left(\frac{dU}{dy} + \frac{dW}{dy}\right)dy.$$

Da diese Gleichung für beliebige Werthe der Differentiale dx und dy richtig sein muss, also unter anderen auch für die Fälle, wo das eine oder das andere der Differentiale gleich Null gesetzt wird, so zerfällt sie sofort in folgende zwei Gleichungen:

$$(6) \qquad \begin{cases} T\dfrac{dS}{dx} = \dfrac{dU}{dx} + \dfrac{dW}{dx} \\[2mm] T\dfrac{dS}{dy} = \dfrac{dU}{dy} + \dfrac{dW}{dy}. \end{cases}$$

Aus diesen Gleichungen kann man durch zweite Differentiation eine der Grössen S oder U eliminiren.

Wir wollen zuerst die Grösse U eliminiren, weil die dadurch entstehende Gleichung die einfachere ist.

Wir differentiiren dazu die erste der Gleichungen (6) nach y und die zweite nach x. Dabei wollen wir die Differentialcoefficienten zweiter Ordnung von S und U ganz so, wie gewöhnlich, schreiben. Die Differentialcoefficienten von $\dfrac{dW}{dx}$ und $\dfrac{dW}{dy}$ dagegen wollen wir, wie es schon in Abschnitt V. geschehen ist, um äusserlich anzudeuten, dass es nicht Differentialcoefficienten zweiter Ordnung einer Function von x und y sind, so schreiben: $\dfrac{d}{dy}\left(\dfrac{dW}{dx}\right)$ und $\dfrac{d}{dx}\left(\dfrac{dW}{dy}\right)$. Endlich ist noch zu beachten, dass die in den Gleichungen vorkommende Grösse T, nämlich die absolute Temperatur des Körpers, von welcher wir in dieser Entwickelung annehmen, dass sie in allen Theilen des Körpers gleich sei, ebenfalls als Function von x und y anzusehen ist. Wir erhalten also:

$$\frac{dT}{dy}\cdot\frac{dS}{dx} + T\frac{d^2S}{dx\,dy} = \frac{d^2U}{dx\,dy} + \frac{d}{dy}\left(\frac{dW}{dx}\right)$$
$$\frac{dT}{dx}\cdot\frac{dS}{dy} + T\frac{d^2S}{dy\,dx} = \frac{d^2U}{dy\,dx} + \frac{d}{dx}\left(\frac{dW}{dy}\right).$$

Wenn wir die zweite dieser Gleichungen von der ersten abziehen, und dabei bedenken, dass

$$\frac{d^2S}{dx\,dy} = \frac{d^2S}{dy\,dx} \text{ und } \frac{d^2U}{dx\,dy} = \frac{d^2U}{dy\,dx}$$

ist, so erhalten wir:

$$\frac{dT}{dy}\cdot\frac{dS}{dx} - \frac{dT}{dx}\cdot\frac{dS}{dy} = \frac{d}{dy}\left(\frac{dW}{dx}\right) - \frac{d}{dx}\left(\frac{dW}{dy}\right).$$

Die hierin an der rechten Seite stehende Differenz haben wir in Abschnitt V. *die auf xy bezügliche Arbeitsdifferenz* genannt, und mit D_{xy} bezeichnet, so dass zu setzen ist:

(7) $$D_{xy} = \frac{d}{dy}\left(\frac{dW}{dx}\right) - \frac{d}{dx}\left(\frac{dW}{dy}\right).$$

Hierdurch geht die vorige Gleichung über in:

(8) $$\frac{dT}{dy}\cdot\frac{dS}{dx} - \frac{dT}{dx}\cdot\frac{dS}{dy} = D_{xy}$$

Dieses ist die aus der Gleichung (5) hervorgehende, zur Bestimmung von S dienende Differentialgleichung.

Um ferner aus den beiden Gleichungen (6) die Grösse S zu eliminiren, schreiben wir sie in folgender Form:

$$\frac{dS}{dx} = \frac{1}{T} \cdot \frac{dU}{dx} + \frac{1}{T} \cdot \frac{dW}{dx}$$

$$\frac{dS}{dy} = \frac{1}{T} \cdot \frac{dU}{dy} + \frac{1}{T} \cdot \frac{dW}{dy}.$$

Von diesen Gleichungen differentiiren wir wieder die erste nach y und die zweite nach x, wodurch kommt:

$$\frac{d^2 S}{dx\,dy} = \frac{1}{T} \cdot \frac{d^2 U}{dx\,dy} - \frac{1}{T^2} \cdot \frac{dT}{dy} \cdot \frac{dU}{dx} + \frac{d}{dy}\left(\frac{1}{T} \cdot \frac{dW}{dx}\right)$$

$$\frac{d^2 S}{dy\,dx} = \frac{1}{T} \cdot \frac{d^2 U}{dy\,dx} - \frac{1}{T^2} \cdot \frac{dT}{dx} \cdot \frac{dU}{dy} + \frac{d}{dx}\left(\frac{1}{T} \cdot \frac{dW}{dy}\right).$$

Subtrahirt man die zweite dieser Gleichungen von der ersten und bringt in der dadurch entstehenden Gleichung die Glieder, welche U enthalten, auf die linke Seite, und multiplicirt dann noch die ganze Gleichung mit T^2, so kommt:

$$\frac{dT}{dy} \cdot \frac{dU}{dx} - \frac{dT}{dx} \cdot \frac{dU}{dy} = T^2 \left[\frac{d}{dy}\left(\frac{1}{T} \cdot \frac{dW}{dx}\right) - \frac{d}{dx}\left(\frac{1}{T} \cdot \frac{dW}{dy}\right)\right]$$

Für die hierin an der rechten Seite stehende Grösse wollen wir ebenfalls ein besonderes Zeichen einführen, indem wir setzen:

$$(9) \qquad \varDelta_{xy} = T^2 \left[\frac{d}{dy}\left(\frac{1}{T} \cdot \frac{dW}{dx}\right) - \frac{d}{dx}\left(\frac{1}{T} \cdot \frac{dW}{dy}\right)\right],$$

wobei zu bemerken ist, dass zwischen D_{xy} und $\varDelta_{xy}$ folgende Beziehung stattfindet:

$$(10) \qquad \varDelta_{xy} = TD_{xy} - \frac{dT}{dy} \cdot \frac{dW}{dx} + \frac{dT}{dx} \cdot \frac{dW}{dy}.$$

Nach Einführung dieses Zeichens lautet die obige Gleichung:

$$(11) \qquad \frac{dT}{dy} \cdot \frac{dU}{dx} - \frac{dT}{dx} \cdot \frac{dU}{dy} = \varDelta_{xy}.$$

Dieses ist die aus der Gleichung (5) hervorgehende, zur Bestimmung von U dienende Differentialgleichung.

§. 3. Einführung der Temperatur als eine der unabhängigen Veränderlichen.

Die vorstehenden Gleichungen nehmen eine besonders einfache Gestalt an, wenn man darin als eine der unabhängigen Veränderlichen die Temperatur T wählt. Setzt man $T = y$, so folgt daraus:

$$\frac{dT}{dy} = 1 \quad \text{und} \quad \frac{dT}{dx} = 0.$$

Man erhält daher aus (10) folgende, die Beziehung zwischen D_{xT} und $\varDelta_{xT}$ ausdrückende Gleichung:

$$(12) \qquad \varDelta_{xT} = TD_{xT} - \frac{dW}{dx},$$

und die Gleichungen (8) und (11) gehen über in:

$$(13) \qquad \begin{cases} \dfrac{dS}{dx} = D_{xT} \\[2mm] \dfrac{dU}{dx} = \varDelta_{xT}. \end{cases}$$

Hierdurch sind die auf x bezüglichen Differentialcoefficienten der beiden Functionen S und U bestimmt. Für die auf T bezüglichen Differentialcoefficienten wollen wir die Ausdrücke beibehalten, welche sich unter der Voraussetzung, dass der Zustand des Körpers durch die Veränderlichen T und x bestimmt wird, unmittelbar aus den Gleichungen (2) und (1) ergeben, nämlich:

$$(14) \qquad \begin{cases} \dfrac{dS}{dT} = \dfrac{1}{T} \cdot \dfrac{dQ}{dT} \\[2mm] \dfrac{dU}{dT} = \dfrac{dQ}{dT} - \dfrac{dW}{dT}. \end{cases}$$

Durch Anwendung der Gleichungen (13) und (14) kann man folgende vollständige Differentialgleichungen bilden:

$$(15) \qquad \begin{cases} dS = \dfrac{1}{T} \cdot \dfrac{dQ}{dT} dT + D_{xT} dx \\[2mm] dU = \left(\dfrac{dQ}{dT} - \dfrac{dW}{dT} \right) dT + \varDelta_{xT} dx. \end{cases}$$

Da die Grössen S und U sich durch Functionen von T und x darstellen lassen müssen, in welchen die beiden Veränderlichen T und x als von einander unabhängig angesehen werden können, so muss für die beiden vorstehenden Gleichungen die bekannte Bedingungsgleichung der Integrabilität gelten. Für die erste Gleichung lautet diese:

$$\frac{d}{dx} \left(\frac{1}{T} \cdot \frac{dQ}{dT} \right) = \frac{dD_{xT}}{dT},$$

oder anders geschrieben:

$$(16) \qquad \frac{d}{dx} \left(\frac{dQ}{dT} \right) = T \frac{dD_{xT}}{dT},$$

welches die Gleichung (15) des Abschnittes V. ist. Für die zweite Gleichung lautet die Bedingungsgleichung:

$$(17) \qquad \frac{d}{dx}\left(\frac{dQ}{dT}\right) - \frac{d}{dx}\left(\frac{dW}{dT}\right) = \frac{d\varDelta_{xT}}{dT},$$

welche Gleichung leicht auf die vorige zurückgeführt werden kann. Nach (12) ist nämlich:

$$\varDelta_{xT} = TD_{xT} - \frac{dW}{dx}.$$

Differentiirt man diese Gleichung nach T, so kommt:

$$\frac{d\varDelta_{xT}}{dT} = T\frac{dD_{xT}}{dT} + D_{xT} - \frac{d}{dT}\left(\frac{dW}{dx}\right).$$

Bedenkt man nun, dass:

$$D_{xT} = \frac{d}{dT}\left(\frac{dW}{dx}\right) - \frac{d}{dx}\left(\frac{dW}{dT}\right),$$

so geht die vorige Gleichung über in:

$$\frac{d\varDelta_{xT}}{dT} = T\frac{dD_{xT}}{dT} - \frac{d}{dx}\left(\frac{dW}{dT}\right).$$

Durch Einsetzung dieses Werthes von $\dfrac{d\varDelta_{xT}}{dT}$ in die Gleichung (17) gelangt man wieder zu der Gleichung (16).

Um nun durch Integration der Gleichungen (15) die Grössen S und U selbst zu bestimmen, denken wir uns wieder, dass der Körper aus einem gegebenen Anfangszustande, in welchem die Grössen T, x, S und U die Werthe T_0, x_0, S_0 und U_0 haben, auf irgend einem Wege in seinen gegenwärtigen Zustand gebracht werde, und für den Verlauf dieser Zustandsänderung führen wir die Integration aus.

Nehmen wir beispielsweise an, der Körper werde zuerst von der Temperatur T_0 bis zur Temperatur T erwärmt, während die andere Veränderliche ihren anfänglichen Werth x_0 behält, und bei der Temperatur T gehe dann die andere Veränderliche vom Anfangswerthe x_0 zu dem Werthe x über, so erhalten wir:

$$(18) \quad \begin{cases} S = S_0 + \displaystyle\int_{T_0}^{T}\left(\frac{1}{T}\cdot\frac{dQ}{dT}\right)_{x=x_0} dT + \int_{x_0}^{x} D_{xT}\,dx \\[2ex] U = U_0 + \displaystyle\int_{T_0}^{T}\left(\frac{dQ}{dT} - \frac{dW}{dT}\right)_{x=x_0} dT + \int_{x_0}^{x}\varDelta_{xT}\,dx. \end{cases}$$

In beiden Gleichungen ist das erste Integral an der rechten Seite

14*

eine blosse Function von T, während das zweite Integral eine Function von T und x ist.

Nehmen wir umgekehrt an, es finde zuerst beim Anfangswerthe von T die Veränderung von x und dann beim Endwerthe von x die Veränderung von T statt, so erhalten wir:

$$(19) \quad \begin{cases} S = S_0 + \displaystyle\int_{x_0}^{x} (D_{xT})_{T=T_0}\, dx + \int_{T_0}^{T} \frac{1}{T} \cdot \frac{dQ}{dT}\, dT \\[2ex] U = U_0 + \displaystyle\int_{x_0}^{x} (\varDelta_{xT})_{T=T_0}\, dx + \int_{T_0}^{T} \Big(\frac{dQ}{dT} - \frac{dW}{dT}\Big)\, dT, \end{cases}$$

in welchen beiden Gleichungen das erste Integral an der rechten Seite eine blosse Function von x und das zweite eine Function von T und x ist.

Statt dieser beiden beispielsweise angeführten Wege kann man dem Obigen nach auch einen beliebigen anderen Weg des Ueberganges wählen, auf welchem die Veränderungen von T und x irgend wie wechseln oder auch nach irgend einem Gesetze beide gleichzeitig stattfinden, und man wird natürlich in jedem besonderen Falle denjenigen Weg wählen, für welchen die zur Ausführung der Rechnung erforderlichen Data am besten bekannt sind.

§. 4. Specialisirung der Differentialgleichungen durch Annahme eines gleichmässigen Oberflächendruckes als einzige äussere Kraft.

Wird als äussere Kraft nur ein gleichmässiger und normaler Oberflächendruck angenommen, so dass zu setzen ist:

$$dW = p\, dv,$$

und daher:

$$\frac{dW}{dx} = p \frac{dv}{dx} \text{ und } \frac{dW}{dy} = p \frac{dv}{dy},$$

so nehmen die Ausdrücke von D_{xy} und $\varDelta_{xy}$ besondere Formen an, von denen die für D_{xy} geltende schon im Abschnitt V. angeführt wurde. Man erhält zunächst:

$$D_{xy} = \frac{d}{dy}\Big(p\frac{dv}{dx}\Big) - \frac{d}{dx}\Big(p\frac{dv}{dy}\Big)$$

$$\varDelta_{xy} = T^2\Big[\frac{d}{dy}\Big(\frac{p}{T}\cdot\frac{dv}{dx}\Big) - \frac{d}{dx}\Big(\frac{p}{T}\cdot\frac{dv}{dy}\Big)\Big].$$

In der letzteren dieser Gleichungen wollen wir zur Abkürzung setzen:

(20) $$\pi = \frac{p}{T},$$

wodurch sie übergeht in:

$$\varDelta_{xy} = T^2 \left[\frac{d}{dy} \left(\pi \frac{dv}{dx} \right) - \frac{d}{dx} \left(\pi \frac{dv}{dy} \right) \right].$$

Führt man nun in diesen Gleichungen die Differentiation der Producte aus, und bedenkt dabei, dass $\dfrac{d^2 v}{dx\,dy} = \dfrac{d^2 v}{dy\,dx}$ ist, so erhält man:

(21) $$D_{xy} = \frac{dp}{dy} \cdot \frac{dv}{dx} - \frac{dp}{dx} \cdot \frac{dv}{dy},$$

(22) $$\varDelta_{xy} = T^2 \left(\frac{d\pi}{dy} \cdot \frac{dv}{dx} - \frac{d\pi}{dx} \cdot \frac{dv}{dy} \right).$$

Wird als eine der unabhängigen Veränderlichen die Temperatur T gewählt, während die andere x bleibt, so lauten die Ausdrücke:

(23) $$D_{xT} = \frac{dp}{dT} \cdot \frac{dv}{dx} - \frac{dp}{dx} \cdot \frac{dv}{dT},$$

(24) $$\varDelta_{xT} = T^2 \left(\frac{d\pi}{dT} \cdot \frac{dv}{dx} - \frac{d\pi}{dx} \cdot \frac{dv}{dT} \right),$$

oder auch, wenn man für π wieder seinen Werth $\dfrac{p}{T}$ setzt:

(24a) $$\varDelta_{xT} = T \left(\frac{dp}{dT} \cdot \frac{dv}{dx} - \frac{dp}{dx} \cdot \frac{dv}{dT} \right) - p \frac{dv}{dx}.$$

Hierdurch gestalten sich die Gleichungen (15) folgendermaassen:

(25) $$dS = \frac{1}{T} \cdot \frac{dQ}{dT} dT + \left(\frac{dp}{dT} \cdot \frac{dv}{dx} - \frac{dp}{dx} \cdot \frac{dv}{dT} \right) dx,$$

(26) $$dU = \left(\frac{dQ}{dT} - p \frac{dv}{dT} \right) dT + T^2 \left(\frac{d\pi}{dT} \cdot \frac{dv}{dx} - \frac{d\pi}{dx} \cdot \frac{dv}{dT} \right) dx,$$

oder anders geschrieben:

(26a) $$dU = \left(\frac{dQ}{dT} - p \frac{dv}{dT} \right) dT + \left[T \left(\frac{dp}{dT} \cdot \frac{dv}{dx} - \frac{dp}{dx} \cdot \frac{dv}{dT} \right) - p \frac{dv}{dx} \right] dx.$$

Wird nun weiter als zweite bis jetzt unbestimmt gelassene Veränderliche das Volumen v gewählt, und somit $x = v$ gesetzt, so hat man:

$$\frac{dv}{dx} = 1 \ \text{und} \ \frac{dv}{dT} = 0,$$

und die vorigen Gleichungen gehen dadurch über in:

(27)
$$\begin{cases} dS = \frac{1}{T} \cdot \frac{dQ}{dT} \, dT + \frac{dp}{dT} \, dv \\ dU = \frac{dQ}{dT} \, dT + \left(T \frac{dp}{dT} - p \right) dv. \end{cases}$$

Wird als zweite unabhängige Veränderliche neben T der Druck p gewählt, und somit $x = p$ gesetzt, so ist:

$$\frac{dp}{dx} = 1 \ \text{und} \ \frac{dp}{dT} = 0,$$

und es kommt somit:

(28)
$$\begin{cases} dS = \frac{1}{T} \cdot \frac{dQ}{dT} \, dT - \frac{dv}{dT} \, dp \\ dU = \left(\frac{dQ}{dT} - p \frac{dv}{dT} \right) dT - \left(T \frac{dv}{dT} + p \frac{dv}{dp} \right) dp. \end{cases}$$

§. 5. Anwendung der vorigen Gleichungen auf homogene Körper und speciell auf vollkommene Gase.

Bei homogenen Körpern, auf welche als äussere Kraft nur ein gleichmässiger und normaler Oberflächendruck wirkt, pflegt man, wie es am Schlusse des vorigen Paragraphen geschehen ist, zwei der Grössen T, v und p als unabhängige Veränderliche zu wählen, und der Differentialcoefficient $\frac{dQ}{dT}$ nimmt die schon mehrfach erwähnte einfache Bedeutung an. Wenn nämlich T und v die unabhängigen Veränderlichen sind, so bedeutet $\frac{dQ}{dT}$, falls das Gewicht des Körpers eine Gewichtseinheit ist, die specifische Wärme bei constantem Volumen, und wenn T und p die unabhängigen Veränderlichen sind, so bedeutet $\frac{dQ}{dT}$ für denselben Fall die specifische Wärme bei constantem Drucke. Die Gleichungen (27) und (28) gehen daher über in:

(29)
$$\begin{cases} dS = \frac{C_v}{T} \, dT + \frac{dp}{dT} \, dv \\ dU = C_v \, dT + \left(T \frac{dp}{dT} - p \right) dv \end{cases}$$

$$(30) \quad \begin{cases} dS = \dfrac{C_p}{T} dT - \dfrac{dv}{dT} dp \\ dU = \Big(C_p - p \dfrac{dv}{dT} \Big) dT - \Big(T \dfrac{dv}{dT} + p \dfrac{dv}{dp} \Big) dp. \end{cases}$$

Wollen wir diese Gleichungen auf ein *vollkommenes Gas* anwenden, so kommt die bekannte Gleichung:

$$pv = RT$$

zur Geltung. Aus dieser folgt, wenn T und v als unabhängige Veränderliche gewählt werden:

$$\frac{dp}{dT} = \frac{R}{v},$$

und die Gleichungen (29) gehen daher über in:

$$(31) \quad \begin{cases} dS = C_v \dfrac{dT}{T} + R \dfrac{dv}{v} \\ dU = C_v dT. \end{cases}$$

Da in diesem Falle C_v als constant zu betrachten ist, so lassen sich diese Gleichungen sofort integriren und geben:

$$(32) \quad \begin{cases} S = S_0 + C_v \log \dfrac{T}{T_0} + R \log \dfrac{v}{v_0} \\ U = U_0 + C_v (T - T_0). \end{cases}$$

Wählt man T und p als unabhängige Veränderliche, so hat man zu setzen:

$$\frac{dv}{dT} = \frac{R}{p} \quad \text{und} \quad \frac{dv}{dp} = -\frac{RT}{p^2}.$$

Demnach gehen die Gleichungen (30) über in:

$$(33) \quad \begin{cases} dS = C_p \dfrac{dT}{T} - R \dfrac{dp}{p} \\ dU = (C_p - R)\, dT, \end{cases}$$

woraus sich durch Integration ergiebt:

$$(34) \quad \begin{cases} S = S_0 + C_p \log \dfrac{T}{T_0} - R \log \dfrac{p}{p_0} \\ U = U_0 + (C_p - R)(T - T_0). \end{cases}$$

Die Integration der allgemeineren Gleichungen (29) und (30) lässt sich natürlich erst dann ausführen, wenn in (29) p und C_v als Functionen von T und v und in (30) v und C_p als Functionen von T und p bekannt sind.

§. 6.   Anwendung der Gleichungen auf einen Körper, welcher sich in zwei verschiedenen Aggregatzuständen befindet.

Als weiteren speciellen Fall wollen wir noch den zur Betrachtung auswählen, auf welchen sich die Abschnitte VI. und VII. beziehen, nämlich den Fall, wo der betrachtete Körper sich theils in einem, theils in einem anderen Aggregatzustande befindet, und wo die Aenderung, welche der Körper bei constanter Temperatur erleiden kann, darin besteht, dass die Grössen der in den beiden Aggregatzuständen befindlichen Theile sich ändern, womit eine Veränderung des Volumens, aber keine Veränderung des Druckes verbunden ist. Da in diesem Falle der Druck p nur von der Temperatur abhängt, so haben wir zu setzen:

$$\frac{dp}{dx} = 0,$$

wodurch die Gleichungen (25) und (26 a) in folgende übergehen:

(35) $\begin{cases} dS = \dfrac{1}{T} \cdot \dfrac{dQ}{dT} dT + \dfrac{dp}{dT} \cdot \dfrac{dv}{dx} dx \\[2mm] dU = \left(\dfrac{dQ}{dT} - p \dfrac{dv}{dT} \right) dT + \left(T \dfrac{dp}{dT} - p \right) \dfrac{dv}{dx} dx. \end{cases}$

Bezeichnen wir nun, wie es in den Abschnitten VI. und VII. geschehen ist, das Gewicht der ganzen Masse mit M und das Gewicht des Theiles, welcher sich im zweiten Aggregatzustande befindet, mit m, und nehmen m statt x als zweite unabhängige Veränderliche, so gilt die in Abschnitt VI. unter (6) gegebene Gleichung:

$$\frac{dv}{dm} = u,$$

wofür wir nach Gleichung (12) desselben Abschnittes auch setzen können:

$$\frac{dv}{dm} = \frac{\varrho}{T\dfrac{dp}{dT}}.$$

Dadurch gehen die vorigen Gleichungen über in:

$$(36) \begin{cases} dS = \dfrac{1}{T} \cdot \dfrac{dQ}{dT} dT + \dfrac{\varrho}{T} dm \\ dU = \left(\dfrac{dQ}{dT} - p \dfrac{dv}{dT} \right) dT + \varrho \left(1 - \dfrac{p}{T \dfrac{dp}{dT}} \right) dm. \end{cases}$$

Für die Integration dieser Gleichungen diene als Ausgangspunkt derjenige Zustand, wo die ganze Masse M sich im ersten Aggregatzustande befindet, die Temperatur T_0 hat und unter demjenigen Drucke steht, welcher dieser Temperatur entspricht. Den Uebergang von diesem Zustande zu dem gegenwärtigen, wo die Temperatur T ist, und wo von der Masse M der Theil m sich im zweiten und der Theil $M - m$ im ersten Aggregatzustande befindet, denke man sich auf folgendem Wege bewirkt. Zuerst werde die Masse, während sie immer ganz im ersten Aggregatzustande bleibt, von der Temperatur T_0 bis zur Temperatur T erwärmt, und der Druck ändere sich dabei in der Weise, dass er immer der gerade stattfindenden Temperatur entspreche. Dann gehe bei der Temperatur T der Theil m der Masse aus dem ersten in den zweiten Aggregatzustand über. Für diese beiden nach einander stattfindenden Veränderungen möge die Integration ausgeführt werden.

Während der ersten Veränderung ist $dm = 0$, und es ist also nur das erste Glied an der rechten Seite der vorigen Gleichungen zu integriren. Darin hat $\dfrac{dQ}{dT}$ den Werth MC, wenn C die specifische Wärme des Körpers im ersten Aggregatzustande bedeutet, und zwar die specifische Wärme für den Fall, wo bei der Erwärmung der Druck sich in der oben erwähnten Weise ändert. Von dieser specifischen Wärme ist schon mehrfach die Rede gewesen und nach den im §. 6 des vorigen Abschnittes ausgeführten Bestimmungen kann sie für den Fall, wo der erste Aggregatzustand der feste oder flüssige und der zweite der luftförmige ist, in numerischen Rechnungen ohne Bedenken der specifischen Wärme bei constantem Drucke gleich gesetzt werden. Nur bei sehr hohen Temperaturen, bei denen das Wachsen der Dampfspannung mit der Temperatur sehr schnell stattfindet, kann der Unterschied zwischen der specifischen Wärme C und der specifischen Wärme bei constantem Drucke so erheblich werden, dass er berücksichtigt werden muss. Ferner hat während der ersten Veränderung das mit v bezeichnete Volumen den Werth $M\sigma$, worin σ das specifische

Volumen des Stoffes im ersten Aggregatzustande bedeutet. Während der zweiten Veränderung ist $dT = 0$, und es ist daher nur das zweite Glied an der rechten Seite der obigen Gleichungen zu integriren. Diese Integration lässt sich in beiden Gleichungen sofort ausführen, da die Factoren, mit denen das Differential dm multiplicirt ist, von m unabhängig sind, und daher nur dm selbst integrirt zu werden braucht, wodurch m entsteht. Es kommt somit:

$$(37) \quad \begin{cases} S = S_0 + M \int_{T_0}^{T} \frac{C}{T}\, dT + \frac{m\varrho}{T} \\[2ex] U = U_0 + M \int_{T_0}^{T} \left(C - p\frac{d\sigma}{dT} \right) dT + m\varrho \left(1 - \frac{p}{T\,\frac{dp}{dT}} \right). \end{cases}$$

Setzt man in diesen Gleichungen $m = o$ oder $m = M$, so erhält man die Entropie und Energie für die beiden Fälle, wo die Masse sich entweder ganz im ersten oder ganz im zweiten Aggregatzustande befindet, und dabei die Temperatur T hat, und unter dem dieser Temperatur entsprechenden Drucke steht. Ist z. B. der erste Aggregatzustand der flüssige und der zweite der luftförmige, so beziehen sich die Ausdrücke, wenn in ihnen $m = o$ gesetzt wird, auf Flüssigkeit von der Temperatur T und unter einem Drucke, welcher gleich dem Maximum der Spannkraft des Dampfes für diese Temperatur ist, und wenn $m = M$ gesetzt wird, auf gesättigten Dampf von der Temperatur T.

§. 7. Verhalten der Grössen D_{xy} und $\varDelta_{xy}$.

Zum Schlusse dieses Abschnittes wird es zweckmässig sein, die Aufmerksamkeit noch auf die Grössen D_{xy} und $\varDelta_{xy}$ zu lenken, welche gemäss den Gleichungen (7) und (9) folgende Bedeutungen haben:

$$D_{xy} = \frac{d}{dy}\left(\frac{dW}{dx} \right) - \frac{d}{dx}\left(\frac{dW}{dy} \right)$$
$$\varDelta_{xy} = T^2 \left[\frac{d}{dy}\left(\frac{1}{T} \cdot \frac{dW}{dx} \right) - \frac{d}{dx}\left(\frac{1}{T} \cdot \frac{dW}{dy} \right) \right].$$

Diese beiden Grössen sind Functionen von x und y. Wählt man zur Bestimmung des Zustandes des Körpers statt der Veränderlichen x und y irgend zwei andere Veränderliche, welche ξ und η heissen mögen, und bildet mit diesen die entsprechenden Grössen $D_{\xi\eta}$ und $\varDelta_{\xi\eta}$, nämlich:

(38)
$$\begin{cases} D_{\xi\eta} = \dfrac{d}{d\eta}\left(\dfrac{dW}{d\xi}\right) - \dfrac{d}{d\xi}\left(\dfrac{dW}{d\eta}\right), \\[2mm] \varDelta_{\xi\eta} = T^2\left[\dfrac{d}{d\eta}\left(\dfrac{1}{T}\cdot\dfrac{dW}{d\xi}\right) - \dfrac{d}{d\xi}\left(\dfrac{1}{T}\cdot\dfrac{dW}{d\eta}\right)\right], \end{cases}$$

so sind diese Grössen natürlich Functionen von ξ und η, ebenso wie die vorigen Grössen Functionen von x und y. Vergleicht man nun aber einen dieser beiden letzten Ausdrücke, z. B. denjenigen von $D_{\xi\eta}$ mit dem Ausdrucke der entsprechenden Grösse D_{xy}, so findet man, dass sie nicht bloss zwei auf verschiedene Veränderliche bezogene Ausdrücke einer und derselben Grösse sind, sondern dass sie wirklich verschiedene Grössen darstellen. Aus diesem Grunde habe ich D_{xy} nicht kurzweg die Arbeitsdifferenz, sondern die auf xy bezügliche Arbeitsdifferenz genannt, wodurch sie sofort von $D_{\xi\eta}$, nämlich von der auf $\xi\eta$ bezüglichen Arbeitsdifferenz, unterschieden wird. Ebenso verhält es sich mit $\varDelta_{xy}$ und $\varDelta_{\xi\eta}$, welche gleichfalls als zwei verschiedene Grössen anzusehen sind.

Die Beziehung, welche zwischen den Grössen D_{xy} und $D_{\xi\eta}$ besteht, findet man folgendermaassen. Die Differentialcoefficienten, welche in dem in (38) gegebenen Ausdrucke von $D_{\xi\eta}$ vorkommen, können in der Weise abgeleitet werden, dass man zuerst die Differentialcoefficienten nach den Veränderlichen x und y bildet, und dann jede dieser beiden Veränderlichen als eine Function von ξ und η behandelt. Auf diese Art erhält man:

$$\frac{dW}{d\xi} = \frac{dW}{dx}\cdot\frac{dx}{d\xi} + \frac{dW}{dy}\cdot\frac{dy}{d\xi}$$

$$\frac{dW}{d\eta} = \frac{dW}{dx}\cdot\frac{dx}{d\eta} + \frac{dW}{dy}\cdot\frac{dy}{d\eta}.$$

Von diesen beiden Ausdrücken soll der erste nach η und der zweite nach ξ differentiirt werden, wodurch man unter Anwendung desselben Verfahrens erhält:

$$\frac{d}{d\eta}\left(\frac{dW}{d\xi}\right) = \begin{cases} \dfrac{d}{dx}\left(\dfrac{dW}{dx}\right)\cdot\dfrac{dx}{d\xi}\cdot\dfrac{dx}{d\eta} + \dfrac{d}{dy}\left(\dfrac{dW}{dx}\right)\cdot\dfrac{dx}{d\xi}\cdot\dfrac{dy}{d\eta} \\[2mm] + \dfrac{dW}{dx}\cdot\dfrac{d^2x}{d\xi d\eta} + \dfrac{d}{dx}\left(\dfrac{dW}{dy}\right)\cdot\dfrac{dx}{d\eta}\cdot\dfrac{dy}{d\xi} \\[2mm] + \dfrac{d}{dy}\left(\dfrac{dW}{dy}\right)\cdot\dfrac{dy}{d\xi}\cdot\dfrac{dy}{d\eta} + \dfrac{dW}{dy}\cdot\dfrac{d^2y}{d\xi d\eta} \end{cases}$$

$$\frac{d}{d\xi}\left(\frac{dW}{d\eta}\right) = \begin{cases} \dfrac{d}{dx}\left(\dfrac{dW}{dx}\right)\cdot\dfrac{dx}{d\xi}\cdot\dfrac{dx}{d\eta} + \dfrac{d}{dy}\left(\dfrac{dW}{dx}\right)\cdot\dfrac{dx}{d\eta}\cdot\dfrac{dy}{d\xi} \\[2mm] + \dfrac{dW}{dx}\cdot\dfrac{d^2x}{d\xi d\eta} + \dfrac{d}{dx}\left(\dfrac{dW}{dy}\right)\cdot\dfrac{dx}{d\xi}\cdot\dfrac{dy}{d\eta} \\[2mm] + \dfrac{d}{dy}\left(\dfrac{dW}{dy}\right)\cdot\dfrac{dy}{d\xi}\cdot\dfrac{dy}{d\eta} + \dfrac{dW}{dy}\cdot\dfrac{d^2y}{d\xi d\eta}. \end{cases}$$

Wenn man die zweite dieser Gleichungen von der ersten abzieht, so heben sich an der rechten Seite die meisten Glieder auf, und es bleiben nur vier Glieder übrig, welche sich in der folgenden Weise in ein Product aus zwei zweigliedrigen Ausdrücken zusammenziehen lassen:

$$\frac{d}{d\eta}\left(\frac{dW}{d\xi}\right) - \frac{d}{d\xi}\left(\frac{dW}{d\eta}\right) = \left(\frac{dx}{d\xi}\cdot\frac{dy}{d\eta} - \frac{dx}{d\eta}\cdot\frac{dy}{d\xi}\right)\left[\frac{d}{dy}\left(\frac{dW}{dx}\right) - \frac{d}{dx}\left(\frac{dW}{dy}\right)\right].$$

Der in dieser Gleichung an der linken Seite stehende Ausdruck ist $D_{\xi\eta}$, und der an der rechten Seite in der eckigen Klammer stehende Ausdruck ist D_{xy}. Man erhält also schliesslich:

(39) $$D_{\xi\eta} = \left(\frac{dx}{d\xi}\cdot\frac{dy}{d\eta} - \frac{dx}{d\eta}\cdot\frac{dy}{d\xi}\right)D_{xy}.$$

Auf gleiche Art findet man auch:

(39a) $$\varDelta_{\xi\eta} = \left(\frac{dx}{d\xi}\cdot\frac{dy}{d\eta} - \frac{dx}{d\eta}\cdot\frac{dy}{d\xi}\right)\varDelta_{xy}.$$

Wenn man nur Eine der Veränderlichen durch eine neue ersetzt, wenn man z. B. die Veränderliche x beibehält, während man statt y die neue Veränderliche η einführt, so hat man in den beiden vorigen Gleichungen $x = \xi$, und somit $\frac{dx}{d\xi} = 1$ und $\frac{dx}{d\eta} = 0$ zu setzen, wodurch sie übergehen in:

(40) $$D_{x\eta} = \frac{dy}{d\eta}D_{xy} \text{ und } \varDelta_{x\eta} = \frac{dy}{d\eta}\varDelta_{xy}.$$

Will man zwar die ursprünglichen Veränderlichen beibehalten, aber ihre Reihenfolge ändern, so nehmen dadurch die in Rede stehenden Grössen, wie man sofort aus dem blossen Anblicke der Ausdrücke (7) und (9) erkennt, das entgegengesetzte Vorzeichen an, also:

(41) $$D_{yx} = - D_{xy} \text{ und } \varDelta_{yx} = - \varDelta_{xy}.$$

ABSCHNITT X.

Vorgänge, welche nicht umkehrbar sind.

§. 1. Vervollständigung der mathematischen Ausdrücke des zweiten Hauptsatzes.

Bei dem Beweise des zweiten Hauptsatzes und den sich daran knüpfenden Betrachtungen wurde bisher immer angenommen, dass alle vorkommenden Veränderungen in umkehrbarer Weise vor sich gingen. Wir müssen nun noch untersuchen, inwiefern die Resultate sich ändern, wenn diese Voraussetzung aufgegeben wird, und auch solche Vorgänge, die *nicht umkehrbar* sind, in den Kreis der Betrachtungen gezogen werden.

Solche Vorgänge kommen, wenn sie auch ihrem Wesen nach unter einander verwandt sind, doch in sehr verschiedenen Formen vor. Ein Fall der Art wurde schon im ersten Abschnitte angeführt, nämlich der, wo die Kraft, mit welcher ein Körper seinen Zustand ändert, z. B. die Kraft, mit der ein Gas sich ausdehnt, nicht einen ihr gleichen Widerstand findet, und daher nicht die ganze Arbeit leistet, welche sie bei der Zustandsänderung leisten könnte. Ferner gehört dahin die Wärmeerzeugung durch Reibung und Luftwiderstand und die Wärmeerzeugung durch einen galvanischen Strom bei der Ueberwindung des Leitungswiderstandes.

Endlich sind die unmittelbaren Wärmeübergänge von warmen zu kalten Körpern, welche durch Leitung oder Strahlung stattfinden, dahin zu rechnen.

Wir wollen nun zu den Betrachtungen zurückkehren, durch welche im vierten Abschnitte bewiesen wurde, dass in einem umkehrbaren Kreisprocesse die Summe aller Verwandlungen gleich Null sein müsse. Für Eine Verwandlungsart, nämlich den Wärmeübergang zwischen Körpern von verschiedenen Temperaturen, wurde es als ein auf dem Wesen der Wärme beruhender Grundsatz angenommen, dass der Uebergang von niederer zu höherer Temperatur, welcher eine negative Verwandlung repräsentirt, nicht ohne Compensation stattfinden könne. Darauf gestützt wurde der Beweis geführt, dass die Summe aller in einem Kreisprocesse vorkommenden Verwandlungen nicht negativ sein könne, weil jede übrig bleibende negative Verwandlung auf einen Wärmeübergang von niederer zu höherer Temperatur zurückgeführt werden könnte. Endlich wurde hinzugefügt, die Summe der Verwandlungen könne auch nicht positiv sein, weil man sonst den Kreisprocess nur umgekehrt auszuführen brauchte, um sie negativ zu machen.

Der erste Theil des Beweises, aus welchem hervorgeht, dass die Summe aller in einem Kreisprocesse vorkommenden Verwandlungen nicht *negativ* sein kann, bleibt unverändert auch dann gültig, wenn nicht-umkehrbare Veränderungen in dem betrachteten Kreisprocesse vorkommen. Der hinzugefügte Schluss aber, durch welchen die Unmöglichkeit einer *positiven* Summe bewiesen wurde, kann selbstverständlich auf einen solchen Kreisprocess, der sich nicht umgekehrt ausführen lässt, nicht angewandt werden. Vielmehr ergiebt sich aus unmittelbarer Betrachtung der Sache sofort, dass die positiven Verwandlungen sehr wohl im Ueberschusse vorhanden sein können, da bei manchen Vorgängen, wie bei der Wärmeerzeugung durch Reibung und dem durch Leitung stattfindenden Wärmeübergange von einem warmen zu einem kalten Körper nur eine positive Verwandlung ohne sonstige Veränderung vorkommt.

Statt des früher ausgesprochenen Satzes, dass die Summe aller Verwandlungen Null sein müsse, hat man also, wenn nicht-umkehrbare Veränderungen mit einbegriffen werden, folgenden Satz auszusprechen:

Die algebraische Summe aller in einem Kreisprocesse vorkommenden Verwandlungen kann nur positiv oder als Grenzfall Null sein.

Wir wollen eine solche Verwandlung, welche am Schlusse eines Kreisprocesses ohne eine andere entgegengesetzte übrig bleibt, eine *uncompensirte* Verwandlung nennen, und können dann den vorigen Satz noch kürzer so aussprechen:

Uncompensirte Verwandlungen können nur positiv sein.

Um den mathematischen Ausdruck dieses erweiterten Satzes zu erhalten, brauchen wir uns nur zu erinnern, dass die Summe aller in einem Kreisprocesse vorkommenden Verwandlungen durch

$$- \int \frac{dQ}{T}$$ dargestellt wird. Wir haben also, um den allgemeinen Satz auszudrücken, statt der früher unter (V.) gegebenen Gleichung zu setzen:

(IX.) $$\int \frac{dQ}{T} \leqq 0,$$

und die früher unter (VI.) gegebene Gleichung geht dann über in:

(X.) $$dQ \leqq TdS.$$

§. 2. Grösse der uncompensirten Verwandlung.

Die Grösse der uncompensirten Verwandlung ergiebt sich in manchen Fällen unmittelbar aus den im vierten Abschnitte enthaltenen Bestimmungen der Aequivalenzwerthe der Verwandlungen. Wenn z. B. durch einen Process wie die Reibung eine Wärmemenge Q erzeugt ist, und diese sich schliesslich in einem Körper von der Temperatur T befindet, so hat die dabei eingetretene uncompensirte Verwandlung den Werth:

$$- \frac{Q}{T}.$$

Wenn ferner eine Wärmemenge Q durch Leitung aus einem Körper von der Temperatur T_1 in einen Körper von der Temperatur T_2 übergegangen ist, so ist die uncompensirte Verwandlung:

$$Q\left(\frac{1}{T_2} - \frac{1}{T_1}\right).$$

Hat irgend ein Körper einen nicht umkehrbaren Kreisprocess durchgemacht, so haben wir zur Bestimmung der dabei eingetretenen uncompensirten Verwandlung, welche mit N bezeichnet werden möge, nach den Auseinandersetzungen des Abschnittes (IV.) die Gleichung:

(1)
$$N = - \int \frac{dQ}{T}.$$

Da aber ein Kreisprocess aus vielen einzelnen Zustandsänderungen eines gegebenen Körpers gebildet sein kann, von denen einige in umkehrbarer Weise, andere in nicht umkehrbarer Weise geschehen sind, so ist es in manchen Fällen von Interesse, zu wissen, wieviel jede einzelne der letzteren zur Entstehung der ganzen Summe von uncompensirten Verwandlungen beigetragen hat. Dazu denke man sich nach der Zustandsänderung, welche man in dieser Weise untersuchen will, den veränderlichen Körper durch irgend ein umkehrbares Verfahren in den vorigen Zustand zurückgeführt. Dadurch erhält man einen kleineren Kreisprocess, auf welchen sich die Gleichung (1) ebenso gut anwenden lässt, wie auf den ganzen. Kennt man also die Wärmemengen, welche der Körper während desselben aufgenommen hat, und die dazu gehörigen Temperaturen, so giebt das negative Integral $- \int \frac{dQ}{T}$ die in ihm entstandene uncompensirte Verwandlung. Da nun die Zurückführung, welche in umkehrbarer Weise stattgefunden hat, zur Vermehrung derselben nichts beigetragen haben kann, so stellt jener Ausdruck die gesuchte, durch die gegebene Zustandsänderung veranlasste uncompensirte Verwandlung dar.

Hat man auf diese Weise alle die Theile des ganzen Kreisprocesses, welche nicht umkehrbar sind, untersucht, und dabei die Werthe N_1, N_2 etc. gefunden, welche alle einzeln positiv sein müssen, so giebt ihre Summe die auf den ganzen Kreisprocess bezügliche Grösse N, ohne dass man die Theile, von welchen man weiss, dass sie umkehrbar sind, mit in die Untersuchung zu ziehen braucht.

§. 3. Ausdehnung eines Gases ohne äussere Arbeit.

Es wird vielleicht zweckmässig sein, die im vorigen Paragraphen erwähnten Zustandsänderungen der Körper, welche in nicht umkehrbarer Weise vor sich gehen, indem die zu überwindenden Widerstände geringer sind, als die wirkenden Kräfte, nun etwas näher zu betrachten, um die dabei stattfindende Wärmeaufnahme zu bestimmen. Da es aber sehr viele und in sehr mannichfaltiger Weise verschiedene Zustandsänderungen der Art giebt, so müssen wir uns hier darauf beschränken, einige Fälle, die entweder ihrer Einfachheit wegen besonders anschaulich sind, oder aus anderen Gründen ein specielles Interesse darbieten, als Beispiele zu behandeln.

Die allgemeine Gleichung zur Bestimmung der Wärmemenge, welche ein Körper aufnimmt, während er irgend eine in umkehrbarer oder nicht umkehrbarer Weise vor sich gehende Zustandsänderung erleidet, ist:

$$(2) \qquad Q = U_2 - U_1 + W,$$

worin U_1 und U_2 die Energie im Anfangs- und Endzustande und W die während der Veränderung geleistete äussere Arbeit bedeutet.

Zur Bestimmung der Energie gelten die im vorigen Abschnitte aufgestellten Gleichungen. Wirkt als äussere Kraft nur ein gleichmässiger und normaler Oberflächendruck, und ist der Zustand des Körpers durch seine Temperatur und sein Volumen bestimmt, so kann man die dort unter (29) gegebene Gleichung:

$$(3) \qquad dU = C_v dT + \left(T \frac{dp}{dT} - p \right) dv$$

anwenden, und hat sie für den auf irgend einem Wege in umkehrbarer Weise stattfindenden Uebergang aus dem Anfangszustande in den Endzustand zu integriren. Ist in diesen beiden Zuständen die Temperatur gleich, wie wir es in den zunächst folgenden Beispielen voraussetzen wollen, so kann die Integration bei constanter Temperatur geschehen, und giebt, wenn das Anfangs- und Endvolumen mit v_1 und v_2 bezeichnet werden:

$$(4) \qquad U_2 - U_1 = \int_{v_1}^{v_2} \left(T \frac{dp}{dT} - p \right) dv,$$

wodurch die Gleichung (2) in folgende übergeht:

$$(5) \qquad Q = \int_{v_1}^{v_2} \left(T \frac{dp}{dT} - p \right) dv + W.$$

Als erster und einfachster Fall möge nun der behandelt werden, wo ein Gas sich *ohne* äussere Arbeit ausdehnt. Man denke sich dazu eine Quantität des Gases in einem Gefässe befindlich und nehme an, dass dieses Gefäss mit einem leeren Gefässe in Verbindung gesetzt werde, so dass ein Theil des Gases überströmen könne, ohne dabei einen äusseren Widerstand zu überwinden. Die

Wärmemenge, welche das Gas in diesem Falle aufnehmen muss, um seine Temperatur unverändert zu behalten, bestimmt sich durch die vorige Gleichung, wenn darin $W = 0$ gesetzt wird, also durch die Gleichung:

$$(6) \qquad Q = \int_{v_1}^{v_2} \left(T \frac{dp}{dT} - p \right) dv.$$

Macht man die specielle Voraussetzung, dass das Gas ein vollkommenes sei, und daher der Gleichung

$$pv = RT$$

genüge, so erhält man:

$$\frac{dp}{dT} = \frac{R}{v},$$

und daher:

$$T \frac{dp}{dT} = T \frac{R}{v} = \frac{pv}{R} \cdot \frac{R}{v} = p,$$

wodurch (6) übergeht in:

$$(7) \qquad\qquad Q = 0.$$

Experimentell ist die Ausdehnung ohne äussere Arbeit, wie schon früher erwähnt, von Gay-Lussac, Joule und Regnault untersucht. Joule hat seine auf die Ausdehnung der Luft bezüglichen Versuche an die schon in Abschnitt II. beschriebenen Versuche, durch welche er die bei der Zusammendrückung der Luft erzeugte Wärme bestimmte, angeschlossen. Der in Fig. 6 (S. 69) abgebildete Recipient R wurde, nachdem er mit verdichteter Luft von 22 Atm. Druck gefüllt war, so wie es in Fig. 18 angedeutet

Fig. 18.

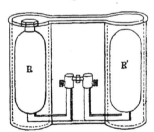

ist, mit einem leeren Recipienten R' in Verbindung gesetzt, so dass nur noch die Hähne die Communication zwischen ihnen abschlossen. Beide Recipienten wurden zusammen in ein Wassercalorimeter gesetzt, und dann die Hähne geöffnet, worauf die Luft durch theilweises Ueberströmen in den Recipienten R' sich bis ungefähr zum doppelten Volumen ausdehnte. Dabei zeigte das Calorimeter keinen Wärmeverlust, und die Ausdehnung der Luft hatte also, so weit es sich in diesem Apparate messen liess, ohne Verbrauch von Wärme stattgefunden.

Das eben ausgesprochene Resultat, dass bei der Ausdehnung keine Wärme verbraucht sei, gilt jedoch nur für den Process *im Ganzen*, aber nicht für die einzelnen Theile desselben. Im ersten Recipienten, wo die Ausdehnung der Luft stattfindet, und die Strömungsbewegung entsteht, wird Wärme verbraucht, im zweiten Recipienten dagegen, wo die Strömungsbewegung wieder aufhört, und die zuerst eingeströmte Luft von der nachfolgenden zusammengedrückt wird, und ebenso an den Stellen, wo beim Strömen Reibungswiderstände zu überwinden sind, wird Wärme erzeugt. Da aber die Wärmeerzeugung und der Wärmeverbrauch einander gleich sind, so heben sie sich gegenseitig auf, und man kann daher, sofern man nur das Gesammtresultat des ganzen Vorganges im Auge hat, sagen, es habe kein Wärmeverbrauch stattgefunden.

Um die einzelnen Theile des Vorganges besonders beobachten zu können, hat Joule seinen Versuch noch in der Weise abgeändert, dass er die beiden Recipienten und das Hahnstück in drei verschiedene Calorimeter setzte, wie es in Fig. 19 angedeutet ist. Da zeigte das Calorimeter, in welchem der Recipient, aus dem die Luft ausströmte, sich befand, Wärmeverlust, und die beiden anderen Calorimeter zeigten Wärmegewinn. Der ganze Wärmegewinn war dem Wärmeverluste so nahe gleich, dass Joule glaubt die noch vorhandene Differenz aus den Fehlerquellen des Versuches erklären zu können.

Fig. 19.

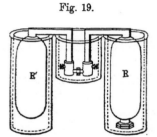

§. 4. Ausdehnung eines Gases mit unvollständiger Arbeit.

Wenn bei der Ausdehnung eines Gases zwar ein Gegendruck zu überwinden ist, dieser aber der Expansivkraft des Gases an Grösse nicht gleichkommt, so wird eine Arbeit geleistet, welche kleiner ist als die, welche das Gas bei der Ausdehnung leisten könnte. Dieses ist z. B. der Fall, wenn ein Gas aus einem Gefässe, in welchem es einen höheren, als den atmosphärischen Druck hat, in die Atmosphäre ausströmt.

Auch in diesem Falle ist der Vorgang ein sehr complicirter. Es findet nicht bloss die für die Ausdehnung nöthige Arbeit und der ihr entsprechende Wärmeverbrauch statt, sondern auch zur Hervorbringung der Ausströmungsgeschwindigkeit wird Wärme verbraucht und bei der nachherigen Abnahme dieser Geschwindigkeit wieder Wärme erzeugt. Ebenso wird zur Ueberwindung des Reibungswiderstandes Wärme verbraucht und durch die Reibung selbst Wärme erzeugt. Wollte man alle diese einzelnen Theile des Vorganges näher bestimmen, so würde das grosse Schwierigkeiten machen. Wenn es sich aber nur darum handelt die Wärmemenge zu bestimmen, welche man im Ganzen von Aussen her zuführen muss, damit die Temperatur des Gases constant bleibe, so ist die Sache einfacher. Dann kann man die Theile des Vorganges, deren Wirkungen sich gegenseitig aufheben, ausser Acht lassen, und braucht nur das Anfangs- und Endvolumen des Gases und diejenige Arbeit, welche nicht wieder in Wärme verwandelt wird, zu berücksichtigen. Dabei ist die innere Arbeit dieselbe, wie bei jeder anderen bei derselben Temperatur zwischen demselben Anfangs- und Endvolumen stattfindenden Ausdehnung des Gases, und die äussere Arbeit wird einfach durch das Product aus der Volumenzunahme und dem atmosphärischen Drucke dargestellt.

Um nun die gesuchte Wärmemenge zu erhalten, gehen wir wieder von der Gleichung (5) aus, und setzen darin für W den Ausdruck der in unserem jetzigen Falle geleisteten äusseren Arbeit, nämlich, wenn p_2 den atmosphärischen Druck bedeutet, das Product $p_2 (v_2 - v_1)$, wodurch die Gleichung übergeht in:

$$(8) \qquad Q = \int_{v_1}^{v_2} \left(T \frac{dp}{dT} - p \right) dv + p_2 (v_2 - v_1).$$

Wenn das Gas ein vollkommenes wäre, so würde das an der rechten Seite stehende Integral, wie schon im vorigen Paragraphen erwähnt wurde, gleich Null werden, und die vorstehende Gleichung daher in folgende einfachere übergehen:

$$(9) \qquad Q = p_2 (v_2 - v_1),$$

welche ausdrückt, dass in diesem Falle die zugeführte Wärme nur der zur Ueberwindung des äusseren Luftdruckes nöthigen Arbeit entspräche.

Will man die Wärme nicht nach mechanischen Einheiten, sondern nach gewöhnlichen Wärmeeinheiten messen, so hat man die

Ausdrücke an der rechten Seite von (8) und (9) durch das mechanische Aequivalent der Wärme zu dividiren, und erhält dann:

$$(8a) \qquad Q = \frac{1}{E} \int_{v_1}^{v_2} \left(T \frac{dp}{dT} - p \right) dv + \frac{p_2}{E} (v_2 - v_1),$$

$$(9a) \qquad Q = \frac{p_2}{E} (v_2 - v_1).$$

Joule hat auch diese Art von Ausdehnung experimentell untersucht. Nachdem er, wie in den früher erwähnten Versuchen, Luft in einem Recipienten bis zu hohem Drucke comprimirt hatte, liess er sie unter atmosphärischem Gegendrucke ausströmen. Um dabei die ausströmende Luft wieder auf die ursprüngliche Temperatur zu bringen, liess er sie nach dem Austritte aus dem Recipienten noch durch ein langes Schlangenrohr strömen, welches sich, wie es in Fig. 20 angedeutet ist, mit dem Recipienten zusammen in einem Wassercalorimeter befand. Dann blieb für die Luft nur die kleine Temperaturerniedrigung übrig, welche sie mit der ganzen Wassermasse des Calorimeters gemein hatte. Aus der Abkühlung des Calorimeters ergab sich die an die Luft während ihrer Ausdehnung abgegebene Wärmemenge. Indem Joule auf diese Wärmemenge die Gleichung (9a) anwandte, konnte er auch die Ergebnisse dieser Versuche dazu benutzen, das mechanische Aequivalent der Wärme zu berechnen. Er erhielt dabei aus drei Versuchsreihen Zahlen, deren Mittelwerth 438 (nach englischen Maassen 798) ist, ein Werth, welcher mit dem durch Compression der Luft gefundenen Werthe 444 nahe übereinstimmt, und auch von dem durch Reibung von Wasser gefundenen Werthe 424 nicht weiter abweicht, als aus den bei diesen Versuchen vorkommenden Fehlerquellen erklärlich ist.

Fig. 20.

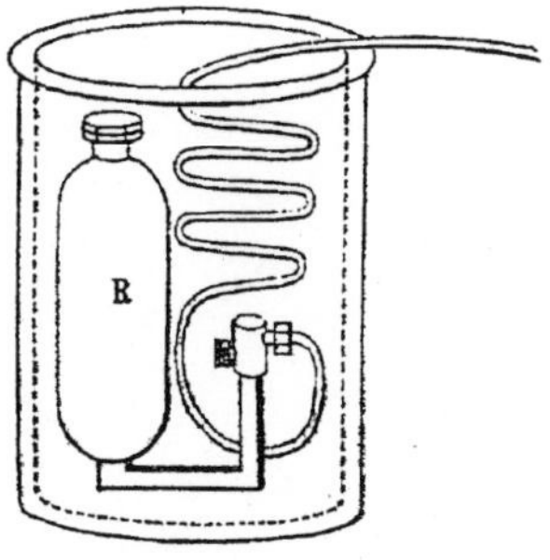

§. 5. Versuchsmethode von Thomson und Joule.

Die vorstehend erwähnten Versuche von Joule, bei denen eine in einem Recipienten enthaltene Luftmenge sich durch theilweises Ueberströmen in einen anderen Recipienten, oder durch Ausströmen in die Atmosphäre ausdehnte, haben gezeigt, dass die Schlüsse, welche man unter der Voraussetzung, dass die Luft ein vollkommenes Gas sei, ziehen kann, angenähert mit der Erfahrung übereinstimmen. Will man aber untersuchen, bis zu welchem Grade der Annäherung das Verhalten der Luft oder eines anderen Gases den Gesetzen der vollkommenen Gase entspricht, und unter welchen Gesetzen die etwa noch vorkommenden Abweichungen stehen, so ist dazu jene Versuchsweise nicht genau genug, indem die Masse des betrachteten Gases im Verhältnisse zur Masse der Gefässe und der anderen Körper, welche an der Wärmeveränderung theilnehmen, zu gering ist, und daher die vorkommenden Fehlerquellen einen zu grossen Einfluss auf das Resultat gewinnen. Zu diesen feineren Versuchen ist von Thomson ein sehr zweckmässiges Verfahren ersonnen, welches dann von ihm und Joule in eben so sorgfältiger als geschickter Weise zur Ausführung gebracht ist.

Man denke sich ein Rohr, durch welches ein continuirlicher Gasstrom getrieben wird, in welchem aber an einer Stelle durch Einfügung eines porösen Pfropfes der Durchgang des Gases so erschwert ist, dass selbst dann, wenn zwischen dem vor und hinter dem Pfropfe herrschenden Drucke ein beträchtlicher Unterschied obwaltet, doch nur eine mässige, für den Versuch geeignete Menge des Gases während der Zeiteinheit hindurchströmen kann. Thomson und Joule wandten als porösen Pfropf eine Quantität Baumwolle oder Seidenabfall an, welche, wie es in Fig. 21 angedeutet ist, zwischen zwei durchlöcherten Platten AB und CD zusammengepresst war. Betrachtet man nun vor und hinter dem Pfropf in solcher Entfernung, wo die Ungleichheiten der Bewegung, welche sich in der Nähe des Pfropfes zeigen können, nicht mehr merkbar sind, sondern nur ein gleichmässiges Strömen des Gases stattfindet, zwei Querschnitte EF und GH, so geht der

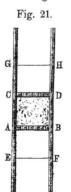

Fig. 21.

ganze Ausdehnungsprocess, welcher der Differenz des Druckes vor und hinter dem Pfropfe entspricht, in dem kleinen zwischen den beiden Querschnitten gelegenen Raume vor sich. Es kann daher, wenn der Gasstrom längere Zeit gleichmässig stattfindet, ein stationärer Zustand eintreten, in welchem alle festen Theile des Apparates ihre Temperatur unverändert beibehalten, und somit weder Wärme aufnehmen noch abgeben. Wenn dann noch, wie es in den Versuchen von Thomson und Joule der Fall war, durch Umhüllung des betreffenden Raumes mit schlechten Wärmeleitern dafür gesorgt ist, dass keine Wärme von Aussen her zugeleitet oder nach Aussen hin abgeleitet wird, so muss das Gas allein die bei dem Vorgange etwa verbrauchte oder erzeugte Wärme hergeben oder aufnehmen, und es kann daher, selbst wenn die betreffende Wärmemenge nur klein ist, eine deutlich erkennbare und gut messbare Temperaturdifferenz entstehen.

§. 6. Ableitung der auf den Fall bezüglichen Gleichungen.

Zur theoretischen Bestimmung der Temperaturdifferenz wollen wir zunächst die allgemeinere Gleichung bilden, mittelst deren die Wärmemenge bestimmt wird, welche dem Gase mitgetheilt werden müsste, damit die Temperatur im zweiten Querschnitte irgend einen verlangten Werth annähme. Daraus wird sich dann leicht ergeben, welche Temperatur entsteht, wenn die mitgetheilte Wärme Null ist.

Die einzelnen Theile des in Rede stehenden Vorganges sind wieder theils mit Wärmeverbrauch, theils mit Wärmeerzeugung verbunden. Zur Ueberwindung des Reibungswiderstandes beim Durchdringen des porösen Pfropfes wird Wärme verbraucht, durch die Reibung selbst aber eben so viel Wärme erzeugt. Zu der an gewissen Stellen eintretenden Vermehrung der Strömungsgeschwindigkeit wird Wärme verbraucht, bei der an anderen Stellen wieder eintretenden Abnahme der Strömungsgeschwindigkeit dagegen Wärme erzeugt. Bei der Bestimmung der Wärmemenge, welche dem Gase im Ganzen mitgetheilt werden muss, bleiben aber die sich gegenseitig compensirenden Theile des Vorganges ausser Betracht, indem es genügt, diejenige Arbeit, welche als geleistete oder verbrauchte äussere Arbeit übrig bleibt, und ebenso die wirklich bleibende Aenderung der lebendigen Kraft der Strömungsgeschwindigkeit zu kennen. Dazu brauchen wir nur die Arbeit, welche beim Eintritt des Gases in unseren Raum, also im Querschnitt EF, und beim Austritt des Gases, also im Querschnitt GH, geleistet wird, und die in diesen Querschnitten stattfindenden Strömungsgeschwindigkeiten zu berücksichtigen.

Was zunächst die Strömungsgeschwindigkeiten anbetrifft, so würde man die Differenz ihrer lebendigen Kräfte leicht in Rechnung bringen können. Wenn aber nur so geringe Strömungsgeschwindigkeiten in jenen Querschnitten vorkommen, wie bei den Versuchen von Thomson und Joule, so kann man ihre lebendigen Kräfte ganz vernachlässigen. Es bleibt dann also nur die in den beiden Querschnitten gethane Arbeit zu bestimmen.

Die absoluten Werthe dieser Arbeitsgrössen erhält man folgendermaassen. Wenn der im Querschnitte EF herrschende Druck mit p_1 bezeichnet wird, und wenn das Gas in diesem Querschnitte eine solche Dichtigkeit hat, dass eine Gewichtseinheit des Gases bei dieser Dichtigkeit das Volumen v_1 einnimmt, so ist die Arbeit, welche geleistet wird, während eine Gewichtseinheit des Gases durch den Querschnitt strömt, gleich dem Producte $p_1 v_1$. Ebenso erhält man für den Querschnitt GH, wenn der hier herrschende Druck mit p_2 und das specifische Volumen des Gases mit v_2 bezeichnet wird, die Arbeit $p_2 v_2$. Diese beiden Arbeitsgrössen sind aber mit verschiedenen Vorzeichen in Rechnung zu bringen. Im Querschnitt GH, wo das Gas aus dem betreffenden Raume ausströmt, wird der äussere Druck überwunden, in welchem Falle wir die geleistete Arbeit als eine positive betrachten; im Querschnitt EF dagegen, wo das Gas einströmt und sich also im Sinne des äusseren Druckes bewegt, haben wir die Arbeit als negativ zu rechnen. Die im Ganzen geleistete äussere Arbeit wird also durch die Differenz

$$p_2 v_2 - p_1 v_1$$

dargestellt.

Um nun weiter die Wärmemenge zu bestimmen, welche eine Gewichtseinheit des Gases aufnehmen muss, während sie den Raum zwischen den beiden Querschnitten durchströmt, wenn das Gas im ersten Querschnitt, wo der Druck p_1 herrscht, die Temperatur T_1 hat, und im zweiten, wo der Druck p_2 herrscht, die Temperatur T_2 haben soll, müssen wir die Gleichung anwenden, welche für den Fall gilt, wo eine Gewichtseinheit des Gases aus dem durch die Grössen p_1 und T_1 bestimmten Zustande in den durch die Grössen

p_2 uud T_2 bestimmten Zustand übergeht und dabei die äussere Arbeit $p_2v_2 - p_1v_1$ leistet. Wir gehen dazu zu der Gleichung (2) zurück, in welcher wir das die äussere Arbeit darstellende Zeichen W durch die vorstehende Differenz ersetzen, wodurch sie übergeht in:

$$(10) \qquad Q = U_2 - U_1 + p_2v_2 - p_1v_1.$$

Hierin brauchen wir nur noch die Differenz $U_2 - U_1$ zu bestimmen, wozu wir wieder eine der im vorigen Abschnitte aufgestellten Differentialgleichungen von U anwenden können. Im vorliegenden Falle ist es zweckmässig, diejenige Differentialgleichung auszuwählen, in welcher T und p als unabhängige Veränderliche vorkommen, nämlich die unter (30) gegebene Gleichung:

$$dU = \left(C_p - p\frac{dv}{dT}\right)dT - \left(T\frac{dv}{dT} + p\frac{dv}{dp}\right)dp,$$

welcher wir dadurch, dass wir setzen:

$$p\frac{dv}{dT}dT + p\frac{dv}{dp}dp = pdv$$
$$= d(pv) - vdp,$$

folgende Form geben können:

$$(11) \qquad dU = C_p dT - \left(T\frac{dv}{dT} - v\right)dp - d(pv).$$

Diese Gleichung muss von den Anfangswerthen T_1, p_1 bis zu den Endwerthen T_2, p_2 integrirt werden. Die Integration der beiden ersten Glieder an der rechten Seite wollen wir nur andeuten, die Integration des letzten Gliedes aber können wir sofort ausführen, und erhalten dadurch:

$$(12) \quad U_2 - U_1 = \int\left[C_p dT - \left(T\frac{dv}{dT} - v\right)dp\right] - p_2v_2 + p_1v_1.$$

Bei der Einsetzung dieses Werthes von $U_2 - U_1$ in die Gleichung (10) heben sich mehrere Glieder auf, und es entsteht folgende Gleichung:

$$(13) \qquad Q = \int\left[C_p dT - \left(T\frac{dv}{dT} - v\right)dp\right].$$

Der hierin unter dem Integralzeichen stehende Ausdruck ist das Differential einer Function von T und p, da C_p der in Abschnitt VIII. unter (6) gegebenen Gleichung

$$\frac{dC_p}{dp} = -T\frac{d^2v}{dT^2}$$

genügt, und somit ist die Wärmemenge Q durch die Anfangs- und Endwerthe von T und p vollständig bestimmt.

Wird nun die den Versuchen von Thomson und Joule entsprechende Bedingung gestellt, dass $Q = 0$ sei, so ist die Differenz zwischen der Anfangs- und Endtemperatur nicht mehr von der Differenz zwischen dem Anfangs- und Enddruck unabhängig, sondern aus der einen lässt sich die andere bestimmen. Denken wir uns diese beiden Differenzen unendlich klein, so können wir statt der Gleichung (13) die Differentialgleichung

$$dQ = C_p\, dT - \Big(T\frac{dv}{dT} - v \Big) dp$$

anwenden, und indem wir hierin $dQ = 0$ setzen, erhalten wir die Gleichung, welche die Beziehung zwischen dT und dp ausdrückt, und sich so schreiben lässt:

(14) $$\frac{dT}{dp} = \frac{1}{C_p} \Big(T\frac{dv}{dT} - v \Big).$$

Wenn das Gas ein vollkommenes wäre, und somit der Gleichung

$$pv = RT$$

genügte, so würde man haben:

$$\frac{dv}{dT} = \frac{R}{p} = \frac{v}{T},$$

und dadurch würde aus der vorigen Gleichung werden:

$$\frac{dT}{dp} = 0.$$

In diesem Falle würde also eine unendlich kleine Druckdifferenz keine Temperaturdifferenz veranlassen, und dasselbe würde dann auch von einer endlichen Druckdifferenz gelten. Es müsste also vor und hinter dem porösen Pfropfe eine und dieselbe Temperatur stattfinden. Beobachtet man dagegen eine Temperaturdifferenz, so folgt daraus, dass das Gas dem Mariotte'schen und Gay-Lussac'schen Gesetze nicht genügt, und aus den Werthen der unter verschiedenen Umständen eintretenden Temperaturdifferenzen kann man bestimmte Schlüsse über die Art der Abweichung des Gases von jenen Gesetzen ziehen.

§. 7. Ergebnisse der Versuche und daraus abgeleitete Elasticitätsgleichung der Gase.

Bei den von Thomson und Joule im Jahre 1854 ausgeführten Versuchen[1]) stellte sich in der That heraus, dass die Temperaturen vor und hinter dem Pfropfe nicht ganz gleich waren, sondern einen kleinen Unterschied zeigten, welcher dem angewandten Druckunterschiede proportional war. Bei der atmosphärischen Luft fanden sie bei einer anfänglichen Temperatur von etwa 15⁰ Abkühlungen, welche sich, wenn der Druck in Atmosphären gemessen wurde, durch die Gleichung

$$T_1 - T_2 = 0\cdot26^0 \, (p_1 - p_2)$$

darstellen liess. Bei der Kohlensäure fanden sie etwas grössere Abkühlungen, welche bei einer Anfangstemperatur von etwa 19⁰ der Gleichung

$$T_1 - T_3 = 1\cdot15^0 \, (p_1 - p_2)$$

genügten. Die diesen beiden Gleichungen entsprechenden Differentialgleichungen lauten:

$$(15) \qquad \frac{dT}{dp} = 0\cdot26 \text{ und } \frac{dT}{dp} = 1\cdot15.$$

In einer späteren, im Jahre 1862 veröffentlichten Untersuchung[2]) haben Thomson und Joule ihr Augenmerk noch besonders darauf gerichtet, wie die Abkühlung sich ändert, wenn die anfängliche Temperatur anders gewählt wird. Sie liessen daher das Gas, bevor es den porösen Pfropf erreichte, durch eine lange Röhre strömen, welche von Wasser umgeben war, dessen Temperatur beliebig bis zum Siedepunkte gesteigert werden konnte. Dabei ergab sich, dass die Abkühlung bei hohen Temperaturen geringer ist, als bei niederen Temperaturen, und zwar fanden sie dieselbe umgekehrt proportional dem Quadrate der absoluten Temperatur. Sie gelangten für .atmosphärische Luft und Kohlensäure zu nachstehenden vervollständigten Formeln, in welchen a die absolute Temperatur des Gefrierpunktes bedeutet, und als Druckeinheit das Gewicht einer Quecksilbersäule von 100 englischen Zoll Höhe gewählt ist:

---

[1]) *Phil. Transact. for 1854, p. 321.*
[2]) *Phil. Transact. for 1862, p. 579.*

$$\frac{dT}{dp} = 0 \cdot 92 \left(\frac{a}{T}\right)^2 \text{ und } \frac{dT}{dp} = 4 \cdot 64 \left(\frac{a}{T}\right)^2$$

Führt man in diese Formeln wieder eine Atmosphäre als Druckeinheit ein, so lauten sie:

(16) $\qquad \frac{dT}{dp} = 0 \cdot 28 \left(\frac{a}{T}\right)^2 \text{ und } \frac{dT}{dp} = 1 \cdot 39 \left(\frac{a}{T}\right)^2$

Beim Wasserstoff haben Thomson und Joule in ihrer späteren Untersuchung statt der Abkühlung eine geringe Erwärmung beobachtet, indessen haben sie für dieses Gas keine bestimmte Formel aus den Beobachtungswerthen abgeleitet, weil diese dazu nicht genau genug waren.

Wenn man in den beiden unter (16) gegebenen Formeln von $\frac{dT}{dp}$ für den Zahlenfactor ein allgemeines Zeichen A setzt, so fallen sie in Eine Formel zusammen, nämlich:

(17) $\qquad \frac{dT}{dp} = A \left(\frac{a}{T}\right)^2$

und wenn man diese in die Gleichung (14) einsetzt, so erhält man:

(18) $\qquad T \frac{dv}{dT} - v = A C_p \left(\frac{a}{T}\right)^2$

Diese Gleichung ist nach Thomson und Joule für die wirklich vorhandenen Gase an die Stelle der auf vollkommene Gase bezüglichen Gleichung

$$T \frac{dv}{dT} - v = 0$$

zu setzen, um die bei constantem Drucke stattfindende Beziehung zwischen Volumen- und Temperaturänderung auszudrücken.

Wenn die Grösse C_p als constant angenommen wird, so kann man die Gleichung (18) sofort integriren. Nun ist freilich nur für vollkommene Gase erwiesen, dass die specifische Wärme C_p vom Drucke unabhängig ist, und ebenso können wir die in Folge der Regnault'schen experimentellen Bestimmungen hinzugefügte Annahme, dass C_p auch von der Temperatur unabhängig sei, streng genommen, nur auf vollkommene Gase beziehen. Wenn aber ein Gas nur wenig vom vollkommenen Gaszustande abweicht, so wird auch C_p nur wenig von einem constanten Werthe abweichen, und beide Abweichungen können als Grössen derselben Ordnung angesehen werden. Da ferner in der Gleichung (18) das ganze Glied, welches C_p enthält, nur eine kleine Grösse von eben jener Ordnung

ist, so können durch die Veränderlichkeit von C_p in der Gleichung
nur Aenderungen entstehen, welche kleine Grössen von höherer
Ordnung sind, und diese mögen im Folgenden vernachlässigt werden, indem C_p als constant gelte. Dann erhalten wir, nachdem
wir die Gleichung mit $\dfrac{dT}{T^2}$ multiplicirt haben, durch Integration:

$$\frac{v}{T} = -\frac{1}{3}\,A\,C_p\,\frac{a^2}{T^3} + P,$$

oder umgeschrieben:

(19) $$v = PT - \frac{1}{3}\,A\,C_p\left(\frac{a}{T}\right)^2.$$

worin P die Integrationsconstante bedeutet, welche im vorliegenden Falle als Function des Druckes p anzusehen ist.

Nach dem Mariotte'schen und Gay-Lussac'schen Gesetze
würde sein:

(20) $$v = \frac{R}{p}\,T,$$

und es ist daher zweckmässig, der Function P die Form

$$P = \frac{R}{p} + \pi$$

zu geben, worin π wiederum eine Function von p bedeutet, welche
aber nur sehr klein sein kann. Dadurch geht die Gleichung (19)
über in:

(21) $$v = R\,\frac{T}{p} + \pi T - \frac{1}{3}\,A\,C_p\left(\frac{a}{T}\right)^2$$

Diese Gleichung vereinfachen Thomson und Joule noch
durch folgende Betrachtung. Die Art, wie der Druck und das
Volumen eines Gases von einander abhängen, weicht um so weniger
vom Mariotte'schen Gesetze ab, je höher die Temperatur ist.
Diejenigen Glieder der vorstehenden Gleichung, welche diese Abweichung ausdrücken, müssen also mit wachsender Temperatur
immer kleiner werden. Das letzte Glied erfüllt nun in der That
diese Bedingung, das vorletzte Glied πT erfüllt sie aber nicht.
Demnach darf dieses Glied in der Gleichung nicht vorkommen, und
man hat daher $\pi = 0$ zu setzen, wodurch man erhält:

(22) $$v = R\,\frac{T}{p} - \frac{1}{3}\,A\,C_p\left(\frac{a}{T}\right)^2$$

Dieses ist die Gleichung, welche nach Thomson und Joule bei
den wirklich vorhandenen Gasen an die Stelle der für vollkommene
Gase geltenden Gleichung (20) treten muss.

Eine ganz ähnliche Gleichung hatte schon früher Rankine[1]) aufgestellt, um die von Regnault gefundenen Abweichungen der Kohlensäure vom Mariotte'schen und Gay-Lussac'schen Gesetze darzustellen. Diese Gleichung lässt sich in ihrer einfachsten Form so schreiben:

$$(23) \qquad pv = RT - \frac{\alpha}{Tv},$$

worin α ebenso, wie R, eine Constante ist. Dividirt man diese Gleichung durch p, setzt darauf im letzten Gliede, welches sehr klein ist, für das Product pv das ihm sehr nahe gleiche Product RT, und führt dann endlich für den constanten Bruch $\frac{\alpha}{R}$ den Buchstaben β ein, so erhält man:

$$v = R\,\frac{T}{p} - \frac{\beta}{T^2},$$

welche Gleichung von derselben Form ist, wie (22).

§. 8. Verhalten des Dampfes bei der Ausdehnung unter verschiedenen Umständen.

Als ein ferneres Beispiel für die Unterschiede, welche bei der Ausdehnung stattfinden können, möge das Verhalten des gesättigten Dampfes betrachtet werden. Wir wollen nämlich die beiden Bedingungen stellen, dass der Dampf entweder bei seiner Ausdehnung einen seiner ganzen Expansivkraft entsprechenden Widerstand zu überwinden hat, oder dass er in die Atmosphäre ausströmt, wobei ihm nur der atmosphärische Druck entgegensteht; und bei der letzten Bedingung machen wir noch den Unterschied, dass entweder der Dampf in dem Gefässe, aus welchem er ausströmt, getrennt von Flüssigkeit, nur sich selbst überlassen ist, oder dass sich in dem Gefässe auch Flüssigkeit befindet, welche den entweichenden Dampf immer wieder durch neuen ersetzt. In allen drei Fällen wollen wir *die Wärmemenge bestimmen, welche dem Dampfe während der Ausdehnung mitgetheilt oder entzogen werden muss, damit er immer gerade Dampf vom Maximum der Dichtigkeit bleibe.*

---

[1]) S. *Phil. Transact. for 1854, p. 336.*

Es sei also *erstens* eine Gewichtseinheit gesättigten Dampfes
ohne Flüssigkeit in einem Gefässe gegeben, und dieser Dampf
dehne sich nun aus, indem er z. B. einen Stempel zurückschiebe.
Er soll dabei gegen den Stempel die *ganze* Expansivkraft, welche
er in jedem Stadium seiner Ausdehnung noch besitzt, entwickeln,
wozu nur nöthig ist, dass der Stempel so langsam zurückweicht,
dass der ihm folgende Dampf seine Expansivkraft stets mit dem
im übrigen Gefässe befindlichen vollständig ausgleichen kann. Die
Wärmemenge Q, welche diesem Dampfe mitgetheilt werden muss,
wenn er sich so weit ausdehnt, dass seine Temperatur dabei von
einem gegebenen Anfangswerthe T_1 bis zu einem Werthe T_2 sinkt,
wird einfach durch die Gleichung:

$$(24) \qquad\qquad Q = \int_{T_1}^{T_2} h \, dT$$

bestimmt, worin h die in Abschnitt VI. eingeführte Grösse ist,
welche wir *die specifische Wärme des gesättigten Dampfes* genannt
haben. Wenn, wie es bei den meisten Dämpfen der Fall ist, h
einen negativen Werth hat, so stellt das vorige Integral, in welchem
die obere Grenze kleiner ist, als die untere, eine positive Grösse dar.

Beim Wasser gilt für h die in jenem Abschnitte unter (31) angeführte Formel:

$$h = 1{\cdot}013 - \frac{800{\cdot}3}{T}.$$

Unter Anwendung dieser Formel kann man für jede zwei Temperaturen T_1 und T_2 den Werth von Q leicht berechnen. Sei z. B.
angenommen, der Dampf habe anfangs eine Spannkraft von 5 oder
10 Atmosphären, und dehne sich dann aus, bis seine Spannkraft
auf Eine Atmosphäre herabgesunken sei, so muss man nach Reg-
nault's Bestimmungen T_1 resp. $= a + 152{\cdot}2$ oder $= a + 180{\cdot}3$ und
$T_2 = a + 100$ setzen, und erhält dadurch die Werthe:

$$Q \text{ resp. } = 52{\cdot}1 \text{ oder } = 74{\cdot}9 \text{ Wärmeeinh.}$$

Als *zweiten* Fall nehmen wir an, es sei wiederum eine Gewichtseinheit gesättigten Dampfes ohne Flüssigkeit bei einer über dem
Siedepunkte der betreffenden Flüssigkeit liegenden Temperatur T_1
in einem Gefässe eingeschlossen, und es werde nun in dem Gefässe
eine Oeffnung gemacht, so dass er in die Atmosphäre ausströmen
könne. Wir verfolgen ihn dabei jenseit der Oeffnung bis zu einer
Entfernung, wo seine Spannkraft nur noch gleich dem Drucke der

Atmosphäre ist. Um die Ausbreitung des Dampfstromes regelmässiger zu machen, sei das Gefäss an der Ausströmungsöffnung
mit einem allmählich erweiterten Halse $PQKM$, Fig. 22, versehen,

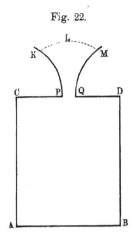

Fig. 22.

was aber kein nothwendiges Er-
forderniss für die Gültigkeit der
nachstehenden Gleichungen ist,
sondern nur zur Erleichterung der
Anschauung dienen soll. In diesem Halse sei KLM eine Fläche,
in welcher der Dampf nur noch
eine dem Drucke der Atmosphäre
gleiche Spannkraft besitzt, und
seine Strömungsgeschwindigkeit
schon so gering ist, dass man die
lebendige Kraft derselben vernachlässigen kann. Ferner wollen
wir noch annehmen, dass die durch
die Reibung des Dampfes am
Rande der Oeffnung und an der
Wand des Halses erzeugte Wärme
nicht abgeleitet werde, sondern dem Dampfe wieder zu Gute
komme.

Um dann die Wärmemenge zu bestimmen, welche dem Dampfe
während der Ausdehnung mitgetheilt werden muss, um ihn gerade
im gesättigten Zustande zu erhalten, wenden wir wieder die unter
(2) angeführte allgemeine Gleichung an, welche, wenn die Wärmemenge in diesem Falle mit Q' bezeichnet wird, lautet:

$$(25) \qquad Q' = U_2 - U_1 + W,$$

worin U_1 die Energie im Anfangszustande des Dampfes im Gefässe
und U_2 die Energie im Endzustande des Dampfes in der Fläche
KLM bedeutet, und W die bei der Ueberwindung des atmosphärischen Druckes geleistete äussere Arbeit darstellt.

Die Energie einer Gewichtseinheit gesättigten Dampfes bei
der Temperatur T ergiebt sich aus der im vorigen Abschnitte
unter (37) angeführten Gleichung für U, wenn wir darin $m = M$
$= 1$ setzen, nämlich:

$$U = U_0 + \int_{T_0}^{T} \left(C - p\,\frac{d\sigma}{dT} \right) dT + \varrho \left(1 - \frac{p}{T\frac{dp}{dT}} \right).$$

Wenn wir hierin für T zuerst den Anfangswerth T_1 und zugleich für p, $\dfrac{dp}{dT}$ und ϱ die zu dieser Temperatur gehörigen Werthe setzen, welche letzteren wir damit bezeichnen wollen, dass wir die allgemeinen Symbole mit dem Index 1 versehen, und wenn wir darauf ebenso mit dem Endwerthe T_2 der Temperatur verfahren, und dann die so gewonnenen beiden Gleichungen von einander abziehen, so erhalten wir:

$$(26) \quad U_2 - U_1 = \int_{T_1}^{T_2}\left(C - p\frac{d\sigma}{dT}\right)dT + \varrho_2\left[1 - \frac{p_2}{T_2\left(\dfrac{dp}{dT}\right)_2}\right]$$
$$- \varrho_1\left[1 - \frac{p_1}{T_1\left(\dfrac{dp}{dT}\right)_1}\right].$$

Die äussere Arbeit, welche darin besteht, dass bei der Ausdehnung von dem Volumen s_1 bis zum Volumen s_2 der atmosphärische Druck p_2 überwunden wird, bestimmt sich durch die Gleichung:

$$W = p_2(s_2 - s_1).$$

Dem hierin befindlichen Ausdrucke wollen wir noch eine andere Form geben. Wir bezeichnen, wie in Abschnitt VI., die Differenz $s - \sigma$, worin σ das specifische Volumen der Flüssigkeit bedeutet, mit u und setzen daher: $s = u + \sigma$. Dadurch erhalten wir:

$$W = p_2(u_2 - u_1) + p_2(\sigma_2 - \sigma_1).$$

Hierin führen wir ferner für u den Ausdruck ein, welcher sich aus der Gleichung (13) des Abschnittes VI. ergiebt, wodurch wir erhalten:

$$(27) \quad W = p_2\left[\frac{\varrho_2}{T_2\left(\dfrac{dp}{dT}\right)_2} - \frac{\varrho_1}{T_1\left(\dfrac{dp}{dT}\right)_1}\right] + p_2(\sigma_2 - \sigma_1).$$

Indem wir die in (26) und (27) gegebenen Werthe von $U_2 - U_1$ und W in (25) einsetzen, gelangen wir zu der Gleichung:

$$(28) \quad Q = \int_{T_1}^{T_2}\left(C - p\frac{d\sigma}{dT}\right)dT + \varrho_2 - \varrho_1 + \frac{\varrho_1}{T_1\left(\dfrac{dp}{dT}\right)_1}(p_1 - p_2)$$
$$+ p_2(\sigma_2 - \sigma_1).$$

Hierin ist die Wärme in mechanischem Maasse ausgedrückt. Um sie in gewöhnlichem Wärmemaasse auszudrücken, haben wir die rechte Seite durch E zu dividiren, wobei wir, wie früher, setzen wollen:

$$\frac{C}{E} = c; \quad \frac{\varrho}{E} = r.$$

Zugleich wollen wir, da σ eine kleine Grösse ist und sich sehr wenig ändert, die Grössen $\dfrac{d\sigma}{dT}$ und $\sigma_2 - \sigma_1$ vernachlässigen. Dann erhalten wir:

$$(29) \qquad Q' = \int_{T_1}^{T_2} c\, dT + r_2 - r_1 + \frac{r_1}{T_1 \left(\dfrac{dp}{dT} \right)_1} (p_1 - p_2),$$

welche Gleichung zur numerischen Berechnung von Q' geeignet ist, da in ihr nur Grössen vorkommen, welche für eine beträchtliche Anzahl von Flüssigkeiten experimentell bestimmt sind.

Für Wasser ist nach Regnault:

$$c + \frac{dr}{dT} = 0{\cdot}305,$$

und somit:

$$\int_{T_1}^{T_2} c\, dT + r_2 - r_1 = -0{\cdot}305\, (T_1 - T_2),$$

und auch die im letzten Gliede der Gleichung (29) vorkommenden Grössen sind hinlänglich bekannt, so dass die ganze Rechnung leicht ausgeführt werden kann. Nimmt man z. B. den anfänglichen Druck wieder zu 5 oder 10 Atmosphären an, so kommt:

$$Q' \text{ resp.} = 19{\cdot}5 \text{ oder} = 17{\cdot}0 \text{ Wärmeeinh.}$$

Da Q' eine positive Grösse ist, so folgt, dass auch in diesem Falle dem Dampfe Wärme nicht entzogen, sondern *mitgetheilt* werden muss, wenn sich nicht ein Theil desselben niederschlagen soll, was dann nicht bloss an der Ausströmungsöffnung, sondern eben so gut auch im Innern des Gefässes geschehen würde. Die Quantität dieses niedergeschlagenen Dampfes würde aber geringer sein, als im ersten Falle, weil Q' geringer ist als Q.

Es kann vielleicht auffallen, dass die vorstehenden Gleichungen für den anfänglichen Druck von 5 Atmosphären eine grössere Wärmemenge angeben, als für den von 10 Atmosphären. Das kommt aber daher, dass bei 5 Atmosphären Druck das Volumen des Dampfes schon so gering ist, und bei einer Druckvermehrung bis zu 10 Atmosphären nur noch um einen so kleinen Raum abnimmt, dass die dadurch bedingte Vermehrung der Arbeit beim Ausströmen überwogen wird von dem Ueberschusse der freien Wärme des $180 \cdot 3^0$ warmen Dampfes über die des $152 \cdot 2^0$ warmen.

Wir wenden uns nun endlich zu dem *dritten* im Eingange dieses Paragraphen erwähnten Falle, wo ausser dem Dampfe auch Flüssigkeit in dem Gefässe enthalten ist. Das Gefäss $ABCD$, Fig. 23, sei bis EF mit Flüssigkeit und von da ab mit Dampf

Fig. 23.

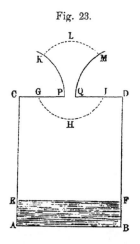

gefüllt. PQ sei die Ausströmungsöffnung, und diese sei, wie schon im vorigen Falle angenommen wurde, mit einem erweiterten Halse $PQKM$ versehen, um die Ausbreitung des Dampfstromes regelmässiger zu machen. Die Flüssigkeit werde durch irgend eine Wärmequelle constant auf der Temperatur T_1 erhalten, so dass sie fortwährend den ausströmenden Dampf durch neu entwickelten ersetze, und der ganze Ausströmungszustand stationär sei.

Der zuletzt erwähnte Umstand bildet einen wesentlichen Unterschied dieses Falles von dem vorigen. Der Druck, welchen der neu entstehende Dampf auf den schon vorhandenen ausübt, thut während des Ausströmens eine Arbeit, welche als negative äussere Arbeit mit in Rechnung gebracht werden muss.

Es stelle GHJ eine Fläche dar, in welcher der hindurchgehende Dampf noch durchweg die Expansivkraft p_1, die Temperatur T_1 und das specifische Volumen s_1 hat, welche im Inneren des Gefässes stattfinden, und mit welchen auch der neue Dampf sich entwickelt. KLM dagegen stelle eine Fläche dar, in welcher der hindurchgehende Dampf schon durchweg die dem atmosphärischen Drucke gleiche Expansivkraft p, hat. Die Strömungsgeschwindigkeit nehmen wir in den beiden Flächen als so klein an, dass ihre lebendige Kraft vernachlässigt werden kann. Auf dem Wege von der einen Fläche zur anderen soll dem Dampfe fortwährend so viel Wärme mitgetheilt oder entzogen werden, wie nöthig ist, damit er vollständig dampfförmig und gerade gesättigt bleibe, und also in der Fläche KLM die dem Drucke p_2 entsprechende Temperatur T_2 (nämlich die Siedetemperatur der Flüssigkeit) und das dazu gehörige specifische Volumen s_2 habe. Es fragt sich nun, wie gross die zu diesem Zwecke erforderliche Wärmemenge Q'' für die Gewichtseinheit des ausströmenden Dampfes ist.

Zur Bestimmung derselben können wir so verfahren, wie im vorigen Falle, nur dass wir für die äussere Arbeit einen anderen Werth zu setzen haben. Dieser Werth ist die Differenz zwischen der Arbeit, welche in der Fläche GHJ geschieht, durch welche unter dem Drucke p_1 das Dampfvolumen s_1 strömt, und der, welche in der Fläche KLM geschieht, durch welche unter dem Drucke p_2 das Dampfvolumen s_2 strömt. Er wird also durch die Gleichung

$$W = p_2 s_2 - p_1 s_1$$

bestimmt. Setzen wir hierin wieder:

$$s = u + \sigma = \frac{\varrho}{T \dfrac{dp}{dT}} + \sigma,$$

so kommt:

$$(30) \qquad W = \frac{p_2 \varrho_2}{T_2 \left(\dfrac{dp}{dT}\right)_2} - \frac{p_1 \varrho_1}{T_1 \left(\dfrac{dp}{dT}\right)_1} + p_2 \sigma_2 - p_1 \sigma_1.$$

Bilden wir nun für Q'' wieder eine Gleichung von der Form (25) und setzen darin für $U_2 - U_1$ den unter (26) gegebenen Ausdruck und für W den eben gefundenen Ausdruck, so heben sich die Hauptglieder des letzteren gegen entsprechende im ersteren vorkommende Glieder auf, und es bleibt:

$$(31) \qquad Q'' = \int_{T_1}^{T_2} \left(C - p\frac{d\sigma}{dT}\right) dT + \varrho_2 - \varrho_1 + p_2 \sigma_2 - p_1 \sigma_1.$$

Aendern wir diese Gleichung noch in der Weise um, dass sie sich nicht auf mechanisches, sondern auf gewöhnliches Wärmemaass bezieht, und vernachlässigen dabei die Glieder, welche σ enthalten, so gelangen wir zu der einfachen Gleichung:

$$(32) \qquad Q'' = \int_{T_1}^{T_2} c\, dT + r_2 - r_1.$$

Für Wasser nimmt diese Gleichung folgende Gestalt an:

$$Q'' = -0{\cdot}305\,(T_1 - T_2),$$

und wenn man hieraus wieder die Zahlenwerthe von Q'' für einen anfänglichen Druck von 5 oder 10 Atmosphären berechnet, so erhält man:

$$Q'' \text{ resp.} = -15{\cdot}9 \text{ oder} = -24{\cdot}5 \text{ Wärmeeinh.}$$

Aus dem Umstande, dass die Werthe von Q'' negativ sind, folgt, dass in diesem Falle dem Dampfe nicht Wärme mitgetheilt, sondern *entzogen* werden muss. Wenn diese Wärmeentziehung bis zu der betrachteten Stelle nicht hinlänglich stattfindet, so ist der Dampf dort wärmer als 100⁰ und somit überhitzt. Dabei ist aber natürlich vorausgesetzt, dass durch die erste Fläche GHJ nur Dampf geht, dass also nicht, wie es bei starker Dampfentwickelung vorkommen kann, mechanisch mit fortgerissene Flüssigkeitstheilchen den Dampf begleiten.

ABSCHNITT XI.

Anwendung der mechanischen Wärmetheorie auf die Dampfmaschine.

§. 1. Nothwendigkeit einer neuen Behandlung der Dampfmaschine.

Da die veränderten Ansichten über das Wesen und das Verhalten der Wärme, welche unter dem Namen der „mechanischen Wärmetheorie" zusammengefasst werden, in der bekannten Thatsache, dass sich die Wärme zur Hervorbringung von mechanischer Arbeit anwenden lässt, ihre erste Anregung gefunden haben, so durfte man im Voraus erwarten, dass die so entstandene Theorie auch umgekehrt wieder dazu beitragen müsse, diese Anwendung der Wärme in ein helleres Licht zu stellen. Besonders mussten die durch sie gewonnenen allgemeineren Gesichtspunkte es möglich machen, ein sicheres Urtheil über die einzelnen zu dieser Anwendung dienenden Maschinen zu fällen, ob sie schon vollkommen ihren Zweck erfüllen, oder ob und inwiefern sie noch der Vervollkommnung fähig sind.

Zu diesen für alle thermodynamischen Maschinen geltenden Gründen kommen für die wichtigste unter ihnen, die *Dampfmaschine*, noch einige besondere Gründe hinzu, welche dazu auffordern, sie einer erneuerten, von der mechanischen Wärmetheorie geleiteten Untersuchung zu unterwerfen. Es haben sich nämlich gerade für den Dampf im Maximum der Dichte aus dieser Theorie einige wesentliche Abweichungen von den früher als richtig angenommenen oder wenigstens in den Rechnungen angewandten Gesetzen ergeben.

Ich brauche in dieser Beziehung nur an zwei in Abschnitt VI. abgeleitete Resultate zu erinnern.

Während in den meisten früheren Schriften über die Dampfmaschinentheorie, unter anderen in dem vortrefflichen Werke von de Pambour, der Watt'sche Satz zu Grunde gelegt ist, dass gesättigter Dampf, welcher sich in einer für Wärme undurchdringlichen Hülle befindet, bei Volumenänderungen immer gerade Dampf vom Maximum der Dichte bleibe, und in einigen späteren, (nach Veröffentlichung der Regnault'schen Versuche über die Verdampfungswärme des Wassers bei verschiedenen Temperaturen erschienenen) Schriften sogar die Annahme gemacht ist, dass der Dampf bei der Zusammendrückung sich theilweise niederschlage und bei der Ausdehnung sich weniger abkühle, als der Dichtigkeitsabnahme entspreche, und daher in den überhitzten Zustand übergehe, ist in Abschnitt VI. nachgewiesen, dass der Dampf ein von der ersten Annahme abweichendes und der zweiten Annahme sogar gerade entgegengesetztes Verhalten zeigen muss, dass er nämlich bei der Zusammendrückung überhitzt werden und bei der Ausdehnung sich theilweise niederschlagen muss.

Während ferner in jenen Schriften zur Bestimmung des Volumens einer Gewichtseinheit gesättigten Dampfes bei verschiedenen Temperaturen in Ermangelung genauerer Kenntnisse die Annahme gemacht wurde, dass der Dampf selbst im Maximum der Dichte noch dem Mariotte'schen und Gay-Lussac'schen Gesetze folge, ist in Abschnitt VI. gezeigt, dass er von diesen Gesetzen beträchtlich abweicht.

Diese beiden Umstände sind natürlich von wesentlichem Einflusse auf die Dampfmenge, welche während jedes Hubes aus dem Kessel in den Cylinder strömt, und auf das Verhalten dieses Dampfes während der Expansion, und man sieht leicht, dass schon sie allein es nöthig machen, die Arbeit, welche eine gegebene Dampfmenge in der Maschine leistet, in anderer Weise, als bisher, zu berechnen.

§. 2. Gang der Dampfmaschine.

Um die Reihe von Vorgängen, welche zum Gange einer Dampfmaschine mit Condensator gehören, in übersichtlicher Weise darzustellen, und recht augenfällig zu zeigen, dass sie einen Kreisprocess bilden, welcher sich in gleicher Weise fortwährend wieder-
holt, habe ich die nebenstehende schematische Fig. 24 entworfen.
A stellt den Dampfkessel vor, dessen Inhalt durch die Wärmequelle

Fig. 24.

auf der constanten
Temperatur T_1 erhal-
ten wird. Aus diesem
tritt ein Theil des
Dampfes in den Cylin-
der *B*, und treibt den
Stempel ein gewisses
Stück in die Höhe.
Dann wird der Cylin-
der vom Dampfkessel
abgeschlossen, und der
in ihm enthaltene
Dampf treibt den Stem-
pel durch Expansion
noch höher. Darauf
wird der Cylinder mit
dem Raume *C* in Verbindung gesetzt, welcher den Condensator
vorstellen soll. Von diesem soll angenommen werden, dass er nicht
durch eingespritztes Wasser, sondern durch Abkühlung von aussen
kalt erhalten werde, was keinen wesentlichen Unterschied in den
Resultaten hervorbringt, aber die Betrachtung vereinfacht. Die
constante Temperatur des Condensators möge T_0 heissen. Während der Verbindung des Cylinders mit dem Condensator geht der
Stempel den ganzen vorher durchlaufenen Weg wieder zurück, und
dadurch wird aller Dampf, welcher nicht gleich von selbst in den
Condensator strömte, in diesen hineingetrieben, und schlägt sich
hier nieder. Es kommt nun noch, um den Cyclus von Operationen zu vollenden, darauf an, die durch den Dampfniederschlag
entstandene Flüssigkeit in den Kessel zurückzuschaffen. Dazu
dient die kleine Pumpe *D*, deren Gang so regulirt wird, dass sie

beim Aufgange des Stempels gerade so viel Flüssigkeit aus dem Condensator aufsaugt, wie durch den oben erwähnten Dampfniederschlag in ihn hineingekommen ist, und diese Flüssigkeitsmenge wird dann beim Niedergange des Stempels in den Kessel zurückgepresst. Wenn sie sich hier wieder bis zur Temperatur T_1 erwärmt hat, so befindet sich Alles wieder im Anfangszustande, und dieselbe Reihe von Vorgängen kann von Neuem beginnen. Wir haben es also hier mit einem vollständigen Kreisprocesse zu thun.

Bei den gewöhnlichen Dampfmaschinen tritt der Dampf nicht bloss von Einer, sondern abwechselnd von beiden Seiten in den Cylinder. Dadurch entsteht aber nur der Unterschied, dass während eines Auf- und Niederganges des Stempels statt Eines Kreisprocesses deren zwei stattfinden, und es genügt auch in diesem Falle, für Einen derselben die Arbeit zu bestimmen, um daraus die während irgend einer Zeit im Ganzen gethane Arbeit ableiten zu können.

Eine Dampfmaschine ohne Condensator kann man sich, wenn man nur annimmt, dass sie mit Wasser von 100⁰ gespeist werde, durch eine Maschine mit einem Condensator, dessen Temperatur 100⁰ ist, ersetzt denken.

§. 3. Vereinfachende Bedingungen.

Zur Ausführung der beabsichtigten Bestimmung wollen wir, wie es auch sonst zu geschehen pflegt, den Cylinder als eine für Wärme undurchdringliche Hülle betrachten, indem wir den während eines Hubes stattfindenden Wärmeaustausch zwischen den Cylinderwänden und dem Dampfe vernachlässigen.

Die im Cylinder befindliche Masse kann immer nur aus Dampf *im Maximum der Dichte* mit etwas beigemischter Flüssigkeit bestehen. Es ist nämlich aus den Entwickelungen des Abschnittes VI. ersichtlich, dass der Dampf bei der nach dem Abschlusse vom Kessel im Cylinder stattfindenden Ausdehnung, wenn ihm dabei von aussen keine Wärme zugeführt wird, nicht in den überhitzten Zustand übergehen kann, sondern sich vielmehr zum Theil niederschlagen muss, und bei anderen weiter unten zu erwähnenden Vorgängen, welche allerdings eine geringe Ueberhitzung zur Folge haben könnten, wird sie dadurch verhindert, dass der Dampf beim

Einströmen immer etwas tropfbare Flüssigkeit mit in den Cylinder reisst, und mit dieser in Berührung bleibt. Die Menge dieser dem Dampfe beigemischten Flüssigkeit ist nicht bedeutend, und da sie grösstentheils in feinen Tröpfchen durch den Dampf verbreitet ist, und daher schnell an den Temperaturänderungen, welche der Dampf während der Ausdehnung erleidet, theilnehmen kann, so wird man keine erhebliche Ungenauigkeit begehen, wenn man in der Rechnung für jeden bestimmten Zeitpunkt die Temperatur der ganzen im Cylinder befindlichen Masse als gleich betrachtet.

Ferner wollen wir, um die Formeln nicht von vorn herein zu complicirt zu machen, zunächst die ganze Arbeit bestimmen, welche von dem Dampfdrucke gethan wird, ohne darauf Rücksicht zu nehmen, wieviel von dieser Arbeit wirklich nutzbar wird, und wieviel dagegen in der Maschine selbst zur Ueberwindung der Reibungen, und zur Bewegung der Pumpen, welche ausser der in der Figur angedeuteten zum Betriebe der Maschine noch nöthig sind, wieder verbraucht wird. Dieser Theil der Arbeit lässt sich auch nachträglich noch bestimmen und in Abzug bringen, wie weiter unten gezeigt werden soll.

In Bezug auf die Reibung des Stempels im Cylinder ist übrigens zu bemerken, dass die zu ihrer Ueberwindung verbrauchte Arbeit nicht ganz als verloren zu betrachten ist. Durch diese Reibung wird nämlich Wärme erzeugt, und dadurch wird das Innere des Cylinders wärmer erhalten, als es sonst sein würde, und somit die Kraft des Dampfes vermehrt.

Endlich wollen wir, da es zweckmässig ist, zunächst die Wirkungen einer möglichst vollkommenen Maschine kennen zu lernen, bevor der Einfluss der einzelnen in der Wirklichkeit vorkommenden Unvollkommenheiten untersucht wird, bei dieser vorläufigen Betrachtung noch zwei Voraussetzungen hinzufügen, welche weiterhin wieder aufgegeben werden sollen. Nämlich *erstens*, dass der Zuleitungscanal vom Dampfkessel zum Cylinder und der Ableitungscanal vom Cylinder zum Condensator oder zur Atmosphäre so weit seien, oder der Gang der Dampfmaschine so langsam sei, dass der Druck in dem mit dem Kessel in Verbindung stehenden Theile des Cylinders gleich dem im Kessel selbst stattfindenden, und ebenso der Druck auf der anderen Seite des Stempels gleich dem Drucke im Condensator oder dem atmosphärischen Drucke zu setzen sei, und *zweitens*, dass kein schädlicher Raum vorhanden sei.

§. 4. Bestimmung der während eines Hubes gethanen Arbeit.

Unter den vorher genannten Umständen lassen sich die während eines einem Hube entsprechenden Kreisprocesses gethanen Arbeitsgrössen mit Hülfe der in Abschnitt VI. gewonnenen Resultate ohne weitere Rechnung hinschreiben, und geben als Summe einen einfachen Ausdruck.

Die ganze bei einem Aufgange des Stempels aus dem Kessel in den Cylinder tretende Masse heisse M, und davon sei der Theil m_1 dampfförmig und der Theil $M - m_1$ tropfbar flüssig. Der Raum, welchen diese Masse einnimmt, ist, wenn u_1 den zu T_1 gehörigen Werth von u bedeutet, σ dagegen als constant behandelt und daher ohne Index gelassen wird, gleich der Summe:

$$m_1 u_1 + M\sigma.$$

Der Stempel wird also so weit gehoben, dass dieser Raum unter ihm frei wird, und da dieses unter der Wirkung des zu T_1 gehörigen Druckes p_1 geschieht, so ist die während dieses ersten Vorganges gethane Arbeit, welche W_1 heisse:

$$(1) \qquad W_1 = m_1 u_1 p_1 + M\sigma p_1.$$

Die nun folgende Expansion werde so weit fortgesetzt, bis die Temperatur der im Cylinder eingeschlossenen Masse von dem Werthe T_1 bis zu einem zweiten gegebenen Werthe T_2 herabgesunken ist. Die hierbei gethane Arbeit, welche W_2 heisse, ergiebt sich unmittelbar aus der Gleichung (62) des Abschnittes VI., wenn darin als Endtemperatur T_2 genommen, und auch für die anderen in der Gleichung vorkommenden Grössen die entsprechenden Werthe gesetzt werden, nämlich:

$$(2) \qquad W_2 = m_1 (\varrho_1 - u_1 p_1) - m_2 (\varrho_2 - u_2 p_2) + MC(T_1 - T_2).$$

Bei der hierauf beginnenden Herabdrückung des Stempels wird die Masse, welche zu Ende der Ausdehnung den Raum

$$m_2 u_2 + M\sigma$$

einnahm, aus dem Cylinder in den Condensator getrieben, wobei der constante Gegendruck p_0 zu überwinden ist. Die dabei von diesem Drucke gethane negative Arbeit ist:

$$(3) \qquad W_3 = - m_2 u_2 p_0 - M\sigma p_0.$$

Während nun der Stempel der kleinen Pumpe so weit in die Höhe geht, dass unter ihm der Raum $M\sigma$ frei wird, wirkt der im

Condensator stattfindende Druck p_0 fördernd, und thut die Arbeit:

(4) $$W_4 = M\sigma p_0.$$

Beim Heruntergange dieses Stempels endlich muss der im Kessel stattfindende Druck p_1 überwunden werden, und thut daher die negative Arbeit:

(5) $$W_5 = -\, M\sigma p_1.$$

Durch Addition dieser fünf Grössen erhält man für die ganze während des Kreisprocesses von dem Dampfdrucke, oder, wie man auch sagen kann, von der Wärme gethane Arbeit, welche W' heisse, den Ausdruck:

(6) $$W' = m_1 \varrho_1 - m_2 \varrho_2 + MC(T_1 - T_2) + m_2 u_2 (p_2 - p_0).$$

Aus dieser Gleichung muss noch die Grösse m_2 eliminirt werden. Diese Grösse kommt, wenn man für u_2 den aus Gleichung (13) Abschnitt VI. hervorgehenden Werth

$$\frac{\varrho_2}{T_2 \left(\dfrac{dp}{dT}\right)_2}$$

setzt, nur in der Verbindung $m_2 \varrho_2$ vor, und für dieses Product giebt die Gleichung (55) jenes Abschnittes, wenn man darin ϱ und C statt r und c einführt, den Ausdruck:

$$m_2 \varrho_2 = m_1 \varrho_1 \frac{T_2}{T_1} - MCT_2\ log\, \frac{T_2}{T_1}.$$

Durch Einsetzung dieses Ausdruckes erhält man eine Gleichung, in welcher auf der rechten Seite nur noch bekannte Grössen vorkommen, denn die Massen M und m_1 und die Temperaturen T_1, T_2 und T_0 werden als unmittelbar gegeben angenommen, und die Grössen ϱ, p und $\dfrac{dp}{dT}$ werden als Functionen der Temperatur als bekannt vorausgesetzt.

§. 5. Specielle Formen des vorigen Ausdruckes.

Wenn man in der Gleichung (6) $T_2 = T_1$ setzt, so erhält man die Arbeit für den Fall, dass die Maschine ohne Expansion arbeitet, nämlich:

(7) $$W' = m_1 u_1 (p_1 - p_0).$$

Will man dagegen die Annahme machen, dass die Expansion so weit getrieben werde, bis der Dampf sich durch die Ausdehnung von der Temperatur des Kessels bis zu der des Condensators abgekühlt habe, was freilich vollständig nicht ausführbar ist, aber doch den Grenzfall bildet, dem man sich so weit wie möglich nähern muss, so braucht man nur $T_2 = T_0$ zu setzen, wodurch man erhält:

$$(8) \qquad W' = m_1 \varrho_1 - m_0 \varrho_0 + M C (T_1 - T_0).$$

Wenn man hieraus noch $m_0 \varrho_0$ mittelst der vorher angeführten Gleichung, in welcher auch $T_2 = T_0$ zu setzen ist, eliminirt, so kommt:

$$(9) \qquad W' = m_1 \varrho_1 \frac{T_1 - T_0}{T_1} + M C \left(T_1 - T_0 + T_0 \, log \, \frac{T_0}{T_1} \right).$$

§. 6. Unvollkommenheiten in der Ausführung der Dampfmaschinen.

Bei allen wirklich ausgeführten Dampfmaschinen bleibt die Expansion weit hinter dem im vorigen Paragraphen zuletzt besprochenen Maximum zurück. Nimmt man z. B. die Temperatur des Kessels zu 150⁰ und die des Condensators zu 50⁰ an, so müsste die Expansion, um die Temperatur des Dampfes im Cylinder bis zur Condensatortemperatur zu erniedrigen, gemäss der in Abschnitt VI. §. 13 gegebenen Tabelle bis zum 26-fachen des ursprünglichen Volumens fortschreiten. In der Wirklichkeit lässt man sie aber, wegen mancher bei grosser Expansion eintretender Uebelstände, gewöhnlich nur bis zum 3- oder 4-fachen und höchstens bis zum 10-fachen Volumen gehen, was bei einer Anfangstemperatur von 150⁰, nach der erwähnten Tabelle, einer Temperaturerniedrigung bis etwa 100⁰ und höchstens bis 75⁰, statt bis 50⁰, entspricht.

Ausser dieser Unvollkommenheit, welche in den obigen Rechnungen schon mit berücksichtigt und in der Gleichung (6) mit einbegriffen ist, leidet die Dampfmaschine noch an anderen Unvollkommenheiten, von denen zwei oben ausdrücklich von der Betrachtung ausgeschlossen wurden, nämlich erstens die, *dass der Druck des Dampfes im einen Theile des Cylinders geringer als im Kessel, und im anderen Theile grösser als im Condensator ist,* und zweitens *das Vorhandensein des schädlichen Raumes.*

Wir müssen daher die früheren Betrachtungen jetzt in der Weise erweitern, dass auch diese Unvollkommenheiten mit berücksichtigt werden.

Der Einfluss, welchen die Verschiedenheiten des Druckes im Kessel und im Cylinder auf die Arbeit ausübt, ist bisher wohl am vollständigsten in dem Werke von de Pambour *„Théorie des Machines à Vapeur"* behandelt, und es sei mir gestattet, bevor ich selbst auf diesen Gegenstand eingehe, das Wesentlichste jener Behandlungsweise, nur mit etwas anderer Bezeichnung und unter Fortlassung der Grössen, welche sich auf die Reibung beziehen, hier voraufzuschicken, um leichter nachweisen zu können, inwiefern sie den neueren Kenntnissen über die Wärme nicht mehr entspricht, und zugleich die neue Behandlungsweise, welche meiner Meinung nach an ihre Stelle treten muss, daran anzuknüpfen.

§. 7. Pambour's Formeln für die Beziehung zwischen Volumen und Druck.

Die Grundlage der Pambour'schen Theorie bilden die beiden schon eingangs erwähnten Gesetze, welche damals ziemlich allgemein auf den Wasserdampf angewandt wurden. Erstens das Watt'sche Gesetz, dass die Summe der latenten und freien Wärme constant sei. Aus diesem Gesetze zog man, wie schon gesagt, den Schluss, dass, wenn ein Quantum Wasserdampf im Maximum der Dichte in einer für Wärme undurchdringlichen Hülle eingeschlossen sei, und der Rauminhalt dieser Hülle vergrössert oder verkleinert werde, dabei der Dampf weder überhitzt werde, noch sich theilweise niederschlage, sondern gerade im Maximum der Dichte bleibe; und dieses sollte stattfinden, ganz unabhängig davon, in welcher Weise die Volumenänderung geschehe, ob der Dampf dabei einen seiner Expansivkraft entsprechenden Druck zu überwinden habe, oder nicht. Dasselbe Verhalten des Dampfes setzte Pambour im Cylinder der Dampfmaschine voraus, indem er auch von den Wassertheilchen, welche in diesem Falle dem Dampfe beigemengt sind, nicht annahm, dass sie einen merklichen ändernden Einfluss ausüben könnten.

Um nun den Zusammenhang, welcher für Dampf im Maximum der Dichte zwischen Volumen und Temperatur oder Volumen und Druck besteht, näher angeben zu können, wandte Pambour zwei-

tens das Mariotte'sche und Gay-Lussac'sche Gesetz auf den
Dampf an. Daraus erhält man, wenn man das Volumen eines
Kilogramm Dampf bei 100° im Maximum der Dichte nach Gay-
Lussac zu 1·696 Cubikmeter annimmt, und bedenkt, dass der da-
bei stattfindende Druck von einer Atmosphäre 10333 Kilogramm
auf ein Quadratmeter beträgt, und man für irgend eine andere
Temperatur t das Volumen und den Druck unter Zugrundelegung
derselben Einheiten mit v und p bezeichnet, die Gleichung:

$$(10) \qquad v = 1·696 \cdot \frac{10333}{p} \cdot \frac{273 + t}{273 + 100}.$$

Hierin braucht man nur noch für p die aus der Spannungsreihe
bekannten Werthe zu setzen, um für jede Temperatur das unter
jenen Voraussetzungen richtige Volumen berechnen zu können.

Da nun aber in den Formeln für die Arbeit der Dampfmaschine
das Integral $\int p\,dv$ eine Hauptrolle spielt, so war es, um dieses
auf bequeme Weise berechnen zu können, nothwendig, eine möglichst einfache Formel zwischen v und p allein zu haben.

Die Gleichungen, welche man erhalten würde, wenn man mittelst einer der gebräuchlichen empirischen Formeln von p die
Temperatur t aus der vorigen Gleichung eliminiren wollte, würden
zu complicirt ausfallen, und Pambour zog es daher vor, eine besondere empirische Formel für diesen Zweck zu bilden, welcher
er nach dem Vorgange von Navier folgende allgemeine Gestalt gab:

$$(11) \qquad v = \frac{B}{b + p},$$

worin B und b Constante sind. Diese Constanten suchte er nun
so zu bestimmen, dass die aus dieser Formel berechneten Volumina möglichst genau mit den aus der vorigen Formel berechneten
übereinstimmten. Da dieses aber für alle bei den Dampfmaschinen
vorkommenden Druckgrössen nicht mit hinlänglicher Genauigkeit
möglich ist, so berechnete er zwei verschiedene Formeln, für
Maschinen *mit* und *ohne* Condensator.

Die erstere lautet:

$$(11a) \qquad v = \frac{20000}{1200 + p},$$

und schliesst sich der obigen Formel (10) am besten zwischen $\frac{2}{3}$
und $3\frac{1}{2}$ Atmosphären an, ist aber auch noch in einem etwas weiteren Intervall, etwa zwischen $\frac{1}{2}$ und 5 Atmosphären anwendbar.

Die zweite, für Maschinen ohne Condensator bestimmte, dagegen lautet:

(11b)
$$v = \frac{21\,232}{3020 + p}.$$

Sie ist zwischen 2 und 5 Atmosphären am genauesten, und das ganze Intervall ihrer Anwendbarkeit reicht etwa von $1\frac{1}{3}$ bis 10 Atmosphären.

§. 8. Bestimmung der Arbeit während eines Hubes nach Pambour.

Die von den Dimensionen der Dampfmaschine abhängigen Grössen, welche bei der Bestimmung der Arbeit in Betracht kommen, sollen hier, etwas abweichend von Pambour, folgendermaassen bezeichnet werden. Der ganze Raum, welcher während eines Hubes im Cylinder für den Dampf frei wird, mit Einschluss des schädlichen Raumes, heisse v'. Der schädliche Raum soll von dem ganzen Raume den Bruchtheil ε bilden, so dass also der schädliche Raum durch $\varepsilon v'$ und der von der Stempelfläche beschriebene Raum durch $(1 - \varepsilon)\,v'$ dargestellt wird. Ferner sei der Theil des ganzen Raumes, welcher bis zum Momente des Abschlusses des Cylinders vom Dampfkessel für den Dampf frei geworden ist, ebenfalls mit Einschluss des schädlichen Raumes, mit ev' bezeichnet. Demnach wird der von der Stempelfläche während des Dampfzutrittes beschriebene Raum durch $(e - \varepsilon)\,v'$ und der während der Expansion beschriebene Raum durch $(1 - e)\,v'$ ausgedrückt.

Um nun zunächst die während des Dampfzutrittes gethane Arbeit zu bestimmen, muss der während dieser Zeit im Cylinder wirksame Druck bekannt sein. Dieser ist jedenfalls kleiner, als der Druck im Kessel, weil sonst kein Strömen des Dampfes stattfinden würde; wie gross aber diese Differenz ist, lässt sich nicht allgemein angeben, da sie nicht nur von der Einrichtung der Maschine abhängt, sondern auch davon, wie weit der Maschinist die im Dampfzuleitungsrohre befindliche Klappe geöffnet hat, und mit welcher Geschwindigkeit sich die Maschine bewegt. Durch Aenderung dieser Umstände kann jene Differenz innerhalb weiter Grenzen variiren. Auch braucht der Druck im Cylinder nicht während der ganzen Zeit des Zuströmens constant zu sein, weil

sowohl die Stempelgeschwindigkeit, als auch die von dem Ventil
oder dem Schieber frei gelassene Zuströmungsöffnung veränderlich ist.

In Bezug auf den letzteren Umstand nimmt Pambour an,
dass der mittlere Druck, welcher bei der Bestimmung der Arbeit
in Rechnung zu bringen ist, mit hinlänglicher Genauigkeit gleich
demjenigen Drucke gesetzt werden könne, welcher zu Ende des
Einströmens im Momente des Abschlusses vom Kessel im Cylinder stattfindet. Obwohl ich es nicht für zweckmässig halte, eine
solche Annahme, welche nur für die numerische Berechnung in
Ermangelung sichrerer Data zu Hülfe genommen ist, gleich in die
allgemeinen Formeln mit einzuführen, so muss ich doch hier bei
der Auseinandersetzung seiner Theorie seinem Verfahren folgen.

Den im Momente des Abschlusses im Cylinder stattfindenden
Druck bestimmt Pambour mittelst der von ihm festgestellten
Beziehung zwischen Volumen und Druck, indem er dabei voraussetzt, dass die während der Zeiteinheit und somit auch die während eines Hubes aus dem Kessel in den Cylinder tretende Dampfmenge durch besondere Beobachtungen bekannt ist. Wir wollen
dem Früheren entsprechend die ganze während eines Hubes in
den Cylinder tretende Masse mit M, und den dampfförmigen Theil
derselben mit m bezeichnen. Da diese Masse, von welcher Pambour nur den dampfförmigen Theil berücksichtigt, im Momente
des Abschlusses den Raum ev' ausfüllt, so hat man, wenn man
den in diesem Momente stattfindenden Druck mit p_2 bezeichnet,
nach Gleichung (11):

$$(12) \qquad\qquad ev' = \frac{m \cdot B}{b + p_2},$$

woraus folgt:

$$(12a) \qquad\qquad p_2 = \frac{m \cdot B}{ev'} - b.$$

Multiplicirt man diese Grösse mit dem bis zu demselben
Momente von der Stempelfläche beschriebenen Raume $(e - \varepsilon) v'$,
so erhält man für den ersten Theil der Arbeit den Ausdruck:

$$(13) \qquad\qquad W_1 = mB \cdot \frac{e - \varepsilon}{e} - v'(e - \varepsilon)b.$$

Das Gesetz, nach welchem sich der Druck während der nun
folgenden Expansion ändert, ergiebt sich ebenfalls aus der Gleichung (11). Sei das veränderliche Volumen in irgend einem

Momente mit v und der dazugehörige Druck mit p bezeichnet, so hat man:

$$p = \frac{m \cdot B}{v} - b.$$

Diesen Ausdruck muss man in das Integral $\int p\,dv$ einsetzen, und dann die Integration von $v = ev'$ bis $v = v'$ ausführen, wodurch man als zweiten Theil der Arbeit erhält:

$$(14) \qquad W_2 = mB \cdot log\frac{1}{e} - v'\,(1 - e)\,b.$$

Um die bei dem Rückgange des Stempels von dem Gegendrucke gethane negative Arbeit zu bestimmen, muss der Gegendruck selbst bekannt sein. Wir wollen, ohne für jetzt darauf einzugehen, wie sich dieser Gegendruck zu dem im Condensator stattfindenden Drucke verhält, den mittleren Gegendruck mit p_0 bezeichnen, so dass die von ihm gethane Arbeit durch

$$(15) \qquad W_3 = - v'\,(1 - \varepsilon)\,p_0$$

dargestellt wird.

Endlich bleibt noch die Arbeit übrig, welche dazu verwandt werden muss, um die Flüssigkeitsmenge M wieder in den Kessel zurückzupressen. Pambour hat diese Arbeit nicht besonders berücksichtigt, sondern hat sie in die Reibung der Maschine mit eingeschlossen. Da ich sie indessen in meine Formeln, um den Cyclus der Operationen vollständig zu haben, mit aufgenommen habe, so will ich sie zur leichteren Vergleichung auch hier hinzufügen. Wie sich aus den bei dem früher betrachteten Beispiele aufgestellten Gleichungen (4) und (5) ergiebt, wird diese Arbeit, wenn p_1 den Druck im Kessel und p_0 den im Condensator bedeutet, im Ganzen durch

$$(16) \qquad W_4 = - M\sigma\,(p_1 - p_0)$$

dargestellt. Für unseren jetzigen Fall, wo wir unter p_0 nicht den Druck im Condensator selbst, sondern in dem mit dem Condensator in Verbindung stehenden Theile des Cylinders verstehen, ist dieser Ausdruck freilich nicht ganz genau; da aber wegen der Kleinheit der Grösse σ der ganze Ausdruck einen so geringen Werth hat, dass er kaum Berücksichtigung verdient, so können wir eine im Verhältnisse zu dem schon kleinen Werthe wiederum kleine Ungenauigkeit um so mehr vernachlässigen, und wollen daher den Ausdruck in derselben Form auch hier beibehalten.

Durch Addition dieser vier einzelnen Arbeitsgrössen erhält man die ganze während des Kreisprocesses gethane Arbeit, nämlich:

$$(17) \quad W' = mB\left(\frac{e-\varepsilon}{e} + log\frac{1}{e}\right) - v'(1-\varepsilon)(b+p_0) - M\sigma(p_1-p_0).$$

§. 9. Arbeit für die Gewichtseinheit Dampf nach Pambour.

Will man die Arbeit endlich noch, statt auf einen einzelnen Hub, während dessen die Dampfmenge m wirksam ist, lieber auf die Gewichtseinheit Dampf beziehen, so braucht man den vorigen Werth nur durch m zu dividiren. Wir wollen dabei den Bruch $\frac{M}{m}$, welcher das Verhältniss der ganzen in den Cylinder tretenden Masse zu dem dampfförmigen Theile derselben darstellt, und somit etwas grösser als 1 ist, mit l, ferner den Bruch $\frac{v'}{m}$, d. h. den Raum, welcher der Gewichtseinheit Dampf im Cylinder im Ganzen geboten wird, mit V, und den Bruch $\frac{W'}{m}$, oder die der Gewichtseinheit Dampf entsprechende Arbeit, mit W bezeichnen. Dann kommt:

$$(18) \quad W = B\left(\frac{e-\varepsilon}{e} + log\frac{1}{e}\right) - V(1-\varepsilon)(b+p_0) - l\sigma(p_1-p_0).$$

In dieser Gleichung kommt nur ein Glied vor, welches von dem Volumen V abhängt, und zwar enthält es V als Factor. Da dieses Glied negativ ist, so folgt daraus, dass die Arbeit, welche man mittelst einer Gewichtseinheit Dampf erhalten kann, unter sonst gleichen Umständen am grössten ist, wenn das Volumen, welches dem Dampfe im Cylinder geboten wird, möglichst klein ist. Der kleinste Werth des Volumens, welchem man sich, wenn man ihn auch nie ganz erreicht, doch mehr und mehr nähern kann, ist derjenige, welchen man findet, wenn man annimmt, dass die Maschine so langsam gehe, oder der Zuströmungscanal so weit sei, dass im Cylinder derselbe Druck p_1 stattfinde, wie im Kessel. Dieser Fall giebt also das Maximum der Arbeit. Ist bei gleichem Dampfzustrome die Ganggeschwindigkeit grösser, oder bei gleicher Ganggeschwindigkeit der Dampfzustrom geringer, so erhält man in beiden Fällen mittelst derselben Dampfmenge eine kleinere Arbeit.

§. 10. Veränderung des Dampfes beim Einströmen aus dem Kessel in den Cylinder.

Bevor wir von hier aus dazu übergehen, nach der mechanischen Wärmetheorie dieselbe Reihe von Vorgängen in ihrem Zusammenhange zu betrachten, wird es zweckmässig sein, einen derselben, welcher noch einer speciellen Untersuchung bedarf, vorher einzeln zu behandeln, um die darauf bezüglichen Resultate im Voraus festzustellen, nämlich *das Einströmen des Dampfes in den schädlichen Raum und in den Cylinder, wenn er hier einen geringeren Druck zu überwinden hat, als den, mit welchem er aus dem Kessel getrieben wird.*

Der aus dem Kessel kommende Dampf tritt zuerst in den schädlichen Raum, comprimirt hier den vom vorigen Hube noch vorhandenen Dampf von geringer Dichte, und füllt den dadurch frei werdenden Raum aus, und wirkt dann drückend gegen den Stempel, welcher, der Annahme nach, wegen verhältnissmässig geringer Belastung so schnell zurückweicht, dass der Dampf nicht schnell genug folgen kann, um im Cylinder dieselbe Dichte zu erreichen, wie im Kessel.

Unter solchen Umständen müsste, wenn aus dem Kessel gerade nur gesättigter Dampf austräte, dieser im Cylinder überhitzt werden, indem die lebendige Kraft der Einströmungsbewegung sich hier in Wärme verwandelt; da aber der Dampf etwas fein vertheiltes Wasser mit sich führt, so wird von diesem ein Theil durch die überschüssige Wärme verdampfen, und dadurch der übrige Dampf im gesättigten Zustande erhalten werden.

Wir müssen uns nun die Aufgabe stellen: *wenn erstens der Anfangszustand der ganzen in Betracht kommenden Masse, sowohl der schon vorher im schädlichen Raume befindlichen, als auch der aus dem Kessel neu hinzukommenden, ferner die Grösse der Arbeit, welche während des Einströmens von dem auf den Stempel wirkenden Drucke gethan wird, und endlich der Druck, welcher im Momente des Abschlusses vom Kessel im Cylinder stattfindet, gegeben sind, dann zu bestimmen, wieviel von der im Cylinder befindlichen Masse in diesem Momente dampfförmig ist.*

Die vor dem Einströmen im schädlichen Raume befindliche Masse, von welcher der Allgemeinheit wegen angenommen werden soll, dass sie theils flüssig, theils dampfförmig sei, heisse μ und der davon dampfförmige Theil μ_0. Der Druck dieses Dampfes und die dazugehörige absolute Temperatur mögen vorläufig mit p_0 und T_0 bezeichnet werden, ohne dass damit gesagt sein soll, dass dieses genau dieselben Werthe seien, welche auch für den Condensator gelten. Der Druck und die Temperatur im Kessel sollen wie früher p_1 und T_1, die aus dem Kessel in den Cylinder strömende Masse M und der davon dampfförmige Theil m_1 heissen. Der während des Einströmens auf den Stempel ausgeübte Druck braucht, wie schon erwähnt, nicht constant zu sein. Wir wollen denjenigen Druck den *mittleren* nennen und mit p'_1 bezeichnen, mit welchem der von der Stempelfläche während der Zeit des Einströmens beschriebene Raum multiplicirt werden muss, um dieselbe Arbeit zu erhalten, welche von dem veränderlichen Drucke gethan wird. Der im Momente des Abschlusses im Cylinder wirklich stattfindende Druck und die dazugehörige Temperatur seien durch p_2 und T_2 und endlich die Grösse, um deren Bestimmung es sich handelt, nämlich der von der ganzen jetzt im Cylinder vorhandenen Masse $M + \mu$ dampfförmige Theil durch m_2 dargestellt.

Zur Bestimmung dieser Grösse denken wir uns die Masse $M + \mu$ auf irgend einem Wege in ihren Anfangszustand zurückgeführt, z. B. folgendermaassen.

Der dampfförmige Theil m_2 wird im Cylinder durch Herabdrücken des Stempels condensirt, wobei vorausgesetzt wird, dass der Stempel auch in den schädlichen Raum eindringen könne. Zugleich wird der Masse in irgend einer Weise fortwährend soviel Wärme entzogen, dass ihre Temperatur constant T_2 bleibt.

Dann wird von der ganzen flüssigen Masse der Theil M in den Kessel zurückgepresst, wo er wieder die ursprüngliche Temperatur T_1 annimmt. Dadurch ist im Kessel derselbe Zustand wie vor dem Einströmen wieder hergestellt, indem am Schlusse der Operation im Kessel durchweg die anfängliche Temperatur herrscht und dabei ebenso viel flüssiges Wasser und ebenso viel Dampf, wie zu Anfange, vorhanden ist. Ob die einzelnen Molecüle, welche dem flüssigen und dem dampfförmigen Theile angehören, jetzt gerade dieselben sind, wie zu Anfange, ist für unsere Betrachtung gleichgültig, da wir zwischen den einzelnen Molecülen keinen Unterschied machen, und daher nicht fragen, *welche*

Molecüle, sondern nur *wie viele* Molecüle den beiden Theilen angehören [1]).

Die nicht in den Kessel zurückgepresste Masse μ wird zuerst im flüssigen Zustande von T_2 bis T_0 abgekühlt, und bei dieser Temperatur verwandelt sich der Theil μ_0 in Dampf, wobei der Stempel so weit zurückweicht, dass dieser Dampf wieder seinen ursprünglichen Raum einnehmen kann.

Hiermit hat die Masse $M + \mu$ einen vollständigen Kreisprocess durchgemacht, auf welchen wir nun den Satz anwenden können, dass die Summe aller während eines Kreisprocesses von der Masse aufgenommenen Wärmemengen der ganzen dabei gethanen äusseren Arbeit gleich sein muss.

Es sind nach einander folgende Wärmemengen aufgenommen:

1) Im Kessel, wo die Masse M von der Temperatur T_2 bis T_1 erwärmt und bei der letzteren Temperatur der Theil m_1 in Dampf verwandelt werden musste:

$$m_1 \varrho_1 + M C (T_1 - T_2).$$

2) Bei der Condensation des Theiles m_2 bei der Temperatur T_2:

$$- m_2 \varrho_2.$$

3) Bei der Abkühlung des Theiles μ von T_2 bis T_0:

$$- \mu C (T_2 - T_0).$$

4) Bei der Verdampfung des Theiles μ_0 bei der Temperatur T_0:

$$\mu_0 \varrho_0.$$

Die im Ganzen aufgenommene Wärmemenge, welche Q heisse, ist also:

(19) $Q = m_1 \varrho_1 - m_2 \varrho_2 + M C (T_1 - T_2) + \mu_0 \varrho_0 - \mu C (T_2 - T_0).$

Die Arbeitsgrössen ergeben sich folgendermaassen:

---

[1]) Wollte man, dass am Schlusse wieder genau dieselben Molecüle dem dampfförmigen Theile angehören, wie zu Anfang, so brauchte man nur anzunehmen, dass das in den Kessel zurückgepresste Wasser nicht nur seiner Menge nach, sondern auch seinen Molecülen nach, genau dasselbe sei, wie das, welches vorher aus dem Kessel heraustrat, und dass ferner von diesem Wasser, nachdem es die Temperatur T_1 angenommen hat, die früher dampfförmige Menge m_1 wieder verdampfe, und dafür eine eben so grosse Menge des vorhandenen Dampfes sich niederschlage, wobei natürlich der ganzen im Kessel befindlichen Masse keine Wärme mitgetheilt oder entzogen zu werden brauchte, weil die zur Verdampfung verbrauchte und die durch den Dampfniederschlag erzeugte Wärme sich compensiren würden.

1) Um den von der Stempelfläche während des Einströmens beschriebenen Raum zu bestimmen, weiss man, dass der ganze zu Ende dieser Zeit von der Masse $M + \mu$ eingenommene Raum

$$m_2 u_2 + (M + \mu)\,\sigma$$

ist. Hiervon muss der schädliche Raum abgezogen werden. Da dieser zu Anfange bei der Temperatur T_0 von der Masse μ ausgefüllt wurde, wovon der Theil μ_0 dampfförmig war, so lässt er sich durch

$$\mu_0 u_0 + \mu\sigma$$

darstellen. Zieht man diese Grösse von der vorigen ab, und multiplicirt den Rest mit dem mittleren Drucke p'_1, so erhält man als erste Arbeit:

$$(m_2 u_2 + M\sigma - \mu_0 u_0)\,p'_1.$$

2) Die Arbeit bei der Condensation der Masse m_2 ist:

$$- m_2 u_2 p_2.$$

3) Beim Zurückpressen der Masse M in den Kessel:

$$- M\sigma p_1.$$

4) Bei der Verdampfung des Theiles μ_0:

$$\mu_0 u_0 p_0.$$

Durch Addition dieser vier Grössen erhält man für die ganze Arbeit W den Ausdruck:

$$(20) \quad W = m_2 u_2\,(p'_1 - p_2) - M\sigma\,(p_1 - p'_1) - \mu_0 u_0\,(p'_1 - p_0).$$

Bildet man nun die Gleichung

$$Q = W,$$

setzt darin für Q und W die obigen Werthe ein, und bringt die mit m_2 behafteten Glieder auf Eine Seite zusammen, so kommt:

$$(21) \quad m_2\Big[\varrho_2 + u_2\,(p'_1 - p_2)\Big] = m_1 \varrho_1 + MC\,(T_1 - T_2) + \mu_0 \varrho_0$$
$$- \mu\,C\,(T_2 - T_0) + \mu_0 u_0\,(p'_1 - p_0) + M\sigma\,(p_1 - p'_1).$$

Mittelst dieser Gleichung kann man aus den als bekannt vorausgesetzten Grössen die Grösse m_2 berechnen.

§. 11. Abweichung der gewonnenen Resultate von den Pambour'schen Annahmen.

In solchen Fällen, wo der mittlere Druck p'_1 beträchtlich grösser ist, als der Enddruck p_2, z. B. wenn man annimmt, dass während des grösseren Theiles der Einströmungszeit im Cylinder nahe derselbe Druck stattgefunden habe, und erst zuletzt durch Ausdehnung des schon im Cylinder befindlichen Dampfes der Druck auf den geringeren Werth p_2 herabgesunken sei, kann es vorkommen, dass man für m_2 einen Werth findet, der kleiner als $m_1 + \mu_0$ ist, dass also ein Theil des ursprünglich vorhandenen Dampfes sich niedergeschlagen hat. Ist dagegen p'_1 nur wenig grösser oder gar kleiner als p_2, so findet man für m_2 einen Werth, der grösser als $m_1 + \mu_0$ ist. Dieses letztere ist bei der Dampfmaschine als Regel zu betrachten, und gilt insbesondere auch für den von Pambour angenommenen speciellen Fall, dass $p'_1 = p_2$ ist.

Wir sind somit auch hier, wie schon in Abschnitt VI. zu einem Resultate gelangt, welches von den Pambour'schen Ansichten wesentlich abweicht. Während dieser für die beiden verschiedenen Arten der Ausdehnung, welche in der Dampfmaschine nach einander vorkommen, ein und dasselbe Gesetz annimmt, nach welchem der ursprünglich vorhandene Dampf sich weder vermehren noch vermindern, sondern immer nur gerade im Maximum der Dichte bleiben soll, haben wir zwei verschiedene Gleichungen gefunden, welche ein entgegengesetztes Verhalten erkennen lassen. Bei der ersten Ausdehnung, während des Einströmens, muss nach der eben gefundenen Gleichung (21) noch neuer Dampf entstehen, und bei der weiteren Ausdehnung, nach dem Abschlusse vom Kessel, wobei der Dampf die volle seiner Expansivkraft entsprechende Arbeit thut, muss nach der in Abschnitt VI. entwickelten Gleichung (56) ein Theil des vorhandenen Dampfes sich niederschlagen.

Da diese beiden entgegengesetzten Wirkungen der Dampfvermehrung und Dampfverminderung, welche auch auf die Grösse der von der Maschine geleisteten Arbeit einen entgegengesetzten Einfluss ausüben müssen, zum Theil einander aufheben, so kann dadurch unter Umständen angenähert dasselbe Endresultat entstehen, wie nach der einfacheren Pambour'schen Annahme. Deshalb darf man jedoch nicht darauf verzichten, die einmal gefundene Verschiedenheit auch zu berücksichtigen, besonders wenn es sich darum handelt, zu bestimmen, in welcher Weise eine Aenderung in der Einrichtung oder im Gange der Dampfmaschine auf die Grösse ihrer Arbeit einwirkt.

§. 12. Bestimmung der Arbeit während eines Hubes unter Berücksichtigung der erwähnten Unvollkommenheiten.

Wir können uns nun wieder zu dem vollständigen beim Gange der Dampfmaschine stattfindenden Kreisprocesse wenden, und die einzelnen Theile desselben in ähnlicher Weise, wie früher, nach einander betrachten.

Aus dem Dampfkessel, in welchem der Druck p_1 angenommen wird, strömt die Masse M in den Cylinder, und zwar der Theil m_1 dampfförmig, und der übrige Theil tropfbar flüssig. Der während dieser Zeit im Cylinder wirksame mittlere Druck werde, wie oben, mit p'_1 und der Enddruck mit p_2 bezeichnet.

Nun dehnt sich der Dampf aus, bis sein Druck von p_2 bis zu einem gegebenen Werthe p_3, und demgemäss seine Temperatur von T_2 bis T_3 gesunken ist.

Darauf wird der Cylinder mit dem Condensator, in welchem der Druck p_0 stattfindet, in Verbindung gesetzt, und der Stempel macht die ganze eben vollendete Bewegung wieder zurück. Der Gegendruck, welchen er dabei erfährt, ist bei etwas schneller Bewegung grösser als p_0, und wir wollen daher zum Unterschiede von diesem Werthe den mittleren Gegendruck mit p'_0 bezeichnen.

Der zu Ende der Stempelbewegung im schädlichen Raume bleibende Dampf, welcher für den nächsten Hub in Betracht kommt, steht unter einem Drucke, welcher ebenfalls weder gleich p_0 noch gleich p'_0 zu sein braucht, und daher mit p''_0 bezeichnet werde. Er kann grösser oder kleiner als p'_0 sein, je nachdem der Abschluss von dem Condensator etwas vor oder nach dem Ende der Stempelbewegung eintritt, indem der Dampf im ersteren Falle noch etwas weiter comprimirt wird, im letzteren Falle dagegen Zeit hat, sich durch theilweises Ausströmen in den Condensator noch etwas weiter auszudehnen.

Endlich muss die Masse M noch aus dem Condensator in den Kessel zurückgeschafft werden, wobei, wie früher, der Druck p_0 befördernd wirkt, und der Druck p_1 überwunden werden muss.

Die bei diesen Vorgängen gethanen Arbeitsgrössen werden durch ganz ähnliche Ausdrücke dargestellt, wie in dem früher betrachteten einfacheren Falle, nur dass die Indices der Buchstaben in leicht ersichtlicher Weise geändert, und die auf den schädlichen Raum bezüglichen Grössen hinzugefügt werden müssen. Man erhält dadurch folgende Gleichungen.

Für die Zeit des Einströmens nach §. 10, wobei nur noch u''_0 statt u_0 geschrieben werden muss:

$$(22) \qquad W_1 = (m_2 u_2 + M\sigma - \mu_0 u''_0) p'_1.$$

Für die Expansion von dem Drucke p_2 bis zum Drucke p_3 nach Abschnitt VI. Gleichung (62), wenn darin $M + \mu$ an die Stelle von M gesetzt wird:

$$(23) \qquad W_2 = m_3 u_3 p_3 - m_2 u_2 p_2 + m_2 \varrho_2 - m_3 \varrho_3$$
$$+ (M + \mu) C (T_2 - T_3).$$

Für den Rückgang des Stempels, wobei der von der Stempelfläche durchlaufene Raum gleich dem ganzen von der Masse $M + \mu$ unter dem Drucke p_3 eingenommenen Raume weniger dem durch $\mu_0 u''_0 + \mu \sigma$ dargestellten schädlichen Raume ist:

$$(24) \qquad W_3 = - (m_3 u_3 + M\sigma - \mu_0 u''_0) p'_0.$$

Für die Zurückschaffung der Masse M in den Kessel:

$$(25) \qquad W_4 = - M\sigma (p_1 - p_0).$$

Die ganze Arbeit ist demnach:

$$(26) \quad W' = m_2 \varrho_2 - m_3 \varrho_3 + (M + \mu) C (T_2 - T_3)$$
$$+ m_2 u_2 (p'_1 - p_2) + m_3 u_3 (p_3 - p'_0)$$
$$- M\sigma (p_1 - p'_1 + p'_0 - p_0) - \mu_0 u''_0 (p'_1 - p'_0).$$

Die hierin vorkommenden Massen m_2 und m_3 ergeben sich aus der Gleichung (21) und aus der in Abschnitt VI. unter (55) gegebenen Gleichung, wobei man nur in der ersteren an die Stelle von p_0 den Werth p''_0 setzen, und in entsprechender Weise die Grössen T_0, r_0 und u_0 ändern, und in der letzteren an die Stelle von M die Summe $M + \mu$ einführen und zugleich r und c durch ϱ und C ersetzen muss. Ich will indessen die durch diese Gleichungen mögliche Elimination der beiden Grössen m_2 und m_3 hier nicht vollständig ausführen, sondern nur für eine derselben m_2 ihren Werth einsetzen, weil es für die Rechnung zweckmässiger ist, die so erhaltene Gleichung mit den beiden vorher genannten zusammen zu betrachten. Das zur Bestimmung der Arbeit der Dampfmaschine dienende System von Gleichungen lautet also in seiner allgemeinsten Form:

$$(27) \quad \begin{cases} W' = m_1 \varrho_1 - m_3 \varrho_3 + M C (T_1 - T_3) \\ \qquad + \mu_0 \varrho''_0 - \mu C (T_3 - T''_0) + m_3 u_3 (p_3 - p'_0) \\ \qquad + \mu_0 u''_0 (p'_0 - p''_0) - M \sigma (p'_0 - p_0) \\ m_2 [\varrho_2 + u_2 (p'_1 - p_2)] = m_1 \varrho_1 + M C (T_1 - T_2) \\ \qquad + \mu_0 \varrho''_0 - \mu C (T_2 - T''_0) + \mu_0 u''_0 (p'_1 - p''_0) \\ \qquad + M \sigma (p_1 - p'_1) \\ \dfrac{m_3 \varrho_3}{T_3} = \dfrac{m_2 \varrho_2}{T_2} + (M + \mu) C \, log \, \dfrac{T_2}{T_3}. \end{cases}$$

§. 13. Dampfdruck im Cylinder während der verschiedenen Stadien des Ganges und darauf bezügliche Vereinfachungen der Gleichungen.

Um nun die Gleichungen (27) zu einer numerischen Rechnung anwenden zu können, ist es zunächst nöthig, die Grössen p'_1, p'_0 und p''_0 näher zu bestimmen.

Ueber die Art, wie sich der Druck im Cylinder während des Einströmens ändert, lässt sich kein allgemein gültiges Gesetz aufstellen, weil die Oeffnung und Schliessung des Zuströmungscanales bei verschiedenen Maschinen in zu verschiedenen Weisen geschieht. Demnach lässt sich auch für das Verhältniss zwischen dem mittleren Drucke p'_1 und dem Enddrucke p_2, bei ganz strenger Auffassung des letzteren, nicht ein bestimmter, ein- für allemal geltender Werth angeben. Dagegen wird dieses möglich, wenn man mit der Bedeutung von p_2 eine geringe Aenderung vornimmt.

Der Abschluss des Cylinders vom Kessel kann natürlich nicht momentan geschehen, sondern die dazu nöthige Bewegung des Ventiles oder Schiebers erfordert je nach den verschiedenen Steuerungseinrichtungen eine grössere oder kleinere Zeit, während welcher der im Cylinder befindliche Dampf sich etwas ausdehnt, weil wegen der Verengung der Oeffnung weniger neuer Dampf zuströmen kann, als der Stempelgeschwindigkeit entspricht. Man kann daher im Allgemeinen annehmen, dass zu Ende dieser Zeit der Druck schon etwas kleiner ist, als der mit p'_1 bezeichnete mittlere Druck.

Wenn man sich aber nicht daran bindet, gerade das *Ende* der zum Schliessen nöthigen Zeit als den Moment des Abschlusses in Rechnung zu bringen, sondern sich in der Feststellung dieses Momentes einige Freiheit verstattet, so kann man dadurch auch für p_2 andere Werthe erhalten. Man kann sich dann den Zeitpunkt so gewählt denken, dass, wenn bis dahin schon die ganze Masse M eingeströmt wäre, dann in diesem Augenblicke ein Druck stattfinden würde, welcher dem bis zu diesem Augenblicke gerechneten mittleren Drucke gerade gleich wäre. Indem man den auf diese Weise näher bestimmten momentanen Abschluss an die Stelle des in der Wirklichkeit stattfindenden allmäligen Abschlusses setzt, begeht man in Bezug auf die daraus berechnete Arbeit nur einen unbedeutenden Fehler. Man kann sich daher mit dieser Modification der Pambour'schen Annahme anschliessen, dass $p'_1 = p_2$ sei, wobei es dann aber noch für jeden einzelnen Fall einer besonderen Betrachtung vorbehalten bleibt, unter Berücksichtigung der obwaltenden Umstände den Zeitpunkt des Abschlusses richtig zu bestimmen.

Was ferner den beim Rückgange des Stempels stattfindenden Gegendruck p'_0 betrifft, so ist die Differenz $p'_0 - p_0$ unter sonst gleichen Umständen offenbar um so kleiner, je kleiner p_0 ist. Sie wird daher bei Maschinen mit Condensator kleiner sein, als bei Maschinen ohne Condensator, bei denen p_0 gleich einer Atmosphäre ist. Bei den wichtigsten Maschinen ohne Condensator, den Locomotiven, kommt gewöhnlich noch ein besonderer Umstand hinzu, welcher dazu beiträgt, die Differenz zu vergrössern, nämlich der, dass man dem Dampfe nicht einen möglichst kurzen und weiten Canal zum Abfluss in die Atmosphäre darbietet, sondern ihn in den Schornstein leitet und dort durch ein etwas verengtes Blasrohr ausströmen lässt, um auf diese Weise einen künstlichen Luftzug zu erzeugen.

In diesem Falle ist eine genaue Bestimmung der Differenz für die Zuverlässigkeit des Resultates von Bedeutung. Man muss dabei auch berücksichtigen, dass die Differenz bei einer und derselben Maschine nicht constant, sondern von der Ganggeschwindigkeit abhängig ist, und muss das Gesetz, nach welchem diese Abhängigkeit stattfindet, feststellen. Auf diese Betrachtungen und die Untersuchungen, welche über diesen Gegenstand schon angestellt sind, will ich aber hier nicht eingehen, weil sie nichts mit der hier beabsichtigten Anwendung der mechanischen Wärmetheorie zu thun haben.

Bei Maschinen, in denen jene Anwendung des aus dem Cylinder austretenden Dampfes nicht vorkommt, und besonders bei den Maschinen mit Condensator ist p'_0 so wenig von p_0 verschieden, und kann sich daher auch mit der Ganggeschwindigkeit nur so wenig ändern, dass es für die meisten Untersuchungen genügt, einen mittleren Werth für p'_0 anzunehmen.

Da ferner die Grösse p_0 in den Gleichungen (27) nur in einem mit dem Factor σ behafteten Gliede vorkommt, und daher auf den Werth der Arbeit einen sehr geringen Einfluss hat, so kann man ohne Bedenken auch für p_0 den Werth setzen, welcher für p'_0 der wahrscheinlichste ist.

Der im schädlichen Raume stattfindende Druck p''_0 hängt, wie schon erwähnt, davon ab, ob der Abschluss vom Condensator vor oder nach dem Ende der Stempelbewegung eintritt, und kann dadurch sehr verschieden ausfallen. Aber auch dieser Druck und die davon abhängigen Grössen kommen in den Gleichungen (27) nur in solchen Gliedern vor, welche mit kleinen Factoren behaftet sind, nämlich mit μ und μ_0, so dass man von einer genauen Bestimmung dieses Druckes absehen, und sich mit einer ungefähren Schätzung begnügen kann. In solchen Fällen, wo nicht besondere Umstände dafür sprechen, dass p''_0 bedeutend von p'_0 abweicht, kann man diesen Unterschied, ebenso wie den zwischen p_0 und p'_0 vernachlässigen, und den Werth, welcher den mittleren Gegendruck im Cylinder mit der grössten Wahrscheinlichkeit darstellt, als gemeinsamen Werth für alle drei Grössen annehmen. Dieser Werth möge dann einfach mit p_0 bezeichnet werden.

Durch Einführung dieser Vereinfachungen gehen die Gleichungen (27) über in:

$$(28) \quad \begin{cases} W' = m_1\varrho_1 - m_3\varrho_3 + MC(T_1 - T_3) \\ \qquad + \mu_0\varrho_0 - \mu C(T_3 - T_0) + m_3 u_3 (p_3 - p_0) \\ m_2\varrho_2 = m_1\varrho_1 + MC(T_1 - T_2) + \mu_0\varrho_0 - \mu C(T_2 - T_0) \\ \qquad + \mu_0 u_0 (p_2 - p_0) + M\sigma(p_1 - p_2) \\ \dfrac{m_3\varrho_3}{T_3} = \dfrac{m_2\varrho_2}{T_2} + (M + \mu) C \log \dfrac{T_2}{T_3}. \end{cases}$$

§. 14. Einführung gewisser Volumina statt der entsprechenden Temperaturen.

In diesen Gleichungen ist vorausgesetzt, dass ausser den Massen M, m_1, μ und μ_0, von denen die beiden ersten durch directe Beobachtung bekannt sein müssen, und die beiden letzten aus der Grösse des schädlichen Raumes angenähert bestimmt werden können, auch noch die vier Druckkräfte p_1, p_2, p_3 und p_0, oder, was dasselbe ist, die vier Temperaturen T_1, T_2', T_3' und T_0 gegeben seien. Diese Bedingung ist aber in den in der Praxis vorkommenden Fällen nur theilweise erfüllt, und man muss daher andere Data für die Rechnung zu Hülfe nehmen.

Von jenen vier Druckkräften sind nur zwei als bekannt vorauszusetzen, nämlich p_1 und p_0, deren erstere durch das Kesselmanometer unmittelbar angegeben wird, und letztere aus der Angabe des Condensatormanometers wenigstens angenähert geschlossen werden kann. Die beiden anderen p_2 und p_3 sind nicht gegeben, aber dafür kennt man die Dimensionen des Cylinders, und weiss, bei welcher Stellung des Stempels der Abschluss vom Kessel erfolgt. Daraus kann man die Volumina, welche der Dampf im Cylinder im Momente des Abschlusses und zu Ende der Expansion einnimmt, ableiten, und diese beiden Volumina können daher als Data an die Stelle der Druckkräfte p_2 und p_3 treten.

Es kommt nun darauf an, die Gleichungen in solche Form zu bringen, dass man mittelst dieser Data die Rechnung ausführen kann.

Es sei wieder, wie bei der Auseinandersetzung der Pambour'schen Theorie, der ganze Raum, welcher während eines Hubes im Cylinder frei wird, mit Einschluss des schädlichen Raumes, mit v', der bis zum Abschluss vom Kessel frei werdende Raum mit $e v'$ und der schädliche Raum mit $\varepsilon v'$ bezeichnet. Dann hat man nach dem, was früher gesagt ist, die Gleichungen:

$$m_2 u_2 + (M + \mu)\, \sigma = e v'$$
$$m_3 u_3 + (M + \mu)\, \sigma = v'$$
$$\mu_0 u_0 + \mu \sigma = \varepsilon v'.$$

Die Grössen μ und σ sind beide so klein, dass man ihr Product ohne Weiteres vernachlässigen kann, wodurch kommt:

$$(29) \qquad \begin{cases} m_2 u_2 = e v' - M \sigma \\ m_3 u_3 = v' - M \sigma \\ \mu_0 = \dfrac{\varepsilon v'}{u_0}. \end{cases}$$

Ferner ist nach Abschnitt VI. Gleichung (13), wenn wir für den darin enthaltenen Differentialcoefficienten $\dfrac{dp}{dT}$, welcher im Folgenden so oft vorkommen wird, dass eine einfachere Bezeichnung zweckmässig ist, den Buchstaben g einführen:

$$\varrho = T u g.$$

Hiernach kann man in den obigen Gleichungssystemen die Grössen ϱ_2 und ϱ_3 durch u_2 und u_3 ersetzen. Dann kommen die Massen m_2 und m_3 nur noch in den Producten $m_2 u_2$ und $m_3 u_3$ vor, und für diese kann man die in den beiden ersten der Gleichungen (29) gegebenen Werthe einsetzen.

Ebenso kann man mittelst der letzten dieser Gleichungen zunächst die Masse μ_0 eliminiren, und was die andere Masse μ anbetrifft, so kann diese zwar etwas grösser als μ_0 sein, da aber die Glieder, welche μ als Factor enthalten, überhaupt sehr unbedeutend sind, so kann man unbedenklich auch für μ denselben Werth einsetzen, welcher für μ_0 gefunden ist, d. h. man kann jene der Allgemeinheit wegen gemachte Annahme, dass die ursprünglich im schädlichen Raume befindliche Masse theils flüssig, theils dampfförmig war, für die numerische Rechnung fallen lassen, und jene Masse als ganz dampfförmig voraussetzen.

Die eben angedeuteten Substitutionen können sowohl in den allgemeineren Gleichungen (27) als auch in den vereinfachten Gleichungen (28) geschehen. Da indessen die Ausführung gar keine Schwierigkeit hat, so wollen wir uns hier auf die letzteren beschränken, um die Gleichungen sofort in einer für die numerische Berechnung geeigneten Form zu erhalten.

Sie lauten nach dieser Aenderung folgendermaassen:

$$
(30) \quad
\begin{cases}
W' = m_1 \varrho_1 + MC(T_1 - T_3) - (v' - M\sigma)(T_3 g_3 - p_3 + p_0) \\
\qquad\qquad\qquad + \varepsilon v' \dfrac{\varrho_0 - C(T_3 - T_0)}{u_0} \\[2mm]
(ev' - M\sigma) T_2 g_2 = m_1 \varrho_1 + MC(T_1 - T_2) \\
\qquad + \varepsilon v' \left(\dfrac{\varrho_0 - C(T_2 - T_0)}{u_0} + p_2 - p_0 \right) + M\sigma(p_1 - p_2) \\[2mm]
(v' - M\sigma) g_3 = (ev' - M\sigma) g_2 + \left(M + \dfrac{\varepsilon v'}{u_0} \right) C \log \dfrac{T_2}{T_3}.
\end{cases}
$$

§. 15. Arbeit für die Gewichtseinheit Dampf.

Um diese Gleichungen, welche die Arbeit eines Hubes oder der Dampfmenge m_1 bestimmen, endlich noch auf die Gewichtseinheit Dampf zu beziehen, ist dasselbe Verfahren anzuwenden, mittelst dessen früher die Gleichung (17) in (18) verwandelt wurde. Wir dividiren nämlich die drei Gleichungen durch m_1 und setzen dann:

$$\frac{M}{m_1} = l, \quad \frac{v'}{m_1} = V \text{ und } \frac{W'}{m_1} = W.$$

Dadurch gehen die Gleichungen über in:

$$(31) \begin{cases} W = \varrho_1 + l\,C\,(T_1 - T_3) - (V - l\sigma)\,(T_3 g_3 - p_3 + p_0) \\ \qquad\qquad + \varepsilon\,V\,\dfrac{\varrho_0 - C\,(T_3 - T_0)}{u_0} \\ (e\,V - l\sigma)\,T_2\,g_2 = \varrho_1 + l\,C\,(T_1 - T_2) \\ \qquad + \varepsilon\,V\left(\dfrac{\varrho_0 - C\,(T_2 - T_0)}{u_0} + p_2 - p_0\right) + l\sigma\,(p_1 - p_2) \\ (V - l\sigma)\,g_3 = (e\,V - l\sigma)\,g_2 + \left(l + \dfrac{\varepsilon\,V}{u_0}\right) C \log \dfrac{T_2}{T_3}. \end{cases}$$

§. 16. Behandlung der Gleichungen.

Die Anwendung dieser Gleichungen zur Berechnung der Arbeit kann in folgender Weise geschehen. Aus der als bekannt vorausgesetzten Verdampfungsstärke und aus der Ganggeschwindigkeit, welche die Maschine dabei annimmt, bestimmt man das Volumen V, welches auf eine Gewichtseinheit Dampf kommt. Mit Hülfe dieses Werthes berechnet man zunächst aus der zweiten Gleichung die Temperatur T_2, sodann aus der dritten die Temperatur T_3, und diese endlich wendet man in der ersten Gleichung zur Bestimmung der Arbeit an.

Dabei stösst man aber noch auf eine eigenthümliche Schwierigkeit. Um aus den beiden letzten Gleichungen die Temperaturen T_2 und T_3 zu berechnen, müssten dieselben eigentlich nach den Temperaturen aufgelöst werden. Sie enthalten aber diese Temperaturen nicht nur explicite, sondern auch implicite, indem p und g Functionen der Temperatur sind. Wollte man zur Elimination dieser Grössen eine der gebräuchlichen empirischen Formeln, welche den Dampfdruck als Function der Temperatur darstellen, für p, und ihren Differentialcoefficienten für g einsetzen, so würden die Gleichungen für die weitere Behandlung zu complicirt werden. Man könnte sich nun vielleicht in ähnlicher Weise, wie Pambour, dadurch helfen, dass man neue empirische Formeln aufstellte, welche für den vorliegenden Zweck bequemer, und wenn auch nicht für alle Temperaturen, so doch innerhalb gewisser Intervalle hinlänglich genau wären. Auf solche Versuche will ich jedoch hier nicht eingehen, sondern statt dessen auf ein anderes Verfahren aufmerksam machen, bei welchem die Rechnung zwar etwas weitläufig, aber in ihren einzelnen Theilen leicht ausführbar ist.

§. 17. Berechnung des Differentialcoefficienten $\frac{dp}{dt} = g$ und des Productes $T \cdot g$.

Wenn die Spannungsreihe des Dampfes für irgend eine Flüssigkeit mit hinlänglicher Genauigkeit bekannt ist, so kann man daraus auch die Werthe der Grössen g und $T \cdot g$ für verschiedene Temperaturen berechnen, und ebenso, wie es mit den Werthen von p zu geschehen pflegt, in Tabellen vereinigen.

Für den Wasserdampf, welcher bis jetzt bei den Dampfmaschinen fast allein angewandt wird, habe ich eine solche Rechnung mit Hülfe der Regnault'schen Spannungsreihe für die Temperaturen von 0⁰ bis 200⁰ ausgeführt.

Ich hätte dabei eigentlich die Formeln, welche Regnault zur Berechnung der einzelnen Werthe von p unter und über 100⁰ benutzt hat, nach t differentiiren, und mittelst der dadurch erhaltenen neuen Formeln g berechnen müssen. Da aber jene Formeln doch nicht so vollkommen ihrem Zwecke entsprechen, dass mir diese mühsame Arbeit lohnend schien, und die Aufstellung und Berechnung einer anderen geeigneteren Formel noch weitläufiger gewesen wäre, so habe ich mich damit begnügt, die schon für den Druck berechneten Zahlen auch zu einer angenäherten Bestimmung des Differentialcoefficienten des Druckes zu benutzen. Sei z. B. der Druck für die Temperaturen 146⁰ und 148⁰ mit p_{146} und p_{148} bezeichnet, so habe ich angenommen, dass die Grösse

$$\frac{p_{148} - p_{146}}{2}$$

den für die mittlere Temperatur 147⁰ geltenden Werth des Differentialcoefficienten hinlänglich genau darstelle.

Dabei habe ich über 100⁰ die von Regnault selbst angeführten Zahlen benutzt[1]). In Bezug auf die Werthe unter 100⁰ hat in neuerer Zeit Moritz[2]) darauf aufmerksam gemacht, dass

---

[1]) *Mém. de l'Acad. des Sciences T. XXI, p. 625.*
[2]) *Bulletin de la Classe physico-mathématique de l'Acad. de St. Pétersbourg, T. XIII, p. 41.*

die Formel, welche Regnault zwischen 0⁰ und 100⁰ angewandt
hat, dadurch, dass er sich zur Berechnung der Constanten sieben-
stelliger Logarithmen bedient hat, etwas ungenau geworden ist,
besonders in der Nähe von 100⁰. Moritz hat daher jene Constanten unter Zugrundelegung derselben Beobachtungswerthe mit
zehnstelligen Logarithmen berechnet, und die aus dieser verbesserten
Formel abgeleiteten Werthe von p, soweit sie von den Regnault'-
schen abweichen, was erst über 40⁰ eintritt, mitgetheilt. Diese
Werthe habe ich benutzt[1]).

---

[1]) Da der Differentialcoefficient $\frac{dp}{dt}$ in Rechnungen, welche sich auf
den Dampf beziehen, sehr oft vorkommt, so ist es von Interesse, zu wissen,
in wie weit die von mir angewandte bequeme Bestimmungsweise desselben
zuverlässig ist, und ich will daher hier einige Zahlen zur Vergleichung zusammenstellen.

Regnault hat zur Berechnung der in seiner Tabelle enthaltenen
Werthe der Dampfspannungen für die Temperaturen über 100⁰ folgende
Formel angewandt:

$$Log\ p = a - b\alpha^x - c\beta^x,$$

worin unter Log der Briggs'sche Logarithmus verstanden ist, ferner x
die von — 20⁰ an gerechnete Temperatur bedeutet, so dass $x = t + 20$
ist, und endlich die fünf Constanten folgende Werthe haben:

$$a = 6\cdot2640348$$
$$Log\ b = 0\cdot1397743$$
$$Log\ c = 0\cdot6924351$$
$$Log\ \alpha = 9\cdot994049292 - 10$$
$$Log\ \beta = 9\cdot998343862 - 10.$$

Wenn man aus dieser Formel für p eine Gleichung für $\frac{dp}{dt}$ ableitet, so erhält man:

$$\frac{1}{p} \cdot \frac{dp}{dt} = A\alpha^t + B\beta^t,$$

worin α und β dieselben Werthe haben, wie vorher, und A und B zwei
neue Constante von folgenden Werthen sind:

$$Log\ A = 8\cdot5197602 - 10$$
$$Log\ B = 8\cdot6028403 - 10.$$

Berechnet man aus dieser Gleichung den im Texte beispielsweise erwähnten, auf die Temperatur 147⁰ bezüglichen Werth des Differentialcoefficienten
$\frac{dp}{dt}$, so erhält man:

$$\left(\frac{dp}{dt}\right)_{147} = 90\cdot115.$$

Für jene angenäherte Bestimmungsweise hat man nach der Regnault'schen Tabelle die Spannungen:

Nachdem die Grösse g für die einzelnen Temperaturgrade berechnet ist, hat auch die Berechnung des Productes $T \cdot g$ keine Schwierigkeit mehr, da T durch die einfache Gleichung

$$T = 273 + t$$

bestimmt ist.

Die so gefundenen Werthe von g und $T \cdot g$ habe ich in einer am Ende dieser Abhandlung mitgetheilten Tabelle zusammen-

$$p_{148} = 3392 \cdot 98$$
$$p_{146} = 3212 \cdot 74$$

und daraus ergiebt sich:

$$\frac{p_{148} - p_{146}}{2} = \frac{180 \cdot 24}{2} = 90 \cdot 12.$$

Man sieht, dass dieser angenäherte Werth mit dem aus der obigen Gleichung berechneten genaueren Werthe so nahe übereinstimmt, dass man ihn in den bei Dampfmaschinen vorkommenden Rechnungen unbedenklich anwenden kann.

Was die Temperaturen zwischen 0^0 und 100^0 anbetrifft, so lautet die Formel, welche Regnault in diesem Intervalle zur Berechnung der Dampfspannungen angewandt hat:

$$Log\ p = a + b\,a^t - c\,\beta^t.$$

Die Constanten haben nach der verbesserten Berechnung von Moritz folgende Werthe:

$$a = 4 \cdot 7393707$$
$$Log\ b = 8 \cdot 1319907112 - 10$$
$$Log\ c = 0 \cdot 6117407675$$
$$Log\ \alpha = 0 \cdot 006864937152$$
$$Log\ \beta = 9 \cdot 996725536856 - 10.$$

Aus dieser Formel lässt sich für $\dfrac{dp}{dt}$ wieder eine Gleichung von der Form

$$\frac{1}{p} \cdot \frac{dp}{dt} = A\,a^t + B\,\beta^t,$$

ableiten, worin die Werthe der Constanten α und β die eben angeführten sind, und A und B folgende Werthe haben:

$$Log\ A = 6 \cdot 6930586 - 10$$
$$Log\ B = 8 \cdot 8513123 - 10.$$

Berechnet man aus dieser Gleichung z. B. den der Temperatur 70^0 entsprechenden Werth von $\dfrac{dp}{dt}$, so findet man:

$$\left(\frac{dp}{dt}\right)_{70} = 10 \cdot 1112.$$

Durch die angenäherte Bestimmungsweise erhält man:

$$\frac{p_{71} - p_{69}}{2} = \frac{243 \cdot 380 - 223 \cdot 154}{2} = 10 \cdot 113,$$

also wiederum eine Zahl, welche mit der aus der genaueren Gleichung berechneten befriedigend übereinstimmt.

gestellt. Der Vollständigkeit wegen habe ich auch die dazugehörigen Werthe von p hinzugefügt, und zwar von 0^0 bis 40^0 und über 100^0 die von Regnault, von 40^0 bis 100^0 die von Moritz berechneten. Bei jeder dieser drei Zahlenreihen sind die Differenzen je zweier aufeinander folgender Zahlen mit angeführt, so dass man aus dieser Tabelle für jede gegebene Temperatur die Werthe jener drei Grössen, und umgekehrt für jeden gegebenen Werth einer jener drei Grössen die entsprechende Temperatur finden kann.

§. 18. Einführung anderer Druck- und Wärmemaasse.

In Bezug auf die Art der Anwendung der Werthe jener Tabelle ist noch eine Bemerkung zu machen. In den Gleichungen (31) ist vorausgesetzt, dass der Druck p und sein Differentialcoefficient g in Kilogrammen auf ein Quadratmeter ausgedrückt seien; in der Tabelle dagegen ist dieselbe Druckeinheit beibehalten, auf welche die Regnault'sche Spannungsreihe sich bezieht, nämlich Millimeter Quecksilber. Um nun in den folgenden Formeln unter p und g die in dieser letzteren Einheit ausgedrückten Werthe des Druckes und seines Differentialcoefficienten verstehen zu dürfen, müssen wir die Aenderung mit den Gleichungen (31) vornehmen, dass wir p und g mit der das specifische Gewicht des Quecksilbers darstellenden Zahl 13·596, welche nach §. 10 des Abschnittes VI. die Verhältnisszahl zwischen den beiden Druckeinheiten ist, multipliciren. Bezeichnen wir diese Zahl der Kürze wegen mit k, so haben wir p und g überall, wo sie in jenen Gleichungen vorkommen, durch die Producte kp und kg zu ersetzen.

Zugleich wollen wir statt der Grössen C und ϱ, welche die specifische Wärme und die Verdampfungswärme nach mechanischem Maasse darstellen, die Grössen c und r einführen, welche sich auf gewöhnliches Wärmemaass beziehen, indem wir statt C und ϱ die Producte Ec und Er setzen.

Wenn wir dann noch die Gleichungen durch k dividiren, um die Constanten E und k möglichst zusammen zu bringen, so gehen sie in folgende über, aus denen sich der Bruch $\dfrac{W}{k}$ und somit auch die Arbeit W selbst berechnen lässt:

$$(32) \begin{cases} \dfrac{W}{k} = \dfrac{E}{k}\Big[r_1 + lc\,(T_1 - T_3)\Big] - (V - l\sigma)\,(T_3 g_3 - p_3 + p_0) \\ \qquad\qquad\qquad + \varepsilon V\,\dfrac{E}{k}\cdot\dfrac{r_0 - c\,(T_3 - T_0)}{u_0} \\ (eV - l\sigma)\,T_2 g_2 = \dfrac{E}{k}\Big[r_1 + lc\,(T_1 - T_2)\Big] \\ \qquad + \varepsilon V\Big(\dfrac{E}{k}\cdot\dfrac{r_0 - c\,(T_2 - T_0)}{u_0} + p_2 - p_0\Big) + l\sigma\,(p_1 - p_2) \\ (V - l\sigma)\,g_3 = (eV - l\sigma)\,g_2 + \Big(l + \dfrac{\varepsilon V}{u_0}\Big)\dfrac{Ec}{k}\,log\,\dfrac{T_2}{T_3}. \end{cases}$$

Der hierin vielfach vorkommende Bruch $\dfrac{E}{k}$ hat den Werth:

$$(33) \qquad \frac{E}{k} = \frac{423{\cdot}55}{13{\cdot}596} = 31{\cdot}1525.$$

§. 19. Bestimmung der Temperaturen T_2 und T_3.

Die zweite der Gleichungen (32) lässt sich in folgender Form schreiben:

$$(34) \qquad T_2 g_2 =' C + a\,(t_1 - t_2) - b\,(p_1 - p_2),$$

worin die Grössen C, a und b von t_2 unabhängig sind, nämlich:

$$(34\,\text{a}) \begin{cases} C = \dfrac{1}{eV - l\sigma}\Big[\dfrac{Er_1}{k} + \varepsilon V\Big(\dfrac{E}{k}\cdot\dfrac{r_0 - c\,(T_1 - T_0)}{u_0} + p_1 - p_0\Big)\Big] \\ a = \dfrac{E}{k}\cdot\dfrac{c\,\Big(l + \dfrac{\varepsilon V}{u_0}\Big)}{eV - l\sigma} \\ b = \dfrac{\varepsilon V - l\sigma}{eV - l\sigma}. \end{cases}$$

Von den drei auf der rechten Seite von (34) stehenden Gliedern ist das erste bei Weitem überwiegend, und dadurch wird es möglich, das Product $T_2 g_2$ und damit zugleich auch die Temperatur t_2 durch successive Näherung zu bestimmen.

Um den ersten Näherungswerth des Productes, welcher $T' g'$ heissen möge, zu erhalten, setze man auf der rechten Seite t_1 an die Stelle von t_2 und entsprechend p_1 statt p_2, dann kommt:

$$(35) \qquad\qquad T' g' = C.$$

Die zu diesem Werthe des Productes gehörige Temperatur t' schlage man in der Tabelle auf. Um nun den zweiten Näherungswerth des Productes zu bekommen, setze man den eben gefundenen Werth t' und den entsprechenden Werth p' des Druckes auf der rechten Seite von (34) für t_2 und p_2, wodurch man unter Berücksichtigung der vorigen Gleichung erhält:

(35a) $\qquad T''\, g'' = T'\, g' + a\,(t_1 - t') - b\,(p_1 - p').$

Die zu diesem Werthe des Productes gehörige Temperatur t'' ergiebt sich, wie vorher, aus der Tabelle. Stellt diese die gesuchte Temperatur t_2 noch nicht genau genug dar, so wiederhole man dasselbe Verfahren. Man setze auf der rechten Seite von (34) t'' und p'' an die Stelle von t_2 und p_2, wodurch man unter Berücksichtigung der beiden vorigen Gleichungen erhält:

(35b) $\qquad T'''\, g''' = T''\, g'' + a\,(t' - t'') - b\,(p' - p''),$

und den neuen Temperaturwerth t''' in der Tabelle finden kann.

In dieser Weise könnte man beliebig lange fortfahren, aber schon der dritte Näherungswerth weicht nur noch etwa um $1/100$ Grad, und der vierte um weniger als $1/1000$ Grad von dem wahren Werthe der Temperatur t_2 ab.

Ganz ähnlich ist die Behandlung der dritten der Gleichungen (32). Dividirt man diese durch $V - l\sigma$, und führt der leichteren Rechnung wegen statt der durch das Zeichen log angedeuteten natürlichen Logarithmen Briggs'sche Logarithmen ein, welche durch das Zeichen Log angedeutet werden mögen, wobei man nur den Modulus M dieses Systems als Divisor hinzufügen muss, so nimmt die Gleichung die Form

(36) $\qquad\qquad g_3 = C + a\,Log\,\dfrac{T_2}{T_3}$

an, worin C und a folgende von T_3 unabhängige Werthe haben:

(36a) $\qquad \begin{cases} C = \dfrac{e\,V - l\sigma}{V - l\sigma} \cdot g_2 \\[2em] a = \dfrac{E}{k} \cdot \dfrac{c\left(l + \dfrac{\varepsilon\,V}{u_0}\right)}{M\,(V - l\sigma)}. \end{cases}$

In der Gleichung (36) ist wieder auf der rechten Seite das erste Glied überwiegend, so dass man das Verfahren der successiven Näherung anwenden kann. Man setze zunächst T_2 an die Stelle von T_3, dann erhält man als ersten Näherungswerth von g_3:

(37) $\qquad\qquad g' = C,$

und kann die dazu gehörige Temperatur t' in der Tabelle finden, und daraus leicht die absolute Temperatur T' bilden. Diese setze man nun in (36) für T_3 ein, dann kommt:

$$(37\,a) \qquad g'' = g' + a\,Log\,\frac{T_2}{T'},$$

woraus sich T'' ergiebt. Ebenso erhält man weiter:

$$(37\,b) \qquad g''' = g'' + a\,Log\,\frac{T'}{T''},$$

woraus sich T''' ergiebt, u. s. f. Auch hier genügen wenige solcher Rechnungen, um einen Werth zu erhalten, welcher mit grosser Annäherung als Werth von T_3 gelten kann.

§. 20. Bestimmung der Grössen c und r.

Es bleibt nun, um zur numerischen Anwendung der Gleichungen (32) schreiten zu können, nur noch die Bestimmung der Grössen c und r übrig.

Die Grösse c, d. h. die specifische Wärme der Flüssigkeit ist in der bisherigen Entwickelung als constant behandelt. Das ist freilich nicht ganz richtig, da die specifische Wärme mit wachsender Temperatur etwas zunimmt. Wenn man aber den Werth, welcher etwa für die Mitte des Intervalles, welches die in der Untersuchung vorkommenden Temperaturen umfasst, richtig ist, als gemeinsamen Werth auswählt, so können die Abweichungen nicht bedeutend werden. Bei den durch Wasserdampf getriebenen Dampfmaschinen kann als solche mittlere Temperatur etwa 100⁰ gelten, welche bei einer gewöhnlichen Hochdruckmaschine mit Condensator ungefähr gleich weit von der Kessel- und Condensatortemperatur entfernt ist. Wir wollen also beim Wasser den Werth anwenden, welcher nach Regnault die specifische Wärme bei 100⁰ darstellt, indem wir setzen:

$$(38) \qquad c = 1\cdot0130.$$

Zur Bestimmung der Grösse r gehen wir von der Gleichung aus, welche Regnault für die ganze Wärmemenge, welche dazu nöthig ist, um eine Gewichtseinheit Wasser von 0⁰ bis zur Temperatur t zu erwärmen und bei dieser Temperatur in Dampf zu verwandeln, aufgestellt hat, nämlich:

$$\lambda = 606\cdot5 + 0\cdot305 \cdot t.$$

Setzt man hierin für λ die der vorigen Definition entsprechende

Summe $\int_0^t c\,dt + r$, so kommt:

$$r = 606{\cdot}5 + 0{\cdot}305 \cdot t - \int_0^t c\,dt.$$

In dem Integrale muss man, um genau die Werthe von r zu erhalten, welche Regnault angiebt[1]), für c die von Regnault näher bestimmte Teperaturfunction anwenden. Ich glaube aber, dass es für den vorliegenden Zweck genügt, wenn wir auch hierbei für c die vorher angeführte Constante in Anwendung bringen. Dadurch erhalten wir:

$$\int_0^t c\,dt = 1{\cdot}013 \cdot t,$$

und können nun die beiden von t abhängigen Glieder der vorigen Gleichung in Eines zusammenziehen, welches $- 0{\cdot}708 \cdot t$ lautet.

Zugleich müssen wir nun auch das constante Glied der Gleichung etwas ändern, und wir wollen es so bestimmen, dass derjenige Beobachtungswerth von r, welcher wahrscheinlich unter allen der genaueste ist, auch durch die Formel richtig dargestellt wird. Bei 100^0 hat Regnault für die Grösse λ als Mittel aus 38 Beobachtungszahlen den Werth $636{\cdot}67$ gefunden. Ziehen wir hiervon die Wärmemenge ab, welche zur Erwärmung der Gewichtseinheit Wasser von 0^0 bis 100^0 erforderlich ist, und welche nach Regnault $100{\cdot}5$ Wärmeeinheiten beträgt, so bleibt, wenn wir uns mit Einer Decimale begnügen,

$$r_{100} = 536{\cdot}2\,[2]).$$

Unter Anwendung dieses Werthes erhält man für r die Formel:

(39) $\qquad\qquad r = 607 - 0{\cdot}708 \cdot t.$

Diese Formel wurde schon in Abschnitt VI. §. 3 vorläufig angeführt, und es ist dort eine kleine Tabelle gegeben, aus welcher die grosse Uebereinstimmung zwischen den aus dieser Formel berechneten und den von Regnault in seiner Tabelle angeführten Werthen von r ersichtlich ist.

---

[1]) *Relation des expériences t. I., p. 748.*

[2]) Regnault selbst führt in seiner Tabelle nicht genau die obige Zahl, sondern $536{\cdot}5$ an; das liegt aber nur daran, dass er für λ bei 100^0 in der Rechnung statt des vorher erwähnten Werthes $636{\cdot}67$ in runder Zahl 637 gesetzt hat.

§. 21. Specielle Form der Gleichungen (32) für eine Maschine ohne Expansion.

Um die beiden verschiedenen Arten der Ausdehnung, auf welche sich die beiden letzten der Gleichungen (32) beziehen, in ihren Wirkungen unterscheiden zu können, scheint es mir zweckmässig, zunächst eine solche Dampfmaschine zu betrachten, in welcher nur Eine derselben vorkommt. Wir wollen daher mit einer Maschine beginnen, welche *ohne Expansion* arbeitet.

In diesem Falle ist für die Grösse e, welche das Verhältniss der Volumina vor und nach der Expansion bezeichnet, der Werth 1 und zugleich $T_3 = T_2$ zu setzen, wodurch die Gleichungen (32) eine einfachere Gestalt annehmen.

Die letzte dieser Gleichungen wird identisch und fällt also fort. In der zweiten geht die linke Seite in $(V - l\sigma) T_2 g_2$ über, während die rechte Seite ungeändert bleibt. Die erste endlich nimmt zunächst folgende Form an:

$$\frac{W}{k} = \frac{E}{k} \left[r_1 + lc(T_1 - T_2) \right] - (V - l\sigma)(T_2 g_2 - p_2 + p_0)$$
$$+ \varepsilon V \frac{E}{k} \cdot \frac{r_0 - c(T_2 - T_0)}{u_0}.$$

Wenn man hierin für $(V - l\sigma) T_2 g_2$ den an der rechten Seite der zweiten Gleichung stehenden Ausdruck einsetzt, so heben sich alle Glieder, welche $\frac{E}{k}$ als Factor enthalten und zwei Glieder, welche $l\sigma$ als Factor enthalten, gegenseitig auf, und die übrig bleibenden Glieder lassen sich in zwei Producte zusammenfassen. Die beiden Gleichungen lauten dann:

$$(40) \quad \begin{cases} \dfrac{W}{k} = V(1 - \varepsilon)(p_2 - p_0) - l\sigma(p_1 - p_0) \\[2mm] (V - l\sigma) T_2 g_2 = \dfrac{E}{k} \left[r_1 + lc(T_1 - T_2) \right] \\[2mm] + \varepsilon V \left(\dfrac{E}{k} \cdot \dfrac{r_0 - c(T_2 - T_0)}{u_0} + p_2 - p_0 \right) + l\sigma(p_1 - p_2). \end{cases}$$

Die erste dieser beiden Gleichungen ist genau dieselbe, welche man auch nach der Pambour'schen Theorie erhält, wenn man in (18) $e = 1$ setzt, und mittelst der Gleichung (12) (nachdem

darin $e = 1$ und $\dfrac{v'}{m} = V$ gesetzt ist), statt der Grösse B das
Volumen V einführt. Der Unterschied liegt also nur in der zweiten Gleichung, welche an die Stelle der von Pambour angenommenen einfachen Beziehung zwischen Volumen und Druck getreten ist.

§. 22. Angenommene numerische Werthe.

Die in diesen Gleichungen vorkommende Grösse ε, welche
den schädlichen Raum als Bruchtheil des ganzen für den Dampf
frei werdenden Raumes darstellt, sei zu 0·05 angenommen. Die
Menge der tropfbaren Flüssigkeit, welche der Dampf beim Eintritt in den Cylinder mit sich führt, ist bei verschiedenen Maschinen verschieden. Pambour sagt, dass sie bei Locomotiven durch-
schnittlich 0·25, bei stehenden Dampfmaschinen aber viel weniger,
vielleicht 0·05 der ganzen in den Cylinder tretenden Masse be-
trage. Wir wollen für unser Beispiel die letztere Angabe benutzen, wonach das Verhältniss der ganzen in den Cylinder tretenden Masse zu dem dampfförmigen Theile derselben 1 : 0·95 ist.
Ferner sei der Druck im Kessel zu 5 Atmosphären angenommen,
wozu die Temperatur 152·22⁰ gehört, und vorausgesetzt, dass die
Maschine keinen Condensator, oder, was dasselbe ist, einen Condensator mit dem Drucke von 1 Atmosphäre habe. Der mittlere
Gegendruck im Cylinder ist dann grösser als 1 Atmosphäre. Bei
Locomotiven kann dieser Unterschied, wie oben erwähnt, durch
einen besonderen Umstand beträchtlich werden, bei stehenden
Dampfmaschinen dagegen ist er geringer. Pambour hat in seinen numerischen Rechnungen für stehende Maschinen ohne Condensator diesen Unterschied ganz vernachlässigt, und da es sich
hier nur um ein Beispiel zur Vergleichung der neuen Formeln mit
den Pambour'schen handelt, so wollen wir uns auch hierin ihm
anschliessen, und $p_0 = 1$ Atmosphäre setzen.

Es kommen also in den Gleichungen (40) für dieses Beispiel
folgende Werthe zur Anwendung:

$$(41) \qquad \begin{cases} \varepsilon = 0{\cdot}05 \\[1mm] l = \dfrac{1}{0{\cdot}95} = 1{\cdot}053 \\[1mm] \quad = 3800 \\[1mm] p_0 = 760. \end{cases}$$

Nehmen wir hierzu noch die ein- für allemal feststehenden Werthe:

$$k = 13{\cdot}596$$
$$\sigma = 0{\cdot}001,$$

so bleiben in der ersten der Gleichungen (40) ausser der gesuchten Grösse W nur noch die Grössen V und p_2 unbestimmt.

§. 23. Kleinstmöglicher Werth von V und dazugehörige Arbeit.

Wir müssen nun zuerst untersuchen, welches der *kleinstmögliche* Werth von V ist.

Dieser Werth entspricht dem Falle, wo im Cylinder derselbe Druck, wie im Kessel stattfindet, und wir brauchen daher nur in der letzten der Gleichungen (40) p_1 an die Stelle von p_2 zu setzen. Dadurch kommt:

$$(42) \qquad V = \frac{\dfrac{E r_1}{k} + l\sigma \cdot T_1 g_1}{T_1 g_1 - \varepsilon\left(\dfrac{E}{k} \cdot \dfrac{r_0 - c\,(T_1 - T_0)}{u_0} + p_1 - p_0 \right)}.$$

Um hierbei gleich von dem Einflusse des schädlichen Raumes ein Beispiel zu geben, habe ich von diesem Ausdrucke zwei Werthe berechnet, den, welcher entstehen würde, wenn kein schädlicher Raum vorhanden, und also $\varepsilon = 0$ wäre, und den, welcher unter der von uns gemachten Voraussetzung, dass $\varepsilon = 0{\cdot}05$ ist, entstehen muss. Diese beiden Werthe sind für 1 Kilogramm aus dem Kessel tretenden Dampfes als Bruchtheil eines Cubikmeter ausgedrückt:

$$0{\cdot}3637 \text{ und } 0{\cdot}3690.$$

Dass der letzte dieser Werthe grösser ist, als der erste, kommt daher, dass erstens der Dampf in den schädlichen Raum mit grosser Geschwindigkeit eindringt, die lebendige Kraft dieser Bewegung sich dann in Wärme verwandelt, und diese wiederum einen Theil der mitgerissenen Flüssigkeit verdampfen lässt, und dass zweitens der schon vor dem Einströmen im schädlichen Raume befindliche Dampf ebenfalls dazu beiträgt, die ganze nachher vorhandene Dampfmenge zu vermehren.

Setzt man die beiden für V gefundenen Werthe in die erste der Gleichungen (40) ein, wobei wieder ε das eine Mal $= 0$ und das andere Mal $= 0{\cdot}05$ gesetzt wird, so erhält man als entsprechende Arbeitsgrössen in Kilogramm-Meter ausgedrückt:

$$14\,990 \text{ und } 14\,450.$$

Nach der Pambour'schen Theorie macht es in Bezug auf das Volumen keinen Unterschied, ob ein Theil desselben schädlicher Raum ist, oder nicht, es wird in beiden Fällen durch dieselbe Gleichung (11b) bestimmt, wenn man darin für p den besonderen Werth p_1 setzt. Dadurch erhält man:

$$0{\cdot}3883.$$

Dass dieser Werth grösser ist, als der vorher für dieselbe Dampfmenge gefundene $0{\cdot}3637$, erklärt sich daraus, dass man überhaupt bisher das Volumen des Dampfes im Maximum der Dichte für grösser gehalten hat, als es der mechanischen Wärmetheörie nach sein kann, und diese frühere Ansicht auch in der Gleichung (11b) ihren Ausdruck findet.

Bestimmt man mittelst dieses Volumens die Arbeit aus der Pambour'schen Gleichung unter den beiden Voraussetzungen, dass $\varepsilon = 0$ oder $= 0{\cdot}05$ sei, so kommt:

$$16\,000 \text{ und } 15\,200.$$

Diese Arbeitsgrössen sind, wie es auch als unmittelbare Folge des grösseren Volumens vorauszusehen war, beide grösser, als die vorher gefundenen, aber nicht in gleichem Verhältnisse, indem der durch den schädlichen Raum veranlasste Arbeitsverlust nach den von uns entwickelten Gleichungen geringer ist, als er nach der Pambour'schen Theorie sein müsste.

§. 24. Berechnung der Arbeit für andere Werthe von V.

Bei einer Maschine der hier betrachteten Art, welche Pambour in ihrer Wirksamkeit untersuchte, verhielt sich die Geschwindigkeit, welche die Maschine wirklich annahm, zu derjenigen, welche sich für dieselbe Verdampfungsstärke und denselben Druck im Kessel aus seiner Theorie als Minimum der Geschwindigkeit berechnen liess, bei einem Versuche wie 1·275 : 1 und bei einem anderen, unter geringerer Belastung, wie 1·70 : 1. Diesen Geschwindigkeiten würden für unseren Fall die Volumina 0·495 und 0·660 entsprechen. Wir wollen nun als ein Beispiel zur Bestimmung der Arbeit eine Geschwindigkeit wählen, welche zwischen diesen beiden liegt, indem wir in runder Zahl setzen:

$$V = 0·6.$$

Es kommt nun zunächst darauf an, für diesen Werth von V die Temperatur t_2 zu finden. Dazu dient die Gleichung (34), welche folgende specielle Form annimmt:

(43) $\quad T_2 g_2 = 26\,577 + 56·42 \cdot (t_1 - t_2) - 0·0483 \cdot (p_1 - p_2).$

Führt man mittelst dieser Gleichung die in §. 19 beschriebene successive Bestimmung von t_2 aus, so erhält man der Reihe nach folgende Näherungswerthe:

$$t' = 133·01^0$$
$$t'' = 134·43$$
$$t''' = 134·32$$
$$t'''' = 134·33.$$

Noch weitere Näherungswerthe würden sich nur noch in höheren Decimalen unterscheiden, und wir haben also, sofern wir uns mit zwei Decimalen begnügen wollen, die letzte Zahl als den wahren Werth von t_2 zu betrachten. Der dazu gehörige Druck ist:

$$p_2 = 2308·30.$$

Wendet man diese Werthe von V und p_2 zugleich mit den übrigen in §. 22 näher festgestellten Werthen auf die erste der Gleichungen (40) an, so erhält man:

$$W = 11\,960.$$

Die Pambour'sche Gleichung (18) giebt für dasselbe Volumen 0·6 die Arbeit:

$$W = 12\,520.$$

Um die Abhängigkeit der Arbeit vom Volumen, und zugleich den Unterschied, welcher in dieser Beziehung zwischen Pambour's und meiner Theorie herrscht, noch deutlicher erkennen zu lassen, habe ich dieselbe Rechnung, wie für das Volumen 0·6 auch für eine Reihe anderer in gleichen Abständen wachsender Volumina ausgeführt. Die Resultate sind in nachstehender Tabelle zusammengefasst. Die erste horizontale Zahlenreihe, welche durch einen Strich von den anderen getrennt ist, enthält die für eine Maschine

ohne schädlichen Raum gefundenen Werthe. Im Uebrigen ist die
Einrichtung der Tabelle leicht ersichtlich.

V	t_2	W	nach Pambour	
			V	W
0·3637	152·22⁰	14 990	0·3883	16 000
0·3690	152·22⁰	14 450	0·3883	15 200
0·4	149·12	14 100	0·4	15 050
0·5	140·83	13 020	0·5	13 780
0·6	134·33	11 960	0·6	12 520
0·7	129·03	10 910	0·7	11 250
0·8	124·55	9 880	0·8	9 980
0·9	120·72	8 860	0·9	8 710
1	117·36	7 840	1	7 440

Man sieht, dass die nach der Pambour'schen Theorie berechneten Arbeitsgrössen mit wachsendem Volumen schneller abnehmen, als die nach unseren Gleichungen berechneten, so dass
sie, während sie anfangs beträchtlich grösser sind, als diese, ihnen
allmälig näher kommen, und zuletzt sogar kleiner werden. Dieses
erklärt sich daraus, dass nach der Pambour'schen Theorie bei
der während des Einströmens stattfindenden Ausdehnung immer
nur dieselbe Masse dampfförmig bleibt, welche es schon anfangs
war; nach der unserigen dagegen ein Theil der im flüssigen Zustande mitgerissenen Masse noch nachträglich verdampft, und zwar
um so mehr, je grösser die Ausdehnung ist.

§. 25. Arbeit einer Maschine mit Expansion für einen bestimmten Werth von V.

Wir wollen nun in ähnlicher Weise eine Maschine betrachten,
welche *mit Expansion* arbeitet, und zwar wollen wir dazu eine
Maschine mit Condensator wählen.

In Bezug auf die Grösse der Expansion wollen wir annehmen, dass der Abschluss vom Kessel erfolge, wenn der Stempel ⅓

seines Weges zurückgelegt hat. Dann haben wir zur Bestimmung
von e die Gleichung:

$$e - \varepsilon = \frac{1}{3}(1 - \varepsilon),$$

und daraus ergiebt sich, wenn wir für ε den Werth 0·05 beibehalten:

$$e = \frac{1\cdot1}{3} = 0\cdot3666\ldots$$

Der Druck im Kessel sei, wie vorher, zu 5 Atmosphären angenommen. Der Druck im Condensator kann bei guter Einrichtung
unter $\frac{1}{10}$ Atmosphäre erhalten werden. Da er aber nicht immer
so klein ist, und ausserdem der Gegendruck im Cylinder den im
Condensator stattfindenden Druck noch etwas übertrifft, so wollen
wir für den mittleren Gegendruck p_0 in runder Zahl $\frac{1}{5}$ Atmosphäre oder 152 mm annehmen, wozu die Temperatur $t_0 = 60\cdot46^0$
gehört. Behalten wir endlich für l den vorher angenommenen
Werth bei, so sind die in diesem Beispiele zur Anwendung kommenden Grössen folgende:

$$(44) \quad \begin{cases} e = 0\cdot36667 \\ \varepsilon = 0\cdot05 \\ l = 1\cdot053 \\ p_1 = 3800 \\ p_0 = 152. \end{cases}$$

Es braucht nun, um die Arbeit berechnen zu können, nur
noch der Werth von V gegeben zu werden. Um bei der Wahl
desselben einen Anhalt zu haben, müssen wir zuerst den kleinstmöglichen Werth von V kennen. Dieser ergiebt sich, ganz wie bei
den Maschinen ohne Expansion, dadurch, dass man in der zweiten
der Gleichungen (32) p_1 an die Stelle von p_2 setzt, und ebenso die
übrigen mit p_2 zusammenhängenden Grössen ändert. Man findet
auf diese Weise für unseren Fall den Werth:

$$1\cdot010.$$

Hiervon ausgehend wollen wir als erstes Beispiel annehmen, die
wirkliche Ganggeschwindigkeit der Maschine übertreffe die kleinstmögliche etwa im Verhältnisse von 3 : 2, indem wir in runder
Zahl

$$V = 1\cdot5$$

setzen, und für diese Geschwindigkeit wollen wir die Arbeit bestimmen.

Zunächst müssen durch Einsetzung dieses Werthes von V in
die beiden letzten der Gleichungen (32) die beiden Temperaturen

t_2 und t_3 bestimmt werden. Die Bestimmung von t_2 ist schon bei der Maschine ohne Condensator etwas näher besprochen, und da sich der vorliegende Fall von jenem nur dadurch unterscheidet, dass die Grösse e, welche dort gleich 1 gesetzt war, hier einen anderen Werth hat, so will ich darauf nicht noch einmal eingehen, sondern nur das Endresultat anführen. Man findet nämlich:

$$t_2 = 137 \cdot 43^0.$$

Die zur Bestimmung von t_3 dienende Gleichung (36) nimmt für diesen Fall folgende Gestalt an:

$$(45) \qquad g_3 = 26 \cdot 604 + 51 \cdot 515 \; Log \, \frac{T_2}{T_3}.$$

Hieraus erhält man nach einander folgende Näherungswerthe:

$$t' \;\; = \;\; 99 \cdot 24^0$$
$$t'' = 101 \cdot 93$$
$$t''' = 101 \cdot 74$$
$$t'''' = 101 \cdot 76.$$

Den letzten dieser Werthe, von welchem die späteren nur noch in höheren Decimalen abweichen würden, betrachten wir als den richtigen Werth von t_3, und wenden ihn zusammen mit den bekannten Werthen von t_1 und t_0 auf die erste der Gleichungen (32) an. Dadurch kommt:

$$W = 31\,080.$$

Berechnet man unter Voraussetzung desselben Werthes von V die Arbeit nach der Pambour'schen Gleichung (18), wobei man aber die Werthe von B und b nicht, wie bei der Maschine ohne Condensator, aus der Gleichung (11 b), sondern aus der für Maschinen mit Condensator bestimmten Gleichung (11 a) entnehmen muss, so findet man:

$$W = 32\,640.$$

§. 26. Zusammenstellung verschiedener Fälle in Bezug auf den Gang der Maschine.

In derselben Weise, wie es für das Volumen $1 \cdot 5$ hier angedeutet ist, habe ich auch für die Volumina $1 \cdot 2$, $1 \cdot 8$ und $2 \cdot 1$ die Arbeit berechnet. Ausserdem habe ich, um den Einfluss, welchen die verschiedenen Unvollkommenheiten der Maschine auf die Grösse

der Arbeit ausüben, an einem Beispiele übersichtlich zusammenstellen zu können, noch folgende Fälle hinzugefügt.

1) Den Fall einer Maschine, welche keinen schädlichen Raum
hat, und bei welcher ausserdem der Druck im Cylinder während
des Einströmens gleich dem im Kessel ist, und die Expansion so
weit getrieben wird, bis der Druck von seinem ursprünglichen
Werthe p_1 bis p_0 abgenommen hat. Dieses ist, wenn wir nur noch
annehmen, dass p_0 genau den Druck im Condensator darstelle, der
Fall, auf welchen sich die Gleichung (9) bezieht, und welcher für
eine gegebene Wärmemenge, wenn auch die Temperaturen der
Wärmeaufnahme und Wärmeabgabe als gegeben betrachtet werden, die grösstmögliche Arbeit liefert.

2) Den Fall einer Maschine, bei welcher wieder kein schädlicher Raum vorkommt, und der Druck im Cylinder gleich dem
im Kessel ist, aber die Expansion nicht wie vorher vollständig,
sondern nur im Verhältnisse von $e : 1$ stattfindet. Dieses ist der
Fall, auf welchen sich die Gleichung (6) bezieht, nur dass dort,
um die Grösse der Expansion zu bestimmen, die durch die Expansion bewirkte Temperaturänderung des Dampfes als bekannt vorausgesetzt wurde, während hier die Expansion dem Volumen nach
bestimmt ist, und die Temperaturänderung daraus erst berechnet
werden muss.

3) Den Fall einer Maschine mit schädlichem Raume und un-
vollständiger Expansion, bei welcher von den vorigen günstigen
Bedingungen nur noch die besteht, dass der Dampf im Cylinder
während des Einströmens denselben Druck ausübt, wie im Kessel,
so dass also das Volumen den kleinstmöglichen Werth hat.

An diesen Fall schliessen sich endlich die schon erwähnten
an, in welchen auch die letzte günstige Bedingung fortgefallen ist,
indem das Volumen statt des kleinstmöglichen Werthes andere
gegebene Werthe hat.

Alle diese Fälle sind zur Vergleichung auch nach der Pambour'schen Theorie berechnet, mit Ausnahme des ersten, für
welchen die Gleichungen (11a) und (11b) nicht ausreichen, indem
selbst diejenige unter ihnen, welche für geringeren Druck bestimmt ist, doch nur bis zu $1/2$ oder höchstens $1/3$ Atmosphäre abwärts angewandt werden darf, während hier der Druck bis zu $1/5$
Atmosphäre abnehmen soll.

Die für diesen ersten Fall aus unseren Gleichungen hervorgehenden Zahlen sind folgende:

Volumen vor der Expansion	Volumen nach der Expansion	W
0·3637	6·345	50 460

Für alle übrigen Fälle sind die Resultate in der nachstehenden Tabelle zusammengefasst, wobei wieder die auf die Maschine ohne schädlichen Raum bezüglichen Zahlen von den anderen durch einen Strich getrennt sind. Für das Volumen sind nur die nach der Expansion gültigen Zahlen angeführt, weil die Werthe vor der Expansion sich daraus von selbst ergeben, indem sie in allen Fällen in dem Verhältnisse von $e : 1$ oder von $0·36667 : 1$ kleiner sind.

V	t_2	t_3	W	nach Pambour	
				V	W
0·992	152·22⁰	113·71⁰	34 300	1·032	36 650
1·010	152·22⁰	113·68⁰	32 430	1·032	34 090
1·2	145·63	108·38	31 870	1·2	33 570
1·5	137·43	101·76	31 080	1·5	32 640
1·8	131·02	96·55	30 280	1·8	31 710
2·1	125·79	92·30	29 490	2·1	30 780

§. 27. Zurückführung der Arbeit auf eine von der Wärmequelle gelieferte Wärmeeinheit.

Die in dieser Tabelle angeführten Arbeitsgrössen, ebenso wie diejenigen der früheren Tabelle für die Maschine ohne Condensator, beziehen sich auf ein Kilogramm aus dem Kessel tretenden Dampfes. Man kann aber hiernach die Arbeit auch leicht auf eine von der Wärmequelle gelieferte *Wärmeeinheit* beziehen, wenn man bedenkt, dass für jedes Kilogramm Dampf so viel Wärme geliefert werden muss, wie nöthig ist, um die Masse l, welche etwas grösser als 1 Kilogramm ist, von ihrer Anfangstemperatur, mit

welcher sie in den Kessel tritt, bis zu der im Kessel selbst herrschenden Temperatur zu erwärmen, und bei dieser letzteren ein
Kilogramm in Dampf zu verwandeln, welche Wärmemenge sich
aus den bisherigen Daten berechnen lässt.

§. 28. Berücksichtigung der Reibung.

Zum Schluss dieser numerischen Bestimmungen muss ich noch
einige Worte über die *Reibung* hinzufügen, wobei ich mich aber
darauf beschränken will, mein Verfahren, dass ich die Reibung in
den bisher entwickelten Gleichungen ganz unberücksichtigt gelassen habe, zu rechtfertigen, indem ich zeige, dass man die Reibung, anstatt sie, wie es Pambour gethan hat, gleich in die ersten
allgemeinen Ausdrücke der Arbeit mit einzuflechten, nach denselben Principien auch nachträglich in Rechnung bringen kann,
was übrigens in gleicher Weise auch von anderen Autoren geschehen ist.

Die Kräfte, welche die Maschine bei ihrem Gange zu überwinden hat, lassen sich folgendermaassen unterscheiden. 1) Der
Widerstand, welcher ihr von aussen entgegengestellt wird, und
dessen Ueberwindung die von ihr verlangte *nützliche* Arbeit bildet.
Pambour nennt diesen Widerstand die *Belastung* (*charge*) der
Maschine. 2) Die Widerstände, welche in der Maschine selbst
ihren Grund haben, so dass die zu ihrer Ueberwindung verbrauchte
Arbeit nicht äusserlich nutzbar wird. Diese letzteren Widerstände
fassen wir alle unter dem Namen der *Reibung* zusammen, obwohl
ausser der Reibung im engeren Sinne auch noch andere Kräfte
unter ihnen vorkommen, besonders die Widerstände der zur
Dampfmaschine gehörigen Pumpen, mit Ausnahme derjenigen,
welche den Kessel speist, und welche im Früheren schon mit betrachtet ist.

Beide Arten von Widerständen bringt Pambour als Kräfte,
welche sich der Bewegung des Stempels widersetzen, in Rechnung,
und um sie mit den Druckkräften des an beiden Seiten des Stempels befindlichen Dampfes bequem vereinigen zu können, wählt er
auch die Bezeichnung ähnlich, wie es beim Dampfdrucke geschieht, nämlich so, dass das Zeichen nicht die ganze Kraft, sondern den auf eine Flächeneinheit des Stempels kommenden Theil

derselben bedeutet. In diesem Sinne stelle der Buchstabe R die Belastung dar.

Bei der Reibung muss noch ein weiterer Unterschied gemacht werden. Die Reibung hat nämlich nicht für jede Maschine einen constanten Werth, sondern wächst mit der Belastung. Pambour zerlegt sie daher in zwei Theile, den, welcher schon vorhanden ist, wenn die Maschine ohne Belastung geht, und den, welcher erst durch die Belastung hinzukommt. Von letzterem nimmt er an, dass er der Belastung proportional sei. Demgemäss drückt er die Reibung, auf die Flächeneinheit bezogen, durch

$$f + \delta \cdot R$$

aus, worin f und δ Grössen sind, die zwar von der Einrichtung und den Dimensionen der Maschine abhängen, aber für eine bestimmte Maschine nach Pambour als constant zu betrachten sind.

Wir können nun die Arbeit der Maschine statt, wie bisher, auf die *treibende* Kraft des Dampfes, auch auf diese *widerstehenden* Kräfte beziehen, denn die von diesen gethane negative Arbeit muss gleich der von jener gethanen positiven sein, weil sonst eine Beschleunigung oder Verzögerung des Ganges eintreten würde, was der gemachten Voraussetzung, nach welcher der Gang gleichmässig sein soll, widerspricht. Die Stempelfläche beschreibt, während eine Gewichtseinheit Dampf in den Cylinder tritt, den Raum $(1 - \varepsilon) V$, und man erhält daher für die Arbeit W den Ausdruck:

$$W = (1 - \varepsilon) V [(1 + \delta) R + f].$$

Der *nutzbare* Theil dieser Arbeit dagegen, welcher zum Unterschiede von der ganzen Arbeit mit (W) bezeichnet werden möge, wird durch den Ausdruck:

$$(W) = (1 - \varepsilon) V \cdot R$$

dargestellt. Eliminirt man aus dieser Gleichung vermittelst der vorigen die Grösse R, so kommt:

$$(46) \qquad (W) = \frac{W - (1 - \varepsilon) V \cdot f}{1 + \delta}.$$

Mit Hülfe dieser Gleichung kann man, da die Grösse V als bekannt vorauszusetzen ist, aus der ganzen Arbeit W die nützliche Arbeit (W) ableiten, sobald die Grössen f und δ gegeben sind.

Auf die Art, wie Pambour die letzteren bestimmt, will ich hier nicht eingehen, da diese Bestimmung noch auf zu unsicheren Grundlagen beruht, und die Reibung überhaupt dem eigentlichen Gegenstande dieses Abschnittes fremd ist.

§. 29. Allgemeine Betrachtung der Vorgänge in thermodynamischen Maschinen und Zurückführung derselben auf Kreisprocesse.

Nachdem wir im Vorigen die Dampfmaschine in der Weise behandelt haben, dass wir alle in ihr stattfindenden Vorgänge verfolgt, die dabei geleisteten positiven oder negativen Arbeitsgrössen einzeln bestimmt und diese dann zu einer algebraischen Summe vereinigt haben, wollen wir nun die thermodynamischen Maschinen von allgemeineren Gesichtspunkten aus betrachten.

Der Ausdruck, dass *die Wärme eine Maschine treibt*, ist natürlich nicht auf die Wärme unmittelbar zu beziehen, sondern ist so zu verstehen, dass irgend ein in der Maschine vorhandener Stoff in Folge der Veränderungen, welche er durch die Wärme erleidet, die Maschinentheile in Bewegung setzt. Wir wollen diesen Stoff den *die Wirkung der Wärme vermittelnden* Stoff nennen.

Wenn nun eine fortwährend wirkende Maschine in gleichmässigem Gange ist, so finden alle dabei vorkommenden Veränderungen periodisch statt, so dass derselbe Zustand, in welchem sich zu einer gewissen Zeit die Maschine mit allen ihren einzelnen Theilen befindet, in gleichen Intervallen regelmässig wiederkehrt. Demnach muss auch der die Wirkung der Wärme vermittelnde Stoff in solchen regelmässig wiederkehrenden Momenten in gleicher Menge in der Maschine vorhanden sein, und sich in gleichem Zustande befinden. Diese Bedingung kann auf zwei verschiedene Arten erfüllt werden.

Erstens kann ein und dasselbe ursprünglich in der Maschine befindliche Quantum dieses Stoffes immer in ihr bleiben, wobei dann die Zustandsänderungen, welche dieser Stoff während des Ganges erleidet, so stattfinden müssen, dass er mit dem Ende jeder Periode wieder in seinen Anfangszustand zurückkehrt, und dann denselben Cyclus von Veränderungen von Neuem beginnt.

Zweitens kann die Maschine jedesmal den Stoff, welcher während einer Periode zur Hervorbringung der Wirkung gedient hat, nach aussen abgeben, und dafür ebenso viel Stoff von derselben Art von aussen wieder aufnehmen.

Dieses letztere Verfahren ist bei den in der Praxis angewandten Maschinen das gewöhnlichere. Es findet z. B. bei den calorischen

Luftmaschinen, wie sie bis jetzt construirt sind, Anwendung, indem nach jedem Hube die Luft, welche im Treibcylinder den Stempel bewegt hat, in die Atmosphäre ausgetrieben, und dafür vom Speisecylinder eine gleiche Quantität Luft aus der Atmosphäre geschöpft wird. Ebenso bei den Dampfmaschinen ohne Condensator, bei welchen auch der Dampf aus dem Cylinder in die Atmosphäre tritt, und dafür aus einem Reservoir neues Wasser in den Kessel gepumpt wird.

Ferner findet es wenigstens eine theilweise Anwendung auch bei den Dampfmaschinen mit Condensator von gewöhnlicher Einrichtung. Bei diesen wird das aus dem Dampfe niedergeschlagene Wasser zwar zum Theil in den Kessel zurückgepumpt, aber nicht alles, weil es mit dem Kühlwasser gemischt ist, und von diesem daher auch ein Theil in den Kessel kommt. Der nicht wieder angewandte Theil des niedergeschlagenen Wassers muss mit dem übrigen Theile des Kühlwassers zusammen fortgeschafft werden.

Das erstere Verfahren hat bisher nur bei wenigen Maschinen Anwendung gefunden, unter anderen bei solchen Dampfmaschinen, welche durch zwei verschiedene Dämpfe, z. B. Wasser- und Aetherdampf, getrieben werden [1]). In diesen wird der Wasserdampf nur durch die Berührung mit Metallröhren, welche inwendig mit flüssigem Aether gefüllt sind, niedergeschlagen, und dann vollständig wieder in den Kessel zurückgepumpt. Ebenso wird der Aetherdampf in Metallröhren, die nur auswendig von kaltem Wasser umspült sind, niedergeschlagen, und dann in den ersten Raum, der zur Verdampfung des Aethers dient, zurückgepumpt. Es braucht daher, um den gleichmässigen Gang zu erhalten, nur so viel Wasser und Aether neu zugeführt zu werden, wie etwa wegen Unvollkommenheit der Construction durch die Fugen entweicht.

In einer Maschine dieser Art, in welcher dieselbe Masse immer wieder von Neuem angewandt wird, müssen, wie oben gesagt, die verschiedenen Veränderungen, welche die Masse während einer Periode erleidet, einen in sich geschlossenen Cyclus oder nach der Bezeichnung, welche ich in meinen Abhandlungen gewählt habe, einen *Kreisprocess* bilden.

Solche Maschinen dagegen, bei denen ein periodisches Aufnehmen und Wiederausscheiden von Massen stattfindet, sind dieser Bedingung nicht nothwendig unterworfen. Dessen ungeachtet

---

[1]) *Annales des Mines T. IV. (1853), p. 203 u. 281.*

können auch sie dieselbe erfüllen, indem sie die Massen in demselben Zustande wieder ausscheiden, in welchem sie sie aufgenommen haben. Dieses ist der Fall bei den Dampfmaschinen mit
Condensator, bei denen das Wasser im flüssigen Zustande und mit
derselben Temperatur, mit der es aus dem Condensator in den
Kessel getreten war, später aus dem Condensator fortgeschafft
wird. Das Kühlwasser, welches kalt in den Condensator ein- und
warm wieder austritt, kommt dabei nicht in Betracht, weil es nicht
zu dem die Wirkung der Wärme vermittelnden Stoffe gehört, sondern als eine negative Wärmequelle dient.

Bei anderen Maschinen ist der Zustand beim Austritte von
demjenigen beim Eintritte verschieden. Die calorischen Luftmaschinen z. B., selbst wenn sie mit einem Regenerator versehen
sind, treiben die Luft mit einer Temperatur, die höher ist, als die
Eintrittstemperatur, in die Atmosphäre zurück, und die Dampfmaschinen ohne Condensator nehmen das Wasser tropfbar flüssig auf,
und lassen es dampfförmig wieder ausströmen. In diesen Fällen
findet zwar kein vollständiger Kreisprocess statt, indessen kann man
sich immer zu der wirklich vorhandenen Maschine noch eine zweite
hinzudenken, welche die Masse aus der ersten Maschine aufnimmt,
sie auf irgend eine Weise in den Anfangszustand zurückbringt,
und dann erst entweichen lässt. Beide Maschinen zusammen können dann als Eine Maschine betrachtet werden, welche wieder der
obigen Bedingung genügt. In manchen Fällen kann diese Vervollständigung geschehen, ohne dass dadurch eine grössere Com-
plication für die Untersuchungen eintritt. So kann man sich z. B.
eine Dampfmaschine ohne Condensator, wenn man nur annimmt,
dass sie mit Wasser von 100⁰ gespeist werde, ohne Weiteres durch
eine Maschine mit einem Condensator, dessen Temperatur 100⁰ ist,
ersetzt denken.

Demnach kann man unter der Voraussetzung, dass die Maschinen, welche jene Bedingung nicht schon von selbst erfüllen,
in dieser Weise für die Betrachtung vervollständigt seien, auf alle
thermodynamischen Maschinen die für die Kreisprocesse geltenden
Sätze anwenden, und dadurch gelangt man zu einigen Schlüssen,
welche von der besonderen Natur der in den einzelnen Maschinen
stattfindenden Vorgänge ganz unabhängig sind.

§. 30. Gleichungen für die durch einen beliebigen Kreisprocess geleistete Arbeit.

Für jeden Kreisprocess gelten den früheren Entwickelungen
gemäss, als analytische Ausdrücke der beiden Hauptsätze, nachdem
der letztere so erweitert ist, dass er auch die nicht umkehrbaren
Veränderungen umfasst, folgende zwei Gleichungen:

(47)
$$\left\{ \begin{array}{l} W = Q \\[2mm] \int \dfrac{dQ}{T} = - N, \end{array} \right.$$

worin N die während des Kreisprocesses eingetretene uncompensirte Verwandlung bedeutet, welche nur positiv sein kann und bei
umkehrbaren Kreisprocessen den Grenzwerth Null hat.

Wenden wir diese Gleichungen auf denjenigen Kreisprocess
an, welcher in der thermodynamischen Maschine während einer
Periode stattfindet, so sieht man zunächst, dass, wenn die ganze
Wärmemenge, welche der die Wirkung der Wärme vermittelnde
Stoff während dieser Zeit aufgenommen hat, gegeben ist, dann
durch die erste Gleichung unmittelbar auch die Arbeit bestimmt
ist, ohne dass die Natur der Vorgänge selbst, aus denen der Kreisprocess besteht, bekannt zu sein braucht.

In ähnlicher Allgemeinheit kann man durch die Verbindung
beider Gleichungen die Arbeit auch noch aus anderen Daten bestimmen.

Wir wollen annehmen, es seien die Wärmemengen, welche
der veränderliche Körper nach einander empfängt, sowie die Temperaturen, welche er bei der Aufnahme einer jeden hat, gegeben,
und nur Eine Temperatur T_0 sei übrig, bei welcher dem Körper
noch eine Wärmemenge mitgetheilt, oder, wenn sie negativ ist,
entzogen wird, deren Grösse nicht im Voraus bekannt ist. Die
Summe aller bekannten Wärmemengen heisse Q_1, und die unbekannte Wärmemenge Q_0.

Dann zerlege man das in der zweiten Gleichung vorkommende
Integral in zwei Theile, von denen der eine sich nur über die bekannte Wärmemenge Q_1 und der andere über die unbekannte Q_0
erstreckt. Im letzten Theile lässt sich, da in ihm T einen constanten Werth T_0 hat, die Integration sogleich ausführen, und
giebt den Ausdruck:

$$\frac{Q_0}{T_0}.$$

Dadurch geht die zweite Gleichung über in:

$$\int_0^{Q_1} \frac{dQ}{T} + \frac{Q_0}{T_0} = - N,$$

woraus folgt:

$$Q_0 = - T_0 . \int_0^{Q_1} \frac{dQ}{T} - T_0 . N.$$

Ferner hat man nach der ersten Gleichung, da für unseren Fall $Q = Q_1 + Q_0$ ist:

$$W = Q_1 + Q_0.$$

Substituirt man in dieser Gleichung für Q_0 den eben gefundenen Werth, so kommt:

$$(48) \qquad W = Q_1 - T_0 . \int_0^{Q_1} \frac{dQ}{T} - T_0 . N.$$

Wird insbesondere angenommen, dass der ganze Kreisprocess umkehrbar sei, so ist dem Obigen nach $N = 0$, und dadurch geht die vorige Gleichung über in:

$$(49) \qquad W = Q_1 - T_0 . \int_0^{Q_1} \frac{dQ}{T}.$$

Dieser Ausdruck unterscheidet sich von dem vorigen nur durch das Glied $- T_0 N$. Da nun N nur positiv sein kann, so kann dieses Glied nur negativ sein, und man sieht daraus, was sich auch durch unmittelbare Betrachtung leicht ergiebt, dass man unter den oben in Bezug auf die Wärmemittheilung festgestellten Bedingungen die grösstmögliche Arbeit erhält, wenn der ganze Kreisprocess umkehrbar ist, und dass durch jeden Umstand, welcher bewirkt, dass einer der in dem Kreisprocesse stattfindenden Vorgänge nicht umkehrbar ist, die Grösse der Arbeit abnimmt.

Die Gleichung (48) führt hiernach zu dem gesuchten Werthe der Arbeit auf einem Wege, welcher dem gewöhnlichen gerade entgegengesetzt ist, indem man nicht, wie sonst, die während der verschiedenen Vorgänge gethanen Arbeitsgrössen einzeln bestimmt und dann addirt, sondern von dem Maximum der Arbeit ausgeht, und die durch die einzelnen Unvollkommenheiten des Processes entstandenen Arbeitsverluste davon abzieht. Man kann dieses Verfahren das *Subtractionsverfahren* nennen.

Macht man in Bezug auf die Mittheilung der Wärme die beschränkende Bedingung, dass auch die ganze Wärmemenge Q_1 dem Körper bei einer·bestimmten Temperatur T_1 mitgetheilt werde, so lässt sich der diese Wärmemenge umfassende Theil des Integrals ebenfalls ohne Weiteres ausführen, und giebt:

$$\frac{Q_1}{T_1},$$

wodurch die für das Maximum der Arbeit geltende Gleichung (49) folgende Form annimmt:

$$(50) \qquad W = Q_1 \frac{T_1 - T_0}{T_1}.$$

§. 31. Anwendung der vorigen Gleichungen auf den Grenzfall, in welchem der in der Dampfmaschine stattfindende Kreisprocess umkehrbar ist.

Unter den weiter oben betrachteten Fällen in Bezug auf den Gang der Dampfmaschine kommt auch ein Grenzfall vor, den man zwar in der Wirklichkeit nicht erreichen kann, dem man sich aber so weit, wie möglich, zu nähern sucht, nämlich der Fall, wo kein schädlicher Raum vorhanden ist, wo ferner im Cylinder derselbe Druck herrscht wie im Kessel resp. im Condensator, und wo endlich die Expansion so weit geht, dass sich der Dampf dadurch von der Kesseltemperatur bis zur Condensatortemperatur abkühlt.

In diesem Falle ist der Kreisprocess in allen seinen Theilen umkehrbar. Man kann sich denken, dass im Condensator bei der Temperatur T_0 die Verdampfung stattfinde, und die Masse M, wovon der Theil m_0 dampfförmig und der Theil $M - m_0$ tropfbar flüssig sei, in den Cylinder trete, und den Stempel in die Höhe treibe, dass dann beim Niedergange des Stempels der Dampf zuerst soweit comprimirt werde, bis seine Temperatur auf T_1 gestiegen sei, und darauf in den Kessel gepresst werde, und dass endlich mittelst der kleinen Pumpe die Masse M wieder als tropfbare Flüssigkeit aus dem Kessel in den Condensator geschafft werde, und sich bis zur Anfangstemperatur T_0 abkühle. Hierbei durchläuft der Stoff dieselben Zustände, wie früher, nur in umgekehrter Reihenfolge. Die Wärmemittheilungen oder Wärmeentziehungen finden in entgegengesetztem Sinne, aber in derselben Grösse und bei denselben Temperaturen der Masse statt, und alle

Arbeitsgrössen haben entgegengesetzte Vorzeichen, aber dieselben numerischen Werthe.

　　Daraus folgt, dass in diesem Falle in dem Kreisprocesse keine uncompensirte Verwandlung vorkommt. Man hat daher in der Gleichung (48) $N = 0$ zu setzen, und bekommt dadurch die schon unter (49) angeführte Gleichung, in welcher nur noch, zur besseren Uebereinstimmung mit dem Früheren, W' statt W zu schreiben ist:

$$W' = Q_1 - T_0 \int_0^{Q_1} \frac{dQ}{T}.$$

Hierin bedeutet Q_1 für unseren Fall die der Masse M im Dampfkessel mitgetheilte Wärme, durch welche M als Flüssigkeit von T_0 bis T_1 erwärmt und dann der Theil m_1 in Dampf verwandelt wird, und es ist daher:

(51)　　　　　　　$Q_1 = m_1 \varrho_1 + MC(T_1 - T_0).$

　　Bei der Bestimmung des Integrales $\int_0^{Q_1} \frac{dQ}{T}$ müssen die beiden einzelnen in Q_1 enthaltenen Wärmemengen $MC(T_1 - T_0)$ und $m_1 \varrho_1$ besonders betrachtet werden. Um für die erstere die Integration auszuführen, schreibe man das Wärmeelement dQ in der Form $MCdT$, dann lautet dieser Theil des Integrales:

$$MC \int_{T_0}^{T_1} \frac{dT}{T} = MC \, log \, \frac{T_1}{T_0}.$$

Während der Mittheilung der letzteren Wärmemenge ist die Temperatur constant gleich T_1, und der auf diese Wärmemenge bezügliche Theil des Integrales ist daher einfach:

$$\frac{m_1 \varrho_1}{T_1}.$$

　　Durch Einsetzung dieser Werthe geht der vorige Ausdruck von W' in den folgenden über:

$$W' = m_1 \varrho_1 + MC(T_1 - T_0) - T_0 \left(\frac{m_1 \varrho_1}{T_1} + MC \, log \, \frac{T_1}{T_0} \right)$$

$$= m_1 \varrho_1 \frac{T_1 - T_0}{T_1} + MC \left(T_1 - T_0 + T_0 \, log \, \frac{T_0}{T_1} \right),$$

und dieses ist in der That der in Gleichung (9) enthaltene Ausdruck, welchen wir in §. 4 und 5 durch die successive Bestimmung der einzelnen während des Kreisprocesses gethanen Arbeitsgrössen gefunden haben.

§. 32. Andere Form des letzten Ausdruckes.

Es wurde im vorigen Paragraphen erwähnt, dass die beiden nach Gleichung (51) in Q_1 enthaltenen Wärmemengen $m_1 \varrho_1$ und $MC(T_1 - T_0)$ bei der Berechnung der Arbeit verschieden behandelt werden müssen, weil die eine dem die Wirkung der Wärme vermittelnden Stoffe bei einer bestimmten Temperatur T_1 und die andere bei allmälig von T_0 bis T_1 steigender Temperatur mitgetheilt wird. Demgemäss kommen diese beiden Wärmemengen auch in dem Ausdrucke der Arbeit in verschiedener Weise vor, was noch deutlicher ersichtlich wird, wenn wir die letzte Gleichung in folgender Form schreiben:

$$(52) \quad W' = m_1 \varrho_1 \cdot \frac{T_1 - T_0}{T_1} + MC(T_1 - T_0) \cdot \left(1 + \frac{T_0}{T_1 - T_0} \, log \, \frac{T_0}{T_1}\right).$$

Hierin ist die Wärmemenge $m_1 \varrho_1$ mit dem in Gleichung (50) vorkommenden Factor

$$\frac{T_1 - T_0}{T_1},$$

die andere Wärmemenge $MC(T_1 - T_0)$ mit dem Factor

$$1 + \frac{T_0}{T_1 - T_0} \, log \, \frac{T_0}{T_1}$$

multiplicirt. Um diese beiden Factoren bequemer mit einander vergleichen zu können, wollen wir den letzteren etwas umgestalten. Führen wir nämlich zur Abkürzung den Buchstaben z mit der Bedeutung

$$(53) \quad z = \frac{T_1 - T_0}{T_1}$$

ein, so ist:

$$\frac{T_0}{T_1 - T_0} = \frac{1 - z}{z}$$

$$\frac{T_0}{T_1} = 1 - z,$$

und wir erhalten daher:

$$1 + \frac{T_0}{T_1 - T_0} \, log \, \frac{T_0}{T_1} = 1 + \frac{1 - z}{z} \, log \, (1 - z)$$

$$= 1 - \frac{1 - z}{z} \left(\frac{z}{1} + \frac{z^2}{2} + \frac{z^3}{3} + \text{etc.}\right)$$

$$= \frac{z}{1.2} + \frac{z^2}{2.3} + \frac{z^3}{3.4} + \text{etc.}$$

Dadurch geht die Gleichung (52) oder (9) über in:

$$(54) \quad W' = m_1 \varrho_1 . z + MC(T_1 - T_0) . z \left(\frac{1}{1.2} + \frac{z}{2.3} + \frac{z^2}{3.4} + \text{etc.} \right).$$

Der Werth der in Klammern geschlossenen unendlichen Reihe, welche den Factor der Wärmemenge $MC(T_1 - T_0)$ von dem der Wärmemenge $m_1 \varrho_1$ unterscheidet, variirt, wie man sich leicht überzeugt, während z von 0 bis 1 wächst, zwischen $\frac{1}{2}$ und 1.

§. 33. Berücksichtigung der Temperatur der Wärmequelle.

Da, wie in §. 31 gezeigt wurde, unter den gemachten Voraussetzungen der beim Gange der Maschine periodisch durchlaufene Kreisprocess in allen seinen Theilen *umkehrbar* ist, und da ein *umkehrbarer* Kreisprocess das Maximum der erreichbaren Arbeit liefert, so können wir folgenden Satz aussprechen:

Wenn die Temperaturen, bei welchen der die Wirkung der Wärme vermittelnde Stoff die von der Wärmequelle gelieferte Wärme aufnimmt, oder Wärme nach aussen abgiebt, als im Voraus gegeben betrachtet werden, dann ist die Dampfmaschine unter den bei der Ableitung der Gleichung (9) resp. (52) gemachten Voraussetzungen, eine *vollkommene* Maschine, indem sie für eine bestimmte ihr mitgetheilte Wärmemenge eine so grosse Arbeit liefert, wie nach der mechanischen Wärmetheorie bei denselben Temperaturen überhaupt möglich ist.

Anders verhält es sich aber, *wenn man auch jene Temperaturen nicht als im Voraus gegeben, sondern als ein veränderliches Element betrachtet, welches bei der Beurtheilung der Maschine mit berücksichtigt werden muss.*

Darin, dass die Flüssigkeit während ihrer Erwärmung und Verdampfung viel niedrigere Temperaturen, als das Feuer, hat, und also die Wärme, welche ihr mitgetheilt wird, dabei von höheren zu niederen Temperaturen übergehen muss, liegt eine in N nicht mit einbegriffene uncompensirte Verwandlung, welche in Bezug auf die Nutzbarmachung der Wärme einen grossen Verlust zur Folge hat. Die Arbeit, welche bei der Dampfmaschine aus der Wärmemenge $m_1 \varrho_1 + MC(T_1 - T_0) = Q_1$ gewonnen werden kann, ist, wie man aus Gleichung (54) ersieht, etwas kleiner als

$$Q_1 \frac{T_1 - T_0}{T_1}.$$

Nehmen wir nun aber an, es könne so eingerichtet werden, dass der die Wirkung der Wärme vermittelnde Stoff bei der Wärmeaufnahme in jedem Augenblicke dieselbe Temperatur habe, wie die Bestandtheile des Feuers, welche die Wärme liefern, und bezeichnen den betreffenden Mittelwerth dieser Temperatur mit T', während wir die Temperatur der Wärmeabgabe, wie bisher, mit T_0 bezeichnen, so würde unter diesen Umständen die von der Wärmemenge Q_1 möglicherweise zu gewinnende Arbeit nach Gleichung (50) durch

$$Q_1 \frac{T' - T_0}{T'}$$

dargestellt werden.

Um die Werthe dieser Ausdrücke in einigen Beispielen vergleichen zu können, sei die Temperatur t_0 des Condensators zu 50^0 C. festgesetzt, und für den Kessel seien die Temperaturen 110^0, 150^0 und 180^0 C. angenommen, von denen die beiden ersten ungefähr der Niederdruckmaschine und der gewöhnlichen Hochdruckmaschine entsprechen, und die letzte etwa als die Grenze der bis jetzt in der Praxis bei den Dampfmaschinen angewandten Temperaturen zu betrachten ist. Für diese Fälle hat der von den Temperaturen abhängige Bruch folgende Werthe:

t_1	110^0	150^0	180^0
$\dfrac{T_1 - T_0}{T_1}$	0·157	0·236	0·287

wogegen der entsprechende Werth des Bruches, welcher T' enthält, wenn wir beispielsweise t' zu 1000^0 C. annehmen, gleich 0·746 ist.

Es ist somit leicht zu erkennen, was schon S. Carnot, und nach ihm viele andere Autoren ausgesprochen haben, dass man, um die durch Wärme getriebenen Maschinen vortheilhafter einzurichten, hauptsächlich darauf bedacht sein muss, das Temperaturintervall $T_1 - T_0$ zu erweitern.

So ist z. B. von den calorischen Luftmaschinen nur dann zu erwarten, dass sie einen wesentlichen Vortheil vor den Dampfmaschinen erlangen, wenn es gelingt, sie bei bedeutend höheren Temperaturen arbeiten zu lassen, als die Dampfmaschinen, bei welchen die Gefahr der Explosion die Anwendung zu hoher Temperaturen verbietet. Derselbe Vortheil lässt sich aber auch mit überhitztem Dampfe erreichen, denn sobald der Dampf von der Flüssigkeit getrennt ist, kann man ihn ebenso gefahrlos noch weiter erhitzen, wie ein permanentes Gas. Maschinen, welche den Dampf in diesem Zustande anwenden, können manche Vortheile der Dampfmaschinen mit denen der Luftmaschinen vereinigen, und es ist daher von ihnen wohl eher ein praktischer Erfolg zu erwarten, als von den Luftmaschinen.

Bei den oben erwähnten Maschinen, in welchen ausser dem Wasser noch eine zweite flüchtigere Substanz angewandt wird, ist das Intervall $T_1 - T_0$ dadurch erweitert, dass T_0 erniedrigt ist. Man hat auch schon daran gedacht, auf dieselbe Weise das Intervall auch nach der oberen Seite hin zu erweitern, indem man noch eine dritte Flüssigkeit hinzufügte, welche weniger flüchtig wäre, als das Wasser. Dann würde also das Feuer unmittelbar die am wenigsten flüchtige der drei Substanzen verdampfen, diese durch ihren Niederschlag die zweite, und diese die dritte. Dem Principe nach ist nicht daran zu zweifeln, dass diese Verbindung vortheilhaft sein würde; wie gross aber die praktischen Schwierigkeiten sein würden, welche sich der Ausführung entgegen stellten, lässt sich natürlich im Voraus nicht übersehen.

§. 34. Beispiel von der Anwendung des Subtractionsverfahrens.

Ausser der eben besprochenen Unvollkommenheit der gewöhnlichen Dampfmaschinen, welche in ihrem Wesen selbst begründet ist, leiden diese Maschinen, wie schon erwähnt, noch an manchen anderen Unvollkommenheiten, welche mehr der praktischen Ausführung zuzuschreiben sind, und von denen einige in unseren obigen zur Bestimmung der Arbeit ausgeführten Entwickelungen in Rechnung gebracht wurden. Wir wollen nun zum Schlusse noch zeigen, wie man bei Maschinen, die mit solchen Unvollkommenheiten behaftet sind, die Arbeit auch durch das in §. 30 angegebene Subtractionsverfahren bestimmen kann. Um aber bei dieser Betrachtung, welche nur ein Beispiel von der Ausführung dieses Verfahrens geben soll, nicht zu weitläufig zu werden, wollen wir uns darauf beschränken, zwei solche Unvollkommenheiten zu berücksichtigen, nämlich das Vorhandensein des schädlichen Raumes und den

Unterschied zwischen dem Dampfdrucke im Cylinder während des Einströmens und dem im Kessel herrschenden Drucke. Dagegen wollen wir die Expansion als vollständig voraussetzen, so dass die mit T_3 bezeichnete Endtemperatur der Expansion gleich der Condensatortemperatur T_0 ist, und auch die Temperaturen T'_0 und T''_0 wollen wir gleich T_0 setzen.

Das anzuwendende Verfahren beruht auf der Gleichung (48), welche, wenn wir die Arbeit jetzt mit W' bezeichnen, lautet:

$$W' = Q_1 - T_0 \int_0^{Q_1} \frac{dQ}{T} - T_0 . N.$$

Hierin stellen die beiden ersten an der rechten Seite stehenden Glieder

$$Q_1 - T_0 \int_0^{Q_1} \frac{dQ}{T}$$

das Maximum der Arbeit dar, welches dem Falle entspricht, wo der Kreisprocess umkehrbar ist, und das Product $T_0 N$ stellt den Arbeitsverlust dar, welcher von den Unvollkommenheiten herrührt, die die Nichtumkehrbarkeit des Kreisprocesses bewirken.

Für jenes Maximum der Arbeit haben wir den auf die Dampfmaschine bezüglichen Ausdruck schon in §. 31 abgeleitet, nämlich:

$$m_1 \varrho_1 + M C(T_1 - T_0) - T_0 \left(\frac{m_1 \varrho_1}{T_1} + M C \log \frac{T_1}{T_0} \right).$$

Es braucht also nur noch die Grösse N, die im Kreisprocesse eintretende uncompensirte Verwandlung, bestimmt zu werden.

Diese uncompensirte Verwandlung entsteht beim Einströmen des Dampfes in den schädlichen Raum und den Cylinder, und die Data zu ihrer Bestimmung sind schon in §. 10 gegeben, wo wir durch die Annahme, dass die eingeströmte Masse sofort wieder in den Kessel zurückgepresst und auch im Uebrigen Alles in umkehrbarer Weise wieder in den Anfangszustand gebracht werde, zu einem besonderen Kreisprocess gelangten, für welchen wir alle der veränderlichen Masse mitgetheilten Wärmemengen bestimmten, und auf welchen wir jetzt die Gleichung:

$$N = - \int \frac{dQ}{T}$$

anwenden können.

Jene mitgetheilten, theils positiven, theils negativen Wärmemengen sind:

$m_1 \varrho_1$, $- m_2 \varrho_2$, $\mu_0 \varrho_0$, $M C (T_1 - T_2)$ und $- \mu C (T_2 - T_0)$.

Die drei ersten werden bei den constanten Temperaturen T_1, T_2 und T_0 mitgetheilt, und die betreffenden Theile des Integrales lauten:

$$\frac{m_1 \varrho_1}{T_1}, \; - \frac{m_2 \varrho_2}{T_2} \text{ und } \frac{\mu_0 \varrho_0}{T_0}.$$

Die beiden letzten werden bei Temperaturen, die sich zwischen T_2 und T_1 und zwischen T_2 und T_0 stetig ändern, mitgetheilt und die betreffenden Theile des Integrales lauten:

$$M C \, log \, \frac{T_1}{T_2} \text{ und } - \mu C \, log \, \frac{T_2}{T_0}.$$

Wenn man die Summe dieser Grössen an die Stelle des Integrales setzt, so geht die vorige Gleichung über in:

$$(55) \qquad N = - \frac{m_1 \varrho_1}{T_1} + \frac{m_2 \varrho_2}{T_2} - M C \, log \, \frac{T_1}{T_2} - \frac{\mu_0 \varrho_0}{T_0}$$
$$+ \mu C \, log \, \frac{T_2}{T_0}.$$

Indem man diesen Ausdruck von N mit T_0 multiplicirt und das Product von dem obigen Ausdrucke des Maximums der Arbeit abzieht, erhält man für W' die Gleichung:

$$(56) \qquad W' = m_1 \varrho_1 - \frac{T_0}{T_2} m_2 \varrho_2 + M C (T_1 - T_0)$$
$$- (M + \mu) C T_0 \, log \, \frac{T_2}{T_0} + \mu_0 \varrho_0.$$

Um diesen Ausdruck von W' mit dem durch die Gleichungen (28) bestimmten zu vergleichen, setze man den aus der letzten dieser Gleichungen sich ergebenden Werth von $m_3 \varrho_3$ in die erste ein, und setze dann noch $T_3 = T_0$. Mit dem dadurch entstehenden Ausdrucke stimmt der in (56) gegebene vollständig überein.

Auf dieselbe Weise kann man auch den durch die unvollständige Expansion entstandenen Arbeitsverlust in Abzug bringen, indem man die beim Ueberströmen des Dampfes aus dem Cylinder in den Condensator entstehende uncompensirte Verwandlung berechnet, und diese in N mit einbegreift. Durch diese Rechnung, welche wir hier nicht wirklich ausführen wollen, gelangt man ganz zu dem in (28) gegebenen Ausdrucke der Arbeit.

Tabelle, enthaltend die für den Wasserdampf geltenden Werthe des Druckes p, seines Differentialcoefficienten $\frac{dp}{dt} = g$ und des Productes $T \cdot g$ in Millimetern Quecksilber ausgedrückt.

t in Cent. Graden	p	$\mathit{\Delta}$	g	$\mathit{\Delta}$	$T \cdot g$	$\mathit{\Delta}$
0^0	4·600		0·329		90	
1	4·940	0·340	0·351	0·022	96	6
2	5·302	0·362	0·373	0·022	103	7
3	5·687	0·385	0·397	0·024	110	7
4	6·097	0·410	0·423	0·026	117	7
5	6·534	0·437	0·450	0·027	125	8
6	6·998	0·464	0·479	0·029	134	9
7	7·492	0·494	0·509	0·030	143	9
8	8·017	0·525	0·541	0·032	152	9
9	8·574	0·557	0·574	0·033	162	10
10	9·165	0·591	0·609	0·035	172	10
11	9·792	0·627	0·646	0·037	183	11
12	10·457	0·665	0·685	0·039	195	12
13	11·162	0·705	0·725	0·040	207	12
14	11·908	0·746	0·768	0·043	220	13
15	12·699	0·791	0·814	0·046	234	14
16	13·536	0·837	0·861	0·047	249	15
17	14·421	0·885	0·910	0·049	264	15
18	15·357	0·936	0·962	0·052	280	16
19	16·346	0·989	1·017	0·055	297	17
20	17·391	1·045	1·074	0·057	315	18
21	18·495	1·104	1·134	0·060	333	18
22	19·659	1·164	1·196	0·062	353	20
23	20·888	1·229	1·262	0·066	374	21
24	22·184	1·296	1·331	0·069	395	21
25	23·550	1·366	1·402	0·071	418	23
26	24·988	1·438	1·477	0·075	442	24
27	26·505	1·517	1·556	0·079	467	25

t in Cent. Graden	p	Δ	g	Δ	$T \cdot g$	Δ
27	26·505		1·556		467	
		1·596		0·082		26
28	28·101		1·638		493	
		1·681		0·085		27
29	29·782		1·723		520	
		1·766		0·089		29
30	31·548		1·812		549	
		1·858		0·093		30
31	33·406		1·905		579	
		1·953		0·097		32
32	35·359		2·002		611	
		2·052		0·101		33
33	37·411		2·103		644	
		2·154		0·105		34
34	39·565		2·208		678	
		2·262		0·110		36
35	41·827		2·318		714	
		2·374		0·114		37
36	44·201		2·432		751	
		2·490		0·118		40
37	46·691		2·550		791	
		2·611		0·124		41
38	49·302		2·674		832	
		2·737		0·128		42
39	52·039		2·802		874	
		2·867		0·133		45
40	54·906		2·935		919	
		3·003		0·139		46
41	57·909		3·074		965	
		3·145		0·144		49
42	61·054		3·218		1014	
		3·291		0·149		50
43	64·345		3·367		1064	
		3·444		0·155		52
44	67·789		3·522		1116	
		3·601		0·161		55
45	71·390		3·683		1171	
		3·766		0·167		57
46	75·156		3·850		1228	
		3·935		0·173		59
47	79·091		4·023		1287	
		4·112		0·180		62
48	83·203		4·203		1349	
		4·294		0·185		64
49	87·497		4·388		1413	
		4·483		0·193		67
50	91·980		4·581		1480	
		4·679		0·199		69
51	96·659		4·780		1549	
		4·882		0·207		72
52	101·541		4·987		1621	
		5·092		0·213		74
53	106·633		5·200		1695	
		5·309		0·221		78
54	111·942		5·421		1773	
		5·533		0·228		80
55	117·475		5·649		1853	
		5·766		0·237		83
56	123·241		5·886		1936	
		6·006		0·244		87
57	129·247		6·130		2023	
		6·254		0·252		89
58	135·501		6·382		2112	
		6·510		0·260		93
59	142·011		6·642		2205	
		6·775		0·269		96
60	148·786		6·911		2301	
		7·048		0·278		100
61	155·834		7·189		2401	

t in Cent. Graden	p	$\varDelta$	g	$\varDelta$	$T \cdot g$	$\varDelta$
61	155·834		7·189		2401	
		7·330		0·286		103
62	163·164		7·475		2504	
		7·621		0·296		107
63	170·785		7·771		2611	
		7·922		0·305		111
64	178·707		8·076		2722	
		8·231		0·314		114
65	186·938		8·390		2836	
		8·550		0·325		118
66	195·488		8·715		2954	
		8·880		0·334		123
67	204·368		9·049		3077	
		9·218		0·344		126
68	213·586		9·393		3203	
		9·568		0·355		131
69	223·154		9·748		3334	
		9·928		0·365		135
70	233·082		10·113		3469	
		10·298		0·376		139
71	243·380		10·489		3608	
		10·680		0·387		144
72	254·060		10·876		3752	
		11·072		0·398		149
73	265·132		11·274		3901	
		11·476		0·410		153
74	276·608		11·684		4054	
		11·892		0·422		159
75	288·500		12·106		4213	
		12·320		0·433		163
76	300·820		12·539		4376	
		12·759		0·445		168
77	313·579		12·984		4544	
		13·210		0·458		174
78	326·789		13·442		4718	
		13·675		0·471		179
79	340·464		13·913		4897	
		14·152		0·484		185
80	354·616		14·397		5082	
		14·642		0·497		190
81	369·258		14·894		5272	
		15·146		0·511		197
82	384·404		15·405		5469	
		15·664		0·524		202
83	400·068		15·929		5671	
		16·194		0·538		208
84	416·262		16·467		5879	
		16·740		0·552		214
85	433·002		17·019		6093	
		17·299		0·577		220
86	450·301		17·586		6313	
		17·874		0·582		227
87	468·175		18·168		6540	
		18·463		0·597		234
88	486·638		18·765		6774	
		19·067		0·612		240
89	505·705		19·377		7014	
		19·687		0·628		248
90	525·392		20·005		7262	
		20·323		0·644		254
91	545·715		20·649		7516	
		20·975		0·660		262
92	566·690		21·309		7778	
		21·643		0·676		269
93	588·333		21·985		8047	
		22·328		0·694		276
94	610·661		22·679		8323	
		23·031		0·712		285
95	633·692		23·391		8608	

t in Cent. Graden	p	$\mathit{\Delta}$	g	$\mathit{\Delta}$	$T \cdot g$	$\mathit{\Delta}$
95	633·692		23·391		8608	
		23·751		0·728		292
96	657·443		24·119		8900	
		24·488		0·747		300
97	681·931		24·865		9200	
		25·213		0·765		309
98	707·174		25·630		9509	
		26·017		0·783		317
99	733·191		26·413		9826	
		26·809		0·787		320
100	760·00		27·200		10146	
		27·59		0·805		328
101	787·59		28·005		10474	
		28·42		0·840		343
102	816·01		28·845		10817	
		29·27		0·855		350
103	845·28		29·700		11167	
		30·13		0·865		356
104	875·41		30·565		11523	
		31·00		0·885		367
105	906·41		31·450		11888	
		31·90		0·915		378
106	938·31		32·365		12266	
		32·83		0·935		388
107	971·14		33·300		12654	
		33·77		0·955		397
108	1004·91		34·255		13051	
		34·74		0·975		407
109	1039·65		35·230		13458	
		35·72		0·990		414
110	1075·37		36·220		13872	
		36·72		1·010		424
111	1112·09		37·230		14296	
		37·74		1·030		434
112	1149·83		38·260		14730	
		38·78		1·060		448
113	1188·61		39·320		15178	
		39·86		1·080		457
114	1228·47		40·400		15635	
		40·94		1·100		467
115	1269·41		41·500		16102	
		42·06		1·125		479
116	1311·47		42·625		16581	
		43·19		1·150		491
117	1354·66		43·775		17072	
		44·36		1·170		502
118	1399·02		44·945		17574	
		45·53		1·185		509
119	1444·55		46·130		18083	
		46·73		1·220		526
120	1491·28		47·350		18609	
		47·97		1·245		537
121	1539·25		48·595		19146	
		49·22		1·260		547
122	1588·47		49·855		19693	
		50·49		1·290		560
123	1638·96		51·145		20253	
		51·80		1·315		574
124	1690·76		52·460		20827	
		53·12		1·335		583
125	1743·88		53·795		21410	
		54·47		1·365		599
126	1798·35		55·160		22009	
		55·85		1·400		615
127	1854·20		56·560		22624	
		57·27		1·415		624
128	1911·47		57·975		23248	
		58·68		1·430		633
129	1970·15		59·405		23881	

t in Cent. Graden	p	Δ	g	Δ	T . g	Δ
129	1970·15		59·405		23881	
		60·13		1·470		652
130	2030·28		60·875		24533	
		61·62		1·500		666
131	2091·90		62·375		25199	
		63·13		1·520		678
132	2155·03		63·895		25877	
		64·66		1·550		694
133	2219·69		65·445		26571	
		66·23		1·575		706
134	2285·92		67·020		27277	
		67·81		1·600		720
135	2353·73		68·620		27997	
		69·43		1·630		735
136	2423·16		70·250		28732	
		71·07		1·670		755
137	2494·23		71·920		29487	
		72·77		1·685		765
138	2567·00		73·605		30252	
		74·44		1·710		778
139	2641·44		75·315		31030	
		76·19		1·750		798
140	2717·63		77·065		31828	
		77·94		1·770		810
141	2795·57		78·835		32638	
		79·73		1·810		830
142	2875·30		80·645		33468	
		81·56		1·835		844
143	2956·86		82·480		34312	
		83·40		1·865		860
144	3040·26		84·345		35172	
		85·29		1·895		876
145	3125·55		86·240		36048	
		87·19		1·920		891
146	3212·74		88·160		36939	
		89·13		1·960		911
147	3301·87		90·120		37850	
		91·11		1·990		928
148	3392·98		92·110		38778	
		93·11		2·015		943
149	3486·09		94·125		39721	
		95·14		2·045		959
150	3581·23		96·170		40680	
		97·20		2·085		980
151	3678·43		98·255		41660	
		99·31		2·120		999
152	3777·74		100·375		42659	
		101·44		2·140		1012
153	3879·18		102·515		43671	
		103·59		2·175		1032
154	3982·77		104·690		44703	
		105·79		2·220		1054
155	4088·56		106·910		45757	
		108·03		2·250		1073
156	4196·59		109·160		46830	
		110·29		2·270		1085
157	4306·88		111·430		47915	
		112·57		2·310		1107
158	4419·45		113·740		49022	
		114·91		2·345		1127
159	4534·36		116·085		50149	
		117·26		2·375		1144
160	4651·62		118·460		51293	
		119·66		2·410		1165
161	4771·28		120·870		52458	
		122·08		2·445		1184
162	4893·36		123·315		53642	
		124·55		2·490		1209
163	5017·91		125·805		54851	

t in Cent. Graden	p	$\varDelta$	g	$\varDelta$	$T \cdot g$	$\varDelta$
163	5017·91		125·805		54851	
164	5144·97	127·06	128·315	2·510	56073	1222
165	5274·54	129·57	130·860	2·545	57317	1244
166	5406·69	132·15	133·445	2·585	58582	1265
167	5541·43	134·74	136·065	2·620	59868	1286
168	5678·82	137·39	138·735	2·670	61182	1314
169	5818·90	140·08	141·420	2·685	62508	1326
170	5961·66	142·76	144·145	2·725	63856	1348
171	6107·19	145·53	146·910	2·765	65228	1372
172	6255·48	148·29	149·705	2·795	66618	1390
173	6406·60	151·12	152·535	2·830	68030	1412
174	6560·55	153·95	155·415	2·880	69470	1440
175	6717·43	156·88	158·335	2·920	70934	1464
176	6877·22	159·79	161·270	2·935	72410	1476
177	7039·97	162·75	164·250	2·980	73912	1502
178	7205·72	165·75	167·275	3·025	75441	1529
179	7374·52	168·80	170·335	3·060	76991	1550
180	7546·39	171·87	173·425	3·090	78561	1570
181	7721·37	174·98	176·565	3·140	80160	1599
182	7899·52	178·15	179·735	3·170	81779	1619
183	8080·84	181·32	182·940	3·205	83421	1642
184	8265·40	184·56	186·195	3·255	85091	1670
185	8453·23	187·83	189·425	3·280	86779	1688
186	8644·35	191·12	192·795	3·320	88493	1714
187	8838·82	194·47	196·165	3·370	90236	1743
188	9036·68	197·86	199·565	3·400	91999	1763
189	9237·95	201·27	203·010	3·445	93791	1792
190	9442·70	204·75	206·490	3·480	95605	1814
191	9650·93	208·23	210·005	3·515	97442	1837
192	9862·71	211·78	213·555	3·550	99303	1861
193	10078·04	215·33	217·150	3·595	101192	1889
194	10297·01	218·97	220·795	3·645	103111	1919
195	10519·63	222·62	224·470	3·675	105052	1941
196	10745·95	226·32	228·185	3·715	107018	1966
197	10976·00	230·05	231·935	3·750	109009	1991

t in Cent. Graden	p	$\mathit{\Delta}$	g	$\mathit{\Delta}$	$T \cdot g$	$\mathit{\Delta}$
197	10976·00		231·935		109009	
		233·82		3·795		2020
198	11209·82		235·730		111029	
		237·64		3·840		2048
199	11447·46		239·570		113077	
		241·50		3·885		2077
200	11688·96		243·455		115154	

ABSCHNITT XII.

Die Concentration von Wärme- und Lichtstrahlen und die Grenzen ihrer Wirkung.

§. 1. Gegenstand der Untersuchung.

Der von mir zum Beweise des zweiten Hauptsatzes aufgestellte Grundsatz, *dass die Wärme nicht von selbst (oder ohne Compensation) aus einem kälteren in einen wärmeren Körper übergehen kann*, entspricht in einigen besonders einfachen Fällen des Wärmeaustausches der alltäglichen Erfahrung. Dahin gehört erstens die Wärmeleitung, welche immer in dem Sinne vor sich geht, dass die Wärme vom wärmeren Körper oder Körpertheile zum kälteren Körper oder Körpertheile strömt. Was ferner die in gewöhnlicher Weise stattfindende Wärmestrahlung anbetrifft, so ist es freilich bekannt, dass nicht nur der warme Körper dem kalten, sondern auch umgekehrt der kalte Körper dem warmen Wärme zustrahlt, aber das Gesammtresultat dieses gleichzeitig stattfindenden doppelten Wärmeaustausches besteht, wie man als erfahrungsmässig feststehend ansehen kann, immer darin, dass der kältere Körper auf Kosten des wärmeren einen Zuwachs an Wärme erfährt.

Es können aber bei der Strahlung besondere Umstände stattfinden, welche bewirken, dass die Strahlen nicht geradlinig fort-

schreiten, sondern ihre Richtungen ändern, und diese Richtungsänderung kann in der Weise geschehen, dass die sämmtlichen
Strahlen eines ganzen Strahlenbündels von endlichem Querschnitte
in Einem Punkte zusammentreffen, und hier ihre Wirkung vereinigen. Man kann dieses bekanntlich durch Anwendung eines
Brennspiegels oder Brennglases künstlich erreichen, und kann
selbst mehrere Brennspiegel oder Brenngläser so aufstellen, dass
mehrere von verschiedenen Wärmequellen herstammende Strahlen-
bündel in Einem Punkte zusammentreffen.

Für Fälle dieser Art existirt keine Erfahrung, welche beweist,
dass es unmöglich ist, in dem Concentrationspunkte eine höhere
Temperatur zu erhalten, als die Körper, von welchen die Strahlen
herstammen, besitzen. Es ist sogar von Rankine bei einer besonderen Veranlassung, von der an einem anderen Orte noch die
Rede sein wird, ein eigenthümlicher Schluss gezogen [1]), welcher ganz
auf der Ansicht beruht, dass die Wärmestrahlen durch Reflexion
in solcher Weise concentrirt werden können, dass in dem dadurch
entstehenden Brennpunkte ein Körper zu einer höheren Temperatur erhitzt werden könne, als die Körper haben, welche die
Strahlen aussenden.

Wenn diese Ansicht richtig wäre, so müsste der oben erwähnte
Grundsatz falsch sein, und der mit Hülfe desselben geführte Beweis des zweiten Hauptsatzes der mechanischen Wärmetheorie wäre
somit zu verwerfen.

Da ich wünschte, den Grundsatz gegen jeden Zweifel dieser
Art zu sichern, und da die Concentration der Wärmestrahlen, mit
welcher auch diejenige der Lichtstrahlen in unmittelbarem Zusammenhange steht, ein Gegenstand ist, welcher, auch abgesehen
von jener speciellen Frage, in vieler Beziehung Interesse darbietet,
so habe ich die Gesetze, denen die Strahlenconcentration unterworfen ist, und den Einfluss, welchen sie auf den unter den Körpern stattfindenden Strahlenaustausch haben kann, einer näheren
mathematischen Untersuchung unterworfen, deren Resultate ich
im Folgenden mittheilen will.

---

[1]) On the Reconcentration of the Mechanical Energy of the Universe,
Phil. Mag. Ser. IV., Vol. IV., p. 358.

I. Grund, weshalb die bisherige Bestimmung der gegenseitigen
Zustrahlung zweier Flächen für den vorliegenden Fall nicht
ausreicht.

§. 2. Beschränkung der Betrachtung auf vollkommen
schwarze Körper und auf homogene und unpolarisirte
Wärmestrahlen.

Wenn zwei Körper sich in einem für Wärmestrahlen durch-
dringlichen Mittel befinden, so senden sie einander durch Strahlung Wärme zu. Von den Strahlen, welche auf einen Körper
fallen, wird im Allgemeinen ein Theil absorbirt, während ein
anderer theils reflectirt, theils durchgelassen wird, und es ist bekannt, dass das Absorptionsvermögen mit dem Emissionsvermögen
in einem einfachen Zusammenhange steht. Da es sich für uns
jetzt nicht darum handelt, die Unterschiede und die Gesetzmässigkeiten, welche in dieser Beziehung stattfinden, zu untersuchen, so
wollen wir einen einfachen Fall annehmen, nämlich den, wo die
betrachteten Körper von der Art sind, dass sie alle Strahlen,
welche auf sie fallen, sofort an der Oberfläche, oder in einer so
dünnen Schicht, dass man die Dicke vernachlässigen kann, vollständig absorbiren. Solche Körper hat Kirchhoff in seiner bekannten ausgezeichneten Abhandlung über das Verhältniss zwischen Emission und Absorption[1] *vollkommen schwarze* Körper
genannt.

Körper dieser Art haben auch das grösstmögliche Emissionsvermögen, und es war früher schon als sicher angenommen, dass
die Stärke ihrer Emission nur von ihrer Temperatur abhänge, so
dass alle vollkommen schwarzen Körper bei gleicher Temperatur
von gleich grossen Stücken ihrer Oberflächen gleich viel Wärme
ausstrahlen. Da nun die Strahlen, welche ein Körper aussendet,
nicht gleichartig, sondern der Farbe nach verschieden sind, so
muss man die Emission in Bezug auf die verschiedenen Farben
besonders betrachten, und Kirchhoff hat den obigen Satz dahin
erweitert, dass vollkommen schwarze Körper von gleicher Temperatur nicht nur im Allgemeinen, sondern auch von jeder Strahlengattung im Besonderen, gleich viel aussenden. Da auch diese

---

[1] Pogg. Ann. Bd. CIX, S. 275.

auf die Farbe der Strahlen bezüglichen Unterschiede bei unserer Untersuchung nicht in Betracht kommen sollen, so wollen wir im Folgenden immer voraussetzen, dass wir es nur mit einer bestimmten Strahlengattung, oder, genauer ausgedrückt, mit Strahlen, deren Wellenlängen nur innerhalb eines unendlich kleinen Intervalls variiren, zu thun haben. Da dasjenige, was von dieser Strahlengattung gilt, in entsprechender Weise auch von jeder anderen Strahlengattung gelten muss, so lassen sich die Resultate, welche für homogene Wärme gefunden sind, ohne Schwierigkeit auch auf solche Wärme ausdehnen, die verschiedene Strahlengattungen gemischt enthält.

Ebenso wollen wir, um unnöthige Complicationen zu vermeiden, von Polarisationserscheinungen absehen und annehmen, dass wir es nur mit unpolarisirten Strahlen zu thun haben. In welcher Weise bei derartigen Betrachtungen die Polarisation zu berücksichtigen ist, ist von Helmholtz und Kirchhoff auseinandergesetzt.

§. 3. Kirchhoff'sche Formel für die gegenseitige Zustrahlung zweier Flächenelemente.

. Seien nun irgend zwei Flächen s_1 und s_2 als Oberflächen vollkommen schwarzer Körper von gleicher Temperatur gegeben, und auf ihnen die Elemente ds_1 und ds_2 zur Betrachtung ausgewählt, um die Wärmemengen, welche dieselben sich gegenseitig durch Strahlung zusenden, zu bestimmen und unter einander zu vergleichen. Wenn das Mittel, welches die Körper umgiebt und den Zwischenraum zwischen ihnen ausfüllt, gleichförmig ist, so dass die Strahlen sich einfach geradlinig von der einen Fläche zur anderen fortpflanzen, so ist leicht zu sehen, dass die Wärmemenge, welche das Element ds_1 nach ds_2 sendet, ebenso gross sein muss, wie die, welche ds_2 nach ds_1 sendet. Ist dagegen das Mittel, welches die Körper umgiebt, nicht gleichförmig, sondern finden Verschiedenheiten statt, welche Brechungen und Reflexionen der Strahlen veranlassen, so ist der Vorgang weniger einfach, und es bedarf einer eingehenderen Betrachtung, um sich davon zu überzeugen, ob auch in diesem Falle jene vollkommene Reciprocität stattfindet.

Diese Betrachtung ist in sehr eleganter Weise von Kirch-

hoff ausgeführt, und ich will sein Resultat, so weit es sich auf
den Fall bezieht, wo die Strahlen auf ihrem Wege von dem einen
Elemente zum anderen keine Schwächung erleiden, wo also die
vorkommenden Brechungen und Reflexionen ohne Verlust geschehen und die Fortpflanzung ohne Absorption stattfindet, hier kurz
anführen. . Dabei werde ich mir nur in der Bezeichnung und in
der Wahl der Coordinatensysteme zur besseren Uebereinstimmung
mit dem Folgenden einige Aenderungen erlauben.

Wenn zwei Punkte gegeben sind, so kann von den unendlich
vielen Strahlen, welche der eine Punkt aussendet[1]), im Allgemeinen
nur einer nach dem anderen Punkte gelangen, oder, falls durch
Brechungen oder Reflexionen bewirkt wird, dass mehrere Strahlen
in dem anderen Punkte zusammentreffen, so ist es doch im Allgemeinen nur eine beschränkte Anzahl von getrennten Strahlen,
deren jeden man besonders betrachten kann. Der Weg eines
solchen von dem einen Punkte zum anderen gelangenden Strahles
ist dadurch bestimmt, dass die Zeit, welche der Strahl auf diesem
Wege gebraucht, verglichen mit den Zeiten, welche er auf allen
anderen nahe liegenden Wegen zwischen denselben beiden Punkten
gebrauchen würde, ein Minimum ist. Dieses Minimum der Zeit
ist, wenn man in solchen Fällen, wo mehrere getrennte Strahlen
vorkommen, einen einzelnen zur Betrachtung ausgewählt hat, durch
die Lage der beiden Punkte bestimmt, und wir wollen es, wie
Kirchhoff, mit T bezeichnen.

Indem wir nun zu den beiden Flächenelementen ds_1 und ds_2

---

[1]) Die Ausdrucksweise, dass ein *Punkt* unendlich viele Strahlen aus-
sende, könnte vielleicht im streng mathematischen Sinne als ungenau bezeichnet werden, da die Aussendung von Wärme oder Licht nur von einer
Fläche und nicht von einem *mathematischen Punkte* geschehen kann. Es
würde darnach genauer sein, die Aussendung von Wärme oder Licht, statt
auf den betrachteten Punkt selbst, vielmehr auf ein bei ihm befindliches
Flächenelement zu beziehen. Da indessen schon der Begriff eines Strahles
nur eine mathematische Abstraction ist, so kann man, ohne Furcht vor
Missverständnissen, die Vorstellung beibehalten, dass von jedem Punkte
einer Fläche unendlich viele Strahlen ausgehen. Wenn es sich darum handelt, die Wärme oder das Licht, welche eine Fläche ausstrahlt, der *Quantität* nach zu bestimmen, so versteht es sich von selbst, dass dabei die
Grösse der Fläche mit in Betracht kommt, und dass, wenn man die Fläche
in Elemente zerlegt, diese Elemente nicht Punkte, sondern unendlich kleine
Flächen sind, deren Grösse in derjenigen Formel, welche die von einem
Flächenelemente ausgestrahlte Wärme- oder Lichtmenge darstellen soll, als
Factor vorkommen muss.

zurückkehren, wollen wir uns in einem Punkte· jedes Elementes
eine Tangentialebene an die betreffende Fläche gelegt denken,
und die Elemente ds_1 und ds_2 als Elemente dieser Ebenen betrachten. In jeder dieser Ebenen führen wir ein beliebiges rechtwinkliges Coordinatensystem ein, welches in der einen x_1, y_1, und
in der anderen x_2, y_2 heisse [1]). Nehmen wir nun in jeder Ebene
einen Punkt, so ist die Zeit T, welche der Strahl gebraucht, um
vom einen Punkte zum anderen zu gelangen, wie oben gesagt,
durch die Lage der beiden Punkte bestimmt, und sie ist somit
als eine Function der vier Coordinaten der beiden Punkte zu betrachten.

Dieses vorausgesetzt gilt für die Wärmemenge, welche das
Element ds_1 dem Elemente ds_2 während der Zeiteinheit zusendet,
nach Kirchhoff folgender Ausdruck [2]):

$$\frac{e_1}{\pi}\left(\frac{d^2T}{dx_1\,dx_2}\cdot\frac{d^2T}{dy_1\,dy_2}-\frac{d^2T}{dx_1\,dy_2}\cdot\frac{d^2T}{dy_1\,dx_2}\right)ds_1\,ds_2,$$

worin π die bekannte Zahl ist, welche das Verhältniss der Kreis-
peripherie zum Durchmesser ausdrückt, und e_1 die Stärke der
Emission der Fläche s_1 an der Stelle, wo das Element ds_1 liegt,
bedeutet, in der Weise, dass $e_1\,ds_1$ die ganze ·Wärmemenge darstellt, welche das Element ds_1 während der Zeiteinheit ausstrahlt.

Um die Wärmemenge auszudrücken, welche umgekehrt das
Element ds_2 dem Elemente ds_1 zusendet, braucht man in dem
vorigen Ausdrucke nur an die Stelle von e_1 die Grösse e_2, die
Stärke der Emission der Fläche s_2, zu setzen. Alles Uebrige bleibt
ungeändert, weil es in Bezug auf beide Elemente symmetrisch ist,
denn die Zeit T, welche ein Strahl braucht, um den Weg zwischen
zwei Punkten der beiden Elemente zu durchlaufen, ist dieselbe,
mag der Strahl sich in der einen oder in der entgegengesetzten
Richtung bewegen. Nimmt man nun an, dass die Flächen, unter
der Voraussetzung gleicher Temperatur, gleich viel Wärme ausstrahlen, dass also $e_1 = e_2$ ist, so ist hiernach die Wärmemenge,
welche das Element ds_1 nach ds_2 sendet, ebenso gross, wie die,
welche ds_2 nach ds_1 sendet.

---

[1]) Kirchhoff hat zwei Ebenen, welche auf den in der Nähe der
Elemente stattfindenden Strahlenrichtungen senkrecht sind, angenommen,
und in diese Ebenen hat er die Coordinatensysteme gelegt, und zugleich
die Flächenelemente auf diese Ebenen projicirt.

[2]) Pogg. Ann. Bd. CIX, S. 286.

§. 4. Unbestimmtheit der Formel für den Fall der
Strahlenconcentration.

Es wurde vorher gesagt, zwischen zwei gegebenen Punkten
sei im Allgemeinen nur ein Strahl oder eine beschränkte Anzahl
getrennter Strahlen möglich. In besonderen Fällen aber kann es
vorkommen, dass *unendlich viele* Strahlen, welche von dem einen
Punkte ausgehen und entweder einen in einer Fläche liegenden
Winkel, oder auch einen ganzen körperlichen Winkel oder einen
Kegelraum ausfüllen, sich in dem anderen Punkte wieder vereinigen. Dasselbe gilt natürlich von den Lichtstrahlen ebenso,
wie von den Wärmestrahlen, und man pflegt in der Optik einen
solchen Punkt, wo sämmtliche Strahlen, die ein gegebener Punkt
innerhalb eines gewissen Kegelraumes aussendet, sich wieder vereinigen, das *Bild* des gegebenen Punktes zu nennen, oder, da bei
umgekehrter Strahlenrichtung auch der erste Punkt das Bild des
zweiten ist, so nennt man beide Punkte zwei *conjugirte Brennpunkte*. Wenn das, was hier von zwei einzelnen Punkten gesagt
ist, von den sämmtlichen Punkten zweier Flächen gilt, so dass
jeder Punkt der einen Fläche der conjugirte Brennpunkt eines
Punktes der anderen Fläche ist, so nennt man die eine Fläche das
optische Bild der anderen.

Es fragt sich nun, wie zwischen den Elementen zweier solcher
Flächen der Strahlenaustausch stattfindet, ob da auch die obige
Reciprocität besteht, dass bei gleicher Temperatur jedes Element
der einen Fläche einem Elemente der anderen gerade so viel
Wärme zusendet, als es von jenem zurück erhält, und dass daher
ein Körper den anderen nicht zu einer höheren Temperatur, als
seiner eigenen, erwärmen kann, oder ob in solchen Fällen durch
die Concentration der Strahlen die Möglichkeit gegeben ist, dass
ein Körper einen anderen zu einer höheren Temperatur erwärmen
kann, als er selbst hat.

Auf diesen Fall ist der Kirchhoff'sche Ausdruck nicht
direct anwendbar. Ist nämlich die Fläche s_2 ein optisches Bild der
Fläche s_1, so vereinigen sich alle Strahlen, welche ein in der Fläche s_1
gelegener Punkt p_1 innerhalb eines gewissen Kegelraumes aussendet,
in einem bestimmten Punkte p_2 der Fläche s_2, und alle anderen
umliegenden Punkte der Fläche s_2 erhalten von jenem Punkte p_1

keine Strahlen. Es sind also, wenn die Coordinaten x_1, y_1 des Punktes p_1 gegeben sind, die Coordinaten x_2, y_2 des Punktes p_2 nicht mehr willkürlich, sondern sie sind gleich mit bestimmt; und ebenso, wenn die Coordinaten x_2, y_2 gegeben sind, so sind die Coordinaten x_1, y_1 gleich mit bestimmt. Ein Differentialcoefficient von der Form $\dfrac{d^2 T}{dx_1\, dx_2}$, worin bei der Differentiation nach x_1 die Coordinate x_1 als veränderlich betrachtet wird, während die zweite Coordinate y_1 desselben Punktes und die beiden Coordinaten x_2 und y_2 des anderen Punktes als constant vorausgesetzt werden, und ebenso bei der Differentiation nach x_2 die Coordinate x_2 als veränderlich gilt, während y_2, x_1 und y_1 constant sind, kann demnach keine reelle Grösse von endlichem Werthe sein.

Es muss daher für diesen Fall ein Ausdruck von etwas anderer Form, als der Kirchhoff'sche, abgeleitet werden, und zu diesem Zwecke mögen zunächst einige Betrachtungen ähnlicher Art, wie die, welche Kirchhoff zu seinem Ausdrucke geführt haben, folgen.

II. Bestimmung zusammengehöriger Punkte und zusammengehöriger Flächenelemente in drei von den Strahlen durchschnittenen Ebenen.

§. 5. Gleichungen zwischen den Coordinaten der Punkte, in welchen ein Strahl drei gegebene Ebenen schneidet.

Es seien drei Ebenen a, b, c gegeben, von denen b zwischen a und c liege (Fig. 25). In jeder derselben führe man ein rechtwinkliges Coordinatensystem ein, welche mit x_a, y_a; x_b, y_b und x_c, y_c bezeichnet seien. Wenn nun in der Ebene a ein Punkt p_a, und in der Ebene b ein Punkt p_b gegeben ist, und man betrachtet den Strahl, welcher von dem einen zum anderen geht, so hat man zur Bestimmung des Weges, welchen dieser Strahl nimmt, die Bedingung, dass die Zeit, welche der Strahl auf diesem Wege braucht, unter den Zeiten, welche er auf allen anderen nahe liegenden Wegen gebrauchen würde,

Fig. 25.

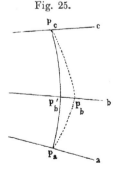

ein Minimum ist. Dieses Minimum der Zeit, welches als Function der Coordinaten der Punkte p_a und p_b, also als Function der vier Grössen x_a, y_a, x_b, y_b zu betrachten ist, heisse T_{ab}. Ebenso sei T_{ac} die Zeit des Strahles zwischen zwei Punkten p_a und p_c in den Ebenen a und c, und T_{bc} die Zeit des Strahles zwischen zwei Punkten p_b und p_c in den Ebenen b und c. T_{ac} ist als Function der vier Grössen x_a, y_a, x_c, y_c, und T_{bc} als Function der vier Grössen x_b, y_b, x_c, y_c anzusehen.

Da nun ein Strahl, welcher durch zwei Ebenen geht, im Allgemeinen auch die dritte Ebene schneidet, so haben wir für jeden Strahl drei Durchschnittspunkte, welche in solcher Beziehung zu einander stehen, dass durch zwei derselben im Allgemeinen der dritte bestimmt ist. Die Gleichungen, welche zu dieser Bestimmung dienen können, lassen sich nach der obigen Bedingung leicht aufstellen.

Wir wollen zunächst annehmen, die Punkte p_a und p_c (Fig. 25) in den Ebenen a und c seien im Voraus gegeben, dagegen der Punkt, wo der Strahl die Zwischenebene b schneidet, und welchen wir zum Unterschiede von anderen in der Ebene b gelegenen Punkten mit p'_b bezeichnen wollen, sei noch unbekannt. Dann wählen wir in dieser Ebene einen beliebigen Punkt p_b und betrachten zwei Strahlen, die wir Hülfsstrahlen nennen wollen, deren einer von p_a nach p_b, und der andere von p_b nach p_c geht. In der Fig. 25 sind die Hülfsstrahlen punktirt gezeichnet, während der Hauptstrahl, um den es sich eigentlich handelt, welcher direct von p_a nach p_c geht, voll ausgezogen ist [1]. Nennen wir, dem Vorigen entsprechend, die Zeiten der beiden Hülfsstrahlen T_{ab} und T_{bc}, und bilden die Summe $T_{ab} + T_{bc}$, so ist der Werth dieser Summe von der Lage des gewählten Punktes p_b abhängig, und die Summe ist daher, sofern die Punkte p_a und p_c als gegeben vorausgesetzt werden, als eine Function der Coordinaten x_b, y_b des Punktes p_b zu betrachten. Unter allen Werthen, welche diese Summe annehmen

---

[1] In der Figur sind die Wege der Strahlen etwas gekrümmt gezeichnet. Dadurch soll nur angedeutet werden, dass der Weg, welchen ein Strahl zwischen zwei gegebenen Punkten zurücklegt, nicht einfach die zwischen den beiden Punkten gezogene gerade Linie zu sein braucht, sondern dass durch Brechungen oder Reflexionen ein anderer Weg entstehen kann, welcher entweder eine aus mehreren Geraden bestehende gebrochene Linie ist, oder auch, wenn das Mittel, in welchem der Strahl sich fortpflanzt, sich nicht plötzlich, sondern allmälig ändert, eine gekrümmte Linie sein kann.

kann, wenn man dem Punkte p_b verschiedene Lagen in der Nähe des Punktes p'_b giebt, muss nun derjenige, welchen man erhält, wenn man p_b mit p'_b zusammenfallen lässt, und dadurch bewirkt, dass die beiden Hülfsstrahlen Theile des direct von p_a nach p_c gehenden Strahles werden, ein *Minimum* sein. Demnach erhält man zur Bestimmung der Coordinaten dieses Punktes p'_b folgende zwei Bedingungsgleichungen:

$$(1) \qquad \frac{d(T_{ab} + T_{bc})}{dx_b} = 0; \quad \frac{d(T_{ab} + T_{bc})}{dy_b} = 0.$$

Da die Grössen T_{ab} und T_{bc} ausser den Coordinaten x_b, y_b des vorher als unbekannt betrachteten Punktes auch die Coordinaten x_a, y_a und x_c, y_c der vorher als gegeben vorausgesetzten Punkte enthalten, so kann man die beiden vorigen Gleichungen, nachdem sie einmal aufgestellt sind, einfach als zwei Gleichungen zwischen den sechs Coordinaten der drei Punkte, in welchen die drei Ebenen von einem Strahle getroffen werden, ansehen. Diese Gleichungen lassen sich daher nicht bloss dazu anwenden, die Coordinaten des in der Mittelebene gelegenen Punktes aus den Coordinaten der beiden anderen Punkte zu bestimmen, sondern können allgemein dazu dienen, irgend zwei der sechs Coordinaten aus den vier übrigen zu bestimmen.

Nun wollen wir ferner annehmen, die beiden Punkte p_a und p_b (Fig. 26), wo der Strahl die beiden Ebenen a und b schneidet,

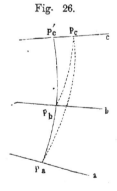

Fig. 26.

seien im Voraus gegeben, dagegen der Punkt, wo er die Ebene c trifft, und welchen wir zum Unterschiede von anderen in der Ebene c gelegenen Punkten wieder mit p'_c bezeichnen wollen, sei noch unbekannt. Dann wählen wir in der Ebene c einen beliebigen Punkt p_c, und betrachten zwei Hülfsstrahlen, deren einer von p_a nach p_c, und der andere von p_b nach p_c geht. In der Fig. 26 sind sie wieder punktirt gezeichnet, während der Hauptstrahl voll ausgezogen ist. Nennen wir die Zeiten der beiden Hülfsstrahlen T_{ac} und T_{bc}, und bilden die Differenz $T_{ac} - T_{bc}$, so ist der Werth dieser Differenz abhängig von der Lage des in der Ebene c gewählten Punktes p_c. Unter den verschiedenen Werthen, welche man erhält,

21*

wenn man dem Punkte p_c verschiedene Lagen in der Nähe des Punktes p'_c giebt, muss nun derjenige, welchen man erhält, wenn man p_c mit p'_c zusammenfallen lässt, ein *Maximum* sein.

In diesem Falle schneidet nämlich der von p_a nach p_c gehende Strahl die Ebene b in dem gegebenen Punkte p_b, und er besteht daher aus den beiden Strahlen, welche von p_a nach p_b und von p_b nach p_c gehen. Demnach kann man setzen:

$$T_{ac} = T_{ab} + T_{bc},$$

und daraus ergiebt sich für die fragliche Differenz in diesem speciellen Falle die Gleichung:

$$T_{ac} - T_{bc} = T_{ab}.$$

Fällt dagegen der Punkt p_c nicht mit p'_c zusammen, dann fällt auch der von p_a nach p_c gehende Strahl nicht mit den beiden Strahlen, welche von p_a nach p_b und von p_b nach p_c gehen, zusammen, und da der directe Strahl zwischen p_a und p_c die kürzeste Zeit braucht, so muss sein:

$$T_{ac} < T_{ab} + T_{bc},$$

und demnach hat man für die fragliche Differenz im Allgemeinen die Beziehung:

$$T_{ac} - T_{bc} < T_{ab}.$$

Die Differenz $T_{ac} - T_{bc}$ ist somit im Allgemeinen kleiner, als in jenem speciellen Falle, wo der Punkt p_c in der Fortsetzung des von p_a nach p_b gehenden Strahles liegt, und jener specielle Werth der Differenz bildet somit ein Maximum[1]). Daraus ergeben sich wieder zwei Bedingungsgleichungen, welche lauten:

$$(2) \qquad \frac{d(T_{ac} - T_{bc})}{dx_c} = 0; \quad \frac{d(T_{ac} - T_{bc})}{dy_c} = 0.$$

Nimmt man endlich an, die Punkte p_b und p_c in den Ebenen b und c seien im Voraus gegeben, und dagegen der Punkt, wo der Strahl die Ebene a trifft, noch unbekannt, so erhält man aus einer Betrachtung, welche ganz der vorigen entspricht, und welche ich

---

[1]) In der Abhandlung von Kirchhoff S. 285 steht von der dort betrachteten Grösse, welche im Wesentlichen der hier zuletzt betrachteten Differenz entspricht, nur mit dem Unterschiede, dass sie sich auf vier Ebenen statt auf drei bezieht, sie müsse ein *Minimum* sein. Es kann sein, dass diese Angabe nur auf einem Druckfehler beruht, und ohnehin würde eine Verwechselung zwischen Maximum und Minimum an jener Stelle ohne weitere Bedeutung sein, weil der Satz, welcher in den darauf folgenden Rechnungen benutzt wird, dass die Differentialcoefficienten gleich Null sein müssen, für das Maximum und das Minimum gemeinsam gilt.

daher nicht weiter ausführen will, die beiden Bedingungsgleichungen:

$$(3) \qquad \frac{d\,(T_{ac} - T_{ab})}{dx_a} = 0;\quad \frac{d\,(T_{ac} - T_{ab})}{dy_a} = 0.$$

Auf diese Weise sind wir zu drei Paar Gleichungen gelangt,
von denen jedes Paar dazu dienen kann, die gegenseitige Beziehung der drei Punkte, in welchen ein Strahl die drei Ebenen a,
b, c schneidet, auszudrücken, so dass, wenn zwei der Punkte gegeben sind, der dritte gefunden werden kann, oder noch allgemeiner, wenn von den sechs Coordinaten der drei Punkte vier gegeben sind, die beiden anderen sich bestimmen lassen.

§. 6. Verhältniss zwischen zusammengehörigen Flächen-elementen.

Wir wollen nun folgenden Fall betrachten. In einer der drei
Ebenen, z. B. in a, sei ein Punkt p_a gegeben, und in einer zweiten,
z. B. in b, ein Flächenelement, welches wir ds_b nennen wollen.
Wenn nun von p_a aus Strahlen nach den verschiedenen Punkten
des Elementes ds_b gehen, und man denkt sich dieselben fortgesetzt,
bis sie die dritte Ebene c schneiden, so treffen alle diese Strahlen
die Ebene c im Allgemeinen auch in einem unendlich kleinen
Flächenelemente, welches wir ds_c nennen wollen (s. Fig. 27). Es
soll nun das Verhältniss zwischen den Flächenelementen ds_b und
ds_c bestimmt werden.

In diesem Falle sind von den sechs Coordinaten, welche bei
jedem Strahle in Betracht kommen (den Coordinaten der drei
Punkte, in welchen der Strahl die drei
Ebenen schneidet), zwei, nämlich x_a und
y_a, im Voraus gegeben. Wenn dann für
die Coordinaten x_b und y_b irgend welche
Werthe angenommen werden, so sind dadurch im Allgemeinen die Coordinaten
x_c und y_c gleich mit bestimmt. Man kann
also in diesem Falle jede der Coordinaten
x_c und y_c als eine Function der beiden
Coordinaten x_b und y_b betrachten. Giebt
man nun dem Flächenelemente ds_b in der
Ebene b, dessen Gestalt willkürlich ist,

Fig. 27.

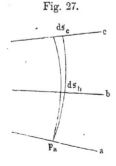

die Gestalt eines Rechteckes $dx_b\,dy_b$, und sucht zu jedem Punkte seines Umfanges den entsprechenden Punkt in der Ebene c, so erhält man hier ein unendlich kleines Parallelogramm, welches das entsprechende Flächenelement ds_c bildet.

Die Grösse dieses Parallelogrammes bestimmt sich folgendermaassen. Die Länge derjenigen Seite des Parallelogrammes, welche der Seite dx_b des Rechteckes in der Ebene b entspricht, heisse λ, und die Winkel, welche diese Seite mit den Coordinatenaxen der x_c und y_c bildet, seien mit (λx_c) und (λy_c) bezeichnet. Dann ist:

$$\lambda \cos(\lambda x_c) = \frac{dx_c}{dx_b}\,dx_b; \quad \lambda \cos(\lambda y_c) = \frac{dy_c}{dx_b}\,dx_b.$$

Ebenso hat man, wenn man die andere Seite des Parallelogrammes mit μ und ihre Winkel mit den Coordinatenaxen mit (μx_c) und (μy_c) bezeichnet, zu setzen:

$$\mu \cos(\mu x_c) = \frac{dx_c}{dy_b}\,dy_b; \quad \mu \cos(\mu y_c) = \frac{dy_c}{dy_b}\,dy_b.$$

Wird ferner der Winkel zwischen den Seiten λ und μ mit $(\lambda \mu)$ bezeichnet, so kann man schreiben:

$$\cos(\lambda \mu) = \cos(\lambda x_c)\cos(\mu x_c) + \cos(\lambda y_c)\cos(\mu y_c)$$
$$= \left(\frac{dx_c}{dx_b}\cdot\frac{dx_c}{dy_b} + \frac{dy_c}{dx_b}\cdot\frac{dy_c}{dy_b}\right)\frac{dx_b\,dy_b}{\lambda\mu}.$$

Um nun den mit ds_c bezeichneten Flächeninhalt des Parallelogrammes zu bestimmen, schreiben wir zunächst:

$$ds_c = \lambda\mu\,\sin(\lambda\mu)$$
$$= \lambda\mu\,\sqrt{1 - \cos^2(\lambda\mu)}$$
$$= \sqrt{\lambda^2\mu^2 - \cos^2(\lambda\mu)\cdot\lambda^2\mu^2}$$

und hierin substituiren wir für $\cos(\lambda\mu)$ den eben gegebenen Ausdruck und für λ^2 und μ^2 die aus den obigen Gleichungen hervorgehenden Ausdrücke:

$$\lambda^2 = \left[\left(\frac{dx_c}{dx_b}\right)^2 + \left(\frac{dy_c}{dx_b}\right)^2\right]dx_b^2$$

$$\mu^2 = \left[\left(\frac{dx_c}{dy_b}\right)^2 + \left(\frac{dy_c}{dy_b}\right)^2\right]dy_b^2.$$

Dann heben sich unter dem Wurzelzeichen mehrere Glieder fort, und die übrigen bilden ein Quadrat, nämlich:

$$ds_c = \sqrt{\left(\frac{dx_c}{dx_b}\cdot\frac{dy_c}{dy_b} - \frac{dx_c}{dy_b}\cdot\frac{dy_c}{dx_b}\right)^2 dx_b^2\,dy_b^2}$$
$$= \sqrt{\left(\frac{dx_c}{dx_b}\cdot\frac{dy_c}{dy_b} - \frac{dx_c}{dy_b}\cdot\frac{dy_c}{dx_b}\right)^2 ds_b^2},$$

und es lässt sich somit die angedeutete Quadratwurzel sofort ausziehen. Dabei ist aber noch zu bemerken, dass die in Klammer stehende Differenz positiv oder negativ sein kann, und da wir nur die positive Wurzel in Anwendung zu bringen haben, so wollen wir dieses dadurch andeuten, dass wir vor die Differenz die Buchstaben v. n. (valor numericus) setzen. Dann können wir schreiben:

$$(4) \qquad ds_c = \text{v. n.} \left(\frac{dx_c}{dx_b} \cdot \frac{dy_c}{dy_b} - \frac{dx_c}{dy_b} \cdot \frac{dy_c}{dx_b} \right) ds_b.$$

Um die Abhängigkeit der Coordinaten x_c und y_c von den Coordinaten x_b und y_b zu bestimmen, müssen wir eines der drei Paare von Gleichungen in §. 5 anwenden. Wir wollen dazu zuerst die Gleichungen (1) wählen. Wenn man diese beiden Gleichungen nach x_b und nach y_b differentiirt, indem man bedenkt, dass jede der mit T bezeichneten Grössen von den drei Paaren von Coordinaten x_a, y_a; x_b, y_b; x_c, y_c zwei Paare enthält, welche durch die Indices angedeutet sind, und wenn man bei der Differentiation x_c und y_c als Functionen von x_b und y_b behandelt, während man x_a und y_a als constant voraussetzt, so erhält man folgende vier Gleichungen:

$$(5) \quad \begin{cases} \dfrac{d^2(T_{ab} + T_{bc})}{(dx_b)^2} + \dfrac{d^2 T_{bc}}{dx_b\, dx_c} \cdot \dfrac{dx_c}{dx_b} + \dfrac{d^2 T_{bc}}{dx_b\, dy_c} \cdot \dfrac{dy_c}{dx_b} = 0 \\[2mm] \dfrac{d^2(T_{ab} + T_{bc})}{dx_b\, dy_b} + \dfrac{d^2 T_{bc}}{dx_b\, dx_c} \cdot \dfrac{dx_c}{dy_b} + \dfrac{d^2 T_{bc}}{dx_b\, dy_c} \cdot \dfrac{dy_c}{dy_b} = 0 \\[2mm] \dfrac{d^2(T_{ab} + T_{bc})}{dx_b\, dy_b} + \dfrac{d^2 T_{bc}}{dy_b\, dx_c} \cdot \dfrac{dx_c}{dx_b} + \dfrac{d^2 T_{bc}}{dy_b\, dy_c} \cdot \dfrac{dy_c}{dx_b} = 0 \\[2mm] \dfrac{d^2(T_{ab} + T_{bc})}{(dy_b)^2} + \dfrac{d^2 T_{bc}}{dy_b\, dx_c} \cdot \dfrac{dx_c}{dy_b} + \dfrac{d^2 T_{bc}}{dy_b\, dy_c} \cdot \dfrac{dy_c}{dy_b} = 0. \end{cases}$$

Wenn wir mit Hülfe dieser Gleichungen die vier Differentialcoefficienten $\dfrac{dx_c}{dx_b}, \dfrac{dx_c}{dy_b}, \dfrac{dy_c}{dx_b}, \dfrac{dy_c}{dy_b}$ bestimmen, und die gefundenen Werthe in die Gleichung (4) einsetzen, so erhalten wir die gesuchte Beziehung zwischen den Flächenelementen ds_b und ds_c. Um das Resultat, welches sich auf diese Weise ergiebt, kürzer schreiben zu können, wollen wir folgende Zeichen einführen:

$$(6) \qquad A = \text{v. n.} \left(\frac{d^2 T_{bc}}{dx_b\, dx_c} \cdot \frac{d^2 T_{bc}}{dy_b\, dy_c} - \frac{d^2 T_{bc}}{dx_b\, dy_c} \cdot \frac{d^2 T_{bc}}{dy_b\, dx_c} \right)$$

$$(7) \quad E = \text{v. n.} \left\{ \frac{d^2(T_{ab} + T_{bc})}{(dx_b)^2} \cdot \frac{d^2(T_{ab} + T_{bc})}{(dy_b)^2} - \left[\frac{d^2(T_{ab} + T_{bc})}{dx_b\, dy_b} \right]^2 \right\}.$$

Dann kann man die gesuchte Beziehung in folgender Gleichung schreiben:

$$(8) \qquad \frac{ds_c}{ds_b} = \frac{E}{A}.$$

Nehmen wir nun in entsprechender Weise an, es sei in der Ebene c (Fig. 28) ein bestimmter Punkt p_c gegeben, und suchen in der Ebene a das Flächenelement ds_a, welches dem in der Ebene b gegebenen Elemente ds_b entspricht, so können wir das Resultat aus dem vorigen einfach dadurch ableiten, dass wir überall die Indices a und c vertauschen. Führen wir zur Abkürzung noch das Zeichen C ein mit der Bedeutung:

Fig. 28.

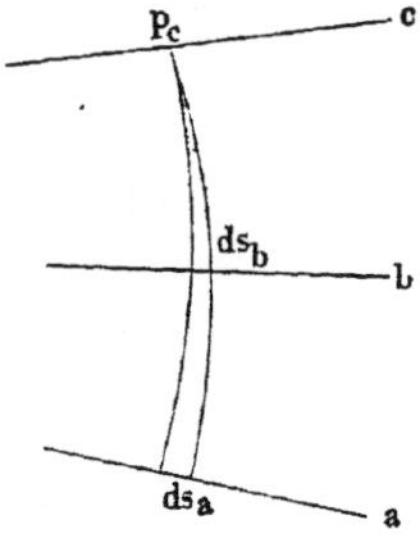

$$(9) \qquad C = \text{v. n.} \left(\frac{d^2 T_{ab}}{dx_a\, dx_b} \cdot \frac{d^2 T_{ab}}{dy_a\, dy_b} - \frac{d^2 T_{ab}}{dx_a\, dy_b} \cdot \frac{d^2 T_{ab}}{dy_a\, dx_b} \right),$$

so kommt:

$$(10) \qquad \frac{ds_a}{ds_b} = \frac{E}{C}.$$

Nehmen wir endlich an, es sei in der Ebene b ein bestimmter Punkt p_b gegeben (Fig. 29), und wählen in der Ebene a irgend ein Flächenelement ds_a und denken uns, von den verschiedenen Punkten dieses Elementes gehen Strahlen durch den Punkt p_b, welche wir uns bis zur Ebene c fortgesetzt denken; und suchen wir nun die Grösse des Flächenelementes ds_c, in welchem diese sämmtlichen Strahlen die Ebene c treffen, so finden wir unter Anwendung der vorher eingeführten Zeichen:

Fig. 29.

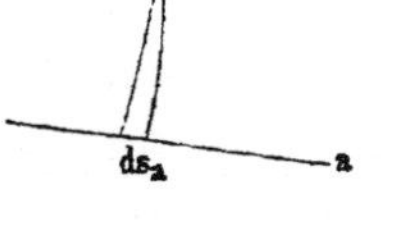

$$(11) \qquad \frac{ds_c}{ds_a} = \frac{C}{A}.$$

Man sieht hieraus, dass die beiden in diesem Falle zusammengehörigen Flächenelemente sich zu einander gerade so verhalten, wie die beiden Flächenelemente, welche man erhält, wenn in der Ebene b ein bestimmtes Element ds_b gegeben ist, und man dazu erst in der Ebene a und darauf in der Ebene c einen Punkt als

Ausgangspunkt der Strahlen annimmt, und dann jedesmal in der dritten Ebene das dem Elemente ds_b entsprechende Flächenelement bestimmt.

§. 7. Verschiedene aus sechs Grössen gebildete Brüche zur Darstellung derselben Verhältnisse.

Bei den Rechnungen des vorigen Paragraphen ist unter den drei Paaren von Gleichungen des §. 5, welche dazu benutzt werden können, nur das erste angewandt. Man kann nun aber in derselben Weise die Rechnungen auch mit den beiden anderen Paaren (2) und (3) ausführen. Durch jedes Paar von Gleichungen gelangt man zu drei Grössen der Art, wie die vorher mit A, C und E bezeichneten, welche dazu dienen können, die Verhältnisse der Flächenelemente auszudrücken. Unter den neun Grössen, welche man auf diese Weise im Ganzen erhält, kommen aber dreimal je zwei vor, welche unter einander gleich sind, wodurch sich die Anzahl der Grössen auf sechs reducirt. Die Ausdrücke dieser sechs Grössen will ich hier der Vollständigkeit wegen zusammenstellen, obwohl drei davon schon früher mitgetheilt sind.

$$(\text{I.})\begin{cases} A = \text{v.n.} \left(\dfrac{d^2 T_{bc}}{dx_b\, dx_c} \cdot \dfrac{d^2 T_{bc}}{dy_b\, dy_c} - \dfrac{d^2 T_{bc}}{dx_b\, dy_c} \cdot \dfrac{d^2 T_{bc}}{dy_b\, dx_c} \right) \\[2ex] B = \text{v.n.} \left(\dfrac{d^2 T_{ac}}{dx_a\, dx_c} \cdot \dfrac{d^2 T_{ac}}{dy_a\, dy_c} - \dfrac{d^2 T_{ac}}{dx_a\, dy_c} \cdot \dfrac{d^2 T_{ac}}{dy_a\, dx_c} \right) \\[2ex] C = \text{v.n.} \left(\dfrac{d^2 T_{ab}}{dx_a\, dx_b} \cdot \dfrac{d^2 T_{ab}}{dy_a\, dy_b} - \dfrac{d^2 T_{ab}}{dx_a\, dy_b} \cdot \dfrac{d^2 T_{ab}}{dy_a\, dx_b} \right) \\[2ex] D = \text{v.n.} \left\{ \dfrac{d^2 (T_{ac} - T_{ab})}{(dx_a)^2} \cdot \dfrac{d^2 (T_{ac} - T_{ab})}{dy_a)^2} - \left[\dfrac{d^2 (T_{ac} - T_{ab})}{dx_a dy_a} \right]^2 \right\} \\[2ex] E = \text{v.n.} \left\{ \dfrac{d^2 (T_{ab} + T_{bc})}{(dx_b)^2} \cdot \dfrac{d^2 (T_{ab} + T_{bc})}{(dy_b)^2} - \left[\dfrac{d^2 (T_{ab} + T_{bc})}{dx_b dy_b} \right]^2 \right\} \\[2ex] F = \text{v.n.} \left\{ \dfrac{d^2 (T_{ac} - T_{bc})}{(dx_c)^2} \cdot \dfrac{d^2 (T_{ac} - T_{bc})}{(dy_c)^2} - \left[\dfrac{d^2 (T_{ac} - T_{bc})}{dx_c dy_c} \right]^2 \right\}. \end{cases}$$

Mit Hülfe dieser sechs Grössen kann man jedes Verhältniss zweier Flächenelemente durch drei verschiedene Brüche darstellen, wie es die folgende tabellarische Zusammenstellung zeigt.

$$(\text{II.}) \quad \begin{cases} \dfrac{ds_c}{ds_b} = \dfrac{E}{A} = \dfrac{A}{F} = \dfrac{C}{B} \\[2mm] \dfrac{ds_b}{ds_a} = \dfrac{C}{E} = \dfrac{B}{A} = \dfrac{D}{C} \\[2mm] \dfrac{ds_a}{ds_c} = \dfrac{A}{C} = \dfrac{F}{B} = \dfrac{B}{D}. \end{cases}$$

Wie man leicht sieht, beziehen sich die drei Horizontalreihen auf die drei Fälle, wo entweder in der Ebene a, oder in c, oder in b ein bestimmter Punkt angenommen ist, durch den die Strahlen gehen müssen. Von den drei Verticalreihen der Brüche, welche die Verhältnisse der Flächenelemente darstellen, ist die erste aus den Gleichungen (1), die zweite aus den Gleichungen (2), und die dritte aus den Gleichungen (3) des §. 5 abgeleitet.

Da die drei Brüche, welche ein bestimmtes Verhältniss zweier Flächenelemente darstellen, unter einander gleich sein müssen, so erhält man zwischen den sechs Grössen, aus welchen die Brüche gebildet sind, folgende Gleichungen:

(12) $$D = \frac{BC}{A}; \quad E = \frac{CA}{B}; \quad F = \frac{AB}{C}.$$

(13) $$A^2 = EF; \quad B^2 = FD; \quad C^2 = DE.$$

Mit diesen sechs Grössen sind nun die weiteren Rechnungen anzustellen, und da jedes Verhältniss je zweier Flächenelemente durch drei verschiedene Brüche dargestellt ist, so hat man unter diesen die Wahl, und kann in jedem speciellen Falle den Bruch anwenden, welcher für diesen Fall der geeignetste ist.

III. Bestimmung der gegenseitigen Zustrahlung für den Fall, dass keine Concentration der Strahlen stattfindet.

§. 8.   Grösse des zu ds_c gehörenden Flächenelementes in einer Ebene von besonderer Lage.

Wir wollen zunächst denselben Fall betrachten, auf welchen der Kirchhoff'sche Ausdruck sich bezieht, indem wir zu bestimmen suchen, wieviel Wärme zwei Flächenelemente sich gegenseitig zusenden, unter der Voraussetzung, dass jeder Punkt des einen Elementes von jedem Punkte des anderen einen Strahl und auch nur Einen Strahl, oder höchstens eine beschränkte Anzahl von einzelnen Strahlen, die man gesondert betrachten kann, erhält.

Seien zwei Elemente ds_a und ds_c in den Ebenen a und c (Fig. 30) gegeben, so wollen wir zuerst die Wärme bestimmen, welche das Element ds_a dem Elemente ds_c zusendet.

Dazu denken wir uns die Mittelebene b parallel der Ebene a gelegt in einem Abstande ϱ, welchen wir als so klein voraus-

Fig. 30.

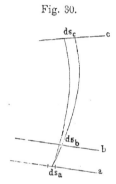

setzen, dass bei jedem von ds_a nach ds_c gehenden Strahle der Theil, welcher zwischen den Ebenen a und b liegt, als geradlinig, und das Mittel, welches er auf dieser Strecke durchläuft, als homogen anzusehen ist. Nehmen wir nun in dem Elemente ds_a irgend einen Punkt, und betrachten das Strahlenbüschel, welches von diesem Punkte aus nach dem Elemente ds_c geht, so schneidet dieses die Ebene b in einem Elemente ds_b, dessen Grösse durch einen der drei in der obersten Horizontalreihe von (II.) stehenden Brüche ausgedrückt werden kann. Wir wollen den letzten Bruch wählen, und erhalten dadurch die Gleichung:

$$(14) \qquad ds_b = \frac{B}{C}\, ds_c.$$

Die hierin vorkommende Grösse C lässt sich nun in diesem Falle wegen der eigenthümlichen Lage der Ebene b in eine besonders einfache Form bringen.

Es sei, wie es auch von Kirchhoff geschehen ist, das Coordinatensystem in b so gewählt, dass es dem Coordinatensysteme in der parallelen Ebene a vollkommen correspondirt. Nämlich die Anfangspunkte beider Coordinatensysteme sollen in einer auf beiden Ebenen senkrechten Geraden liegen, und die Coordinaten des einen Systemes sollen den entsprechenden des anderen Systemes parallel sein. Dann ist der Abstand r zwischen zwei in den beiden Ebenen liegenden Punkten mit den Coordinaten x_a, y_a und x_b, y_b bestimmt durch die Gleichung:

$$(15) \qquad r = \sqrt{\varrho^2 + (x_b - x_a)^2 + (y_b - y_a)^2}.$$

Denken wir uns nun einen Strahl von dem einen dieser Punkte nach dem anderen gehend, so wird die Länge seines Weges, da die Fortpflanzung zwischen beiden Ebenen als geradlinig vorausgesetzt wird, einfach durch den Abstand r der beiden Punkte dargestellt, und wenn wir die Fortpflanzungsgeschwindigkeit in der Nähe der Ebene a, welche sich der Voraussetzung nach auf der Strecke bis zur Ebene b nicht merklich ändert, mit v_a bezeichnen, so ist die Zeit, welche der Strahl auf dieser Strecke gebraucht, bestimmt durch die Gleichung:

$$T_{ab} = \frac{r}{v_a}.$$

Demgemäss lässt sich der Ausdruck von C so schreiben:

$$C = \text{v. n.} \; \frac{1}{v_a^2}\left(\frac{d^2r}{dx_a dx_b} \cdot \frac{d^2r}{dy_a dy_b} - \frac{d^2r}{dx_a dy_b} \cdot \frac{d^2r}{dy_a dx_b}\right).$$

Setzt man hierin für r seinen Werth aus (15), so kommt:

$$(16) \qquad C = \frac{1}{v_a^2} \cdot \frac{\varrho^2}{r^4}.$$

Hierdurch geht die Gleichung (14) über in:

$$(17) \qquad ds_b = v_a^2 \frac{r^4}{\varrho^2} B ds_c.$$

Bezeichnen wir noch den Winkel, welchen das betrachtete, von einem Punkte des Elementes ds_a ausgehende unendlich schmale Strahlenbüschel mit der auf dem Elemente errichteten Normale bildet, mit ϑ, so ist

$$cos \, \vartheta = \frac{\varrho}{r},$$

und man kann daher der vorigen Gleichung auch folgende Form geben:

$$(18) \qquad ds_b = \frac{v_a^3 r^2}{cos^2 \vartheta} B ds_c.$$

§. 9. **Ausdrücke der Wärmemengen, welche die Elemente** ds_a **und** ds_c **einander zustrahlen.**

Nachdem die Grösse des Flächenelementes ds_b bestimmt ist, lässt sich auch die Wärmemenge, welche das Element ds_a dem Elemente ds_c zusendet, leicht ausdrücken.

Von jedem Punkte des Elementes ds_a geht nämlich nach ds_c ein unendlich schmales Strahlenbüschel, und die Kegelöffnungen der von den verschiedenen Punkten ausgehenden Büschel sind als gleich anzusehen. Die Grösse der Kegelöffnung eines solchen Strahlenbüschels wird bestimmt durch die Grösse und Lage jenes Flächenelementes ds_b, in welchem der Kegel die Ebene b schneidet. Um diese Kegelöffnung geometrisch auszudrücken, denken wir uns um den betreffenden Punkt, von dem die Strahlen ausgehen, mit dem Radius ϱ eine Kugelfläche geschlagen, innerhalb deren wir die Fortpflanzung der Strahlen als geradlinig betrachten. Nennen wir dann das Flächenelement, in welchem diese Kugelfläche von dem Strahlenkegel geschnitten wird, $d\sigma$, so stellt der Bruch $\dfrac{d\sigma}{\varrho^2}$ die Oeffnung des Kegels dar. Da nun das Flächenelement ds_b von der Spitze des Kegels um die Strecke r entfernt ist, und die auf ds_b errichtete Normale, welche mit der vorher erwähnten, auf ds_a errichteten parallel ist, mit dem unendlich schmalen Strahlenkegel den Winkel ϑ bildet, so hat man die Gleichung:

$$(19) \qquad \frac{d\sigma}{\varrho^2} = \frac{cos\,\vartheta \cdot ds_b}{r^2}.$$

Wenn man hierin für ds_b den in (18) gegebenen Ausdruck setzt, so kommt:

$$(20) \qquad \frac{d\sigma}{\varrho^2} = \frac{v_a{}^2}{cos\,\vartheta}\,B\,ds_c.$$

Es kommt nun darauf an, zu bestimmen, wie gross derjenige Theil der von dem Elemente ds_a ausgesandten Wärme ist, welcher dieser unendlich schmalen Kegelöffnung entspricht, oder, mit anderen Worten, wie viel Wärme das Element ds_a durch jenes auf der Kugelfläche bestimmte Element $d\sigma$ sendet. Diese Wärmemenge ist erstens proportional der Grösse des ausstrahlenden Elementes ds_a, ferner proportional der Grösse der Kegelöffnung, also dem Bruche $\dfrac{d\sigma}{\varrho^2}$, und endlich, nach dem bekannten Ausstrahlungsgesetze, proportional dem Cosinus des Winkels ϑ, welchen der unendlich schmale Strahlenkegel mit der Normale bildet. Man kann sie also ausdrücken durch das Product:

$$\varepsilon\,cos\,\vartheta\,\frac{d\sigma}{\varrho^2}\,ds_a,$$

worin ε ein von der Temperatur des Flächenelementes abhängiger Factor ist. Zur Bestimmung dieses Factors haben wir die Bedingung, dass die Wärmemenge, welche das Element ds_a im Ganzen

ausstrahlt, also der ganzen über der Ebene a befindlichen Halbkugel zustrahlt, gleich dem Producte $e_a\, ds_a$ sein muss, worin e_a die
Stärke der Emission der Ebene a an der Stelle, wo das Element
ds_a liegt, bedeutet. Man erhält also die Gleichung:

$$\frac{\varepsilon}{\varrho^2} \int \cos \vartheta\, d\sigma = e_a,$$

worin die Integration über die Halbkugel auszudehnen ist, und
daraus folgt:

$$\varepsilon \pi = e_a.$$

Wenn man den hierdurch bestimmten Werth von ε in den obigen
Ausdruck einsetzt, so erhält man für die Wärmemenge, welche das
Element ds_a durch $d\sigma$ sendet, die Formel:

$$\frac{e_a}{\pi} \cos \vartheta\, \frac{d\sigma}{\varrho^2}\, ds_a.$$

In diese Formel hat man nun für den Bruch $\dfrac{d\sigma}{\varrho^2}$ den oben gewonnenen und in Gleichung (20) angegebenen Werth zu setzen,
um den gesuchten Ausdruck *der Wärmemenge, welche das Element
ds_a dem Elemente ds_c zusendet*, zu erhalten, nämlich:

$$e_a v_a{}^2\, \frac{B}{\pi}\, ds_a ds_c.$$

Sucht man in ganz derselben Weise *die Wärmemenge, welche
umgekehrt das Element ds_c dem Elemente ds_a zusendet*, und bezeichnet dabei die Stärke der Emission der Ebene c an der Stelle,
wo das Element ds_c liegt, mit e_c, und die Fortpflanzungsgeschwindigkeit der Strahlen in der Nähe des Elementes mit v_c, so findet
man:

$$e_c v_c{}^2\, \frac{B}{\pi}\, ds_a ds_c.$$

§. 10. Abhängigkeit der Ausstrahlung von dem umgebenden Medium.

Diese im vorigen Paragraphen gewonnenen Ausdrücke sind
im Uebrigen gleich dem in §. 3 mitgetheilten Kirchhoff'schen
Ausdrucke, nur darin unterscheiden sie sich von demselben, dass
sie noch das Quadrat der Fortpflanzungsgeschwindigkeit als Factor
enthalten, welches in Kirchhoff's Ausdrucke nicht vorkommt,
indem Kirchhoff an der betreffenden Stelle nur von der Fort-

pflanzungsgeschwindigkeit *im leeren Raume* spricht, und diese als
Einheit nimmt. Da nun aber die Körper, deren gegenseitige Zustrahlung man betrachtet, sich möglicher Weise in verschiedenen
Mitteln befinden können, in denen die Fortpflanzungsgeschwindigkeiten verschieden sind, so ist für solche Fälle dieser Factor nicht
unwesentlich, und sein Vorkommen führt sofort zu einem eigenthümlichen, theoretisch interessanten Schlusse.

Wie in §. 2 erwähnt wurde, nahm man bisher an, dass bei
vollkommen schwarzen Körpern die Stärke der Emission nur von
der Temperatur abhänge, so dass also zwei solche Körper bei
gleicher Temperatur von gleichen Stücken ihrer Oberflächen gleich
viel Wärme ausstrahlen. Dass die Natur des umgebenden Mittels
auch einen Einfluss auf die Stärke der Ausstrahlung haben könne,
ist meines Wissens noch nirgends zur Sprache gebracht. Da nun
aber in den beiden obigen Ausdrücken für die gegenseitige Zustrahlung zweier Elemente ein Factor vorkommt, der von der Natur
des Mittels abhängt, so ist dadurch die Nothwendigkeit, das Mittel
zu berücksichtigen, und zugleich die Möglichkeit, seinen Einfluss
zu bestimmen, gegeben.

Wenn man aus jenen beiden Ausdrücken ein Verhältniss bildet,
und dann denjenigen Factor, welcher in beiden Gliedern gemeinsam
vorkommt, nämlich $\dfrac{B}{\pi}\,ds_a ds_c$, forthebt, so ergiebt sich, dass die
Wärmemenge, welche das Element ds_a dem Elemente ds_c zusendet,
sich zu derjenigen, welche das Element ds_c dem Elemente ds_a zusendet, verhält wie

$$e_a v_a{}^2 : e_c v_c{}^2.$$

Wollte man nun annehmen, dass bei gleicher Temperatur die Ausstrahlung unbedingt gleich sei, auch wenn die den beiden Elementen angränzenden Mittel verschieden sind, so müsste man für
gleiche Temperatur $e_a = e_c$ setzen, und es würden dann die Wärmemengen, welche sich beide Elemente gegenseitig zustrahlen, nicht
gleich sein, sondern sich wie $v_a{}^2 : v_c{}^2$ verhalten. Daraus würde
folgen, dass zwei Körper, welche sich in verschiedenen Mitteln befinden, z. B. der eine in Wasser und der andere in Luft, durch
gegenseitige Zustrahlung nicht ihre Temperaturen auszugleichen
suchen, sondern dass der eine den anderen durch Zustrahlung zu
einer höheren Temperatur erwärmen könnte, als er selbst hat.

Gesteht man dagegen jenen von mir als Grundsatz hingestellten
Satz, dass die Wärme nicht von selbst aus einem kälteren in einen

wärmeren Körper übergehen kann, ganz allgemein als richtig zu, so muss man die gegenseitige Zustrahlung zweier vollkommen schwarzer Flächenelemente von gleicher Temperatur als gleich betrachten, und somit setzen:

$$(21) \qquad e_a v_a{}^2 = e_c v_c{}^2.$$

Daraus folgt die Proportion:

$$(22) \qquad e_a : e_c = v_c{}^2 : v_a{}^2,$$

oder auch, da das Verhältniss der Fortpflanzungsgeschwindigkeiten gleich dem umgekehrten Verhältnisse der Brechungscoefficienten der beiden Mittel ist, welche wir mit n_a und n_c bezeichnen wollen, die Proportion:

$$(23) \qquad e_a : e_c = n_a{}^2 : n_c{}^2.$$

Hiernach ist also *die Ausstrahlung vollkommen schwarzer Körper bei gleicher Temperatur in verschiedenen Mitteln verschieden, und verhält sich umgekehrt, wie die Quadrate der Fortpflanzungsgeschwindigkeiten in den Mitteln, oder direct wie die Quadrate ihrer Brechungscoefficienten.* Die Ausstrahlung in Wasser muss sich somit zu der in Luft angenähert wie $(^4/_3)^2 : 1$ verhalten.

Berücksichtigt man den Umstand, dass in der von einem vollkommen schwarzen Körper ausgestrahlten Wärme Strahlen von sehr verschiedenen Farben vorkommen, und giebt man als richtig zu, dass die Gleichheit der gegenseitigen Zustrahlung nicht bloss für die Wärme im Ganzen, sondern auch für jede Farbe im Einzelnen gelten muss, so erhält man für jede Farbe eine Proportion der Art, wie (22) und (23), worin aber das an der rechten Seite stehende Verhältniss, welchem das Verhältniss der Ausstrahlungen gleich gesetzt ist, etwas verschiedene Werthe hat.

Will man endlich statt der vollkommen schwarzen Körper auch Körper von anderer Natur betrachten, bei denen nicht vollkommene, sondern nur theilweise Absorption der auffallenden Wärmestrahlen stattfindet, so muss man statt der Emission einen Bruch, welcher die Emission als Zähler und den Absorptionscoefficienten als Nenner hat, in die Formeln einführen, und erhält dann für diesen Bruch entsprechende Beziehungen, wie vorher für die Emission allein. Auf diese Verallgemeinerung des Resultates, bei welcher auch der Einfluss der Strahlenrichtung auf die Emission und Absorption zur Sprache kommen würde, brauche ich hier nicht einzugehen, weil sie sich bei angemessener Betrachtung des Gegenstandes von selbst ergiebt.

**IV. Bestimmung der gegenseitigen Zustrahlung zweier Flächen-
elemente für den Fall, dass das eine Flächenelement das
optische Bild des anderen ist.**

§. 11. Verhalten der Grössen B, D, F und E.

Wir wollen nun zu dem Falle übergehen, wo die bisher gemachte Voraussetzung, dass die Ebenen a und c, soweit sie in
Betracht kommen, ihre Strahlen in der Weise austauschen, dass
von jedem Punkte der einen nach jedem Punkte der anderen ein
Strahl, und auch nur Ein Strahl, oder höchstens eine beschränkte
Anzahl von einzelnen Strahlen gelange, nicht erfüllt ist. Die
Strahlen, welche von den Punkten der einen Ebene divergirend
ausgehen, können durch Brechungen oder Reflexionen convergirend werden, und in der anderen Ebene wieder zusammentreffen,
so dass es für einen in der Ebene a zur Betrachtung ausgewählten
Punkt p_a in der Ebene c einen oder mehrere Punkte oder Linien
giebt, in welchen sich unendlich viele vom Punkte p_a kommende
Strahlen schneiden, während andere Stellen der Ebene c gar keine
Strahlen von jenem Punkte erhalten. Natürlich findet in einem
solchen Falle auch mit den Strahlen, welche von der Ebene c ausgehend nach der Ebene a gelangen, das Entsprechende statt, da
die zwischen den beiden Ebenen hin- und zurückgehenden Strahlen
gleiche Wege beschreiben.

Unter den unendlich vielen verschiedenen Fällen dieser Art
wollen wir, der grösseren Anschaulichkeit wegen, zunächst den

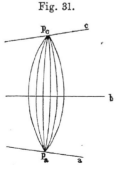

Fig. 31.

extremen Fall behandeln, wo alle Strahlen,
welche der Punkt p_a der Ebene a innerhalb eines gewissen endlichen Kegelraumes
aussendet, in einem einzelnen Punkte p_c
der Ebene c wieder zusammentreffen, wie
es in Fig. 31 angedeutet ist. Dieser Fall
tritt z. B. ein, wenn die Richtungsänderung
der Strahlen durch eine Linse oder einen
sphärischen Spiegel, oder auch durch
irgend ein System von centrirten Linsen
oder Spiegeln bewirkt ist, und wenn man
von der dabei stattfindenden sphärischen

und chromatischen Aberration absieht, wobei zu bemerken ist, dass
die chromatische Aberration hier ohnehin nicht zu berücksichtigen
ist, da wir uns von vorn herein auf die Betrachtung homogener
Strahlen beschränkt haben. Zwei in der angegebenen Weise zusammengehörige Punkte, welche den Ausgangs- und den Vereini-
gungspunkt der Strahlen bilden, werden, wie schon oben erwähnt,
conjugirte Brennpunkte genannt.

In einem solchen Falle sind für jeden der betreffenden Strahlen durch die Coordinaten x_a, y_a des Ausgangspunktes p_a auch
die Coordinaten x_c, y_c des Punktes p_c, wo der Strahl die Ebene c
trifft, gleich mit bestimmt. Die übrigen in der Nähe von p_c liegenden Punkte der Ebene c erhalten vom Punkte p_a keine Strahlen,
weil es nach ihnen hin keinen Weg giebt, der die Eigenschaft
hätte, dass die Zeit, welche der Strahl auf diesem Wege gebraucht,
verglichen mit der Zeit, welche er auf jedem anderen nahe liegenden Wege gebrauchen würde, im mathematischen Sinne ein Minimum ist. Demnach kann auch die Grösse T_{ac}, welche dieses Minimum der Zeit darstellt, für keinen der um p_c gelegenen Punkte,
sondern nur für den Punkt p_c selbst einen reellen Werth haben.
Die Differentialcoefficienten von T_{ac}, in denen die Coordinaten x_a,
y_a als constant, und gleichzeitig eine der Coordinaten x_c, y_c als
veränderlich, oder umgekehrt x_c, y_c als constant, und zugleich eine
der. Coordinaten x_a, y_a als veränderlich vorausgesetzt werden,
können somit keine endlichen reellen Grössen sein. Daraus ergiebt sich, dass von den sechs durch die Gleichungen (I.) bestimmten Grössen A, B, C, D, E, F die drei B, D, F, welche Differentialcoefficienten von T_{ac} enthalten, in unserem gegenwärtigen Falle
nicht anwendbar sind.

Die drei anderen Grössen A, C, E dagegen enthalten nur
Differentialcoefficienten der Grössen T_{ab} und T_{bc}. Wenn wir nun
annehmen, die Ebene b sei so gewählt, dass zwischen ihr und den
beiden Ebenen a und c, soweit wir die Ebenen betrachten, der
Strahlenaustausch in der früher vorausgesetzten Weise stattfinde,
dass von jedem Punkte der Ebene b nach jedem Punkte der Ebenen
a und c ein Strahl und auch nur Ein Strahl, oder höchstens eine
beschränkte Anzahl von einzelnen Strahlen geht, so haben die
Grössen T_{ab} und T_{bc} und ihre Differentialcoefficienten für alle in
Betracht kommenden Punkte reelle und nicht unendlich grosse
Werthe. Die Grössen A, C und E sind daher im gegenwärtigen
Falle ebenso gut, wie in dem früher betrachteten, anwendbar.

Eine dieser Grössen, nämlich E, nimmt in diesem Falle einen speciellen Werth an, der sich sofort ableiten lässt. Für die drei Punkte, in welchen ein Strahl die drei Ebenen a, b, c schneidet, müssen die beiden unter (1) gegebenen Gleichungen gelten:

$$\frac{d\,(T_{ab} + T_{bc})}{dx_b} = 0; \quad \frac{d\,(T_{ab} + T_{bc})}{dy_b} = 0.$$

Da nun in unserem gegenwärtigen Falle durch die Lage der beiden Punkte p_a und p_c in den Ebenen a und c die Lage des Punktes, wo der Strahl die Ebene b schneidet, nicht bestimmt ist, sondern die Ebene b in allen Punkten eines gewissen endlichen Flächenraumes geschnitten werden kann, so müssen die beiden vorigen Gleichungen für alle diese Punkte gültig sein, woraus folgt, dass man durch Differentiation dieser Gleichungen nach x_b und y_b ebenfalls wieder gültige Gleichungen erhalten muss, also:

$$(24) \quad \frac{d^2\,(T_{ab} + T_{bc})}{dx_b{}^2} = 0; \quad \frac{d^2\,(T_{ab} + T_{bc})}{dx_b\,dy_b} = 0; \quad \frac{d^2\,(T_{ab} + T_{bc})}{dy_b{}^2} = 0.$$

Wendet man diese Gleichungen auf diejenige der Gleichungen (I.) an, durch welche E bestimmt wird, so kommt:

$$(25) \qquad\qquad E = 0.$$

Die beiden anderen Grössen A und C haben im Allgemeinen endliche Werthe, welche je nach Umständen verschieden sind, und diese müssen nun zu den folgenden Bestimmungen angewandt werden.

§. 12. Anwendung der Grössen A und C zur Bestimmung des Verhältnisses zwischen den Flächenelementen.

Es sei angenommen, das Element ds_a der Ebene a habe ein optisches Bild, welches in die Ebene c fällt, und welches wir ds_c nennen wollen, so dass also jeder Punkt des Elementes ds_a einen Punkt des Elementes ds_c zum conjugirten Brennpunkte hat, und umgekehrt. Es soll nun untersucht werden, ob die Wärmemengen, welche diese Flächenelemente, wenn sie als Elemente der Oberflächen zweier vollkommen schwarzer Körper von gleicher Temperatur betrachtet werden, sich gegenseitig zusenden, gleich sind.

Um zunächst das zu dem gegebenen Elemente ds_a gehörige Bild ds_c seiner Lage und Grösse nach zu bestimmen, nehmen wir in der Zwischenebene b irgend einen Punkt p_b an, und denken uns

von sämmtlichen Punkten des Elementes ds_a Strahlen durch diesen Punkt p_b gehend. Jeder dieser Strahlen trifft die Ebene c in
dem conjugirten Brennpunkte desjenigen Punktes, von welchem er
ausgegangen ist, und somit ist das Flächenelement, in welchem
dieses Strahlenbüschel die Ebene c schneidet, gerade das mit ds_c
bezeichnete optische Bild des Elementes ds_a. Wir können daher,
um das Bild ds_c seiner Grösse nach im Verhältnisse zu ds_a auszudrücken, einen der drei in der untersten Horizontalreihe von
(II.) angeführten Brüche anwenden, welche das Verhältniss derjenigen beiden Flächenelemente darstellen, in welchen ein durch
einen Punkt p_b der Zwischenebene b gehendes unendlich schmales
Strahlenbüschel die beiden Ebenen a und c schneidet; und zwar
ist von den drei dort stehenden Brüchen in diesem Falle nur der
erste brauchbar, weil die beiden anderen unbestimmt sind. Wir
haben also die Gleichung:

$$(26) \qquad \frac{ds_a}{ds_c} = \frac{A}{C}.$$

Diese Gleichung ist auch in optischer Beziehung von Interesse,
indem sie die allgemeinste Gleichung zur Bestimmung des Grössen-
verhältnisses zwischen einem Gegenstande und seinem optischen
Bilde ist, wobei zu bemerken ist, dass die Zwischenebene b, auf
welche sich die Grössen A und C beziehen, beliebig ist, und daher
in jedem einzelnen Falle so gewählt werden kann, wie es für die
Rechnung am bequemsten ist.

§. 13. Verhältniss zwischen den Wärmemengen, welche
      die Elemente ds_a und ds_c einander zustrahlen.

Nachdem das Flächenelement ds_c, welches zu ds_a als Bild
gehört, bestimmt ist, nehmen wir in der Ebene b statt eines Punktes
ein Flächenelement ds_b, und betrachten die Strahlen, welche die
beiden Elemente ds_a und ds_c durch dieses Element ds_b senden.
Alle Strahlen, welche von einem Punkte des Elementes ds_a ausgehend, durch das Element ds_b gehen, vereinigen sich wieder in
einem Punkte des Elementes ds_c, und somit treffen alle Strahlen,
welche das Element ds_a durch ds_b sendet, gerade das Element ds_c,
und umgekehrt die Strahlen, welche ds_c durch ds_b sendet, treffen
sämmtlich das Element ds_a. Die beiden Wärmemengen, welche

die Elemente ds_a und ds_c dem Elemente ds_b zusenden, sind somit auch die Wärmemengen, welche die Elemente ds_a und ds_c durch das Zwischenelement ds_b hindurch einander gegenseitig zusenden. Diese Wärmemengen lassen sich nun dem Früheren nach ohne Weiteres angeben.

Es gilt nämlich für die Wärmemenge, welche das Element ds_a dem Elemente ds_b zusendet, derselbe Ausdruck, welcher in §. 9 für diejenige Wärmemenge entwickelt wurde, welche das Element ds_a dem Elemente ds_c zusendet, wenn man darin nur für ds_c setzt ds_b, und für die Grösse B die Grösse C einführt. Der Ausdruck lautet also:

$$e_a v_a{}^2 \, \frac{C}{\pi} \, ds_a \, ds_b.$$

Ebenso gilt für die Wärmemenge, welche das Element ds_c dem Elemente ds_b zusendet, derselbe Ausdruck, welcher dort für die Wärmemenge angegeben wurde, welche das Element ds_c dem Elemente ds_a zusendet, wenn man darin für ds_a setzt ds_b, und für die Grösse B die Grösse A einführt, also:

$$e_c v_c{}^2 \, \frac{A}{\pi} \, ds_c \, ds_b.$$

Bedenkt man nun, dass nach Gleichung (26) ist:

$$C \, ds_a = A \, ds_c,$$

so sieht man, dass die beiden gefundenen Ausdrücke sich unter einander verhalten wie $e_a v_a{}^2 : e_c v_c{}^2$.

Ganz dasselbe Resultat finden wir, wenn wir in der Zwischenebene b irgend ein anderes Flächenelement ds_b nehmen, und die Wärmemengen betrachten, welche sich die beiden Elemente ds_a und ds_c durch dieses Element gegenseitig zusenden. Immer stehen die beiden Wärmemengen zu einander in dem Verhältnisse $e_a v_a{}^2 : e_c v_c{}^2$. Da nun die Wärmemengen, welche sich die Elemente ds_a und ds_c im Ganzen zusenden, aus denjenigen, welche sie sich durch die einzelnen Elemente der Zwischenebene hindurch zusenden, zusammengesetzt sind, so muss auch für sie dasselbe Verhältniss gelten, und wir finden somit als Endresultat, dass die Wärmemengen, welche die Flächenelemente ds_a und ds_c sich im Ganzen gegenseitig zusenden, sich verhalten wie

$$e_a v_a{}^2 : e_c v_c{}^2.$$

Dieses ist dasselbe Verhältniss, welches in den §§. 8 und 9 für den Fall gefunden wurde, wo keine Concentration von Strahlen stattfindet. Es ergiebt sich also, dass die Concentration der Strahlen, wie sehr sie auch die *absolute Grösse* der Wärmemengen, welche zwei Flächenelemente durch Strahlung mit einander austauschen, verändert, doch das *Verhältniss* derselben ungeändert lässt.

In §. 10 ist gezeigt, dass, wenn bei der gewöhnlichen, ohne Concentration stattfindenden Zustrahlung der Satz gelten soll, dass dadurch nicht Wärme aus einem kälteren in einen wärmeren Körper übergeführt werden kann, dann die Ausstrahlung in verschiedenen Medien verschieden sein muss, und zwar in der Weise, dass man für vollkommen schwarze Körper von gleicher Temperatur hat:

$$e_a v_a{}^2 = e_c v_c{}^2.$$

Ist diese Gleichung erfüllt, so sind auch in unserem gegenwärtigen Falle, wo von den Flächenelementen ds_a und ds_c das eine das Bild des anderen ist, die Wärmemengen, welche sie sich gegenseitig zusenden, unter einander gleich, und es kann daher, trotz der Concentration der Strahlen, das eine Element das andere nicht zu einer höheren Temperatur erwärmen, als es selbst hat.

V. Beziehung zwischen der Vergrösserung und dem Verhältnisse der beiden Kegelöffnungen eines Elementarstrahlenbüschels.

§. 14. Aufstellung der betreffenden Proportionen.

Als ein Nebenresultat der vorstehenden Betrachtung möchte ich hier gelegentlich eine Proportion entwickeln, welche mir von allgemeinem Interesse zu sein scheint, indem sie eine eigenthümliche Verschiedenheit in dem Verhalten der Strahlenbüschel beim Gegenstande und beim Bilde angiebt, welche stets in bestimmter Weise stattfinden muss, wenn Gegenstand und Bild verschiedene Grössen haben.

Wenn wir ein unendlich schmales Strahlenbüschel betrachten, welches von einem Punkte des Elementes ds_a ausgehend durch das Element ds_b der Zwischenebene geht, und sich dann wieder in einem Punkte des Elementes ds_c vereinigt, so können wir die Grösse der Divergenz, welche die Strahlen an ihrem Ausgangspunkte haben, vergleichen mit der Grösse der Convergenz, welche dieselben Strahlen an ihrem Vereinigungspunkte haben. Diese Divergenz und Convergenz, wofür wir auch mit gemeinsamem Ausdrucke sagen können: *die Oeffnungen der unendlich schmalen Kegel*, welche das Strahlenbüschel am Ausgangs- und Vereinigungspunkte bildet, ergeben sich unmittelbar durch dasselbe Verfahren, welches wir in §. 9 angewandt haben.

Wir denken uns um jeden der Punkte eine Kugelfläche mit so kleinem Radius beschrieben, dass wir die Strahlen bis zur Kugelfläche als gradlinig ansehen können, und betrachten dann das Flächenelement, in welchem das Strahlenbüschel die Kugelfläche schneidet. Sei dieses Flächenelement mit $d\sigma$ bezeichnet, und heisse der Radius der Kugel ϱ, so wird die Oeffnung des unendlich schmalen Kegels, welcher die Strahlen, soweit sie als geradlinig zu betrachten sind, einschliesst, durch den Bruch $\dfrac{d\sigma}{\varrho^2}$ dargestellt.

Diesen Bruch haben wir in §. 9 für einen ähnlichen Fall durch die Gleichung (20) bestimmt, und in dem dort gegebenen Ausdrucke brauchen wir nur die Buchstaben etwas zu ändern, um die für unseren gegenwärtigen Fall passenden Ausdrücke zu erhalten. Um die Kegelöffnung an dem in der Ebene a liegenden Ausgangspunkte der Strahlen auszudrücken, hat man in dem dortigen Ausdrucke statt des Elementes ds_c das Element ds_b, und statt der Grösse B die Grösse C zu setzen. Ausserdem wollen wir das Zeichen ϑ, welches den Winkel zwischen dem Elementarstrahlenbüschel und der auf dem Flächenelemente ds_a errichteten Normale bedeutet, um bestimmter anzudeuten, dass es sich um den an der Ebene a liegenden Winkel handelt, in ϑ_a umändern, und aus demselben Grunde auch den Bruch $\dfrac{d\sigma}{\varrho^2}$, welcher die gesuchte Kegelöffnung darstellt, mit dem Index a versehen. Dann kommt:

$$(27) \qquad \left(\frac{d\sigma}{\varrho^2}\right)_a = \frac{v_a{}^2}{\cos\vartheta_a}\,C\,ds_b.$$

Um die andere entsprechende Gleichung zu erhalten, welche die Kegelöffnung an dem in der Ebene c liegenden Vereinigungspunkte bestimmt, braucht man in der vorigen nur überall, wo der Index a steht, den Index c zu setzen, und ausserdem die Grösse C mit A zu vertauschen, also:

$$(28) \qquad \left(\frac{d\sigma}{\varrho^2}\right)_c = \frac{v_c^2}{\cos\vartheta_c}\, A\, ds_b.$$

Aus diesen beiden Gleichungen ergiebt sich die Proportion:

$$\frac{\cos\vartheta_a}{v_a^2}\left(\frac{d\sigma}{\varrho^2}\right)_a : \frac{\cos\vartheta_c}{v_c^2}\left(\frac{d\sigma}{\varrho^2}\right)_c = C : A,$$

und wenn man hierauf die Gleichung (26) anwendet, so kommt:

$$(29) \qquad \frac{\cos\vartheta_a}{v_a^2}\left(\frac{d\sigma}{\varrho^2}\right)_a : \frac{\cos\vartheta_c}{v_c^2}\left(\frac{d\sigma}{\varrho^2}\right)_c = ds_c : ds_a.$$

Führt man für die Fortpflanzungsgeschwindigkeiten die Brechungs-coefficienten der Mittel ein, so lautet die Proportion:

$$(30) \qquad n_a^2 \cos\vartheta_a \left(\frac{d\sigma}{\varrho^2}\right)_a : n_c^2 \cos\vartheta_c \left(\frac{d\sigma}{\varrho^2}\right)_c = ds_c : ds_a.$$

Das Verhältniss, welches in diesen Proportionen an der rechten Seite steht, ist das Grössenverhältniss zwischen einem Flächen-elemente des Bildes und dem entsprechenden Flächenelemente des Gegenstandes, also kurz die Flächenvergrösserung, und man erhält also durch diese Proportionen eine einfache Beziehung zwischen der Vergrösserung und dem Verhältnisse der Kegelöffnungen eines Elementarstrahlenbüschels. Dabei ist es, wie man leicht sieht, für die Gültigkeit der Proportionen nicht gerade nöthig, dass die Strahlen schliesslich *convergirend* sind, und sich in einem Punkte wirklich schneiden, sondern sie können auch *divergirend* sein, so dass ihre nach rückwärts gezogenen geradlinigen Verlängerungen sich in einem Punkte schneiden, und das entstehende Bild ein in der Optik sogenanntes *virtuelles* ist.

Nimmt man als speciellen Fall an, das Mittel am Ausgangs-und am Vereinigungspunkte sei gleich, wie es z. B. stattfindet, wenn die Strahlen von einem in der Luft befindlichen Gegenstande ausgehen, und, nachdem sie irgend welche Brechungen oder Reflexionen erlitten haben, ein Bild geben, welches sich in der Luft befindet, oder in der Luft gedacht wird, so ist $v_a = v_c$ und $n_a = n_c$ zu setzen, und es kommt:

$$\cos\vartheta_a \left(\frac{d\sigma}{\varrho^2}\right)_a : \cos\vartheta_c \left(\frac{d\sigma}{\varrho^2}\right)_c = ds_c : ds_a.$$

Fügt man ferner noch als Bedingung hinzu, dass das Elementar-strahlenbüschel mit beiden Flächenelementen gleiche Winkel bilde, z. B. auf beiden senkrecht stehe, so heben sich auch die beiden Cosinus fort, und es kommt:

$$\left(\frac{d\sigma}{\varrho^2}\right)_a : \left(\frac{d\sigma}{\varrho^2}\right)_c = ds_c : ds_a.$$

In diesem Falle stehen also die Kegelöffnungen des Elementarstrahlenbüschels am Gegenstande und am Bilde einfach im umgekehrten Verhältnisse, wie die Grössen der einander entsprechenden Flächenelemente von Gegenstand und Bild.

In der ebenso inhaltreichen als klaren Auseinandersetzung der Gesetze der Brechung in Systemen kugeliger Flächen, welche Helmholtz in seiner „Physiologischen Optik"[1]) gegeben hat, um daran die Betrachtung derjenigen Brechungen zu knüpfen, welche im Auge vorkommen, findet sich auf Seite 50, und erweitert auf Seite 54 eine Gleichung, welche die Beziehung zwischen der Bildgrösse und der Convergenz der Strahlen für den Fall ausdrückt, wo die Richtungsänderung der Strahlen durch Brechung oder auch durch Reflexion in centrirten Kugelflächen bewirkt wird, und wo die Strahlen auf den betreffenden Ebenen, welche Gegenstand und Bild enthalten, angenähert senkrecht stehen. In der Allgemeinheit, wie in den Proportionen (29) und (30) ist die Beziehung, so viel ich weiss, noch nirgends angegeben.

VI. Allgemeine Bestimmung der gegenseitigen Zustrahlung zwischen Flächen, in denen beliebige Concentrationen vorkommen können.

§. 15. Allgemeiner Begriff der Strahlenconcentration.

Es muss nun die Betrachtung dahin verallgemeinert werden, dass sie nicht bloss den extremen Fall, wo alle von einem Punkte der Ebene a innerhalb eines gewissen endlichen Kegelraumes ausgehenden Strahlen wieder in einem Punkte der Ebene c zusammentreffen, so dass dort ein conjugirter Brennpunkt entsteht, sondern jeden beliebigen Fall der Strahlenconcentration umfasst.

Um den Begriff der Concentration näher festzustellen, sei folgende Definition eingeführt. Wenn von irgend einem Punkte p_a Strahlen ausgehen und auf die Ebene c fallen, und diese Strahlen haben in der Nähe dieser Ebene solche Richtungen, dass an einer

---

[1]) Allgemeine Encyklopädie der Physik, herausgegeben von G. Karsten.

Stelle der Ebene die Dichtigkeit der auffallenden Strahlen gegen die mittlere Dichtigkeit unendlich gross ist, so wollen wir sagen, es finde an dieser Stelle Concentration der von p_a ausgehenden Strahlen statt.

Nach dieser Definition können wir den Fall der Strahlenconcentration leicht mathematisch kenntlich machen. Wir nehmen zwischen dem Punkte p_a und der Ebene c irgend eine Zwischenebene b, welche so gelegen ist, dass in dieser keine Concentration der von p_a ausgehenden Strahlen stattfindet, und dass auch die Ebenen b und c, soweit sie hierbei in Betracht kommen, zu einander in solcher Beziehung stehen, dass die von den Punkten der einen ausgehenden Strahlenbüschel in der anderen keine Concentration erleiden. Dann denken wir uns ein von p_a ausgehendes unendlich schmales Strahlenbüschel, welches die Ebenen b und c schneidet, und vergleichen die Grössen der Flächenelemente ds_b und ds_c, in denen der Durchschnitt stattfindet. Wenn dann das Element ds_c im Verhältnisse zu ds_b verschwindend klein ist, so dass man setzen kann:

$$(31) \qquad \frac{ds_c}{ds_b} = 0,$$

so ist das ein Zeichen, dass in der Ebene c Strahlenconcentration in dem oben angegebenen Sinne stattfindet.

Gehen wir nun zu den in §. 7 gegebenen Gleichungen (II.) zurück, so sind die in der ersten Horizontalreihe stehenden Gleichungen auf unseren gegenwärtigen Fall bezüglich, und unter den drei dort befindlichen Brüchen, welche das Verhältniss der Flächenelemente darstellen, ist wiederum der erste in unserem Falle anwendbar, weil nach der gemachten Annahme über die Lage der Zwischenebene die Grössen A und E sich in gewöhnlicher Weise bestimmen lassen. Wir haben also die Gleichung:

$$\frac{ds_c}{ds_b} = \frac{E}{A}.$$

Soll dieser das Verhältniss der beiden Flächenelemente ausdrückende Bruch Null werden, so muss es dadurch geschehen, dass der Zähler E Null wird, denn der Nenner A kann nach der gemachten Annahme über die Lage der Ebene b nicht unendlich gross werden. Wir haben also als mathematisches Criterium zur Entscheidung, ob die vom Punkte p_a ausgehenden Strahlen an der betreffenden Stelle der Ebene c eine Concentration erleiden oder nicht, die Bedingungsgleichung:

(32) $$E = 0,$$

welche im Falle der Concentration erfüllt sein muss.

Nehmen wir nun umgekehrt an, es sei in der Ebene c ein Punkt p_c gegeben, und es soll entschieden werden, ob die von diesem ausgehenden Strahlen an irgend einer Stelle der Ebene a eine Concentration erleiden, so haben wir in ganz entsprechender Weise die Bedingung:

$$\frac{ds_a}{ds_b} = 0,$$

und da wir nach (II.) setzen können:

$$\frac{ds_a}{ds_b} = \frac{E}{C},$$

so erhalten wir wieder dieselbe Bedingungsgleichung:

$$E = 0.$$

In der That ist auch leicht zu sehen, dass in dem Falle, wo die von einem Punkte der Ebene a ausgehenden Strahlen in einem Punkte der Ebene c eine Concentration erleiden, auch umgekehrt die von diesem letzteren Punkte ausgehenden Strahlen in dem ersteren eine Concentration erleiden müssen.

Da wir in den Gleichungen (12) und (13) die Beziehungen ausgedrückt haben, welche zwischen den sechs Grössen A, B, C, D, E, F stattfinden, so können wir diese Gleichungen anwenden, um zu erkennen, was in einem solchen Falle, wo $E = 0$ wird, während A und C von Null verschiedene endliche Werthe haben, aus den drei Grössen B, D und F wird. Nach jenen Gleichungen hat man:

(33) $$B = \frac{AC}{E}; \quad D = \frac{C^2}{E}; \quad F = \frac{A^2}{E}.$$

Daraus ergiebt sich, dass alle drei Grössen für den gegenwärtigen Fall unendlich gross werden.

§. 16. Gegenseitige Zustrahlung eines Flächenelementes und einer endlichen Fläche durch ein Element einer Zwischenfläche.

Wir wollen nun das Verhältniss der Wärmemengen, welche zwei Flächen durch Strahlung mit einander austauschen, in solcher Weise zu bestimmen suchen, dass das Resultat, unabhängig davon, ob eine Concentration von Strahlen stattfindet, oder nicht, in allen Fällen gültig sein muss.

Der grösseren Allgemeinheit wegen seien statt der bisher betrachteten *Ebenen a* und *c*, zwei *beliebige Flächen* gegeben, welche s_a und s_c heissen mögen. Zwischen ihnen nehmen wir irgend eine dritte Fläche s_b an, welche nur die Bedingung zu erfüllen braucht, dass die Strahlen, welche von s_a nach s_c oder umgekehrt gehen, in s_b keine Concentration erleiden. Nun sei in s_a irgend ein Element ds_a gewählt, und in s_b ein Element ds_b, welches so liegt, dass die von ds_a durch ds_b gehenden Strahlen auf ihrer Fortsetzung die Fläche s_c treffen. Dann wollen wir zunächst bestimmen: *wie viel Wärme das Element ds_a durch das Element ds_b hindurch der Fläche s_c zusendet, und wie viel Wärme es durch eben jenes Element der Zwischenfläche hindurch von der Fläche s_c zurück erhält.*

Um die zuerst genannte Wärmemenge zu erhalten, brauchen wir nur zu bestimmen, wieviel Wärme das Element ds_a dem Elemente ds_b zusendet, denn nach der gemachten Annahme über die Lage des Elementes ds_b muss alle diese Wärme, nachdem sie das Element ds_b passirt hat, die Fläche s_c treffen. Diese Wärmemenge lässt sich mit Hülfe der früher entwickelten Formeln sofort ausdrücken. Wir denken uns in einem Punkte des Elementes ds_a eine Tangentialebene an die Fläche s_a gelegt, und ebenso in einem Punkte des Elementes ds_b eine Tangentialebene an s_b, und betrachten die gegebenen Flächenelemente als Elemente dieser Ebenen. Wenn wir dann in diesen Tangentialebenen die Coordinatensysteme x_a, y_a und x_b, y_b einführen, und die durch die dritte der Gleichungen (I.) bestimmte Grösse C bilden, so wird die gesuchte Wärmemenge, welche das Element ds_a nach dem Elemente ds_b, und durch dieses hindurch nach s_c sendet, dargestellt durch den Ausdruck:

$$e_a v_a^2 \frac{C}{\pi} ds_a ds_b.$$

Was nun die Wärmemenge betrifft, welche das Element ds_a durch ds_b hindurch von der Fläche s_c erhält, so findet in Bezug auf die Punkte der Fläche s_c, von welchen diese Strahlen ausgehen, im Allgemeinen nicht jenes einfache Verhalten statt, wie in jenem speciellen Falle, wo das Element ds_a ein in die Fläche s_c fallendes optisches Bild ds_c hat, und daher selbst ebenfalls das optische Bild des Elementes ds_c ist. Wählen wir in dem Zwischenelemente ds_b einen bestimmten Punkt p_b, und denken uns von allen Punkten des Elementes ds_a Strahlen durch diesen Punkt gehend, so erhalten wir ein unendlich schmales Strahlenbüschel, welches die Fläche s_c in einem gewissen Flächenelemente schneidet. Dieses Flächenelement ist es, welches dem Elemente ds_a durch den gewählten Punkt p_b hindurch Strahlen zusendet. Wählen wir nun aber in dem Zwischenelemente ds_b einen anderen Punkt als Kreuzungspunkt des Strahlenbüchels, so erhalten wir in der Fläche s_c ein etwas anders liegendes Element. Die Strahlen, welche das Element ds_a von der Fläche s_c durch verschiedene Punkte des Zwischenelementes erhält, stammen also nicht alle von einem und demselben Elemente der Fläche s_c her.

Da nun aber die Grösse des Zwischenelementes ds_b willkürlich ist, so hindert uns nichts, dieses Element so klein zu nehmen, dass es ein unendlich Kleines von höherer Ordnung ist, als das gegebene Element ds_a. Wenn in diesem Falle der Kreuzungspunkt des Strahlenbüschels innerhalb des Elementes ds_b seine Lage ändert, so kann dadurch das Element der Fläche s_c, welches dem Elemente ds_a entspricht, seine Lage nur so wenig ändern, dass die Unterschiede im Vergleiche mit den Dimensionen des Elementes unendlich klein sind, und daher vernachlässigt werden dürfen. Man kann somit in diesem Falle das Element ds_c, welches man erhält, wenn man einen beliebigen Punkt p_b des Elementes ds_b auswählt, und zum Kreuzungspunkte des von ds_a ausgehenden Strahlenbüschels macht, als denjenigen Theil der Fläche s_c betrachten, welcher durch ds_b hindurch mit dem Elemente ds_a Strahlen austauscht.

Die Grösse dieses Elementes ds_c können wir dem Früheren nach leicht ausdrücken. Wir denken uns, wie vorher, in dem Punkte p_b eine Tangentialebene an die Fläche s_b, und ebenso in einem Punkte des Elementes ds_a und in einem Punkte des Elementes ds_c Tangentialebenen an die Flächen s_a und s_c gelegt, und betrachten die beiden letzteren Flächenelemente als Elemente der Tangentialebenen. Führen wir dann in den drei Tangentialebenen Coordinatensysteme ein, und bilden die durch die erste und dritte der Gleichungen (I.) bestimmten Grössen A und C, so können wir nach (II.) schreiben:

$$ds_c = \frac{C}{A}\, ds_a.$$

Die Wärmemenge, welche dieses Element ds_c dem Elemente ds_b zusendet, und welche wir, wie gesagt, als diejenige ansehen können, die das Element ds_a durch ds_b hindurch von der Fläche s_c erhält, wird dargestellt durch:

$$e_c v_c^2 \, \frac{A}{\pi} \, ds_c \, ds_b,$$

und wenn wir hierin für ds_c den in der vorigen Gleichung gegebenen Werth setzen, so kommt:

$$e_c v_c^2 \, \frac{C}{\pi} \, ds_a ds_b.$$

Vergleicht man diesen Ausdruck mit dem oben gefundenen, welcher die Wärmemenge darstellt, die das Element ds_a durch ds_b hindurch der Fläche s_c zusendet, so sieht man, dass sich beide unter einander verhalten wie $e_a v_a^2 : e_c v_c^2$. Nimmt man nun an, dass s_a und s_c die Oberflächen zweier vollkommen schwarzer Körper von gleicher Temperatur seien, und macht für solche Flächen, wie es sich schon bei der ohne Concentration stattfindenden Wärmestrahlung als nothwendig herausstellte, die Annahme, dass die beiden Producte $e_a v_a^2$ und $e_c v_c^2$ gleich sind, so sind auch die durch die beiden Ausdrücke dargestellten Wärmemengen gleich.

§. 17. Gegenseitige Zustrahlung ganzer Flächen.

Wählt man in der Zwischenfläche s_b statt des vorher betrachteten Elementes ein anderes, auch als unendlich klein von höherer Ordnung vorausgesetztes Element, so hat dasjenige Element der Fläche s_c, welches durch dieses Element der Zwischenfläche hindurch mit dem Elemente ds_a Strahlen austauscht, eine andere Lage, als im vorigen Falle, aber wiederum sind die beiden ausgetauschten Wärmemengen unter einander gleich; und ebenso verhält es sich mit allen anderen Elementen der Zwischenfläche.

Um die Wärmemenge zu erhalten, welche das Element ds_a der Fläche s_c nicht nur durch ein einzelnes Element der Zwischenfläche, sondern im Ganzen zusendet, und ebenso die Wärmemenge, welche es im Ganzen von s_c zurückerhält, muss man die beiden gefundenen Ausdrücke in Bezug auf die Fläche s_b integriren, und das Integral auf den Theil dieser Fläche ausdehnen, welcher von den Strahlen, die von dem Elemente ds_a nach der Fläche s_c und umgekehrt gehen, getroffen wird. Dabei versteht es sich von selbst, dass, wenn für jedes Flächenelement ds_b die beiden Differentialausdrücke gleich sind, dann auch die Integrale gleich sein müssen.

Will man endlich die Wärmemengen haben, welche die ganze Fläche s_a mit der Fläche s_c austauscht, so muss man die beiden Ausdrücke auch in Bezug auf die Fläche s_a integriren, wodurch wiederum die Gleichheit, welche für die einzelnen Elemente ds_a besteht, nicht gestört werden kann.

Der weiter oben für speciellere Fälle gefundene Satz, dass zwei vollkommen schwarze Körper von gleicher Temperatur, sofern die Gleichung $e_a v_a{}^2 = e_c v_c{}^2$ für sie gilt, gleich viel Wärme mit einander austauschen, ergiebt sich somit auch als Resultat einer Betrachtung, welche ganz davon unabhängig ist, ob die von s_a ausgehenden Strahlen in s_c, und umgekehrt die von s_c ausgehenden Strahlen in s_a eine Concentration erleiden, oder nicht, indem nur die Bedingung gestellt wurde, dass die von s_a und s_c ausgehenden Strahlen in der Zwischenfläche s_b keine Concentration erleiden, eine Bedingung, welche sich immer erfüllen lässt, da man die Zwischenfläche beliebig wählen kann.

Aus diesem Resultate folgt natürlich auch weiter, dass, wenn ein gegebener schwarzer Körper nicht bloss mit Einem, sondern mit beliebig vielen anderen schwarzen Körpern von gleicher Temperatur in Wechselwirkung steht, er von allen zusammen gerade so viel Wärme erhält, als er ihnen zusendet.

§. 18. Berücksichtigung verschiedener Nebenumstände.

Alle vorstehenden Entwickelungen wurden unter der Voraussetzung gemacht, dass die vorkommenden Brechungen und Reflexionen ohne Verlust geschehen, und keine Absorption stattfinde. Man kann sich aber leicht davon überzeugen, dass das gewonnene Resultat sich nicht ändert, wenn man diese Bedingung fallen lässt. Betrachtet man nämlich die verschiedenen Vorgänge, durch welche ein Strahl auf dem Wege von einem Körper zu einem anderen geschwächt werden kann, sei es dadurch, dass an einer Stelle, wo der Strahl die Gränzfläche zweier Mittel trifft, ein Theil unter Brechung in das angränzende Mittel eindringt und der andere reflectirt wird, so dass man es, mag man den einen oder den anderen Theil als die Fortsetzung des ursprünglichen Strahles betrachten, in beiden Fällen mit einem geschwächten Strahle zu

thun hat, sei es dadurch, dass der Strahl beim Durchdringen eines
Mittels theilweise absorbirt wird, so gilt in jedem dieser Fälle das
Gesetz, dass zwei Strahlen, welche sich auf demselben Wege hin-
wärts und rückwärts fortpflanzen, die Schwächung in gleichem
Verhältnisse stattfindet. Die Wärmemengen, welche zwei Körper
sich gegenseitig zusenden, werden daher durch solche Vorgänge
stets beide in gleicher Weise geschwächt, so dass, wenn sie ohne
die Schwächung gleich gewesen wären, sie auch nach der Schwächung
gleich sind.

Mit den vorher erwähnten Vorgängen hängt auch ein anderer
Umstand zusammen, nämlich der, dass ein Körper aus einer und
derselben Richtung Strahlen erhalten kann, welche von verschiedenen Körpern herstammen. Unser Körper, welcher A heisse,
kann z. B. aus einem Punkte, welcher an der Gränzfläche zweier
Mittel liegt, zwei der Richtung nach zusammenfallende, aber doch
von zwei verschiedenen Körpern, B und C, herstammende Strahlen erhalten, von welchen der eine aus dem angränzenden Mittel
kommt, und in jenem Punkte gebrochen ist, und der andere schon
vorher in demselben Mittel war, und in jenem Punkte reflectirt
ist. In diesem Falle sind aber beide Strahlen durch die Brechung
und die Reflexion in der Weise geschwächt, dass, wenn sie vorher
beide gleich stark waren, nachher ihre Summe ebenso stark ist,
wie vorher jeder einzelne. Denkt man sich dann von unserem
Körper A in umgekehrter Richtung einen ebenso starken Strahl
ausgehend, so wird dieser in demselben Punkte in zwei Theile getheilt, von denen der eine in das angränzende Mittel eindringt,
und dann weiter nach dem Körper B geht, und der andere reflectirt wird, und nach dem Körper C geht. Die beiden Theile, welche
in dieser Weise von A nach B und C gelangen, sind ebenso gross,
wie die Strahlentheile, welche A von B und C erhält. Der Körper
A steht also mit jedem der beiden Körper B und C in jener
Wechselbeziehung, dass er, unter Voraussetzung gleicher Temperaturen, gleich viel Wärme mit ihm austauscht. Dasselbe muss
wegen der Gleichheit der Wirkungen, welche zwei auf irgend einem
Wege hin- und zurückgehende Strahlen erleiden, in allen anderen
noch so complicirten Fällen stattfinden.

Wenn man ferner statt der vollkommen schwarzen Körper
auch solche betrachtet, welche die auf sie fallenden Strahlen nur
theilweise absorbiren, oder wenn man statt der homogenen Wärme
solche Wärme betrachtet, welche Wellensysteme von verschiedenen

Wellenlängen gemischt enthält, oder endlich, wenn man, anstatt alle Strahlen als unpolarisirte anzusehen, auch die Polarisationserscheinungen berücksichtigt, so kommen in allen diesen Fällen immer nur solche Umstände zur Sprache, welche in gleicher Weise für die vom Körper ausgesandte Wärme gelten, wie für die, welche er von anderen Körpern empfängt.

Es ist nicht nöthig, auf alle diese Umstände hier näher einzugehen, denn diese Umstände finden auch bei der gewöhnlichen, ohne Concentration vor sich gehenden Strahlung statt, und der Zweck der vorliegenden Abhandlung bestand nur darin, die Wirkungen zu betrachten, welche durch die Concentration der Strahlen möglicher Weise entstehen können.

§. 19. Zusammenstellung der Resultate.

Die Hauptresultate der angestellten Betrachtungen können kurz folgendermaassen ausgesprochen werden.

1) Um die Wirkungen der gewöhnlichen, ohne Concentration stattfindenden Wärmestrahlung mit dem Grundsatze, dass die Wärme nicht von selbst aus einem kälteren in einen wärmeren Körper übergehen kann, in Einklang zu bringen, ist es nothwendig anzunehmen, dass die Stärke der Emission eines Körpers nicht nur von seiner eigenen Beschaffenheit und seiner Temperatur, sondern auch von der Natur des umgebenden Mittels abhängt, und zwar in der Weise, dass die Emissionsstärken in verschiedenen Mitteln im umgekehrten Verhältnisse stehen mit den Quadraten der Fortpflanzungsgeschwindigkeiten der Strahlen in den Mitteln, oder im directen Verhältnisse mit den Quadraten der Brechungscoefficienten der Mittel.

2) Wenn diese Annahme über den Einfluss des umgebenden Mittels auf die Emission richtig ist, so ist jener Grundsatz nicht nur bei der ohne Concentration stattfindenden Wärmestrahlung erfüllt, sondern er muss auch gültig bleiben, wenn die Strahlen durch Brechungen oder Reflexionen in beliebiger Weise concentrirt werden, denn die Concentration kann zwar die absolute Grösse der Wärmemengen, welche zwei Körper einander durch Strahlung mittheilen, nicht aber das Verhältniss dieser Wärmemengen ändern.

ABSCHNITT XIII.

Discussionen über die vorstehend entwickelte Form der
mechanischen Wärmetheorie und ihre Begründung.

§. 1. Verschiedene Ansichten über die Beziehung zwischen Wärme und mechanischer Arbeit.

Meine Abhandlungen über die mechanische Wärmetheorie, soweit sie in diesem Bande ihrem wesentlichen Inhalte nach wiedergegeben sind, haben vielfachen Widerspruch gefunden, und es
wird vielleicht zweckmässig sein, aus den darüber geführten Discussionen hier Einiges mitzutheilen, da in ihnen manche Punkte
zur Sprache gekommen sind, über welche auch jetzt noch bei den
Lesern Zweifel entstehen können, deren Hebung durch die Kennt-
niss dessen, was darüber schon geschrieben ist, erleichtert werden
kann.

Wie schon in Abschnitt III. erwähnt wurde, ist der erste be-
deutsame Versuch, die Arbeitsleistung der Wärme auf ein allgemeines Princip zurückzuführen, von S. Carnot gemacht, welcher,
von der Voraussetzung ausgehend, dass die Quantität der vorhandenen Wärme unveränderlich sei, annahm, das Herabsinken
von Wärme von einer höheren zu einer tieferen Temperatur bringe
in ähnlicher Weise mechanische Arbeit hervor, wie das Herabsinken von Wasser von einer höher gelegenen zu einer tiefer gelegenen Stelle.

Neben dieser Auffassung machte sich allmälig die Ansicht geltend, dass die Wärme eine Bewegung sei und dass zur Hervorbringung von Arbeit Wärme verbraucht werde. Diese Ansicht war seit dem Ende des vorigen Jahrhunderts schon hin und wieder von einzelnen Autoren, wie Rumford, Davy und Seguin, geäussert[1]; aber erst in den vierziger Jahren dieses Jahrhunderts wurde das dieser Ansicht entsprechende Gesetz der Aequivalenz von Wärme und Arbeit von Mayer und Joule bestimmt ausgesprochen und von Letzterem durch mannigfaltige und ausgezeichnete experimentelle Untersuchungen als richtig nachgewiesen. Bald darauf wurde auch das verallgemeinerte Princip von der Erhaltung der Energie von Mayer[2] und in besonders klarer und umfassender Weise von Helmholtz[3] aufgestellt und auf verschiedene Naturkräfte angewandt.

Hiermit war für die Wärmelehre der Anknüpfungspunkt neuer Untersuchungen gegeben; aber die Durchführung derselben bot natürlich bei einer schon so weit ausgebildeten Theorie, welche mit allen Zweigen der Naturwissenschaft verwachsen war und das ganze physikalische Denken beeinflusste, grosse Schwierigkeiten dar. Auch war die Anerkennung, welche die Carnot'sche Behandlung der mechanischen Wirkungen der Wärme, besonders nachdem sie von Clapeyron in eine elegante analytische Form gebracht war, sich erworben hatte, für die Annahme der neuen Ansicht ungünstig. Man glaubte sich nämlich in die Alternative versetzt, entweder die Carnot'sche Theorie beizubehalten, und die neuere Ansicht, nach welcher zur Erzeugung von Arbeit Wärme verbraucht werden muss, zu verwerfen, oder umgekehrt sich zu der neueren Ansicht zu bekennen und die Carnot'sche Theorie verwerfen.

§. 2. Abhandlungen von Thomson und mir.

Sehr bestimmt spricht sich über den damaligen Stand der Sache der berühmte englische Physiker W. Thomson aus in

---

[1] In einem 1837 publicirten Aufsatze von Mohr wird die Wärme an einigen Stellen eine Bewegung, an anderen eine Kraft genannt.

[2] Die organische Bewegung in ihrem Zusammenhange mit dem Stoffwechsel; Heilbronn 1845.

[3] Ueber die Erhaltung der Kraft; Berlin 1847.

einer interessanten Abhandlung, welche er im Jahre 1849, als die
meisten der oben erwähnten Untersuchungen von Joule schon erschienen und ihm bekannt waren, unter dem Titel *„An Account of
Carnot's Theory of the Motive Power of Heat; with Numerical
Results deduced from Regnault's Experiments on Steam"* publicirte [1]. In dieser Abhandlung stellt er sich noch ganz auf den Standpunkt von Carnot, dass die Wärme Arbeit leisten könne, ohne
dass die Quantität der vorhandenen Wärme sich ändere. Er führt
zwar eine Schwierigkeit an, welche dieser Ansicht entgegensteht,
und sagt dann (S. 545): „Es möchte scheinen, dass die Schwierigkeit
ganz vermieden werden würde, wenn man Carnot's Fundamental-
Axiom verliesse, eine Ansicht, welche von Herrn Joule stark urgirt
wird." Er fügt jedoch hinzu: „Wenn wir dieses aber thun, so
stossen wir auf unzählige andere Schwierigkeiten, welche, ohne
fernere experimentelle Untersuchung und einen vollständigen Neubau der Wärmetheorie von Grund auf, unüberwindlich sind. Es
ist in der That das Experiment, auf welches wir ausschauen müssen,
entweder für eine Bestätigung des Carnot'schen Axioms und eine
Erklärung der Schwierigkeit, die wir betrachtet haben, oder für
eine ganz neue Grundlage der Wärmetheorie."

Zur Zeit des Erscheinens dieser Abhandlung schrieb ich meine
erste Abhandlung über die mechanische Wärmetheorie, welche im
Februar 1850 in der Berliner Akademie vorgetragen und im März-
und Aprilheft von Poggendorff's Annalen gedruckt wurde. In
dieser Abhandlung habe ich versucht, jenen Neubau zu beginnen,
ohne fernere Experimente abzuwarten, und ich glaube darin die
von Thomson erwähnten Schwierigkeiten soweit überwunden zu
haben, dass für alle weiteren Untersuchungen dieser Art der Weg
geebnet war.

Ich zeigte darin, in welcher Weise die Fundamentalbegriffe
und die ganze mathematische Behandlung der Wärme abgeändert
werden mussten, wenn man den Satz von der Aequivalenz von
Wärme und Arbeit annahm, und wies ferner nach, dass man auch
die Carnot'sche Theorie nicht ganz zu verwerfen brauchte, sondern einen von dem Carnot'schen nur wenig abweichenden, aber
auf andere Art begründeten Satz annehmen konnte, welcher sich
mit dem Satze von der Aequivalenz von Wärme und Arbeit vereinigen liess, um mit ihm zusammen die Grundlage der neuen

---

[1] *Transact. of the Royal Soc. of Edinb. Vol. XVI., p. 541.*

Theorie zu bilden. Diese Theorie entwickelte ich dann speciell für vollkommene Gase und gesättigte Dämpfe und erhielt dadurch eine Reihe von Gleichungen, welche in derselben Form jetzt allgemein angewandt werden und oben im zweiten und sechsten Abschnitte mitgetheilt sind.

§. 3. Abhandlung von Rankine und spätere Abhandlung von Thomson.

In demselben Monate (Februar 1850), in welchem meine Abhandlung in der Berliner Akademie vorgetragen wurde, wurde auch in der Edinburger *Royal Society* eine sehr werthvolle Abhandlung von Rankine vorgetragen, welche dann in den *Transactions* dieser Gesellschaft veröffentlicht ist[1]).

Rankine stellt darin die Hypothese auf, dass die Wärme in einer wirbelnden Bewegung der Molecüle bestehe, und leitet daraus in sehr geschickter Weise eine Reihe von Sätzen über das Verhalten der Wärme ab, welche mit den von mir aus dem *ersten* Hauptsatze abgeleiteten übereinstimmen.

Der *zweite* Hauptsatz der mechanischen Wärmetheorie ist in dieser Abhandlung von Rankine noch nicht behandelt, sondern erst in einer anderen Abhandlung, welche ein Jahr später (April 1851) in der Edinburger *Royal Society* vorgetragen wurde[2]). Er sagt darin selbst[3]), er habe zuerst gegen die Richtigkeit der Schlussweise, durch welche ich diesen Satz aufrecht erhalten habe, Zweifel gehegt, sei dann aber durch W. Thomson, dem er seine Zweifel mitgetheilt habe, veranlasst, den Gegenstand näher zu untersuchen. Dabei habe er gefunden, dass dieser Satz nicht als ein unabhängiges Princip in der Wärmetheorie zu behandeln sei, sondern dass er als eine Folge aus denjenigen Gleichungen abgeleitet werden könne, welche in der ersten Section seiner früheren Abhandlung gegeben seien. Er theilt dann den neuen Beweis des Satzes mit, welcher aber, wie weiter unten noch gezeigt werden soll, für gewisse und gerade sehr wichtige Fälle mit seinen eigenen an anderen Stellen ausgesprochenen Ansichten im Widerspruche steht.

---

[1]) Bd. XX, S. 147. Sie ist 1854 mit einigen Abänderungen noch einmal abgedruckt im *Phil. Mag. Ser. IV, Vol. VII, p. 1, 111 u. 172.*

[2]) *Edinb. Trans. XX, p. 205; Phil. Mag. S. IV, Vol. VII, p. 249.*

[3]) *Phil. Mag. Vol. VII, p. 250.*

Rankine hat die Abhandlung von 1851 seiner früheren Abhandlung wegen der Verwandtschaft des Inhaltes als fünfte Section hinzugefügt. Dadurch ist bei einigen Autoren der Irrthum entstanden, als ob diese neue Abhandlung schon ein Theil jener früheren Abhandlung gewesen wäre und demnach Rankine gleichzeitig mit mir einen Beweis des zweiten Hauptsatzes der mechanischen Wärmetheorie gegeben hätte. Aus dem Vorstehenden ist aber ersichtlich, dass sein Beweis (abgesehen davon, in wie weit er genügend ist), erst ein Jahr nach dem meinigen gegeben ist.

Ebenfalls im Jahre 1851 (im März) wurde auch von W. Thomson eine zweite Abhandlung über die Wärmetheorie der Edinburger *Royal Society* vorgelegt[1]. In dieser Abhandlung verlässt er seinen früheren Standpunkt in Bezug auf die Carnot'sche Theorie, und schliesst sich meiner Auffassung des zweiten Hauptsatzes der mechanischen Wärmetheorie an. Er hat dabei die Betrachtungen erweitert. Während ich mich bei der mathematischen Behandlung des Gegenstandes auf die Betrachtung der Gase, der Dämpfe und des Verdampfungsprocesses beschränkte, und nur hinzufügte, man werde leicht sehen, wie sich entsprechende Anwendungen auch auf andere Fälle machen lassen, hat Thomson eine Reihe allgemeinerer, vom Aggregatzustande der Körper unabhängiger Gleichungen entwickelt, und ist erst dann zu specielleren Anwendungen übergegangen.

In einem Punkte aber bleibt auch diese spätere Abhandlung hinter der meinigen zurück. Thomson hält nämlich auch hier noch für gesättigten Dampf am Mariotte'schen und Gay-Lassac'schen Gesetze fest, indem er eine auf permanente Gase bezügliche Hypothese, welche ich bei meinen Entwickelungen zu Hülfe genommen hatte[2]), beanstandet. Er sagt darüber[3]): „Ich kann nicht einsehen, dass irgend eine Hypothese der Art, wie die von Clausius bei seinen Untersuchungen über diesen Gegenstand zu Grunde gelegte, welche, wie er zeigt, zu Bestimmungen der Dichtigkeiten des gesättigten Dampfes bei verschiedenen Temperaturen führt, die enorme Abweichungen von den Gas-Gesetzen der Veränderung

---

[1]) *Edinb. Trans. Vol. XX, p. 261*; wieder abgedruckt im *Phil. Mag. Ser. IV, Vol. IV, p. 8, 105 und 168*. Deutsch in Krönig's Journ. für Physik des Auslandes Bd. III, S. 233.

[2]) Nämlich die in Abschnitt II, §. 2 besprochene Nebenannahme.

[3]) *Edinb. Trans. Vol. XX, p. 277; Phil. Mag. Vol. IV, p. 111*; und Krönig's Journal Bd. III, S. 260.

mit Temperatur und Druck ergeben, wahrscheinlicher ist, oder wahrscheinlich der Richtigkeit näher kommt, als dass die Dichtigkeit des gesättigten Dampfes diesen Gesetzen folgt, wie es gewöhnlich von ihr angenommen wird. Im gegenwärtigen Zustande der Wissenschaft würde es vielleicht unrichtig sein, zu sagen, dass eine Hypothese wahrscheinlicher sei, als die andere."

Erst mehrere Jahre später, nachdem er sich durch gemeinsam mit Joule angestellte Versuche davon überzeugt hatte, dass die von mir angenommene Hypothese in den von mir selbst schon bezeichneten Grenzen richtig ist, hat auch er zur Bestimmung der Dichtigkeiten des gesättigten Dampfes dasselbe Verfahren, wie ich, angewandt[1].

Rankine und Thomson haben die im Vorigen angegebene Stellung, welche unsere ersten Arbeiten über die mechanische Wärmetheorie zu einander einnahmen, so viel ich weiss, immer auf das Bereitwilligste anerkannt. Thomson sagt in seiner Abhandlung[2]: „Die ganze Theorie der bewegenden Kraft der Wärme gründet sich auf die beiden folgenden Sätze, welche beziehentlich von Joule und von Carnot und Clausius herstammen". Demgemäss führt er darauf den zweiten Hauptsatz der mechanischen Wärmetheorie unter der Bezeichnung „Prop. II. (Carnot and Clausius)" an. Nachdem er sodann einen von ihm selbst gefundenen Beweis dieses Satzes mitgetheilt hat, fährt er fort[3]: „Es ist nicht mit dem Wunsche eine Priorität zu reclamiren, dass ich diese Auseinandersetzungen mache, da das Verdienst, den Satz zuerst auf richtige Principien gegründet zu haben, vollständig Clausius gebührt, welcher seinen Beweis desselben im Monat Mai des vorigen Jahres im zweiten Theile seines Aufsatzes über die bewegende Kraft der Wärme publicirte."

§. 4. **Einwendungen von Holtzmann.**

Von anderen Seiten dagegen fand meine Abhandlung, an welche sich in demselben und den darauf folgenden Jahren noch

---

[1] *Phil. Trans. 1854, p. 321.*
[2] *Edinb. Trans. Vol. XX, p. 264; Phil. Mag. Vol. IV, p. 11;* Krönig's Journal III, S. 238.
[3] An den obigen Orten S. 266, 14 und 242.

eine Reihe anderer, zur Vervollständigung der Theorie dienender Abhandlungen anschlossen, wie schon gesagt, vielfachen und zum Theil heftigen Widerspruch.

Die ersten Einwendungen rührten von Holtzmann her. Dieser hatte im Jahre 1845 eine kleine Schrift[1]) publicirt, in welcher es anfangs scheint, als wolle er den Gegenstand von dem Gesichtspunkte aus betrachten, dass zur Erzeugung von Arbeit nicht bloss eine Aenderung in der *Vertheilung* der Wärme, sondern auch ein wirklicher *Verbrauch* von Wärme nöthig sei, und dass umgekehrt durch Verbrauch von Arbeit wiederum Wärme *erzeugt* werden könne. Er sagt (S. 7): „die Wirkung der zu dem Gase getretenen Wärme ist somit entweder Temperaturerhöhung, verbunden mit Vermehrung der Elasticität, oder eine mechanische Arbeit, oder eine Verbindung von beiden, und eine mechanische Arbeit ist das Aequivalent der Temperaturerhöhung. Die Wärme kann man nur durch ihre Wirkungen messen; von den beiden genannten Wirkungen passt hierzu besonders die mechanische Arbeit, und diese soll in dem Folgenden hierzu gewählt werden. Ich nenne Wärmeeinheit die Wärme, welche bei ihrem Zutritte zu Gas die mechanische Arbeit *a* zu leisten vermag, d. h. um bestimmte Maasse zu gebrauchen, die *a* Kilogramme auf 1 Meter erheben kann". Später (S. 12) bestimmt er auch den Zahlenwerth der Constanten *a* auf dieselbe Weise, wie es schon früher von Mayer geschehen ist und oben in Abschnitt II. §. 5 auseinandergesetzt wurde, und erhält eine Zahl, die ganz dem von Joule auf verschiedene andere Weisen bestimmten mechanischen Aequivalente der Wärme entspricht. Bei der weitern Ausführung der Theorie aber, nämlich bei der Entwickelung der Gleichungen, durch welche die von ihm gezogenen Schlüsse vermittelt werden, verfährt er ebenso wie Clapeyron, so dass darin doch wieder stillschweigend die Annahme liegt, dass die Quantität der vorhandenen Wärme unveränderlich sei, und dass diejenige Wärmemenge, welche ein Körper aufgenommen hat, während er aus einem gegebenen Anfangszustande in seinen gegenwärtigen Zustand übergegangen ist, sich als Function der Veränderlichen, welche den Zustand des Körpers bestimmen, darstellen lasse.

Nachdem ich nun in meiner ersten Abhandlung auf die in

---

[1]) Ueber die Wärme und Elasticität der Gase und Dämpfe; von C. Holtzmann. Mannheim 1845; auch Pogg. Ann. Bd. 72.

jenem Verfahren liegende Inconsequenz aufmerksam gemacht und den Gegenstand in anderer Weise behandelt hatte, schrieb Holtz-mann einen Artikel [1]), in welchem er die Unzulässigkeit meiner Behandlungsweise und speciell der Annahme, dass bei der Hervor-bringung von mechanischer Arbeit Wärme verbraucht werde, nach-zuweisen suchte.

Der erste von ihm erhobene bestimmte Einwand war mathe-matischer Natur. Er machte nämlich eine ähnliche Entwickelung, wie ich sie in meiner Abhandlung gemacht hatte, um bei einem aus unendlich kleinen Veränderungen eines Körpers bestehenden einfachen Kreisprocesse den Ueberschuss der von dem Körper auf-genommenen über die von ihm abgegebene Wärme zu bestimmen und mit der geleisteten Arbeit zu vergleichen. Da nun aber bei einem solchen Kreisprocesse sowohl die geleistete Arbeit, als auch jener Wärmeüberschuss unendlich kleine Grössen zweiter Ordnung sind, so muss in der ganzen Entwickelung darauf geachtet werden, dass alle vorkommenden Grössen zweiter Ordnung, soweit sie sich nicht gegenseitig aufheben, Berücksichtigung finden. Dieses hatte Holtzmann verabsäumt und dadurch war er zu einer Schluss-gleichung gelangt, welche in sich selbst einen Widerspruch ent-hielt, und in welcher er daher einen Beweis für die Unzulässigkeit dieser ganzen Behandlungsweise der Sache gefunden zu haben glaubte. Diesen Einwand konnte ich in meiner Erwiderung [2]) natür-lich leicht widerlegen.

Als einen ferneren gegen meine Theorie sprechenden Umstand führte er an, dass nach meinen Formeln die specifische Wärme eines vollkommenen Gases von dem Drucke, unter dem es steht, unabhängig sein müsste, während doch nach den Versuchen von Suermann sowohl wie nach denen von De la Roche und Bérard die specifische Wärme der Gase mit abnehmendem Drucke zu-nähme.

Ueber diesen Widerspruch zwischen meiner Theorie und den damals bekannten und für richtig gehaltenen Versuchen schrieb ich in meiner Erwiderung: „In dieser Beziehung muss ich zunächst daran erinnern, dass, wenn jene Beobachtungen wirklich streng richtig wären, sie noch nicht gegen den Grundsatz über die Aequi-valenz von Wärme und Arbeit sprechen würden, sondern nur gegen

---

[1]) Pogg. Ann. Bd. 82, S. 445.
[2]) Ebendas. Bd. 83, S. 118.

die von mir gemachte Nebenannahme, dass ein permanentes Gas,
wenn es sich bei constanter Temperatur ausdehnt, nur so viel
Wärme verschluckt, als zu der *äusseren* Arbeit, die es dabei leistet,'
verbraucht wird. Ferner ist es aber hinlänglich bekannt, wie un-
zuverlässig die Bestimmungen der specifischen Wärme der Gase
überhaupt noch sind, und um so mehr die wenigen Beobachtungen,
welche bis jetzt bei verschiedenem Drucke angestellt wurden. Ich
konnte mich daher nicht veranlasst sehen, wegen dieser Beobachtungen, obwohl sie mir schon bei der Abfassung meiner früheren
Arbeit wohl bekannt waren, jene Nebenannahme aufzugeben, indem
die anderen Gründe, welche *dafür* sprechen, dass sie in den von
mir dort angegebenen Grenzen richtig sei, durch diesen *dagegen*
sprechenden Grund durchaus nicht aufgewogen werden".

Diese Bemerkung fand ihre volle Bestätigung durch die einige
Jahre später veröffentlichten Versuche von Regnault über die
specifische Wärme der Gase, welche in der That zu dem Resultate
führten, dass jene früheren Beobachtungen ungenau gewesen waren,
und die specifische Wärme der permanenten Gase vom Drucke
nicht merklich abhängt.

§. 5. Einwendungen von Decher.

Ein anderer, sehr energischer Angriff gegen meine Theorie
wurde im Jahre 1858 von Professor G. Decher gemacht in einer
in Dingler's Polytechnischem Journal[1] erschienenen Abhandlung
„über das Wesen der Wärme".

Herr Decher bezeichnet darin die mathematischen Entwickelungen, welche in der ersten Hälfte meiner Abhandlung von 1850
und in einer Abhandlung von 1854 vorkommen, als Misshandlung
der Analysis, Pfuscherei und Unsinn, versieht die Gleichungen und
Sätze, welche er daraus citirt, mit einfachen oder doppelten Aus-
rufungszeichen, und sagt zum Schlusse, nachdem er die Unhaltbar-
keit der von mir gewonnenen Resultate, seiner Ansicht nach, hinlänglich bewiesen hat[2]: „Dies nun sind die Ergebnisse, durch
welche der Fundamentalsatz der neueren Wärmetheorie begründet
und seine Uebereinstimmung mit der Erfahrung nachgewiesen wor-

---

[1] Bd. 148, S. 1, 81, 161 und 241.
[2] A. a. O. S. 256.

den soll; sie zeigen, im klaren Lichte betrachtet, dass die viel gerühmte Arbeit des Herrn Clausius, auf welcher dieser selbst und andere Physiker wie auf einem sicher begründeten Fundamente weiter gebaut haben, nicht mehr ist, als eine taube Nuss, welche äusserlich viel verspricht, aber keinen reellen Inhalt hat".

Von der zweiten Hälfte meiner Abhandlung von 1850, welche sich auf den zweiten Hauptsatz der mechanischen Wärmetheorie bezieht, sagt Herr Decher (S. 163), dass er sich, nachdem er die erste Hälfte kennen gelernt habe, zur weiteren Beachtung der zweiten nicht veranlasst gesehen habe.

Bei näherer Betrachtung der von Herrn Decher gegen meine mathematischen Entwickelungen erhobenen Einwände erkennt man bald, dass sie dadurch veranlasst sind, dass Herr Decher die Bedeutung der von mir aufgestellten Differentialgleichungen, welche nicht allgemein integrabel sind, sondern sich erst dann integriren lassen, wenn noch eine weitere Relation zwischen den Veränderlichen angenommen wird, nicht richtig verstanden hat. Er hat die Grösse, auf welche diese Differentialgleichungen sich beziehen, nämlich die von einem Körper beim Uebergange aus einem gegebenen Anfangszustande in seinen gegenwärtigen Zustand aufgenommene Wärmemenge, trotz allem, was ich darüber gesagt hatte, noch immer als eine Function der Veränderlichen, welche den Zustand des Körpers bestimmen, angesehen. Er spricht sich darüber nach Anführung der von mir für Gase aufgestellten Gleichung:

$$(1) \qquad \frac{d}{dt}\left(\frac{dQ}{dv}\right) - \frac{d}{dv}\left(\frac{dQ}{dt}\right) = A\,\frac{R}{v},$$

worin A das calorische Aequivalent der Arbeitseinheit, also den reciproken Werth von E bedeutet, auf S. 243 folgendermaassen aus: „In der Gleichung (1) sind die Formen $\left(\frac{dQ}{dv}\right)$ und $\left(\frac{dQ}{dt}\right)$ ganz bestimmt die Ableitungen einer bestimmten Function Q von v und t je nach v und t als einzige Veränderliche genommen, und wie auch diese Function beschaffen sein mag, und welche Abhängigkeit zwischen v und t gedacht werden mag, die rechte Seite jener Gleichung muss immer Null sein".

Da ich aus dieser selbst bei einem Mathematiker von Fach wahrgenommenen unrichtigen Auffassung die Ueberzeugung gewann, dass die Bedeutung und Behandlung jener Art von Differentialgleichungen, obwohl sie schon längst durch Monge festgestellt

war, doch nicht so allgemein bekannt geworden war, wie ich vorausgesetzt hatte, so behandelte ich in meiner Antwort[1]), nachdem
ich einige andere von Decher angeregte Punkte kurz besprochen
hatte, diesen Gegenstand etwas vollständiger und gab eine mathematische Auseinandersetzung desselben, welche mir geeignet schien,
ähnlichen Missverständnissen für die Zukunft vorzubeugen. Diese
Auseinandersetzung habe ich später der Sammlung meiner Abhandlungen als mathematische Einleitung voraufgeschickt und auch in
die mathematische Einleitung der vorliegenden zweiten Auflage habe
ich das Wesentlichste davon wieder mit aufgenommen.

§. 6. Grundsatz, auf welchem mein Beweis des zweiten Hauptsatzes beruht.

Die späteren Einwendungen gegen meine Theorie und die Abweichungen späterer Entwickelungen von den meinigen beziehen
sich hauptsächlich auf die Art, wie ich den zweiten Hauptsatz der
mechanischen Wärmetheorie bewiesen habe.

Ich habe nämlich, wie in Abschnitt III. mitgetheilt ist, zum
Beweise dieses Satzes den Grundsatz aufgestellt:

*Die Wärme kann nicht von selbst (oder ohne Compensation)
aus einem kälteren in einen wärmeren Körper übergehen.*

Dieser Grundsatz ist von dem wissenschaftlichen Publikum sehr
verschieden aufgenommen. Die Einen schienen ihn als so selbstverständlich zu betrachten, dass sie es für unnöthig hielten, ihn
als besonderen Grundsatz auszusprechen, die Anderen zogen umgekehrt seine Richtigkeit in Zweifel.

§. 7. Zeuner's erste Behandlung des Gegenstandes.

Die am Schlusse des vorigen Paragraphen zuerst erwähnte
Auffassung findet sich in der von Zeuner im Jahre 1860 heraus-
gegebenen sehr verdienstlichen Schrift „Grundzüge der mechanischen Wärmetheorie".

Zeuner theilt in dieser Schrift meinen Beweis des zweiten
Hauptsatzes im Wesentlichen in der Form mit, in welcher Reech

---

[1]) Dingler's Polytechnisches Journal Bd. 150, S. 29.

ihn wiedergegeben hat [1]). In einem Punkte aber weicht seine Darstellung von jener ab. Reech nämlich führt den Satz, dass die Wärme nicht von selbst aus einem kälteren in einen wärmeren Körper übergehen kann, ausdrücklich als einen von mir aufgestellten Grundsatz an, und basirt darauf den Beweis. Zeuner dagegen erwähnt diesen Satz gar nicht, sondern zeigt nur, dass, wenn für irgend zwei Körper der zweite Hauptsatz der mechanischen Wärmetheorie nicht gültig wäre, man durch zwei mit diesen beiden Körpern in entgegengesetzter Weise ausgeführte Kreisprocesse ohne eine sonstige Veränderung Wärme aus einem kälteren in einen wärmeren Körper übertragen könnte, und fährt dann fort [2]): „Da wir beide Processe beliebig oft wiederholen können, indem wir in der bezeichneten Weise die beiden Körper abwechselnd anwenden, so würde daraus hervorgehen, dass wir mit Nichts, ohne Aufwand von Arbeit oder Wärme, fortwährend Wärme von einem Körper von niederer zu einem Körper von höherer Temperatur überführen könnten; was eine Ungereimtheit wäre."

Dass die Unmöglichkeit, ohne eine sonstige Veränderung Wärme aus einem kälteren in einen wärmeren Körper überzuführen, so ohne Weiteres evident sei, wie es hier in der kurzen Bemerkung: „was eine Ungereimtheit wäre", angedeutet ist, werden, wie ich glaube, wenige Leser zugeben. Bei der Wärmeleitung und der unter gewöhnlichen Umständen stattfindenden Wärmestrahlung kann man allerdings sagen, dass diese Unmöglichkeit durch die alltägliche Erfahrung feststehe. Aber schon bei der Wärmestrahlung kann die Frage entstehen, ob es nicht vielleicht durch künstliche Concentration der Wärmestrahlen mit Hülfe von Brennspiegeln oder Brenngläsern möglich wäre, eine höhere Temperatur zu erzeugen, als die Körper haben, welche die Strahlen aussenden, und dadurch zu bewirken, dass die Wärme in einen wärmeren Körper übergehe. Ich habe es daher für nöthig gehalten, diesen Gegenstand in einem besonderen Aufsatze zu behandeln, dessen Inhalt im vorigen Abschnitte mitgetheilt ist. Noch complicirter wird die Sache in solchen Fällen, wo Wärme in Arbeit und Arbeit in Wärme verwandelt wird, sei es durch Wirkungen der Art wie die der Reibung, des Luftwiderstandes und des elektrischen

---

[1]) *Récapitulation très-succincte des recherches algébriques faites sur la théorie des effects mécaniques de la chaleur par différents auteurs: Journ. de Liouville II. sér. t. I, p. 58.*
[2]) S. 24 seines Buches.

Leitungswiderstandes, sei es dadurch, dass ein oder mehrere Körper
solche Zustandsänderungen erleiden, die mit theils positiver, theils
negativer, innerer und äusserer Arbeit verbunden sind, und bei
denen daher, wie man im gewöhnlichen Sprachgebrauche zu sagen
pflegt, Wärme *latent* oder *frei* wird, welche Wärme die veränderlichen Körper anderen Körpern von verschiedenen Temperaturen
entziehen und mittheilen können.

Wenn man für alle solche Fälle, wie complicirt die Vorgänge
auch immer sein mögen, behauptet, dass ohne eine andere bleibende Veränderung, welche als eine Compensation anzusehen ist,
niemals Wärme aus einem kälteren in einen wärmeren Körper
übertragen werden kann, so glaube ich, dass man diesen Satz
nicht als einen ganz von selbst verständlichen behandeln darf,
sondern ihn vielmehr als einen neu aufgestellten Grundsatz, von
dessen Annahme oder Nichtannahme die Gültigkeit des Beweises
abhängt, anführen muss.

§. 8. Zeuner's spätere Behandlung des Gegenstandes.

Nachdem ich gegen jene von Zeuner angewandte Ausdrucksweise den im vorigen Paragraphen mitgetheilten Einwand in einem
im Jahre 1863 publicirten Aufsatze erhoben hatte, hat er in der
im Jahre 1866 erschienenen zweiten Auflage seines Buches zur
Begründung des zweiten Hauptsatzes einen anderen Weg einge-
schlagen.

Indem er den Zustand eines Körpers als durch den Druck p
und das Volumen v bestimmt annimmt, bildet er für die Wärmemenge dQ, welche der Körper während einer unendlich kleinen
Veränderung aufnimmt, die Differentialgleichung:

$$(2) \qquad\qquad dQ = A(Xdp + Ydv),$$

worin X und Y Functionen von p und v darstellen, und A das
calorische Aequivalent der Arbeitseinheit bedeutet, welche Differentialgleichung bekanntlich, so lange p und v als von einander
unabhängige Veränderliche betrachtet werden, nicht integrabel
ist. Dann fährt er auf Seite 41 fort:

„Es sei nun aber S eine neue Function von p und v, deren
Form zwar bis jetzt ebenso wenig bekannt sein mag, wie die der
Functionen X und Y, der wir aber eine Bedeutung beilegen
wollen, die sogleich aus den weiteren Betrachtungen hervorgehen

wird. Multiplicirt und dividirt man die rechte Seite vorstehender Gleichung mit S, so ergiebt sich:

$$(3) \qquad dQ = A\,S\Big[\frac{X}{S}\,dp + \frac{Y}{S}\,dv\Big].$$

Man kann nun offenbar S so wählen, dass der Ausdruck in der Klammer *ein vollständiges Differential* wird, mit anderen Worten, es soll der Werth $\dfrac{1}{S}$ der integrirende Factor oder wie sich auch sagen lässt, es soll S *der integrirende Divisor* des Ausdruckes in der Klammer der Gleichung (2) sein."

Aus dem Vorstehenden ergiebt sich, dass in der aus (3) abgeleiteten Gleichung:

$$(4) \qquad \frac{dQ}{S} = A\Big[\frac{X}{S}\,dp + \frac{Y}{S}\,dv\Big]$$

die ganze rechte Seite ein vollständiges Differential ist, und dass somit für einen Kreisprocess die Gleichung

$$(5) \qquad \int\frac{dQ}{S} = 0$$

gelten muss. Auf diese Weise gelangt Zeuner zu einer Gleichung, welche der im vierten Abschnitte unter (VII.) angeführten Gleichung

$$\int\frac{dQ}{\tau} = 0$$

ähnlich ist.

Die Aehnlichkeit ist aber nur eine äusserliche. Das Wesentliche der letzteren Gleichung besteht nämlich darin, dass die Grösse τ eine Function *der Temperatur allein* ist, und dass ferner diese Temperaturfunction *von der Natur des betrachteten Körpers unabhängig, also für alle Körper gleich* ist. Die Grösse S dagegen ist von Zeuner als eine Function der *beiden* Veränderlichen p und v, von welchen der Zustand des Körpers abhängt, eingeführt, und da ferner die in der Gleichung (2) vorkommenden Functionen X und Y für verschiedene Körper verschieden sind, so muss man vorläufig auch von der Grösse S annehmen; *dass sie für verschiedene Körper verschieden sein könne.* So lange dieses von der Grösse S gilt, ist durch die Gleichung (5) für den Beweis des zweiten Hauptsatzes der mechanischen Wärmetheorie noch gar nichts gewonnen, denn dass es überhaupt einen integrirenden Factor, den man mit $\dfrac{1}{S}$ bezeichnen kann, geben muss, mittelst dessen der in der Glei-

chung (2) in Klammer stehende Ausdruck zu einem vollständigen
Differential gemacht werden kann, ist ganz selbstverständlich.

Demnach ist bei der Zeuner'schen Beweisführung das ganze
Gewicht darauf zu legen, wie er nun weiter zu dem Schlusse gelangt, *dass S eine blosse Temperaturfunction und zwar eine für
alle Körper gleiche Temperaturfunction sein muss,* welche er dann
als das wahre Maass der Temperatur bezeichnen kann.

Er lässt dazu einen Körper verschiedene Veränderungen erleiden, welche so stattfinden, dass der Körper, während S einen
constanten Werth hat, Wärme aufnimmt, und während S einen
anderen constanten Werth hat, Wärme abgiebt, und welche zusammen einen mit Arbeitsgewinn öder Arbeitsverbrauch verbundenen
Kreisprocess bilden. Diesen Vorgang vergleicht er mit dem Heben
oder Senken eines Gewichtes von einem Niveau zu einem anderen
und der damit verbundenen mechanischen Arbeit, und sagt dann
auf S. 68: „Der weitere Vergleich führt zu dem interessanten
Resultate, dass wir die Function S *als eine Länge, als eine Höhe*
auffassen können, und dass der Ausdruck

$$\frac{Q}{AS}$$

als ein *Gewicht* angesehen werden kann; ich werde daher auch in
der Folge den vorstehenden Werth das *Wärmegewicht* nennen."

Da hier für eine Grösse, welche S enthält, ein Name eingeführt wird, in welchem nichts vorkommt, was sich auf die Natur
des betrachteten Körpers bezieht, so scheint dabei stillschweigend
die durch die frühere Definition in keiner Weise begründete Voraussetzung gemacht zu sein, dass S eine von der Natur des betrachteten Körpers unabhängige Grösse sei.

Zeuner führt dann jenen Vergleich zwischen den auf die
Schwerkraft und den auf die Wärme bezüglichen Vorgängen noch
weiter aus, und überträgt einige für die Schwerkraft geltende Sätze
auf die Wärme, indem er dabei, wie vorher angegeben, S als Höhe
und $\frac{Q}{AS}$ als Gewicht auffasst. Nachdem er dann endlich noch gesagt hat, dass die auf solche Weise erhaltenen Sätze sich bestätigen,
wenn man unter S die Temperatur versteht, fährt er auf Seite 74
fort: „Wir sind daher berechtigt, den weiteren Untersuchungen
die Hypothese zu Grunde zu legen, *dass die Function S das wahre
Temperaturmaass darstellt.*"

Es ergiebt sich hieraus, dass in den Betrachtungen, welche Zeuner in der zweiten Auflage seines Buches zur Begründung des zweiten Hauptsatzes anstellt, als wesentliche Grundlage nur die Analogie zwischen der Arbeitsleistung durch die Schwerkraft und durch die Wärme dient, und im Uebrigen dasjenige, was bewiesen werden müsste, theils stillschweigend vorausgesetzt, theils ausdrücklich als Hypothese angenommen wird.

§. 9. Rankine's Behandlung des Gegenstandes.

Ich wende mich nun zu den Autoren, welche der Ansicht waren, dass mein Grundsatz nicht hinlänglich zuverlässig, oder selbst, dass er unrichtig sei.

Ich muss in dieser Beziehung zunächst die schon oben angedeutete Behandlungsart, welche Rankine geglaubt hat an die Stelle der meinigen setzen zu müssen, etwas näher besprechen.

Rankine unterscheidet, wie auch ich es gethan habe, in der Wärme, welche man einem Körper mittheilen muss, um seine Temperatur zu erhöhen, zwei verschiedene Theile, nämlich den Theil, welcher zur Vermehrung der im Körper wirklich vorhandenen Wärme dient, und den Theil, welcher zu Arbeit verbraucht wird. Der letztere Theil umfasst die zu innerer und zu äusserer Arbeit verbrauchte Wärme zusammen.

Für die zu Arbeit verbrauchte Wärme wendet Rankine einen Ausdruck an, welchen er in der ersten Section seiner Abhandlung aus der Hypothese der Molecularwirbel abgeleitet hat. Auf diese Ableitungsweise brauche ich hier nicht näher einzugehen, da schon der Umstand, dass sie auf einer eigenthümlichen Hypothese über die Beschaffenheit der Molecüle und über die Art ihrer Bewegungen beruht, hinreichend erkennen lässt, dass man es dabei mit complicirten Betrachtungen zu thun haben muss, welche manchen Zweifeln über den Grad ihrer Zuverlässigkeit Raum bieten. Ich habe mich in meinen Abhandlungen bei der Entwickelung der Gleichungen der mechanischen Wärmetheorie nicht auf specielle Ansichten über die Molecularconstitution der Körper, sondern nur auf gewisse allgemeine Grundsätze gestützt, und demgemäss würde ich, selbst wenn der eben genannte Umstand der einzige wäre, welchen man gegen Rankine's Beweis anführen könnte, doch glauben, meine Behandlungsart des Gegenstandes als die geeignetere festhalten zu müssen. Aber die Bestimmung des zweiten Theiles der dem Körper mitzutheilenden Wärme, nämlich des Theiles, welcher zur Vermehrung der im Körper wirklich vorhandenen Wärme dient, ist noch viel unsicherer.

Rankine stellt die Vermehrung der im Körper vorhandenen Wärmemenge, wenn seine Temperatur t sich um dt ändert, mag das Volumen des Körpers sich dabei gleichzeitig auch ändern, oder nicht, einfach durch das Product $f dt$ dar, und behandelt die hierin vorkommende Grösse f, welche er die wahre specifische Wärme (*the real specific heat*) nennt, in seinem Beweise *als eine vom Volumen unabhängige Grösse*. Nach einem ausreichenden Grunde für dieses Verfahren sucht man aber in seiner Abhandlung vergebens; vielmehr kommen Angaben vor, welche damit geradezu im Widerspruche stehen.

In der Einleitung zu seiner Abhandlung stellt er in Gleichung (XIII.) einen Ausdruck für die wahre specifische Wärme f auf, welcher einen mit k bezeichneten Factor enthält, und von diesem sagt er[1]: *The coefficient k (which enters into the value of specific heat) being the ratio of the vis viva of the entire motion impressed on the atomic atmospheres by the action of their nuclei, to the vis viva of a peculiar kind of motion, may be conjectured to have a specific value for each substance depending in a manner yet unknown on some circumstance in the constitution of its atoms. Although it varies in some cases for the same substance in the solid, liquid and gaseous states, there is no experimental evidence that it varies for the same substance in the same condition.* Hiernach ist also Rankine der Ansicht, dass die wahre specifische Wärme einer und derselben Substanz in verschiedenen Aggregatzuständen verschieden sein könne; und auch dafür, dass sie in demselben Aggregatzustande als unveränderlich anzunehmen sei, führt er als Grund nur an, dass kein experimenteller Beweis für das Gegentheil vorliege.

In einer späteren Schrift von Rankine „*A Manual of the Steam Engine and other Prime Movers, London and Glasgow* 1859" findet sich auf Seite 307 über diesen Gegenstand ein noch bestimmterer Ausspruch, worin es heisst: *a change of real specific heat, sometimes considerable, often accompanies the change between any two of those conditions* (nämlich der drei Aggregatzustände).

---

[1] *Phil. Mag. Ser. IV, Vol. VII, p. 10.*

Wie grosse Unterschiede Rankine bei der wahren specifischen Wärme einer und derselben Substanz in verschiedenen Aggregatzuständen für möglich hält, geht daraus hervor, dass er (auf derselben Seite) sagt, beim flüssigen Wasser sei die durch Beobachtung bestimmte specifische Wärme, welche er die scheinbare specifische Wärme nennt, nahe gleich der wahren specifischen Wärme. Da nun Rankine sehr wohl weiss, dass die beobachtete specifische Wärme des flüssigen Wassers doppelt so gross ist, als die des Eises, und mehr als doppelt so gross, als die des Dampfes, und da die wahre specifische Wärme des Eises und des Dampfes jedenfalls nur kleiner und nicht grösser sein kann, als die beobachtete, so folgt daraus, dass Rankine annehmen muss, die wahre specifische Wärme des flüssigen Wassers übertreffe diejenige des Eises und des Dampfes um das Doppelte oder mehr.

Stellt man sich nun die Frage, wie nach dieser Auffassung bei einem Körper, dessen Temperatur t um dt, und dessen Volumen v um dv wächst, die dabei stattfindende Zunahme der im Körper wirklich vorhandenen Wärmemenge ausgedrückt werden müsste, so ergiebt sich Folgendes.

Für den Fall, dass der Körper bei der Volumenänderung keine Aenderung des Aggregatzustandes erleidet, würde man die Zunahme der vorhandenen Wärmemenge zwar, wie Rankine es gethan hat, durch ein einfaches Product von der Form $t\,dt$ darstellen können, aber man müsste dem Factor t für verschiedene Aggregatzustände verschiedene Werthe zuschreiben.

In solchen Fällen aber, wo der Körper bei der Volumenänderung auch seinen Aggregatzustand ändert, (also z. B. in dem oft betrachteten Falle, wo eine Quantität eines Stoffes theils im flüssigen, theils im dampfförmigen Zustande gegeben ist, und wo bei der Volumenänderung sich die Grösse dieser beiden Theile ändert, indem entweder von der Flüssigkeit noch ein Theil verdampft, oder von dem Dampfe sich ein Theil niederschlägt), würde man die mit einer gleichzeitigen Temperatur- und Volumenänderung verbundene Zunahme der vorhandenen Wärmemenge nicht mehr durch ein einfaches Product $t\,dt$ darstellen können, sondern müsste dazu einen Ausdruck von der Form

$$t\,dt + t_1\,dv$$

anwenden. Wenn nämlich die wahre specifische Wärme eines Stoffes in verschiedenen Aggregatzuständen verschieden wäre, so

24*

müsste man mit Nothwendigkeit schliessen, dass auch die in ihm vorhandene Wärmemenge von seinem Aggregatzustande abhänge, so dass gleiche Quantitäten des Stoffes im festen, flüssigen und luftförmigen Zustande verschiedene Mengen von Wärme enthalten. Es müsste somit in einem Falle, wo ohne Temperaturänderung ein Theil des Stoffes seinen Aggregatzustand ändert, auch die in dem Stoffe im Ganzen vorhandene Wärmemenge sich ändern.

Hieraus folgt, dass Rankine die Art, wie er die Zunahme der vorhandenen Wärmemenge ausdrückt, und den Ausdruck in seinem Beweise behandelt, nach seinen eigenen sonstigen Aussprüchen nur für solche Fälle als zulässig betrachten darf, wo keine Aenderungen des Aggregatzustandes vorkommen, und dass er daher seinem Beweise auch nur für diese Fälle Gültigkeit zuschreiben kann. Für alle Fälle, wo Aenderungen des Aggregatzustandes vorkommen, bliebe der Satz also unbewiesen; und doch sind diese Fälle von besonderer Wichtigkeit, indem gerade sie es sind, auf welche man den Satz bisher am meisten angewandt hat.

Ja man muss noch weiter gehen und sagen, dass hierdurch der Beweis auch für solche Fälle, wo keine Aenderungen des Aggregatzustandes vorkommen, alle Zuverlässigkeit verliert. Wenn Rankine annimmt, dass die wahre specifische Wärme in verschiedenen Aggregatzuständen verschieden sein kann, so sieht man gar nicht ein, aus welchem Grunde man sie in demselben Aggregatzustande als unveränderlich ansehen muss. Man weiss, dass bei festen und flüssigen Körpern, auch ohne Aenderung des Aggregatzustandes, Aenderungen in den Cohäsionsverhältnissen eintreten können, und dass bei gasförmigen Körpern ausser den grossen Volumenverschiedenheiten auch der Unterschied vorkommt, dass sie, je nachdem sie mehr oder weniger weit von ihrem Condensationspunkte entfernt sind, mehr oder weniger genau dem Mariotte'schen und Gay-Lussac'schen Gesetze folgen. Weshalb soll man nun, wenn Aenderungen des Aggregatzustandes einen Einfluss auf die wahre specifische Wärme haben können, nicht jenen Veränderungen ebenso gut einen, wenn auch geringeren, Einfluss der Art zuschreiben dürfen? Die Voraussetzung, dass die wahre specifische Wärme in demselben Aggregatzustande unveränderlich sei, ist also bei Rankine nicht nur unbegründet gelassen, sondern sie würde, wenn die sonstigen von ihm gemachten Annahmen richtig wären, sogar im hohen Grade unwahrscheinlich sein.

Rankine hat den vorstehend mitgetheilten Bemerkungen über seinen Beweis, welche schon in einem im Jahre 1863 von mir veröffentlichten Aufsatze [1]) vorkamen, nicht widersprochen, und hat vielmehr in einem darauf bezüglichen späteren Artikel [2]) seine früher mehrfach ausgesprochene Ansicht, dass die wahre specifische Wärme eines Körpers in verschiedenen Aggregatzuständen verschieden sein könne, wodurch die Gültigkeit seines Beweises auf solche Fälle beschränkt wird, in denen keine Aenderung des Aggregatzustandes vorkommt, ausdrücklich aufrecht erhalten.

§. 10. Einwendung von Hirn.

Einen noch bestimmteren Einwand gegen meinen Grundsatz, dass die Wärme nicht von selbst aus einem kälteren in einen wärmeren Körper übergehen kann, hat Hirn in seinem 1862 erschienenen Werke „*Exposition analytique et experimentale de la théorie mécanique de la chaleur*" und in zwei daran sich anschliessenden Artikeln im *Cosmos* [3]) erhoben, indem er eine eigenthümliche Operation beschrieben hat, welche ein auf den ersten Blick allerdings überraschendes Resultat giebt. Auf eine Erwiderung von meiner Seite [4]) hat er dann seinen Einwand dahin erläutert [5]), dass er dadurch nur auf einen *scheinbaren* Widerspruch habe aufmerksam machen wollen, während er im Wesentlichen mit mir übereinstimme, und in demselben Sinne hat er sich dann auch in der zweiten und dritten Auflage seines schätzbaren Werkes ausgesprochen.

Dessenungeachtet glaube ich den Einwand und meine Widerlegung desselben hier mittheilen zu dürfen, weil die in ihm ausgedrückte Auffassung des Gegenstandes in der That eine naheliegende ist, welche sich leicht auch anderweitig geltend machen könnte. Ein unter solchen Umständen erhobener Einwand hat seine volle wissenschaftliche Berechtigung, und wenn er in so klarer und präciser Weise gemacht wird, wie es im vorliegenden Falle von Hirn durch Anführung jener sinnreich erdachten Operation

---

[1]) *Pogg. Ann. Bd. 120, S. 426.*

[2]) *Phil. Mag. Ser. IV., Vol. XXX., p. 410.*

[3]) *Tome XXII. (premier semestre 1863) p. 283 und 413.*

[4]) *A. a. O. p. 560.*

[5]) *A. a. O. p. 734.*

geschehen ist, so kann das für die Wissenschaft nur nützlich sein, denn dadurch, dass der scheinbar vorhandene Widerspruch bestimmt und augenfällig dargelegt wird, wird die Auseinandersetzung des Gegenstandes sehr erleichtert, und es kann auf die Art der Vortheil erreicht werden, dass eine Schwierigkeit, die sonst vielleicht noch zu manchen Missverständnissen Veranlassung geben, und wiederholte längere Discussionen nöthig machen würde, mit einem Male und für immer beseitigt wird. Ich bin daher, indem ich den Gegenstand noch einmal zur Sprache bringe, weit davon entfernt, Herrn Hirn aus seinem Einwande einen Vorwurf machen zu wollen, sondern glaube vielmehr, dass er dadurch seine sonstigen Verdienste um die mechanische Wärmetheorie noch vermehrt hat.

Die erwähnte Operation, an welche Hirn seine Betrachtungen geknüpft hat, ist folgende.

Es seien zwei Cylinder von gleichem Querschnitte, A und B in der nebenstehenden Fig. 32, gegeben, welche unten durch eine

Fig. 32.

verhältnissmässig enge Röhre in Verbindung stehen, und in welchen luftdicht schliessende Stempel beweglich sind. Die Stempelstangen sollen mit Zähnen versehen sein, welche von beiden Seiten in die Zähne eines zwischen ihnen befindlichen Zahnrades eingreifen, so dass, wenn der eine Stempel hinunter geht, der andere um eben so viel heraufgehen muss. Der unter den Stempeln befindliche Raum in den beiden Cylindern, mit Einschluss der Verbindungsröhre, muss also bei der Bewegung der Stempel unveränderlich bleiben, indem mit einer Abnahme des Raumes in dem einen Cylinder eine eben so grosse Zunahme im andern verbunden ist.

Wir denken uns zuerst den Stempel in B ganz unten befindlich, und daher den in A möglichst weit oben, und nehmen an, der Cylinder A sei mit einem vollkommenen Gase von beliebiger Dichtigkeit angefüllt, dessen Temperatur t_0 heissen möge. Nun soll der Stempel in A sich allmälig abwärts, und demgemäss der in B sich aufwärts bewegen, so dass das Gas nach und nach aus dem Cylinder A in den Cylinder B getrieben wird. Die Verbindungsröhre, durch welche das Gas strömen muss, soll dabei constant auf einer Temperatur t_1 erhalten werden, die höher ist als t_0, so dass jedes Gasquantum, welches die Röhre durchströmt, dabei auf die Temperatur t_1 erwärmt wird, und mit dieser Temperatur in den Cylinder B tritt. Die Wände der beiden Cylinder dagegen sollen für Wärme undurchdringlich sein, so dass das Gas innerhalb der Cylinder weder Wärme erhalten noch abgeben kann, sondern nur beim Durchströmen der Verbindungsröhre Wärme von Aussen zugeführt erhält. Um in Bezug auf die Temperaturen ein bestimmtes Beispiel zu haben, wollen wir annehmen, die Anfangstemperatur des Gases im Cylinder A sei diejenige des Gefrierpunktes 0^0, und die Temperatur der Verbindungsröhre sei 100^0, indem die Röhre z. B. vom Dampfe kochenden Wassers umspült werde.

Es lässt sich nun ohne Schwierigkeit übersehen, was das Resultat dieser Operation sein wird.

Die erste kleine Quantität Gas, welche die Verbindungsröhre passirt, erwärmt sich dabei von 0^0 auf 100^0, und dehnt sich zugleich um so viel aus, wie es dieser Erwärmung entspricht, nämlich um angenähert $^{100}/_{273}$ ihres ursprünglichen Volumens. Dadurch wird das noch im Cylinder A befindliche Gas etwas zusammengedrückt und der in beiden Cylindern stattfindende Druck etwas erhöht. Die folgende kleine Quantität Gas, welche durch die Röhre strömt, dehnt sich ebenfalls aus, und drückt dadurch das in beiden Cylindern befindliche Gas zusammen. Ebenso trägt jede folgende überströmende Gasmenge durch ihre Ausdehnung dazu bei, nicht nur das noch in A befindliche Gas noch weiter zusammenzudrücken, sondern auch das schon in B befindliche, welches sich vorher ausgedehnt hatte, wieder mehr und mehr zusammenzudrücken, so dass seine Dichtigkeit sich allmälig wieder der ursprünglichen nähert. Die Zusammendrückung bewirkt in beiden Cylindern eine Erwärmung des Gases, und da die Gasquantitäten, welche nach und nach in den Cylinder B treten, bei ihrem Eintritte alle die Temperatur 100^0 haben, so müssen sie nachträglich Temperaturen über 100^0 annehmen, und zwar muss dieser Temperaturüberschuss um so grösser sein, je mehr die betreffende Quantität nachträglich wieder zusammengedrückt wird.

Betrachtet man daher den Zustand am Schlusse der Operation, nachdem alles Gas aus A nach B getrieben ist, so muss das in der obersten Schicht dicht unter dem Stempel befindliche Gas, welches zuerst übergetreten ist, und daher die grösste nachträgliche Zusammendrückung erlitten hat, am wärmsten sein. Die

folgenden Schichten sind der Reihe nach weniger warm bis zur
untersten, welche gerade die Temperatur 100⁰ besitzt, die sie beim
Ueberströmen angenommen hat. Es ist für unsern vorliegenden
Zweck nicht nöthig, die Temperaturen der verschiedenen Schichten
einzeln zu kennen, sondern es genügt, die *Mitteltemperatur* zu
kennen, welche zugleich diejenige Temperatur ist, die entstehen
würde, wenn die in den verschiedenen Schichten herrschenden
Temperaturen sich durch Leitung oder Vermischung der Gasquantitäten zu einer gemeinsamen Temperatur ausglichen. Diese
Mitteltemperatur beträgt etwa 120⁰.

In einem der später im *Cosmos* erschienenen Artikel hat
Hirn diese Operation noch dahin vervollständigt, dass er annimmt,
das Gas in B werde nach seiner Erwärmung mit Quecksilber von
0⁰ in Berührung gebracht, und dadurch wieder bis 0⁰ abgekühlt;
dann werde es unter denselben Umständen, unter denen es von A
nach B gelangt war, von B nach A zurückgetrieben und dabei in
gleicher Weise erwärmt; dort werde es wieder durch Quecksilber
abgekühlt; darauf abermals von A nach B getrieben u. s. f., so
dass man einen periodischen Vorgang erhalte, bei dem das Gas
immer wieder in seinen Anfangszustand zurückkehre, und alle von
der Wärmequelle abgegebene Wärme schliesslich in das zur Abkühlung benutzte Quecksilber übergehe. Indessen wollen wir auf
diese Erweiterung des Verfahrens hier nicht eingehen, sondern uns
auf die Betrachtung der vorher beschriebenen einfachen Operation
beschränken, durch welche das Gas von 0⁰ auf eine Mitteltemperatur von 120⁰ erwärmt wird, indem diese Operation schon das
Wesentliche, worauf der Einwand von Hirn sich stützt, enthält.

Bei dieser Operation ist äusserlich weder Arbeit gewonnen
noch verloren, denn da der Druck in den beiden Cylindern immer
gleich ist, so werden beide Stempel in jedem Momente mit gleicher
Kraft nach oben gedrückt, und diese Kräfte heben sich an dem
Zahnrade, in welches die Zähne der Stempelstangen eingreifen,
auf, so dass, abgesehen von der Reibung, die geringste Kraft genügt, um die Drehung des Zahnrades im einen oder anderen Sinne
zu veranlassen, und dadurch einen Stempel hinunter und den
anderen herauf zu treiben. Der Ueberschuss der Wärme in dem
Gase kann also nicht durch äussere Arbeit erzeugt sein.

Der Vorgang ist, wie man leicht sieht, folgender. Indem
eine gegen die ganze vorhandene Gasmenge als sehr klein vorausgesetzte Quantität des Gases sich in der Röhre erwärmt, und

sich dabei ausdehnt, muss sie von der Wärmequelle soviel Wärme erhalten, wie zur Erwärmung *unter constantem Drucke* nothwendig ist. Von dieser Wärmemenge dient ein Theil zur Vermehrung der wirklich im Gase vorhandenen Wärme, und ein anderer Theil wird zu der Ausdehnungsarbeit verbraucht. Da aber die Ausdehnung des in der Röhre befindlichen Gases eine Zusammendrückung des in den Cylindern befindlichen zur Folge hat, so muss hier eben so viel Wärme erzeugt werden, als dort verbraucht wird. Jener zweite Theil der von der Wärmequelle abgegebenen Wärme, welcher sich in der Röhre in Arbeit umgesetzt hatte, kommt somit in den Cylindern wieder als Wärme zum Vorschein, und dient dazu, das noch in A befindliche Gas über seine Anfangstemperatur 0^0 zu erwärmen, und das schon in B befindliche Gas, welches beim Eintritte die Temperatur 100^0 hatte, über diese Temperatur zu erwärmen, und dadurch den oben erwähnten Temperaturüberschuss hervorzubringen.

Demnach kann man, ohne auf die Zwischenvorgänge Rücksicht zu nehmen, sagen, dass die ganze Wärmemenge, welche das Gas zu Ende der Operation mehr enthält, als zu Anfang, aus der an der Verbindungsröhre angebrachten Wärmequelle stammt. Dadurch erhält man das eigenthümliche Resultat, dass durch einen Körper von 100^0, nämlich durch den die Röhre umspülenden Wasserdampf, das eingeschlossene Gas auf über 100^0, und zwar, sofern wir nur die Mitteltemperatur ins Auge fassen, auf 120^0 erwärmt ist. Hierin soll nun ein Widerspruch mit dem Grundsatze, dass die Wärme nicht von selbst aus einem kälteren in einen wärmeren Körper übergehen kann, liegen, indem die von dem Dampfe an das Gas abgegebene Wärme aus einem Körper von 100^0 in einen Körper von 120^0 übergegangen sei.

Dabei ist aber ein Umstand unbeachtet gelassen. Wenn das Gas schon zu Anfang eine Temperatur von 100^0 oder darüber gehabt hätte, und es dann durch den Dampf, welcher nur die Temperatur von 100^0 besitzt, zu einer noch höheren Temperatur erwärmt wäre, so läge darin allerdings ein Widerspruch gegen meinen Grundsatz. So verhält sich die Sache aber nicht. Damit das Gas zu Ende der Operation wärmer als 100^0 sei, muss es nothwendig zu Anfang kälter als 100^0 sein, und in unserem Beispiele, wo es am Schlusse die Temperatur 120^0 hat, hatte es zu Anfang die Temperatur 0^0. Die Wärme, welche der Dampf dem Gase mitgetheilt hat, hat also einestheils dazu gedient, das Gas von 0^0 bis

100⁰ zu erwärmen, und anderntheils dazu, es von 100⁰ auf 120⁰ zu bringen.

Da es sich nun in meinem Grundsatze um die Temperaturen handelt, welche die Körper, zwischen denen der Wärmeübergang stattfindet, in dem Momente haben, wo sie die Wärme abgeben oder aufnehmen, und nicht um die, welche sie nachträglich besitzen, so muss man den bei dieser Operation stattfindenden Wärmeübergang folgendermaassen auffassen. Der eine Theil der vom Dampfe abgegebenen Wärme ist in das Gas übergegangen, so lange seine Temperatur noch unter 100⁰ war, ist also aus dem Dampfe in einen kälteren Körper übergegangen; und nur der andere Theil der Wärme, welcher dazu gedient hat, das Gas von 100⁰ an noch weiter zu erwärmen, ist aus dem Dampfe in einen wärmeren Körper übergegangen.

Vergleicht man dieses mit jenem Grundsatze, nach welchem, wenn ohne eine Verwandlung von Arbeit in Wärme oder eine Veränderung in der Molecularanordnung eines Körpers, Wärme aus einem kälteren in einen wärmeren Körper übergehen soll, dann nothwendig in derselben Operation auch Wärme aus einem wärmeren in einen kälteren Körper übergehen muss, so sieht man leicht, dass vollständige Uebereinstimmung herrscht. Das Eigenthümliche in der von Hirn ersonnenen Operation besteht nur darin, dass in ihr nicht zwei *verschiedene* Körper vorkommen, von denen der eine kälter und der andere wärmer ist, als die Wärmequelle, sondern dass *ein und derselbe* Körper, nämlich das Gas, in einem Theile der Operation die Rolle des kälteren, und im anderen Theile der Operation die Rolle des wärmeren Körpers spielt. Hierin liegt aber keine Abweichung von meinem Satze, sondern es ist nur ein specieller Fall von den vielen möglichen Fällen.

Auch Dupré hat ähnliche Einwände gegen meinen Grundsatz erhoben, wie Hirn, auf welche ich hier aber nicht näher eingehen will, da sie nichts wesentlich neues enthalten.

§. 11. Einwendungen von Wand.

Einige Jahre später wurde derselbe Satz wieder angegriffen von Th. Wand in einer ausgedehnten Abhandlung, welche unter dem Titel „Kritische Darstellung des zweiten Satzes der mechanischen Wärmetheorie" in Carl's Repertorium der Experimental-Physik[1]) erschien.

Wand fasst das Schlussresultat der Betrachtungen seiner Abhandlung in folgende drei Aussprüche[2]) zusammen.

1. *„Der zweite Satz der mechanischen Wärmetheorie, d. i. der Satz, dass kein aufsteigender Wärmeübergang ohne Verrichtung von Arbeit oder ohne einen entsprechenden absteigenden Wärmeübergang möglich sei, ist falsch."*

2. *„Die aus diesem Satze gezogenen Folgerungen sind nur angenäherte empirische Wahrheiten, welche nur so weit Geltung beanspruchen können, als sie durch Versuche bestätigt werden."*

3. *„Für Berechnungen zu technischen Zwecken kann man den zweiten Satz als richtig ansehen, da die Versuche für die zu Arbeits- und Kälteerzeugung benützten Stoffe eine sehr nahe Uebereinstimmung mit diesem Satze nachweisen."*

Ich muss gestehen, dass ich es bedenklich finden würde, Aussprüche dieser Art neben einander zu stellen. Wenn man einen Satz in so vielen Fällen mit den Thatsachen übereinstimmend gefunden hat, dass man sich zu dem Ausspruche gezwungen sieht, für Berechnungen zu technischen Zwecken könne er als richtig angesehen werden, so sollte man sich, wie ich meine, schwer dazu entschliessen, ihn dessenungeachtet für falsch zu erklären, da die Vermuthung, dass die scheinbar noch vorhandenen Widersprüche sich bei genauerer Betrachtung der Sache auch aufklären lassen werden, zu nahe liegt.

Unter den Gründen, welche Wand gegen den Satz geltend macht, sind, wenn wir von den auf die innere Arbeit und die elektrischen Erscheinungen bezüglichen Betrachtungen für jetzt absehen, weil diese Gegenstände im vorliegenden Bande noch nicht behandelt wurden, vorzugsweise folgende zu erwähnen.

Auf Seite 314 heisst es:

„Wenn man behauptet, dass bei der Ueberführung einer gewissen Wärmequantität von einer niederen zu einer höheren Temperatur eine gewisse Quantität Arbeit nothwendiger Weise vernichtet werden muss, so muss man consequenter Weise auch behaupten, dass beim Herabsinken desselben Wärmequantums von einer höheren zu einer niederen Temperatur wieder dieselbe Arbeit zum Vorschein kommt, sei es nun, dass dieses Herabfallen durch

---

[1]) Bd. IV. (1868) S. 281 und 369.
[2]) A. a. O. S. 400.

blosse Leitung oder durch einen umkehrbaren Kreisprocess geschieht. Das ist aber nicht der Fall, indem das Herabfallen von
Wärme durch Leitung ohne irgend eine andere Veränderung vor
sich geht. Der zweite Satz kann somit für die Temperaturaus-
gleichungen durch blosse Leitung kein Aequivalent verlangen und
dies ist in Beziehung auf Logik eine der schwächsten Seiten des
zweiten Satzes, die zu nachstehender Inconvenienz führt."

Der in dieser Stelle zur Sprache gebrachte Umstand, dass nur
der aufsteigende Wärmeübergang der Compensation bedarf, während der absteigende Wärmeübergang auch ohne Compensation
stattfinden kann, ist im Obigen vielfach besprochen und in Abschnitt X. allgemeiner dahin ausgedrückt, dass negative Verwandlungen nicht ohne positive, wohl aber positive Verwandlungen ohne
negative geschehen können. Dieser Umstand giebt allerdings dem
zweiten Hauptsatze eine Form, die weniger einfach ist, als die des
ersten, dass er aber der Logik widerspräche, möchte wohl schwer
nachweisbar sein.

Was ferner die am Schlusse jener Stelle erwähnte Inconvenienz anbetrifft, so gelangt Herr Wand zu derselben durch folgende Betrachtungen. Er nimmt an, es werde ein einfacher Kreisprocess ausgeführt, bei welchem die beiden Körper, zwischen denen
der Wärmeübergang stattfindet, und welche er den erwärmenden
und den erkältenden Körper nennt, Temperaturen haben, die dicht
bei 0^0 liegen, und nur um eine unendlich kleine Differenz, welche
er mit dt bezeichnet, von einander verschieden sind. Wir wollen,
da die Bezeichnung unwesentlich ist, statt des Zeichens dt, welches
in der folgenden mathematischen Entwickelung noch einmal mit
anderer Bedeutung vorkommen wird, lieber das Zeichen δ wählen,
und somit den beiden Körpern die (vom Gefrierpunkte an gemessenen) Temperaturen 0 und δ zuschreiben. Herr Wand setzt
ferner noch fest, dass der Kreisprocess seiner Grösse und seinem
Sinne nach so eingerichtet werde, dass dabei die Wärmemenge 1
vom wärmeren zum kälteren Körper übergehe, woraus dann folgt,
dass die Wärmemenge $\dfrac{\delta}{273}$ durch den Kreisprocess in Arbeit verwandelt wird. Dann fährt er fort:

„Ist der Kreisprocess beendigt, so erwärme ich den ganzen
Apparat sammt dem erwärmenden und erkältenden Körper um
100^0; alsdann bleibt die Temperaturdifferenz δ zwischen dem erwärmenden und erkältenden Körper unverändert. Wenn man

nun die gewonnene Arbeit auf dem Wege des umgekehrten Kreis-processes vernichten will, so muss man, um dies zu erreichen, dem kälteren Körper die Wärme $\frac{373}{273}$ entziehen. Der kältere Körper verliert also die Wärme $\frac{100}{273}$ und giebt sie an den wärmeren Körper ab, und wenn nun nach dem umgekehrten Kreisprocesse wieder alles auf die Anfangstemperatur 0^0 erkaltet wird, so haben wir wieder den Anfangszustand; es wurde weder Arbeit geleistet, noch verzehrt, und doch hat ein Uebergang von Wärme aus dem während des ganzen zusammengesetzten Processes kälter gebliebenen zweiten Körper in den wärmer gebliebenen ersten Körper statt-gefunden."

„Hiermit ist allerdings der zweite Satz nicht widerlegt. Denn um dieses Resultat zu erzielen, müssten die Apparate beständig abwechselnd erhitzt und erkältet werden, d. h. es müsste Wärme von wärmeren zu kälteren Körpern übergehen; allein dieser Ueber-gang geschah durch Leitung, und da hierfür kein Aequivalent ver-langt werden kann, so folgt aus dem hier beschriebenen Vorgang, dass es für die Vertheilung der Wärme keineswegs gleichgültig ist, ob man nichts thut, oder einen zusammengesetzten Kreisprocess, wie der hier beschriebene, ausführt."

Es handelt sich also hier um zwei bei verschiedenen Tempe-raturen ausgeführte entgegengesetzte Kreisprocesse, bei denen die geleistete und verbrauchte Arbeit sich aufhebt, aber mehr Wärme vom kälteren zum wärmeren Körper, als umgekehrt, übergeht, und Herr Wand meint, *dass der übrig bleibende Wärmeübergang vom kälteren zum wärmeren Körper ohne Compensation stattgefunden habe.*

Dabei hat er aber gewisse, in der ziemlich complicirten Opera-tion vorkommende Temperaturdifferenzen unbeachtet gelassen. Er lässt nämlich nach dem ersten Kreisprocesse, bei dem der wärmere Körper Wärme abgegeben und der kältere Wärme aufgenommen hat, den ganzen Apparat sammt den beiden Körpern um 100^0 er-wärmen, und nach dem zweiten Kreisprocesse, bei dem der kältere Körper Wärme abgegeben und der wärmere Wärme aufgenommen hat, den ganzen Apparat sammt den beiden Körpern um 100^0 ab-kühlen. Nun ändern aber die beiden Körper durch die Wärme-abgabe und Wärmeaufnahme ihre Temperaturen etwas, und die Wärmereservoire, welche ihre Erwärmung und Abkühlung um 100^0

bewirken, erhalten daher während der ·Abkühlung die Wärme
nicht bei denselben Temperaturen zurück, bei denen sie sie bei
der Erwärmung geliefert haben, und hierdurch entstehen Wärmeübergänge, welche Herr Wand nicht in Rechnung gebracht hat.
Freilich sind die vorkommenden Temperaturdifferenzen sehr
gering, da die beiden Körper so gross gewählt werden müssen,
dass die durch den Kreisprocess in ihnen verursachten Temperaturänderungen gegen den Unterschied ihrer ursprünglichen Temperaturen sehr klein bleiben. Dafür sind aber auch die Wärmemengen, welche die Körper bei ihrer Erwärmung und Abkühlung
um 100⁰ den Wärmereservoiren entziehen und wieder zurückgeben,
sehr gross, und da man bei der Bestimmung der Wärmeübergänge
die Temperaturdifferenzen mit den betreffenden Wärmemengen zu
multipliciren hat, so gelangt man zu Grössen, welche gerade ausreichend sind, um den zwischen den Körpern selbst übrig gebliebenen Wärmeübergang zu compensiren.

Um dieses Letztere nachzuweisen, wollen wir die Rechnung
wirklich ausführen.

Was zunächst den zwischen den beiden Körpern selbst übrig
gebliebenen Wärmeübergang anbetrifft, so hat dieser, da die Temperaturen der Körper 0 und δ sind, und die Wärmemenge gleich
$\frac{100}{273}$ ist, den Aequivalenzwerth:

$$\frac{100}{273} \left(\frac{1}{273 + \delta} - \frac{1}{273} \right),$$

oder unter Vernachlässigung der Glieder höherer Ordnung in Bezug auf δ:

$$- \frac{100}{(273)^3} \delta.$$

Es kommt nun darauf an, den Aequivalenzwerth derjenigen
Wärmeübergänge zu bestimmen, welche bei der Erwärmung und
Abkühlung der Körper um 100⁰ eintreten. Dazu haben wir nach
Abschnitt IV. §. 5 jedes von einem der beiden Körper aus einem
Wärmereservoir aufgenommene Wärmeelement (wobei abgegebene
Wärmeelemente als aufgenommene negative Wärmeelemente ge-
rechnet werden), durch die absolute Temperatur zu dividiren, welche
der Körper im Momente der Aufnahme hat, und dann die negativen
Integrale für die Erwärmung und Abkühlung zu bilden.

Wir wollen die Masse jedes der beiden Körper mit M und
seine specifische Wärme, welche wir als constant voraussetzen, mit

C bezeichnen, dann ist die Wärmemenge, welche er während der Temperaturerhöhung um dt aufnimmt, gleich $MCdt$, und dieses Product wollen wir als Ausdruck des Wärmeelementes anwenden. Dabei wollen wir zur Bequemlichkeit noch für den reciproken Werth von MC ein besonderes Zeichen einführen, indem wir setzen:

$$(6) \qquad \varepsilon = \frac{1}{MC},$$

so dass nun das Wärmeelement durch $\frac{1}{\varepsilon}dt$ dargestellt wird. Das Product MC muss als sehr gross und daher die Grösse ε als sehr klein angenommen werden, und zwar so, dass die Letztere selbst gegen den schon sehr kleinen Temperaturunterschied δ noch sehr klein ist.

Betrachten wir nun den ersten Kreisprocess, so hatte vor demselben der kältere Körper die Temperatur 0 und der wärmere die Temperatur δ. Während des Kreisprocesses empfängt der erstere die Wärmemenge 1 und verliert der letztere die Wärmemenge $1 + \frac{\delta}{273}$. Diese Wärmemengen müssen durch MC dividirt, oder mit ε multiplicirt werden, um die durch sie bewirkten Temperaturänderungen der Körper zu erhalten, und somit hat nach dem Kreisprocesse der kältere Körper die Temperatur ε und der wärmere die Temperatur $\delta - \left(1 + \frac{\delta}{273}\right)\varepsilon$. Von diesen Temperaturen aus sollen nun beide um 100⁰ erwärmt werden.

Das auf die Erwärmung des kälteren Körpers bezügliche negative Integral ist:

$$A = -\int_{\varepsilon}^{100+\varepsilon} \frac{\frac{1}{\varepsilon}dt}{273+t}.$$

Indem man hierin die Veränderliche τ mit der Bedeutung

$$\tau = t - \varepsilon$$

einführt, erhält man:

$$A = -\int_{0}^{100} \frac{\frac{1}{\varepsilon}d\tau}{273+\tau+\varepsilon}.$$

Nun kann man, wenn man bei der Entwickelung nach ε die Glieder höherer Ordnung vernachlässigt, setzen:

$$\frac{1}{273 + \tau + \varepsilon} = \frac{1}{273 + \tau} - \frac{\varepsilon}{(273 + \tau)^2},$$

wodurch man erhält:

$$(7) \qquad A = - \frac{1}{\varepsilon} \int\limits_0^{100} \frac{d\tau}{273 + \tau} + \int\limits_0^{100} \frac{d\tau}{(273 + \tau)^2}.$$

Das auf die Erwärmung des wärmeren Körpers bezügliche negative Integral lautet zunächst:

$$B = - \int\limits_{\delta - \left(1 + \frac{\delta}{273}\right)\varepsilon}^{100 + \delta - \left(1 + \frac{\delta}{273}\right)\varepsilon} \frac{\frac{1}{\varepsilon} \, dt}{273 + t}$$

und hieraus erhält man in entsprechender Weise wie vorher:

$$(8) \quad B = - \frac{1}{\varepsilon} \int\limits_{\delta}^{100 + \delta} \frac{d\tau}{273 + \tau} - \left(1 + \frac{\delta}{273}\right) \int\limits_{\delta}^{100 + \delta} \frac{d\tau}{(273 + \tau)^2}.$$

Während des zweiten Kreisprocesses giebt der kältere Körper die Wärmemenge $\frac{373}{273}$ ab, und der wärmere Körper empfängt die Wärmemenge $\frac{373}{273} + \frac{\delta}{273}$. Die Temperaturen der beiden Körper nach dem zweiten Kreisprocesse sind daher:

$$100 + \varepsilon - \frac{373}{273}\varepsilon = 100 - \frac{100}{273}\varepsilon$$

$$100 + \delta - \left(1 + \frac{\delta}{273}\right)\varepsilon + \left(\frac{373}{273} + \frac{\delta}{273}\right)\varepsilon = 100 + \delta + \frac{100}{273}\varepsilon.$$

Von diesen Temperaturen aus sollen beide Körper um 100⁰ abgekühlt werden. Das auf diese Abkühlung bezügliche negative Integral ist für den kälteren Körper:

$$C = - \int\limits_{100 - \frac{100}{273}\varepsilon}^{-\frac{100}{273}\varepsilon} \frac{\frac{1}{\varepsilon} \, dt}{273 + t} = \int\limits_{-\frac{100}{273}\varepsilon}^{100 - \frac{100}{273}\varepsilon} \frac{\frac{1}{\varepsilon} \, dt}{273 + t},$$

woraus sich bei entsprechender Behandlung, wie oben, ergiebt:

$$(9) \qquad C = \frac{1}{\varepsilon} \int\limits_0^{100} \frac{d\tau}{273 + \tau} + \frac{100}{273} \int\limits_0^{100} \frac{d\tau}{(273 + \tau)^2}.$$

Ebenso ergiebt sich für die Abkühlung des wärmeren Körpers:

$$(10) \qquad D = \frac{1}{\varepsilon} \int\limits_\delta^{100+\delta} \frac{d\tau}{273 + \tau} - \frac{100}{273} \int\limits_\delta^{100+\delta} \frac{d\tau}{(273 + \tau)^2}.$$

Durch Addition der vier Grössen A, B, C und D erhält man den Aequivalenzwerth aller bei der Erwärmung und Abkühlung eingetretenen Wärmeübergänge. Dabei heben sich die mit dem Factor $\frac{1}{\varepsilon}$ behafteten Integrale gegenseitig auf, und von den anderen lassen sich je zwei zusammenziehen, wodurch entsteht:

$$(11) \qquad A + B + C + D = \frac{373}{273} \int\limits_0^{100} \frac{d\tau}{(273 + \tau)^2}$$
$$- \left(\frac{373}{273} + \frac{\delta}{273}\right) \int\limits_\delta^{100+\delta} \frac{d\tau}{(273 + \tau)^2}.$$

Durch die Ausführung der Integrationen geht die rechte Seite dieser Gleichung zunächst über in:

$$\frac{373}{273}\left(-\frac{1}{373} + \frac{1}{273}\right) - \left(\frac{373}{273} + \frac{\delta}{273}\right)\left(-\frac{1}{373 + \delta} + \frac{1}{273 + \delta}\right),$$

und wenn man hierin das zweite Product nach δ bis zur ersten Ordnung entwickelt, so heben sich wieder die meisten Glieder auf, und der Ausdruck des Aequivalenzwerthes der bei der Erwärmung und Abkühlung eingetretenen Wärmeübergänge lautet endlich:

$$\frac{100}{(273)^3} \delta.$$

Dieser Ausdruck erfüllt in der That die Bedingung, dass er dem Aequivalenzwerthe jenes zwischen den beiden Körpern selbst übrig gebliebenen Wärmeüberganges gleich und entgegengesetzt ist. Jener Wärmeübergang ist also nicht uncompensirt, wie Herr Wand meint, sondern vollständig compensirt, ganz so, wie der zweite Hauptsatz es verlangt. Man sieht also, dass auch die von Herrn Wand erdachte Operation nicht die geringste Veranlassung zu einem Einwande gegen jenen Satz darbietet.

Einen anderen Einwand gegen den Satz entnimmt Herr Wand aus folgenden Betrachtungen.

Er stellt sich die Frage, ob der Satz aus den Vorstellungen, welche man sich von dem Wesen und der Wirkung der Wärme bilden kann, nach mechanischen Principien abzuleiten ist. Dazu wendet er zunächst die von mir und Anderen verfochtene Hypothese über die Molecularbewegung gasförmiger Körper an, und findet, dass diese in der That zu dem betreffenden Satze führt. Er sagt, dann aber weiter, es genüge nicht, zu beweisen, dass eine einzelne Hypothese dazu führt, man müsse vielmehr beweisen, dass alle möglichen mechanischen Hypothesen über das Wesen der Wärme dazu führen. Demgemäss stellt er nun als weiteres Beispiel eine andere Hypothese auf, welche seiner Meinung nach geeignet sein soll, die Erscheinungen der Ausdehnung und der Vermehrung des Druckes durch die Wärme nachzuahmen, und nach welcher eine Reihe von elastischen Kugeln, von denen je zwei durch eine elastische Feder verbunden sind, so schwingen, dass sie sich stets alle in gleichen Phasen befinden. Aus dieser Hypothese gelangt er zu einer Gleichung, welche von derjenigen, die er als Criterium für die Gültigkeit des zweiten Hauptsatzes gewählt hat, abweicht, und daraus zieht er den Schluss: *„Der zweite Satz lässt sich also aus den Principien der Mechanik allgemein nicht ableiten."*

Einem solchen Schlusse gegenüber kann man aber die Frage stellen, ob denn in der That jene hypothetisch von ihm angenommene Bewegung der wirklich stattfindenden Bewegung, welche wir Wärme nennen, in solcher Weise entspricht, dass für beide dieselben Gleichungen gelten müssen, und so lange das nicht bewiesen ist, kann man auch den Schluss nicht als beweisend ansehen.

Endlich betrachtet Herr Wand noch den in der Natur vorkommenden Cyclus von Vorgängen, dass beim Wachsen der Pflanzen unter dem Einflusse der Wärme- und Lichtstrahlen der Sonne Kohlensäure und Wasser zersetzt werden und Sauerstoff ausgeschieden wird, und dass die so gebildeten organischen Substanzen später beim Verbrennen, oder indem sie einem thierischen Organismus zur Nahrung dienen, sich wieder mit Sauerstoff zu Kohlensäure und Wasser verbinden und dabei Wärme erzeugen. Er sagt, diese Verwandlungsart der Sonnenwärme schlage nach seiner Ansicht dem zweiten Satze geradezu ins Gesicht.

Gegen die Betrachtungen, welche er hierüber anstellt, würde sich manches einwenden lassen; aber ich glaube, dass ein Vorgang, in dem noch so vieles unerklärt ist, wie in dem unter dem Einflusse der Sonnenstrahlen stattfindenden Wachsen der Pflanzen, überhaupt nicht geeignet ist, als Beweis für oder gegen den betreffenden Satz angewandt zu werden.

§. 12. Einwendungen von Tait.

Zum Schlusse muss ich noch die in neuerer Zeit von dem englischen Mathematiker Tait gegen meine Theorie erhobenen Einwendungen erwähnen, welche mich sowohl durch ihren Inhalt, als auch durch ihre Form einigermaassen überrascht haben.

Ich hatte in einem im Jahre 1872 erschienenen Artikel „Zur Geschichte der mechanischen Wärmetheorie" [1]) gesagt, das von Tait veröffentlichte Buch „*Sketch of Thermodynamics*" verdanke seine Entstehung ganz unzweifelhaft vorwiegend dem Zwecke, die mechanische Wärmetheorie so viel, wie möglich, für die englische Nation in Anspruch zu nehmen, für welche Behauptung ich die bestimmtesten Gründe anführen kann, und im weiteren Verlaufe jenes Artikels hatte ich gesagt, Herr Tait habe eine von mir aufgestellte Formel W. Thomson zugeschrieben, und als Ort, wo Thomson sie gegeben haben solle, einen Aufsatz citirt, in welchem sich weder diese, noch irgend eine ihr gleichbedeutende Formel befinde. Ich erwartete nun, dass Herr Tait, wenn er meinen Artikel beantwortete, vorzugsweise diese beiden Punkte besprechen werde, von denen besonders der letztere der Aufklärung sehr bedarf. Es erschien nun in der That eine Antwort [2]), und zwar eine in ziemlich gereiztem Tone geschriebene, aber zu meinem Erstaunen waren jene beiden Punkte darin gar nicht erwähnt, sondern es war der ganzen Sache eine andere Wendung gegeben.

Während nämlich in seinem vorher erwähnten Buche meine Untersuchungen über die mechanische Wärmetheorie, wenn auch, meiner Ansicht nach, nicht in die richtige Stellung zu denen der englischen Autoren gebracht, so doch ziemlich weitläufig und im Allgemeinen anerkennend besprochen waren, wurde hier auf einmal ihre Richtigkeit bestritten, indem der von mir aufgestellte Grundsatz, dass die Wärme nicht von selbst aus einem kälteren in einen wärmeren Körper übergehen kann, für falsch erklärt wurde.

Zum Beweise hierfür wurden zwei auf thermoelektrische Ströme bezügliche Erscheinungen angeführt. Ich habe aber in einer bald darauf veröffentlichten Erwiderung [3]) leicht nachweisen können,

---

[1]) Pogg. Ann. Bd. 145, S. 132. — [2]) Pogg. Ann. Bd. 145, S. 496 und *Phil. Mag. Ser. IV, Vol. 43.* — [3]) Pogg. Ann. Bd. 146, S. 308 und *Phil. Mag. Ser. IV, Vol. 43.*

dass diese Erscheinungen meinem Grundsatze durchaus nicht widersprechen, und die eine sogar so augenfällig mit ihm übereinstimmt, dass sie als ganz geeignetes Beispiel zu seiner Erläuterung und Bestätigung dienen kann. Da im vorliegenden Bande von elektrischen Erscheinungen noch nicht die Rede gewesen ist, so ist hier nicht der Ort, auf diesen Gegenstand näher einzugehen, sondern ich muss mir seine Besprechung für den zweiten Band meines Werkes vorbehalten.

Ferner sagte Herr Tait in seiner Antwort noch, ich habe durch die Einführung dessen, was ich *innere Arbeit* und *Disgregation* nenne, der Wissenschaft einen erheblichen Schaden zugefügt, machte aber zur Begründung dieses Ausspruches nur die kurze Bemerkung: *„In our present ignorance of the nature of matter, such ideas can do only harm."*

Was Herr Tait gegen den Begriff der *inneren Arbeit* hat, ist mir nicht verständlich. Seit ich in meiner ersten Abhandlung über die mechanische Wärmetheorie die von der Wärme bei der Zustandsänderung eines Körpers geleistete Arbeit in *äussere* und *innere* Arbeit unterschieden und dann gezeigt habe, dass diese beiden Arbeitsgrössen in ihrem Verhalten wesentlich von einander abweichen, ist diese Unterscheidung, soviel ich weiss, von allen Autoren, welche über die mechanische Wärmetheorie geschrieben haben, in gleicher Weise angewandt.

Was ferner das in einem anderen Bande dieses Werkes zu besprechende Verfahren, die vereinigte innere und äussere Arbeit in Rechnung zu bringen, und den dabei von mir eingeführten Begriff der *Disgregation* anbetrifft, so haben in neuerer Zeit auch rein mechanische Untersuchungen zu einer Gleichung geführt, welche der von mir in der Wärmelehre aufgestellten, worin die Disgregation vorkommt, ganz ähnlich ist, und wenn diese Untersuchungen auch noch nicht als abgeschlossen zu betrachten sind, so lassen sie doch, wie es mir scheint, schon jetzt erkennen, dass die Einführung dieses Begriffes durch die Natur der Sache geboten war.

Demnach glaube ich auch die Einwendungen des Herrn Tait ebenso getrost, wie diejenigen von Holtzmann, Decher u. s. w. der Beurtheilung der Leser anheim geben zu dürfen.

Verlag von Friedrich Vieweg und Sohn in Braunschweig.

Ueber den zweiten Hauptsatz
der
mechanischen Wärmetheorie.

Ein Vortrag,

gehalten in einer allgemeinen Sitzung der 41. Versammlung deutscher Naturforscher und Aerzte zu Frankfurt a. M. am 24. September 1867

von

R. Clausius.

gr. 8. Fein Velinpapier. geh. Preis 40 Pf.

Handbuch
der
mechanischen Wärmetheorie.

Nach É. Verdet's Théorie Mécanique de la Chaleur
bearbeitet von

Dr. Richard Rühlmann,

erstem Lehrer der Mathematik und Physik am Königlichen Gymnasium zu Chemnitz.

Mit in den Text eingedruckten Holzstichen. gr. 8. geh.
Erste Lieferung. Preis 7 Mark.
Zweite Lieferung. Preis 8 Mark.

Die Wärme
betrachtet als eine Art der Bewegung

von

John Tyndall,

Professor der Physik an der Royal Institution zu London.

Autorisirte deutsche Ausgabe, herausgegeben durch
H. Helmholtz und G. Wiedemann
nach der fünften Auflage des Originals.

Dritte vermehrte Auflage.

Mit zahlreichen in den Text eingedruckten Holzstichen und einer Tafel.
8. Fein Velinpapier. geh. Preis 9 Mark.

Die Lehre
vom
Galvanismus und Elektromagnetismus.

Von
Gustav Wiedemann.

Zweite neu bearbeitete und vermehrte Auflage.
In zwei Bänden.
gr. 8. Fein Velinpap. geh. Preis 60 Mark.

6716841R00239

Printed in Germany
by Amazon Distribution
GmbH, Leipzig